O ECOLOGISMO DOS POBRES

Joan Martínez Alier

O ECOLOGISMO DOS POBRES
conflitos ambientais e linguagens de valoração

Tradução
Maurício Waldman

Revisão técnica
Wagner Costa Ribeiro
Camila Pacheco Lomba
Pillar Carolina Villar

Copyright © 2007 Joan Martínez Alier

Todos os direitos desta edição reservados à
Editora Contexto (Editora Pinsky Ltda.)

Foto de capa
Jaime Pinsky

Montagem de capa e diagramação
Gustavo S. Vilas Boas

Revisão
Lilian Aquino
Ruth Kluska
Silvia Beatriz Adoue

Dados Internacionais de Catalogação na Publicação (CIP)
(Câmara Brasileira do Livro, SP, Brasil)

Martínez Alier, Joan
O ecologismo dos pobres : conflitos ambientais e linguagens de valoração / Joan Martínez Alier; [tradutor Maurício Waldman]. – 2. ed., 4ª reimpressão. – São Paulo : Contexto, 2018.

Título original: El ecologismo de los pobres:
conflictos ambientales y lenguajes de valoración.
Bibliografia
ISBN 978-85-7244-358-6

1. Ecologia política 2. Ecologismo 3. Geografia 4. Justiça ambiental 5. Meio ambiente I. Título.

07-1827   CDD-333.7

Índice para catálogo sistemático:
1. Ecologismo : Economia ambiental   333.7

2018

Editora Contexto
Diretor editorial: *Jaime Pinsky*

Rua Dr. José Elias, 520 – Alto da Lapa
05083-030 – São Paulo – SP
PABX: (11) 3832 5838
contexto@editoracontexto.com.br
www.editoracontexto.com.br

Proibida a reprodução total ou parcial.
Os infratores serão processados na forma da lei.

SUMÁRIO

Apresentação 9
Wagner Costa Ribeiro

Prefácio à edição brasileira 13

Prefácio 15

Correntes do ecologismo 21
    O culto à vida silvestre 22
    O evangelho da ecoeficiência 26
    A justiça ambiental e o ecologismo dos pobres 33

Economia ecológica: "levando em consideração a natureza" 41
    Origens e alcance da economia ecológica 44
    Não existe produção sem distribuição 49
    Disputas sobre sistemas de valoração 53
    A cachoeira sem preço de Ludwig von Mises
        e a contabilidade *in natura* de Otto Neurath 59
    A complexidade emergente e a ciência pós-normal 64

Índices de (in)sustentabilidade e neomalthusianismo 69

    A apropriação humana da produção primária líquida 70
    O ecoespaço e a pegada ecológica 71
    O custo energético de se obter energia 72
    A utilização de materiais 74
    Desmaterialização do consumo? 75
    Tempo, espaço e taxa de desconto 76
    Capacidade de carga 80
    O neomalthusianismo feminista 82

Ecologia política:
o estudo dos conflitos ecológicos distributivos 89

    O ecologismo *avant la lettre*: a mineração do cobre no Japão 90
    Cem anos de contaminação no Peru 93
    Rio Tinto e outras histórias 97
    Bougainville e Papua Ocidental 102
    Milagres da descontaminação
        e a construção social da natureza 106
    Origens e campo de atuação da ecologia política 110
    Os direitos de propriedade e a gestão dos recursos 115

A defesa dos manguezais contra a carcinicultura 119

    A catástrofe dos cercamentos (*enclosures*) 120
    Equador, Honduras e Colômbia 123
    O cultivo do camarão no sul e no sudeste asiático 128
    Os manguezais ameaçados da África Oriental 133
    A captura das tartarugas
        e o pedido de boicote ao camarão cultivado 135
    A análise de custo e benefício contra o pluralismo de valores 139

Ouro, petróleo, florestas, rios, biopirataria:
o ecologismo dos pobres 145

    A mineração do ouro 145
    O Petróleo no delta do Níger e o nascimento da OilWatch 148
    Petróleo na Guatemala 154
    O caso contra a Unocal
        e a Total a respeito do gasoduto Yadana 156
    Plantações não são florestas 159
    Stone Container na Costa Rica 162
    San Ignacio 166
    O movimento Chipko na Índia
        e os seringueiros no Brasil 170
    A defesa dos rios contra o desenvolvimento 177

    "Nossos rios são a vida" 180
    A água subterrânea na Índia 183
    Biopirataria internacional
        versus valor do conhecimento local 186
    O acordo InBio-Merck 190
    Shaman Pharmaceuticals 192
    Os direitos dos agricultores e o econarodnismo 198
    Quem possui o poder de simplificar a complexidade? 208

Os indicadores de insustentabilidade urbana como indicadores de conflito social 211

    Século do automóvel? 212
    Subúrbios e periferias 215
    As opiniões de Lewis Mumford 216
    Ruskin em Veneza 219
    A escala e as pegadas 220
    Energia e evolução 222
    Lutas contra a contaminação na Índia
        e a hipótese de Brimblecombe 224

A justiça ambiental nos Estados Unidos e na África do Sul 229

    Lutando contra o racismo ambiental 230
    Um país sem campesinato 240
    África do Sul:
        culto da vida silvestre ou ecologismo dos pobres? 243
    Uma aliança possível 246
    Uma história gêmea 247
    O convênio de Basileia 248
    Os riscos incertos e os passivos ambientais: o *Superfund* 251
    A ofensiva contra a ATCA 254
    Yucca Mountain 256

O Estado e outros atores 263

    A governabilidade e a política ambiental 264
    Os movimentos ambientais e o Estado 270
    O meio ambiente e os direitos humanos 274
    A resistência como caminho para a sustentabilidade 276
    Alternativas ao desenvolvimento 279
    Gênero e meio ambiente 282

A dívida ecológica 287

    O intercâmbio ecologicamente desigual 288
    Passivos ambientais 293

  Memórias do guano e do quebracho 295
  O que foi dito pela Cepal 300
  Quantificando a dívida ecológica 304
  A dívida do carbono: retração, convergência e compensação 306
  Absorvendo carbono? 310
  Condicionalidade ecológica: uma cegueira seletiva 313
  Os ecoimpostos e o conflito Norte-Sul 317
  O comércio justo 318
  Rio Grande do Sul:
   o breve sonho de uma zona livre de transgênicos 319
  O diretor fugitivo da Union Carbide 326

As relações entre a ecologia política e a economia ecológica 333
  Interesses materiais e valores sagrados 335
  Dois estilos de ecologia política 338
  Nomeando os conflitos ecológicos distributivos 341
  Conflitos locais e redes globais 343
  Justiça ambiental: uma força para a sustentabilidade 347
  Conflitos entre sistemas de valores 352
  Valores a partir da base 354
  O poder de impor o procedimento de decisão 356

Bibliografia 359

O autor 381

O tradutor 383

APRESENTAÇÃO

Conflitos distributivos e dívida ecológica

Esta obra já percorreu o mundo em inglês e em espanhol causando grande impacto. Agora, ela certamente contribuirá para o debate ambiental no Brasil, pois transcende o interesse de especialistas ao tratar, sem dogmas e com argumentos consistentes, de temas que interferem na existência humana no presente e no futuro. O livro oferece uma série de alternativas críticas aos que atuam na área ambiental. Ambientalistas, técnicos e pesquisadores encontrarão nas páginas que seguem inspiração para a reflexão e ação.

Conflitos ambientais serão cada vez mais frequentes no mundo contemporâneo, principalmente devido ao aumento de tensões pelo acesso a recursos naturais. Não resta dúvida de que a produção de mercadorias em larga escala estimula a confrontação pelo uso da natureza. Ela foi transformada em recurso para acumulação capitalista e é reproduzida em bens de consumo, duráveis ou não. A produção, crescente, necessita de uma base material também em expansão, o que não é possível para toda a gama de materiais empregados pela economia capitalista.

Além disso, a expansão da produção obriga a tomada de materiais em outros países. Por isso, distribuem-se investimentos de países centrais para explorar minerais pelo mundo, inclusive em países que têm nos recursos naturais o principal vetor de ingresso no sistema econômico internacional. O crescimento incessante da economia da China nos últimos anos desperta ainda mais os interesses em novos alvos de retirada de matéria-prima da natureza.

O cenário que se vislumbra não é dos mais confortáveis. Amplia-se o intercâmbio entre países dotados de tecnologia para produzir e outros se integram a eles como fornecedores de elementos naturais. Nada novo, a princípio. Porém, essa é uma falsa impressão. A novidade está na quantidade de recursos naturais necessários à produção contemporânea, como bem aponta o professor Martínez Alier neste livro. Ela exige uma exploração da natureza sem precedentes, mesmo com todo o alarde que grupos ambientalistas conseguem gerar junto à opinião pública por meio de diversas denúncias de uso inadequado da herança do quadro físico que os processos naturais deixaram na Terra.

Teremos um futuro tenso. O uso crescente vai tornar alguns recursos naturais raros e cada vez mais estratégicos. O controle de sua extração e beneficiamento será disputado. A maior tensão decorre da expansão da produção sobre uma base material que não se expande e que está distribuída pelo planeta segundo processos naturais, com maior concentração nos países do hemisfério Sul, se considerarmos, por exemplo, a oferta de informação genética.

Mesmo que se argumente que novas tecnologias podem alterar os elementos usados na produção, o que de certo modo já ocorre com o desenvolvimento do biodiesel, por exemplo, a escala em que são usados acaba interferindo na estrutura produtiva, política e social em curso. Novos conflitos sociais são gerados nesse rearranjo de processos econômicos no qual se verificam perdas de poder político, econômico e a aparição de outras lideranças, disputa que também acarreta conflitos.

Vejamos o caso do Brasil. A extração mineral ganhou impulso para acompanhar a expansão da economia na China (que também busca recursos naturais na África). O resultado é um passivo ambiental que não pode ser desprezado. Desmatamento, deslocamento de população tradicional, aumento da demanda de geração de energia, rios assoreados, escorregamentos de vertentes, enfim, a lista de problemas ambientais decorrente da mineração predatória pode ser maior.

Em nosso país, já se registraram tensões sociais ambientais. Basta lembrar da que resultou do deslocamento de população para a construção de barragens na Amazônia que ocasionou a organização do Movimento dos Atingidos por Barragens; ou a gerada pela expansão do cultivo da cana-de-açúcar na década de 1980 para a produção de álcool em áreas usadas para produzir alimentos, sem falar na constante luta de povos indígenas, quilombolas e ribeirinhos para manterem suas terras diante da pressão pela exploração mineral e/ou instalação de hidrelétricas. Ou mesmo a verificada nos seringais do Acre, que teve na figura do líder sindical Chico Mendes uma oposição ferrenha à derrubada da mata na qual se encontravam as seringueiras usadas para retirada do látex, resistência que culminou com seu assassinato em 1988.

Nos últimos anos, o acesso à água de qualidade é outro foco de tensão e conflito no Brasil. O caso mais conhecido internacionalmente é a resistência ao projeto de transposição do rio São Francisco. A população ribeirinha de estados como Bahia e Minas Gerais protagonizou uma série de manifestações contra o que dizem ser a retirada de "sua água" para agricultura. O mesmo argumento foi usado pelos defensores da obra: levar água à população que sofre com períodos de estiagem no sertão nordestino. Entretanto, debates realizados em universidades do país indicam que a intenção é levar água para Fortaleza, capital do Ceará, o que denota uma visão desenvolvimentista baseada no uso intensivo da água, que, segundo foi exposto, poderia até ser usada para a industrialização da região e para manter seu crescimento urbano. Também é importante lembrar a difícil negociação sobre o fornecimento de água para a região metropolitana de São Paulo, que deixou parte expressiva da população da grande Campinas em situação também desconfortável em relação aos indicadores de disponibilidade hídrica. Ou, ainda, a contaminação das águas do rio Paraíba do Sul com o lançamento de produtos químicos em Cataguazes, em Minas Gerais, degradando a água que abastece cidades a jusante, no estado do Rio de Janeiro.

A institucionalização da temática ambiental no Brasil possibilitou avanços importantes desde meados da década de 1970. Entretanto, dificuldades operacionais tornam pouco eficazes leis reconhecidas internacionalmente como muito avançadas. Apesar disso, temos um Sistema Nacional de Unidades de Conservação que preconiza a proteção ambiental combinada ao uso sustentável dos recursos da área natural protegida. Os técnicos do setor ambiental já contam com alternativas para evitar o tão frequente conflito entre populações tradicionais e áreas destinadas à preservação. A expulsão de habitantes não cessou. Porém, instituíram-se formas de atenuar os impactos a partir do reconhecimento do mosaico de unidades de conservação, que permitem que determinadas atividades sejam mantidas sem prejuízo da conservação ambiental e da população que vive na região.

É preciso reconhecer que os conflitos ambientais ocorrem em diversas escalas, como bem estudou o professor Alier neste livro. No Brasil, eles têm origem interna e externa. A expansão de cultivos transgênicos, como observa o autor, é um caso em que predominam interesses alheios. Já a produção de soja combina atores nacionais e de fora, indicando uma complexa teia de relações entre produção, circulação e consumo de alimentos.

Esta obra estimula o debate desses e outros assuntos. O leitor tem em suas mãos uma oferta de teorias e inquietações sobre temas como dívida ecológica, outro aspecto recorrente na obra do presidente da Sociedade Internacional de Economia Ecológica, cargo que o professor Alier ocupa atualmente.

Para ele, os países que forneceram matéria-prima no período colonial são credores de seus exploradores, que deixaram um passivo ambiental que gera consequências drásticas até hoje.

Menos que lamentar simplesmente a devastação gerada pelos colonizadores europeus, o autor rebate as críticas que sofreu por essa importante contribuição ao reforçar suas matrizes: o desenvolvimento desigual e combinado do processo de acumulação capitalista e o uso desigual de recursos naturais pelos países de renda elevada. Mais que isso, ele discute a dívida do carbono, ao apontar que há emissões vitais, como a que expiramos na respiração, e as de luxo, que resultam da queima de combustíveis fósseis para fins não nobres. Para Alier, a dívida ecológica dos países do Norte para com os do Sul é de tal ordem que ela equivaleria à dívida externa dos últimos em relação aos primeiros. Por isso, propõe o fim do pagamento da dívida externa pelos países que foram colonizados.

Por fim, mas não menos importante, a grande contribuição desta obra consiste em reconhecer nos pobres uma atitude ambiental mais adequada que a das camadas mais ricas da população. Para o autor, povos indígenas, quilombolas, camponeses, entre outros atores sociais, mantiveram durante séculos uma ação ambiental muito mais adequada ao tempo da natureza, o que permitiu sua conservação.

É preciso ir além do simples interesse pelo conhecimento tradicional dos povos que manipularam tão bem áreas naturais no passado. Eles ensinam maneiras alternativas de reproduzir a vida, que não necessita de tantos itens materiais para se realizar. O livro deixa claro que qualquer alternativa aplicada passa pela política, pelos conflitos e pela mudança dos padrões desiguais de consumo no mundo atual.

Wagner Costa Ribeiro
Professor dos Programas de Pós-Graduação
em Ciência Ambiental e de Geografia Humana
da Universidade de São Paulo

PREFÁCIO À EDIÇÃO BRASILEIRA

Este livro foi publicado em 2002 pela Editora Edward Elgar, do Reino Unido, sendo reeditado em 2005, em Delhi, pela Oxford University Press, acompanhado de uma introdução voltada para os leitores indianos. Também foi publicado em castelhano pela Editora Icaria, de Barcelona. Para mim é motivo de satisfação que passe a circular no Brasil uma edição em português. O berço da ideia do ecologismo popular pode ser localizado na Índia como uma consequência do movimento Chipko em defesa das florestas de Kumaon e Garwhal no Himalaia. Mas também pode ser identificado no Brasil, em razão da resistência de Chico Mendes quando dirigente de um sindicato de seringueiros, ainda sob a ditadura militar, até sua morte, ocorrida no ano de 1988. No Brasil também têm surgido muitos outros movimentos em defesa da vida humana e da natureza, como os atingidos por barragens, os que padecem ou padeciam de contaminação em Cubatão e em tantos outros espaços industriais, assim como os que se postam na defesa dos manguezais contra a indústria da carcinicultura.

Esses conflitos ecológicos possuem atores sociais que muitas vezes não definem a si mesmos como ambientalistas. Chico Mendes era um sindicalista e, naturalmente, também era um ecologista. A resistência à transposição do rio São Francisco (um rio cujas águas naveguei em 1974 em companhia de alguns amigos da "esquerda festiva" da Unicamp, de Minas até a Bahia lendo Guimarães Rosa) foi liderada por um bispo que lutava simultaneamente em prol dos direitos humanos e da ecologia. Quando em alguns países da América Latina uma comunidade indígena protesta contra a mineração a céu aberto (como em Sipakapa, na Guatemala, em junho de 2005), o discurso utilizado é o da Convenção 169 da Organização

Internacional do Trabalho (OIT), que protege (apenas um pouco) as comunidades indígenas, também sendo utilizado o discurso da justiça ambiental. Tantos e tantos são os conflitos socioecológicos!

Neste livro, portanto, procuro demonstrar, em primeiro lugar, que tais conflitos nascem da utilização cada vez maior do ambiente natural por conta da expansão econômica. No Brasil, a exportação de recursos naturais a "preço de banana" ou mesmo a um preço inferior ao das bananas, aumenta a cada ano. A nova fronteira não está mais configurada apenas no ferro de Carajás ou no alumínio do norte do Pará, mas também na exportação de soja e, em breve, numa maciça exportação de biodiesel. Algumas partes do país "serão transformadas em uma imensa plantação de mamona". Então, o território se ressente, uma vez que está habitado por humanos e por outras espécies. No Brasil, a AHPPL (Apropriação Humana da Produção de Biomassa) continua em expansão, assim como o consumo de energia e os fluxos de materiais. Por sorte, o crescimento demográfico no Brasil não cresce como foi o desejo dos militares que governaram o país nos anos 1970.

Em segundo lugar, procuro evidenciar que, nos conflitos socioecológicos, diversos atores esgrimem diferentes discursos de valoração. Há os que insistem no predomínio do crescimento econômico, na necessidade de aliviar a pobreza não mediante a redistribuição, mas com o crescimento a todo custo. Existem aqueles que, mais moderados, demandam uma valoração crematística das externalidades negativas, aludindo às análises de custo-benefício. Ademais, temos aqueles que, sendo pobres e dispondo de pouco poder político, apelam, contrariamente às outras linguagens, ao discurso dos direitos humanos, ao valor da natureza para a sobrevivência humana, aos direitos territoriais indígenas e à sacralidade de alguns espaços de vida. Comprovamos mediante o estudo dos conflitos que todos esses discursos são linguagens socialmente válidas.

O livro se interroga, portanto, sobre quem possui o poder político para simplificar a complexidade e sacrificar certos interesses e valores sociais impondo um único discurso de valoração a despeito dos demais, como tem ocorrido com o discurso econômico. A economia ecológica e a ecologia política devem ser capazes de analisar os conflitos ecológicos sem reducionismo, aceitando a incomensurabilidade dos valores.

Espero que o marco analítico que este livro estabelece, baseado em estudos empíricos de muitos conflitos socioecológicos ao redor do mundo, contribua para que os leitores brasileiros compreendam (e participem) nos muitíssimos conflitos similares que a cada dia que passa eclodem no Brasil.

PREFÁCIO

A ecologia política estuda conflitos ecológicos distributivos; constitui um campo criado por geógrafos, antropólogos e sociólogos ambientais. O enfrentamento constante entre meio ambiente e economia, com suas vicissitudes, suas novas fronteiras, suas urgências e incertezas, é analisado pela economia ecológica. Trata-se de um novo campo de estudos criado por ecólogos e economistas cuja pretensão é "levar a natureza em consideração" não somente em termos monetários, mas, sobretudo, em termos físicos e sociais. A economia ecológica coloca no centro da sua análise a incomensurabilidade de valores. Desse modo, este livro procura assumidamente contribuir para o estabelecimento dessas duas novas fronteiras do conhecimento: a ecologia política e a economia ecológica, investigando as relações existentes entre ambas.

O conteúdo deste livro volta-se para a discussão dos seguintes pontos:

O primeiro capítulo explica as mais importantes correntes ambientalistas, enfatizando particularmente o ecologismo dos pobres. Nos dias de hoje, o movimento ecologista ou ambientalista global permanece dominado por duas correntes principais: a do culto ao silvestre (ou do "mundo selvagem") e de forma cada vez mais enfática, pelo credo da ecoeficiência. Não obstante, uma terceira corrente, conhecida como "justiça ambiental", "ecologismo popular", ou "ecologismo dos pobres" está em crescimento, consciente de si mesma.

Os capítulos "Economia ecológica: 'levando em consideração a natureza'" e "Índices de (in)sustentabilidade e neomalthusianismo" estão voltados para as origens e o alcance da economia ecológica, abordando questões como a atribuição de valores monetários para as externalidades negativas e aos serviços ambientais positivos, os vínculos entre crescimento econômico e o uso de energia e matérias-primas, o gerenciamento dos perigos aleatórios com o concurso da ciência pós-normal, o debate da desmaterialização do consumo, os indicadores físicos da insustentabilidade, a aceleração da utilização do tempo e a taxa de desconto, o equilíbrio entre população e recursos, e os debates acerca da capacidade de carga da população humana e o neomalthusianismo feminista dos últimos cem anos.

Após explicar alguns dos conflitos atuais e históricos quanto à mineração do cobre como exemplos de conflitos ecológicos provocados pelo crescimento econômico, o capítulo "Ecologia política: o estudo dos conflitos ecológicos distributivos" examina nas suas últimas seções o nascimento da ecologia política e seu desenvolvimento a partir da década de 1980. Além do mais, estuda as relações entre forma de propriedade e gestão de recursos, discutindo a errônea concepção da "tragédia dos comuns".

Já os capítulos "A defesa dos manguezais contra a carcinicultura" e "Ouro, petróleo, florestas, rios, biopirataria: o ecologismo dos pobres" constituem o coração empírico do livro, contendo estudos detalhados de manifestações do ecologismo dos pobres em diferentes países. Evidentemente, não é minha intenção trabalhar com a argumentação de que os pobres são sempre ambientalistas em todos os cantos do mundo. Afirmar algo nesse sentido seria um absurdo. Por outro lado, proponho que nos conflitos ecológicos distributivos, os pobres, ao mesmo tempo em que não reivindicam ser ecologistas, são expoentes da conservação dos recursos e de um ambiente limpo em muitos contextos. Nesses capítulos são discutidos tanto os elementos estruturais quanto os culturais. Os pobres possuem melhores possibilidades de defender seus interesses no campo do não econômico. Eles podem utilizar o discurso da compensação econômica. Porém, eventualmente apelam para valores não econômicos disponíveis em seus repertórios culturais. Neste livro, observaremos que os conflitos ecológicos conquistam expressão através de muitos discursos. Neste conjunto, o referente à valoração econômica dos danos representa somente um dos discursos disponíveis. Qual seria a inter-relação entre valores não materiais como o sagrado e o interesse material de assegurar a subsistência? Quem possui poder de impor discursos específicos de valoração?

O capítulo "Os indicadores de insustentabilidade urbana como indicadores de conflito social" discorre sobre os conflitos relacionados com a planificação urbana, poluição e trânsito nas cidades. Estas produzem algo de valor comensurável ou comparável a suas importações de energia e

PREFÁCIO À EDIÇÃO INGLESA

de materiais e, com os resíduos por elas gerados? Contribuem de algum modo com a crescente complexidade do sistema do qual fazem parte? As cidades devem ser vistas como "parasitas" ou, para utilizar outra metáfora, como um "cérebro" que, agraciado com um metabolismo mais intenso domina e organiza todo o sistema? Em qual escala geográfica a insustentabilidade das cidades deve ser avaliada? Seriam os indicadores da insustentabilidade urbana simultaneamente referências de conflitos sociais em diversas escalas?

Os Estados Unidos e a África do Sul são dois países distintos, mas com elementos em comum. O capítulo "A justiça ambiental nos Estados Unidos e na África do Sul" analisa os movimentos organizados com base na "justiça ambiental", enfrentando o "racismo ambiental" nessas duas nações. Essa avaliação inclui as disputas a respeito da localização dos incineradores urbanos e das brigas em torno à disposição de dejetos nucleares em territórios das populações indígenas nos Estados Unidos, assim como o debate sobre as necessidades vitais de água e de eletricidade no contexto urbano, tendo por cenário a República Sul-Africana. O movimento de justiça ambiental obteve um grande êxito ao conseguir que o presidente Bill Clinton assinasse a Ordem Executiva* de 11 de fevereiro de 1994, por meio da qual todas as agências federais se tornaram responsáveis por identificar e evitar impactos desproporcionalmente grandes decorrentes das suas políticas e atividades sobre o meio ambiente e a saúde. A palavra "desproporcional" é crucial, pois o cerne da argumentação refere-se ao fato de que os impactos são desiguais, diferindo quando as áreas são habitadas por ricos e pobres, por brancos ou por minorias étnicas. A incorporação explícita da "justiça ambiental" por parte dos ativistas sul-africanos é um augúrio de um movimento internacional mais amplo. Desse modo, a partir de 2001 passou a atuar no Brasil uma nova rede de justiça ambiental.

O capítulo "O Estado e outros atores" analisa os papéis do Estado e de outros atores, tais como as empresas nacionais ou transnacionais, as ONGs e as redes internacionais. Ademais, esse capítulo procura explicar as funções assumidas pelos diferentes órgãos estatais em diversos conflitos. Quais são os recursos mobilizados, quais alianças são formadas, quais lideranças surgem? Quando e por que os conflitos ecológicos são descritos com base nos direitos humanos e nos direitos territoriais indígenas? Contando ou não com o eventual apoio do Estado, algumas alternativas sustentáveis em pequena escala têm surgido desses

---

* Nota da tradução (N.T.): Nos Estados Unidos, uma ordem executiva é uma norma, regulamento ou instrução emitida diretamente pelo presidente do país, determinando formas de conduta para organismos federais.

movimentos de resistência. Esse capítulo igualmente examina as colocações feministas a respeito dos conflitos ecológicos distributivos, superando a oposição entre o ecofeminismo essencialista e o ecofeminismo social.

O capítulo "A dívida ecológica" discute o comércio internacional e a política do efeito estufa, assim como os recentes conflitos relacionados com a exportação de produtos geneticamente modificados. Ao invés de analisar o chamado "protecionismo verde" – termo utilizado para definir a percepção das normas ambientais do Norte enquanto barreiras para o comércio –, o que se enfatiza é uma discussão na situação oposta, comentando a teoria do intercâmbio ecologicamente desigual. Esse capítulo desenvolve a ideia da dívida ecológica do Norte para com o Sul em razão do saque de recursos e da apropriação desproporcional de espaço ambiental, e introduz, também, a linguagem da segurança ambiental.

O capítulo "As relações entre a ecologia política e a economia ecológica faz um resumo das relações entre conflitos ecológicos distributivos, sustentabilidade e valoração. Apresenta uma lista de conflitos ecológicos distributivos e explica por que os fracassos da valoração econômica terminam por abrir grande espaço para os movimentos ecológicos. Os preços dependem dos resultados dos conflitos ecológicos distributivos tanto em nível local quanto global; é impossível que conheçamos *a priori* quais serão os preços "ecologicamente corretos". Portanto, o propósito do livro é explicar como o "enfrentamento inevitável entre a economia e o meio ambiente (estudado pela economia ecológica), abre espaço para o 'ecologismo dos pobres' (estudado pela ecologia política)". Potencialmente, esta é a corrente mais forte do ecologismo, "se convertendo em uma força poderosa em favor da sustentabilidade" (conceito discutido nos capítulos "Economia ecológica: 'levando em consideração a natureza'" e "Índices de (in)sustentabilidade e neomalthusianismo"). Nessa perspectiva, quais seriam os discursos do ecologismo dos pobres? Quem detém o poder de impor a linguagem econômica como discurso supremo de uma discussão de cunho ambiental? Quem possui capacidade para simplificar a complexidade, desqualificando outros pontos de vista?

A amplitude geográfica deste livro é maior do que a dos meus livros anteriores. No presente texto, discuto conflitos ecológicos distributivos, tanto históricos quanto atuais, numa escala que se estende do Japão à Nigéria, da Espanha à África do Sul, da Tailândia e da Papua-Nova Guiné, do Equador ao Peru, da Índia aos Estados Unidos e ao Brasil. Estão pontuados conflitos do Sul e do Norte, rurais e urbanos, dos planaltos e das áreas úmidas, tais como os relacionados com a preservação dos mangues contra a depredação da carcinicultura, a resistência contra as represas e as disputas pelos aquíferos, os movimentos contra a exploração do gás e do petróleo nas regiões tropicais, as lutas contra a importação de resíduos tóxicos, os conflitos contra a "biopirataria" ou apropriação dos recursos genéticos, a conservação dos bancos pesqueiros contra a abusiva exploração externa, as queixas contra as plantações florestais (seja estas do dendezeiro ou do eucalipto), os conflitos trabalhistas relacionados com a saúde e a segurança nas minas, fábricas e plantações, e igualmente, os conflitos ambientais urbanos pelo uso do solo, acesso à água, sistemas de transporte, o repúdio quanto a determinadas formas de disposição final dos resíduos e a contaminação do ar. Neste livro, o temário dos passivos ambientais das empresas e sua responsabilidade legal é discutida com bastante frequência, como os casos de *Superfund*[*] dos EUA, os relacionados com a Dow Chemical e a Chevron-Texaco no Equador, assim como as petições internacionais encaminhadas sob a jurisdição da Alien Tort Claims Act, a ATCA.[**]

Não há nenhuma dúvida sobre o tema central desta publicação, centrada na resistência local e global, apoiada com base em diversos discursos, contra os abusos da ação humana no meio natural e a perda de vidas humanas. Portanto, este livro traz a público as debatidas percepções sociais relacionadas com as agressões ambientais. Contudo, a obra não tem enfoque construtivista e se apoia em uma base sólida que provém das ciências ambientais. Supõe-se que a leitora ou o leitor possuem um conhecimento básico de conceitos científicos construídos pelos humanos no curso da história, como "joules e calorias", "metais pesados", "efeito estufa", "segunda lei da termodinâmica", "distância genética" e "dióxido de enxofre", conceitos que não são facilmente decodificados em seminários de teoria cultural.

No meu livro escrito em 1987 em parceria com Klaus Schlüpmann, sobre a história das críticas ecológicas dirigidas à economia, mostrei as contradições entre a contabilidade econômica e a contabilidade energética, ao mesmo tempo em que introduzi a questão sobre a incomensurabilidade de valores, que foi, aliás, o tema principal de um trabalho posterior desenvolvido com Giuseppe Munda e John O'Neill. Minha investigação sobre os vínculos entre os conflitos ecológicos distributivos e os conflitos de sistemas de

---

[*] N.T.: O *Superfund* é um programa da Environment al Protection Agency (EPA) dos Estados Unidos voltado para identificar, investigar e limpar áreas carentes de controle ou abandonadas, utilizadas como lugares de descarte de resíduos perigosos.

[**] N.T.: A ATCA é uma legislação datada de 1789 que garante jurisdição da Corte Federal dos Estados Unidos quanto a atos cometidos por norte-americanos em flagrante violação das leis das nações ou de tratados firmados pelos Estados Unidos no exterior.

valores foi elaborada com base em ideias inicialmente colocadas de um modo cristalino por Martin O'Connor, compartilhadas e desenvolvidas por um grupo coerente de economistas ecológicos, dentre os quais Silvio Funtowicz e Jerry Ravetz, teóricos da ciência pós-normal. Meu trabalho também deve muito a Ramachandra Guha, autor de diversos livros e ensaios sobre os movimentos ecologistas do Norte e do Sul, em cuja residência e biblioteca em Bangalore finalizei este livro em agosto de 2001. Também devo muito a outros amigos, entre eles Bina Agarwal, Maite Cabeza, Arturo Escobar, Miren Etxezarreta, Enrique Leff, James O'Connor, Ariel Salleh e Victor Toledo. O primeiro rascunho foi escrito em 1999 e 2000, no Programa de Estudos Agrários da Universidade de Yale, dirigido por Jim Scott, usufruindo a companhia de Enrique Mayer, Richard Grove, Rohan D'Souza, Arun Agrawal e de outros colegas. Também recordaria vários estudantes de doutorado da Escola de Silvicultura e Estudos Ambientais da Universidade de Yale. Agradeço ao Grupo de Ecologia Social de Viena (projeto sobre o sudeste da Ásia), por seu auxílio financeiro. Agradeço a Gerard Coffey, Cecília Chérrez e Ana Delgado pela tradução para o castelhano, por mim mesmo revisada.

 O transcorrer dos últimos vinte anos tem sido uma parteira importante no lento nascimento da economia ecológica e da ecologia política. Tenho um profundo interesse por sua rápida consolidação, respaldada por revistas, cátedras, programas de doutorado, institutos, fundos de investigação e inclusive por obras de referência. Para além dos debates no espaço universitário, que têm sua importância, e olhando para um futuro otimista e distante, me interessa igualmente o ativismo reflexivo e a investigação participativa nos conflitos ecológicos, sejam eles calcados ou não numa disciplina científica consolidada. Estamos antevendo a pouca distância o crescimento de um movimento global pela justiça ambiental que poderia conduzir a economia a uma adequação ecológica e à justiça social. Alegra-me participar desse movimento. Este livro é dedicado com respeito, com carinho e com agradecimentos a Acción Ecológica, do Equador.

CORRENTES DO ECOLOGISMO

Este livro trata do crescimento do movimento ecologista ou ambientalista, uma explosão de ativismo que nos faz recordar, transcorrido quase um século e meio, o início do movimento socialista e a Primeira Internacional. Contudo, nesse movimento, surgido numa sociedade de redes (como a denomina Manuel Castells), afortunadamente não existe um comitê executivo.

O ecologismo[1] ou ambientalismo se expandiu como uma reação ao crescimento econômico. Caberia assinalar que nem todos os ambientalistas se opõem ao crescimento econômico. Alguns, até o apoiam em razão das promessas tecnológicas que ele apresenta. Na realidade, é perfeitamente plausível afirmar que nem todos os ecologistas pensam ou atuam de modo semelhante. Posso distinguir três correntes principais que pertencem todas ao movimento ambientalista e que têm diversos elementos comuns: "o culto ao silvestre", o "evangelho da ecoeficiência" e "o ecologismo dos pobres". Tais vertentes são como canais de um único rio, ramificações de uma grande árvore ou variedades de uma mesma espécie agrícola (Guha e Martínez Alier, 1999, 2000). Os antiecologistas se opõem a essas três correntes do ecologismo, as depreciam, desqualificam ou ignoram. Nesse contexto, oferecerei uma explanação sobre estas três correntes do ambientalismo, sublinhando as diferenças entre elas. Uma característica substantiva de cada uma, enfatizada aqui, é a sua relação com as

---

[1] As palavras *ambientalismo* e *ecologismo* estão indistintamente empregadas neste texto. Os usos variam: na Colômbia o ambientalismo é mais radical que o ecologismo; no Chile ou na Espanha, ocorre o contrário.

diferentes ciências ambientais, tais como a biologia da conservação, a ecologia industrial e outras. Suas relações com o feminismo, com o poder de Estado, com a religião, com os interesses empresariais ou com outros movimentos sociais não são menos importantes enquanto referências para defini-las.

O culto à vida silvestre

Em termos cronológicos, de autoconsciência e de organização, a primeira corrente é a da defesa da natureza intocada, o amor aos bosques primários e aos cursos d'água. Trata-se do "culto ao silvestre", tal como foi representado há mais de cem anos por John Muir e pelo *Sierra Club* dos Estados Unidos. Passaram-se por volta de cinquenta anos desde que *A ética da terra*, de Aldo Leopold, direcionou a atenção não só para a beleza do meio ambiente, como também para a ciência da ecologia. Leopold graduou-se como engenheiro florestal, posteriormente, utilizou a biogeografia e a ecologia dos sistemas, além de seus dons literários e sua aguda percepção da vida selvagem, para mostrar que as florestas possuíam várias funções: o uso econômico e a preservação da natureza (isto é, tanto a produção de madeira como a vida silvestre) (Leopold, 1970).

O "culto ao silvestre" não ataca o crescimento econômico enquanto tal. Até mesmo admite sua derrota na maior parte do mundo industrializado. Porém, coloca em discussão uma "ação de retaguarda", que nas considerações de Leopold visam a preservar e manter o que resta dos espaços da natureza original situados fora da influência do mercado.[2] O "culto ao silvestre" surge do amor às belas paisagens e de valores profundos, jamais para os interesses materiais. A biologia da conservação, que se desenvolve desde 1960, fornece a base científica que respalda essa primeira corrente ambientalista. Dentre suas vitórias, podemos mencionar a Convenção da Biodiversidade no Rio de Janeiro em 1992 (que desgraçadamente permanece sem a ratificação dos EUA), e a notável Lei de Espécies em Perigo dos Estados Unidos, cuja retórica apela aos valores utilitaristas, mas que claramente prioriza a preservação sobre o uso mercantil. Não consideramos necessário responder, e nem sequer perguntar, a respeito de como ocorreu a transição da biologia descritiva para a conservação normativa, ou, colocando de uma outra maneira, se não seria coerente que os biólogos permitam que o processo ora em curso prossiga de modo a eclodir numa sexta grande extinção da biodiversidade (Daly, 1999). De fato, os biólogos da conservação contam com conceitos e teorias –

---

[2] Ou, mais precisamente, se deveria dizer fora da *economia industrializada*, em razão de que a proteção à natureza, na forma de uma rede de reservas naturais científicas, *zapovedniki*, também existia na Rússia durante o regime soviético (Weiner, 1988, 1999).

hot spots, espécies cruciais – evidenciando que a perda da biodiversidade caminha a passos largos. Os indicadores da pressão humana sobre o meio ambiente, caso do índice AHPPL, isto é, referente à apropriação humana da produção primária líquida de biomassa (ver capítulo "Índices de (in)sustentabilidade e neomalthusianismo"), evidenciam que uma proporção cada vez menor de biomassa está disponível para espécies que não sejam a humana ou associadas aos humanos. Sem dúvida, em muitos países europeus (Haberl, 1997), as áreas de floresta estão em expansão. Mas isso se deve à substituição da biomassa por combustíveis fósseis a partir de 1950, e também pela crescente importação de ração para o gado. De qualquer modo, a Europa Ocidental e a Europa Central são pequenas e pobres em biodiversidade. O que importa é saber se a contínua expansão da AHPPL no Brasil, México, Colômbia, Peru, Madagascar, Papua-Nova Guiné, Indonésia, Filipinas e Índia, para lembrar alguns dos países com megadiversidade, conduzirá à crescente desaparição da vida silvestre.

    Mesmo que inexistissem razões científicas, existem sem dúvida alguma motivos estéticos e até utilitários (espécies comestíveis e medicinais para o futuro), que justificariam a preservação da natureza. Uma outra motivação poderia ser o suposto instinto da "biofilia" humana (Kellert e Wilson, 1993; Kellert, 1997). De resto, alguns argumentam que as demais espécies possuem direito à vida e nessa acepção não teríamos qualquer direito em eliminá-las. Eventualmente, essa corrente ambientalista apela para a religião, como parece ilustrar a vida política nos Estados Unidos. Pode apelar para o panteísmo ou para as religiões orientais, menos antropocêntricas do que o cristianismo ou o judaísmo. Pode ainda, escolher eventos bíblicos apropriados, como a Arca de Noé, um caso notável de conservação *ex situ*. Seria igualmente possível constatar na tradição cristã o caso excepcional de São Francisco de Assis, que se preocupou com os pobres e com alguns animais (Boff, 1998). Entretanto, mais razoável seria, nas Américas do Norte e do Sul, procurar respaldo numa realidade bem mais próxima: a do valor sagrado da natureza nas crenças indígenas que sobreviveram à conquista europeia. Por fim, sempre há a possibilidade de criar novas religiões.

    A sacralidade da natureza ou de partes dela assume neste livro uma conotação importante. Notadamente por duas razões: em primeiro lugar, em função do papel real da esfera do sagrado em algumas culturas; em segundo lugar, porque contribui para esclarecer um tema central na economia ecológica, a saber, a incomensurabilidade dos valores. E, nessa acepção, não apenas o sagrado, como também outros valores são incomensuráveis ante o econômico. Contudo, basta que o sagrado intervenha na sociedade de mercado para o conflito tornar-se inevitável, da mesma forma que acontecia quando, no sentido oposto, os mercadores invadiam o templo ou as indulgências eram vendidas pela Igreja. Durante os últimos trinta anos, o "culto ao sagrado" tem sido representado no ativismo ocidental pelo movimento da "ecologia profunda" (Devall e Sessons, 1985), que propugna uma atitude biocêntrica ante a natureza, contrastando com a postura antropocêntrica superficial.[3] A agricultura tradicional ou moderna desagrada aos ecologistas profundos em razão de ter conquistado espaço às expensas da vida silvestre. A principal proposta política dessa corrente do ambientalismo consiste em manter reservas naturais, denominadas parques nacionais ou naturais, ou algo semelhante, livres da interferência humana. Existem gradações a respeito das proporções que as áreas protegidas toleram em termos da presença humana, se estendendo desde a exclusão total até o manejo consorciado com as populações locais. Os fundamentalistas do silvestre entendem que a gestão conjunta nada mais configura do que converter a impotência em virtude, sendo a exclusão o seu ideal. Uma reserva natural poderia admitir visitantes, mas não habitantes humanos.

O índice AHPPL poderia tornar-se politicamente relevante caso exista uma massa crítica de investigação e um consenso quanto aos métodos de cálculo, esclarecendo sua relação mais exata com a perda de biodiversidade. Nesse caso, um país ou região poderia decidir por uma redução da sua AHPPL, digamos 50% a 20% num certo período de tempo. Metas mundiais também poderiam ser estabelecidas, da mesma maneira que hoje são concordados ou discutidos limites ou cotas para as emissões de clorofluorocarbono (CFC), de dióxido de enxofre, do dióxido de carbono ou para pesca de determinadas espécies.

Os biólogos e filósofos ambientais são atuantes nessa primeira corrente ambientalista, que irradia suas poderosas doutrinas desde as capitais do Norte, como Washington e Genebra, até a África, Ásia e América Latina, apoiados por organizações bem estruturadas como a International Union for the Conservation of Nature (IUCN), o Worldwide Fund of Nature (WWF) e Nature Conservancy. Hoje em dia, nos Estados Unidos não só se preserva a vida silvestre, como também ela é restaurada através da desativação de algumas represas, da recuperação dos Everglades* da Flórida ou pela reintrodução dos lobos no Parque de Yellowstone. O silvestre restaurado realmente equivale a uma natureza domesticada, talvez terminando por se converter em parques temáticos silvestres virtuais.

Desde os finais dos anos 1970, o aprofundamento da estima pela vida silvestre tem sido interpretado pelo cientista político Ronald Inglehart (1977,

---

[3] Ver Callicott e Nelson (1998), sobre *o grande debate sobre o silvestre* nos Estados Unidos, iniciado por Ramachandra Guha (1989), com sua "Crítica com base no Terceiro Mundo" dirigida aos "ecologistas profundos" e aos biólogos da conservação.

* N.T.: Os Everglades formam um ambiente aquático que domina extensões meridionais da Flórida. Sua área atual (5.247 km²) corresponde somente a 20% da superfície original. No entanto, esses pântanos, após anos de depredação, têm sido alvo de campanhas de recuperação. Diversos estudos demonstram que os Everglades são de importância essencial para o abastecimento de água doce.

1990, 1995), nos termos de um "pós-materialismo", isto é, denotativo de uma mudança cultural na direção de novos valores sociais, que implica um maior apreço pela natureza à medida que a urgência das necessidades materiais diminui em função de já terem sido satisfeitas. É desse modo que a mais prestigiosa revista de sociologia ambiental dos Estados Unidos, *Society and Natural Resources*, teve origem em um grupo de estudos sobre o ócio, que entendia o meio ambiente como um luxo e não como uma necessidade cotidiana. O corpo de membros do Sierra Club, da Audubon Society, da WWF e de organizações similares se expandiu consideravelmente nos anos 1970, possivelmente em razão de uma mudança cultural caracterizada por uma maior estima pela natureza por parte de um segmento da população dos Estados Unidos e outros países ricos. Sem dúvida, o termo "pós-materialismo" é terrivelmente equivocado (Martínez Alier e Hershberg, 1992; Guha e Martínez Alier, 1997). Sociedades como as dos Estados Unidos, a União Europeia e o Japão, cuja prosperidade econômica depende da utilização de uma enorme quantidade *per capita* de energia e de materiais, assim como da livre disponibilidade de áreas para descarte de resíduos e depósitos temporários para seu dióxido de carbono, claramente contestariam este conceito.

De acordo com pesquisas, a população da Holanda encontra-se na posição mais alta da escala de valores sociais denominados "pós-materialistas" (Inglehart, 1995). Contudo, a economia holandesa persiste na sua dependência de um grande consumo *per capita* de energia e matérias-primas (World Resources Institute, et al., 1997). Contrariamente a Inglehart, eu defendo que o ambientalismo ocidental não cresceu nos anos 1970 em função de as economias terem alcançado uma etapa "pós-materialista", mas exatamente ao contrário pelas preocupações muito materiais decorrentes da crescente contaminação química e os riscos e as incertezas suscitados pelo uso da energia nuclear. Tal perspectiva materialista e conflitiva do ambientalismo tem sido proposta desde os anos 1970 por sociólogos estadunidenses como Fred Buttel e Allan Schnaiberg.

A organização Amigos da Terra nasceu por volta de 1969, quando David Brower, diretor do Sierra Club, se incomodou com a falta de oposição de sua instituição quanto à energia nuclear (Wapner, 1996: 121). Os Amigos da Terra adotaram a denominação inspirada numa das frases de John Muir: "A Terra pode sobreviver bem sem amigos, mas os humanos, se quiserem sobreviver, devem aprender a ser amigos da Terra". A resistência contra a hidroeletricidade no oeste dos Estados Unidos, tal como foi encabeçada pelo Sierra Club, transcorria em paralelo com a defesa das paisagens dotadas de beleza natural e de espaços silvestres, como nas famosas mobilizações em defesa dos rios Snake, Colúmbia e Colorado. A resistência contra a energia nuclear iria se basear, nos anos 1970, nos perigos da radiação, com a preocupação pelos dejetos nucleares e com os vínculos entre os usos militar e civil da tecnologia nuclear. Hoje, o problema dos depósitos de dejetos radioativos é cada vez mais importante no contexto dos Estados Unidos (Kuletz, 1998).Agora, com mais de trinta anos nas costas, os Amigos da Terra são uma confederação formada por diversos grupos atuantes em países distintos. Enquanto alguns grupos se orientaram em favor da vida silvestre, outros passaram a se preocupar com a ecologia industrial, e outros ainda, se envolveram com os conflitos ambientais e de direitos humanos provocados pelas empresas transnacionais no Terceiro Mundo.*

Os Amigos da Terra da Holanda conquistaram um reconhecimento importante no início dos anos 1990 devido a seus cálculos sobre o "espaço ambiental", demonstrando que esse país estava utilizando recursos ambientais e serviços muito maiores do que os oferecidos pelo seu próprio território** (Hille, 1997). De resto, o conceito de "dívida ecológica" (ver capítulo "A dívida ecológica") foi incorporado nos finais dos anos 1990 aos programas e campanhas internacionais dos Amigos da Terra. Desse modo, estamos longe do "pós-materialismo".

O evangelho da ecoeficiência

Ainda que as correntes do ecologismo estejam entrelaçadas, o fato é que a primeira corrente, a do "culto ao silvestre", tem sido desafiada durante muito tempo por uma segunda corrente preocupada com os efeitos do crescimento econômico, não só nas áreas de natureza original como também na economia industrial, agrícola e urbana. Trata-se de uma corrente aqui batizada como "credo – ou evangelho – da ecoeficiência". Sua atenção está direcionada para os impactos ambientais ou riscos à saúde decorrentes das atividades industriais, da urbanização e também da agricultura moderna. Essa segunda corrente do movimento ecologista se preocupa com a economia na sua totalidade. Muitas vezes defende o crescimento econômico, ainda que não a qualquer custo. Acredita no "desenvolvimento sustentável", na "modernização ecológica" e na "boa utilização" dos recursos. Preocupa-se com os impactos da produção de bens e com o manejo sustentável dos

---

* Nota da Revisão Técnica (N.R.T.): A expressão Primeiro Mundo indicava os países desenvolvidos do chamado bloco capitalista durante os anos da Guerra Fria, distinguindo-os dos que formavam o Segundo Mundo, os socialistas, e dos países do Terceiro Mundo, que estavam excluídos desses dois grupos. Em um contexto internacional em que aqueles dois blocos desaparecem, a divisão regional em primeiro, segundo e terceiro mundos perde o sentido. Apesar disso, emprega-se essa divisão regional do mundo com muita frequência. Entre os especialistas, organizam-se novas divisões regionais do mundo segundo critérios como a renda da população (países de renda elevada, renda média e renda baixa), o Índice de Desenvolvimento Humano, que combina variáveis como renda, escolaridade e saúde da população para discriminar países, entre outros.

** N.T.: Este conceito é também formulado nos termos da chamada *ecological footprint*, isto é, a pegada ecológica.

recursos naturais, e não tanto pela perda dos atrativos da natureza ou dos seus valores intrínsecos. Os representantes dessa segunda corrente utilizam a palavra "natureza", porém falam mais precisamente de "recursos naturais", ou até mesmo "capital natural" e "serviços ambientais". A extinção de aves, rãs ou borboletas "bioindica" problemas, tal como a morte de canários nos capacetes dos mineiros de carvão.* Contudo, essas espécies, enquanto tais, não possuem direito indiscutível à vida. Esse credo é atualmente um movimento de engenheiros e economistas, uma religião da utilidade e da eficiência técnica desprovida da noção do sagrado. Nos anos 1990, seu templo mais importante na Europa foi o Instituto Wuppertal, localizado em meio a uma feia paisagem industrial. Neste texto, denominamos essa corrente de "evangelho da ecoeficiência" em homenagem à descrição de Samuel Hays a respeito do "Movimento Progressista pela Conservação" dos Estados Unidos, atuante entre os anos de 1890 e 1920, enquanto um "evangelho da eficiência" (Hays, 1959). Há cem anos, o personagem mais conhecido deste movimento nos Estados Unidos era Gifford Pinchot, formado nos métodos europeus de manejo florestal científico. Entretanto, essa corrente também possui raízes em outros campos que não o florestal, como o provam os muitos estudos realizados na Europa desde meados do século XIX sobre o uso eficiente da energia e sobre a química agrícola (os ciclos de nutrientes). Essa noção é implícita, por exemplo, quando Liebig** advertiu em 1840 sobre a dependência do guano*** importado, ou quando Jevons,**** em 1865, escreveu seu livro sobre o carvão, assinalando que uma maior eficiência das máquinas a vapor poderia, paradoxalmente, respaldar uma utilização ampliada do carvão ao baratear seus custos de produção. Outras raízes dessa corrente podem ser encontradas nos numerosos debates do século XIX entre engenheiros e especialistas em saúde pública quanto à contaminação industrial e urbana.

Hoje, nos Estados Unidos e de modo ainda mais acentuado na superpovoada Europa, na qual muito pouco resta da natureza original, o credo da "ecoeficiência" domina os debates ambientais, tanto os sociais quanto os políticos. Os conceitos-chave são as "curvas Ambientais de Kuznets", pelas quais o incremento de investimentos conduz, em primeiro lugar, a um aumento da contaminação, mas no final conduz a sua redução; o "desenvolvimento sustentável",

---

* N.T.: No passado, aves eram utilizadas nas minas para acusar emanações de gases venenosos.

** N.T.: Referência a Justus von Liebig (1803-1873), renomado químico alemão, com ampla atividade científica no processamento de alimentos e produção de fertilizantes.

*** N.T.: Fertilizante natural encontrado nas ilhas do litoral pacífico da América do Sul, principalmente do Peru.

**** N.T.: Referência a William Stanley Jevons (1835-1882), economista britânico.

interpretado como crescimento econômico sustentável; a busca de soluções de "ganhos econômicos e ganhos ecológicos" – *win-win** –, e a "modernização ecológica", terminologia inventada por Martin Jaenicke (1993) e por Arthur Mol, que estudou a indústria química holandesa (Mol, 1995, Mol e Sonnenfeld, 2000, Mol e Spargaren, 2000). A modernização ecológica caminha sobre duas pernas: uma econômica, com ecoimpostos e mercados de licenças de emissões; a outra, tecnológica, apoiando medidas voltadas para a economia de energia e de matérias-primas. Cientificamente, essa corrente repousa na economia ambiental (cuja mensagem é sintetizada em "conquistar preços corretos" por intermédio da "internalização das externalidades") e na nova disciplina da Ecologia Industrial, voltada para o estudo do "metabolismo industrial", aprofundado tanto na Europa (Ayres e Ayres, 1996, 2001), quanto nos Estados Unidos. Neste último caso, trata-se precisamente da Escola Florestal e de Estudos Ambientais da Universidade de Yale, fundada sob o auspício de Gifford Pinchot, responsável pela edição do excelente *Journal of Industrial Ecology*).

Assim, a ecologia se converte em uma ciência gerencial para limpar ou remediar a degradação causada pela industrialização (Visvanathan, 1997: 37). Os engenheiros químicos estão particularmente ativos nessa corrente. Os biotecnólogos tentaram inserir-se nela com promessas de sementes de laboratório que prescindiriam dos praguicidas e com a realização de uma síntese melhor do nitrogênio atmosférico, ainda que já tenham encontrado uma resistência pública aos organismos geneticamente modificados (OGM). Indicadores e índices como os referentes ao uso de insumos de matérias-primas por unidade de serviço, DMR/TMR (ver capítulo "Índices de (in)sustentabilidade e neomalthusianismo"), calculam o progresso da "desmaterialização" em relação com o Produto Interno Bruto (PIB), ou, inclusive, em termos absolutos. As melhorias em ecoeficiência em nível de uma empresa são avaliadas no decurso da análise do ciclo de vida dos produtos e processos e da auditoria ambiental. Efetivamente, a "ecoeficiência" tem sido descrita como "o vínculo empresarial com o desenvolvimento sustentável". Mais além dos seus múltiplos usos para a "limpeza verde", a ecoeficiência conduz a um programa extremamente valioso de investigação, de relevância mundial, sobre o consumo de matérias-primas e energia na economia e sobre as possibilidades de desvincular o crescimento econômico da sua base material. Tal investigação sobre o metabolismo social possui uma larga história (Fisher-Kowalski, 1998; Haberl, 2001). Existem duas interpretações: a otimista e a pessimista (Cleveland e Ruth, 1998) no "grande debate sobre a desmaterialização" que agora está se iniciando.

---

* N.T.: *Win-win* é uma expressão da língua inglesa que significa que todos podem obter o que desejam.

A classificação das correntes de um movimento, como propomos neste capítulo, tende a incomodar as pessoas que pretendem nadar nos seus redemoinhos. Não obstante, uma recente história do ambientalismo estadunidense (Shabecoff, 2000) inicia como segue: "Faz um século, em meio a uma tormenta nas alturas de Serra Nevada, um homem fraco e barbudo subiu até a copa de uma conífera que oscilava fortemente para, segundo explicou, desfrutar do prazer de cavalgar o vento. Uns poucos anos mais tarde, o primeiro chefe do serviço florestal do Departamento de Agricultura dos Estados Unidos, um aristocrático engenheiro florestal formado na Europa, andava a cavalo pelo parque Rock Creek, de Washington D.C., quando repentinamente lhe ocorreu uma ideia. Considerou que a saúde e a vitalidade da nação dependiam da saúde e vitalidade dos recursos naturais" (Shabecoff, 2000: 1). É fácil adivinhar que os dois personagens descritos são John Muir e Gifford Pinchot. Tornou-se usual traçar a diferença existente entre ambos: no primeiro caso, uma reverência transcendental para com a natureza; no segundo caso, a gestão científica dos recursos naturais para conseguir sua utilização permanente. Resulta mais polêmica a inclusão por Shabecoff de um terceiro personagem no nascimento do ambientalismo nos Estados Unidos. Trata-se de um partidário de Pinchot, a saber, o presidente Teodoro Roosevelt, um homem muito distante de ser um ecopacifista. A esta listagem de três personagens, se podem agregar outros grandes precursores (G. P. Marsh) e grandes sucessores (Aldo Leopold, Rachel Carson, Barry Commoner). Ainda que seja possível reclamar a inclusão de Lewis Mumford, e destacar outras tradições do ambientalismo, incluindo a imponente figura de Alexander Von Humboldt, de dois séculos atrás, a genealogia do ambientalismo estadunidense está muito bem demarcada e dificilmente sofrerá modificações. Têm sido duas, por conseguinte, as correntes principais: o "culto ao silvestre" (John Muir) e o "credo da ecoeficiência" (Gifford Pinchot).

A história da preocupação pelo meio ambiente é mais complicada do que temos relatado até aqui. Por volta de 1900, os Estados Unidos, como o restante da sociedade ocidental, assumiu um compromisso com a ideia do progresso, dominada pelo utilitarismo. A civilização estadunidense emergia da sua mentalidade fronteiriça, na qual parecia normal disparar contra qualquer ser vivente. Por exemplo, o ornitólogo Frank Chapman institui censos relativos às aves desenvolvidos no período natalino para despertar a opinião pública contra as competições de tiro no Ano Novo, que ainda eram comuns, e as matanças anuais de serpentes cascavéis, que continuam a ser uma prática desportiva local no sudoeste americano. Houve igualmente queixas de pescadores desportivos contra a contaminação dos rios e das represas, assim como se criticaram o desmatamento e o extermínio do bisão. Nasceu o movimento Audubon (1896), que se tornou mais influente do que o Sierra Club nessa mesma época.[4] Contudo, a simplificação do combate "John Muir vs. Gifford Pinchot" não faz justiça à riqueza do ambientalismo dos Estados Unidos, deixando de lado uma parte dessa história. Exemplificando, tanto na Europa quanto nos Estados Unidos existiram críticos ecológicos da economia desde meados do século XIX em diante, aos quais dediquei um livro inteiro há quinze anos. Por que então não citar novamente, entre os autores estadunidenses, o economista Henry Carey, que lamentava a perda da fertilidade agrícola? Por que não citar a "Carta aos Professores de História dos Estados Unidos", de Henry Adams, com sua discussão (de segunda mão) sobre entropia e economia? Por que não citar o "imperativo energético" do mentor de Henry Adams, Wilhelm Ostwald: "Não desperdice nenhuma energia, aproveite-a" (Martínez Alier e Schlupmann, 1991).

No contexto colonial europeu, Richard Grove descreveu os intentos dos franceses e ingleses em preservar as matas, que remontou aos finais do século XVIII localizados em algumas pequenas ilhas açucareiras como Maurício – na qual o modelo foi de nove porções de cana-de-açúcar para cada uma de floresta preservada –, uma proporção melhor que a reservada pelos espanhóis nas regiões ocidentais de Cuba colonial ou pelos estadunidenses em Cuba oriental pós-colonial em princípios do século XX. Tal como a história é relatada por Richard Grove, a crença na teoria francesa de "dessecação", que entende o desflorestamento como causa do declínio da chuva, orientou já em 1791 a aprovação, na ilha caribenha de San Vicente, de uma legislação para preservar trechos de mata "para atrair a chuva".[5] Essa política ambiental, também praticada em outras ilhas como Santa Helena sob a doutrina de Pierre Poivre e outros estudiosos e administradores coloniais, foi implementada 120 anos antes de Gifford Pinchot ingressar em Yale. No Brasil, José Augusto Pádua (2000) mostra a consciência clara, constatada desde os primórdios do século XIX em autores e políticos (relativamente fracassados) como José Bonifácio, a respeito dos vínculos existentes entre a escravidão, a mineração e a agricultura de *plantation* que arruinou a selva da costa atlântica.* Indiscutivelmente, no que se refere a todos esses precedentes – em que pese a

---

[4] Agradeço aos comentários escritos de Roland C. Clements, 28 de janeiro de 2000.

[5] Apresentação na Escola de Silvicultura e Estudos Ambientais da Universidade de Yale, 4 de fevereiro de 2000, também Grove (1994).

* N.T.: Eis como José Bonifácio, considerado por muitos ambientalistas brasileiros o "Patriarca do Reflorestamento", registrava, em 1823, esse processo de devastação: "A Natureza fez tudo a nosso favor, nós, porém, pouco ou nada temos feito a favor da Natureza. Nossas terras estão ermas, as poucas que temos roteado são mal cultivadas, porque o são por braços indolentes e forçados. Nossas numerosas minas, por falta de trabalhadores ativos e instruídos, estão desconhecidas ou mal aproveitadas. Nossas preciosas matas

existência de muitos autores de fora da Europa e dos Estados Unidos e mesmo também considerando as complexidades da preocupação ambiental no interior dos Estados Unidos –, para os propósitos deste livro reitero a opinião de que as duas correntes ecologistas dominantes, não só nos Estados Unidos como também no cenário mundial, são "o culto ao silvestre" e o "credo da ecoeficiência" (esta última com muitas contribuições europeias nas duas últimas décadas). Os verdes alemães, que eram internacionalistas, uniram-se ao movimento europeu da ecoeficiência. Em 1998, um amigo meu, Domingo Jiménez Beltrán, diretor executivo da Agência Ambiental Europeia, fez um discurso no Instituto Wuppertal intitulado "Ecoeficiência, a resposta europeia ao desafio da sustentabilidade". Eu o contestei dizendo-lhe que escreveria um livro sobre "Ecojustiça, a resposta do Terceiro Mundo ao desafio da sustentabilidade". Trata-se justamente deste livro.

Segundo Cronon, "durante décadas a concepção de um mundo silvestre tem sido um princípio fundamental – de fato, uma paixão – do movimento ambiental, em particular dos Estados Unidos" (Cronon, 1996:69). Parece existir uma afinidade entre "o silvestre" e a mentalidade estadunidense (Nash, 1982). Sabemos, entretanto, que o silvestre é pouco "natural". Nesse sentido, como explica Cronon (e também Mallarach, 1995), os "parques nacionais" foram criados depois do deslocamento ou da eliminação dos povos nativos que viviam nesses territórios. O parque Yellowstone não foi o resultado de uma concepção isenta de controvérsias. Não obstante, a relação entre sociedade e natureza nos Estados Unidos tem sido observada com base em termos: não de uma história socioecológica dialética e sujeita a transformações, mas sim de uma reverência profunda e permanente "pelo silvestre". Mais precisamente, acredito na tese de Trevelyan pela qual o apreço pela natureza se expandiu de modo proporcional à destruição das paisagens provocada pelo crescimento econômico (Guha e Martínez Alier, 1997: xii).

Não sem razão, também argumenta-se que nos Estados Unidos, a segunda corrente, qual seja, a referente à conservação e ao uso eficiente dos recursos naturais, procede da primeira corrente, preocupada com a preservação da natureza (ou de algumas das suas partes), uma cronologia que se tornou plausível devido à rápida industrialização dos Estados Unidos aos finais do século XIX. Desse modo, Beinart e Coates (1995: 46), na sua breve história ambiental comparativa dos Estados Unidos e a República Sul-Africana, consideram a preservação do mundo silvestre

---

vão desaparecendo, vítimas do fogo e do machado destruidor da ignorância e do egoísmo. Nossos montes e encostas vão-se escalvando diariamente, e, com o andar do tempo, faltarão as chuvas fecundantes que favoreçam a vegetação e alimentem nossas fontes e rios, sem o que o nosso belo Brasil, em menos de dois séculos, ficará reduzido aos páramos de desertos áridos da Líbia. Virá então este dia (dia terrível e fatal), em que a ultrajada natureza se ache vingada de tantos erros e crimes cometidos." ("Representação à Assembleia Geral Constituinte e Legislativa do Império do Brasil sobre a escravatura", em Octaviano Nogueira (org.), *Obra política de José Bonifácio*, Brasília, Senado Federal, 1973 [1825]).

uma ideia mais recente que a corrente da ecoeficiência. A esse respeito, escrevem o seguinte:"quando a ética utilitarista (de Pinchot) dominava, este outro pequeno afluente preservacionista, não mais, naquele momento, do que um pequeno riacho, merecia atenção porque se convertia no canal principal do ambientalismo moderno". Samuel Hays, especialista em história dos problemas urbanos e de saúde nos Estados Unidos, concorda com o anterior (Hays, 1998: 336-337).

Porém, seja qual for a corrente que detém a primazia, as duas vertentes do ambientalismo — o "culto ao silvestre" e "o credo da ecoeficiência" — convivem atualmente em simultaneidade, entrecruzando-se às vezes. Nesse sentido, observamos que se a procura utilitarista da eficiência no manejo florestal poderia confrontar-se com os direitos dos animais, num sentido oposto os mercados reais ou fictícios de recursos genéticos ou de paisagens naturais, poderiam ser entendidos como instrumentos eficientes visando à sua preservação. A ideia de estabelecer contratos de bioprospecção foi primeiramente promovida na Costa Rica por um biólogo conservacionista, Daniel Janzen, que evoluiu na direção de uma economia dos recursos naturais. A Convenção da Biodiversidade de 1992 propõe o acesso mercantil aos recursos genéticos como o principal instrumento para a conservação (ver capítulo "Ouro, petróleo, florestas, rios, biopirataria: o ecologismo dos pobres"). Contudo, a comercialização da biodiversidade constitui um instrumento perigoso para a conservação. Os horizontes temporais das empresas farmacêuticas são curtos (40 ou 50 anos no máximo), enquanto a conservação e coevolução da biodiversidade é um assunto que requer dezenas de milhares de anos. Caso as rendas provenientes da conservação em curto prazo resultem baixas, e na hipótese de a lógica da conservação se tornar meramente econômica, a ameaça à conservação será então mais forte do que nunca. Efetivamente, outros biólogos conservacionistas dos Estados Unidos (como Michel Soulé) se queixam de que a preservação da natureza perde seu fundamento deontológico porque os economistas, com sua filosofia utilitarista, estão controlando cada vez mais o movimento ambientalista. Em outras palavras, Michel Soulé adverte que recentemente ocorreu uma transformação lamentável no movimento ambiental: a ideia de que o desenvolvimento sustentável precisa se ligar ao lugar da reverência ao silvestre. Essa cronologia de ideias é plausível se considerarmos o "desenvolvimento sustentável" uma autêntica novidade. Porém, torna-se duvidosa no caso de observarmos o desenvolvimento sustentável como de fato ele é, ou seja, um irmão gêmeo da "modernização ecológica", ou mesmo uma reencarnação da ecoeficiência proposta por Pinchot.

Às vezes, aqueles cujo interesse pelo meio ambiente associa-se exclusivamente à esfera da preservação da vida selvagem exageram sobre a suposta facilidade com que se poderia desmaterializar a economia, terminando em se converterem em apóstolos oportunistas do evangelho da ecoeficiência. Por quê? Porque ao afirmar que as mudanças tecnológicas tornarão compatível a produção de bens com a sustentabilidade ecológica, enfatizam a preservação daquela parte da natureza que, ainda, se mantivera fora da economia. Nessa perspectiva, o "culto ao silvestre" e "o credo da ecoeficiência" eventualmente dormem juntos. Assim, vemos a associação entre a Shell e a WWF para o plantio do eucalipto em várias áreas ao redor do mundo com base no argumento de que isso diminuirá a pressão sobre os bosques naturais e, presumivelmente, promoverá também o aumento da absorção do carbono. O prefácio de uma versão popular do livro de Aldo Leopold, *A Sand County Almanac* (1949), escrito pelo seu filho Luna Leopold (1970), contém um apelo redigido em 1966 contra a energia hidroelétrica no Alasca e no Oeste, que inundaria locais de nidificação de aves aquáticas migratórias. A economia não deveria ser o fator determinante, escreveu há 35 anos Luna Leopold. Ademais, a contabilidade econômica utilizada seria inadequada em vista das possibilidades de se "encontrarem fontes alternativas e factíveis de energia elétrica". Nessa postura encontramos uma convivência do argumento da preservação da natureza e a posição pró-nuclear, com as quais nem todos os ambientalistas estadunidenses estariam de acordo. Anos antes, em 1956, Lewis Mumford, que se preocupava mais com a contaminação industrial e a expansão urbana do que com a preservação da natureza, já havia alertado sobre os usos da energia nuclear em tempos de paz: "Apenas temos iniciado a resolução dos problemas da contaminação industrial cotidiana. Porém, sem realizar qualquer análise prudente, nossos líderes políticos e empresariais agora propõem implantar energia atômica em uma vasta escala sem possuir a mais simples noção de como realizar a disposição final dos dejetos da fissão nuclear" (Mumford, apud Thomas et al., 1956: 1147).

A justiça ambiental e o ecologismo dos pobres

Como será visto ao longo deste texto, tanto a primeira quanto a segunda corrente ecologista são desafiadas hoje em dia por uma terceira corrente, que constitui justamente o tema principal do presente livro, conquistando notoriedade como ecologismo dos pobres, ecologismo popular ou movimento de justiça ambiental. Este também tem sido denominado ecologismo da *livelihood*,* do sustento, da sobrevivência humana (Gari, 2000) e, inclusive, como ecologia da libertação (Peet e Watts, 1996).

Essa terceira corrente assinala que desgraçadamente o crescimento econômico implica maiores impactos no meio ambiente, chamando a atenção

---

* N.T.: Em inglês, subsistência ou ganha-pão.

para o deslocamento geográfico das fontes de recursos e das áreas de descarte dos resíduos. Nesse sentido, observamos que os países industrializados dependem de importações provenientes do Sul para atender parcela crescente e cada vez maior das suas demandas por matérias-primas e bens de consumo. Os Estados Unidos importam metade do petróleo que consomem. A União Europeia importa uma quantidade de materiais (inclusive energéticos) quase quatro vezes maior do que a que exporta. Ao mesmo tempo, a América Latina exporta uma quantidade seis vezes maior de materiais (inclusive energéticos) do que aquela que é importada. O continente que constitui o principal sócio comercial da Espanha, não em dinheiro, mas em quantidade importada, é a África. O resultado em nível global é que a fronteira do petróleo e do gás, a fronteira do alumínio, a fronteira do cobre, as fronteiras do eucalipto e do óleo de palma, a fronteira do camarão, a fronteira do ouro, a fronteira da soja transgênica... todas avançam na direção de novos territórios. Isso gera impactos que não são solucionados pelas políticas econômicas ou por inovações tecnológicas e, portanto, atingem desproporcionalmente alguns grupos sociais que muitas vezes protestam e resistem (ainda que tais grupos não sejam denominados de ecologistas). Alguns grupos ameaçados apelam para os direitos territoriais indígenas e igualmente para a sacralidade da natureza para defender e assegurar seu sustento. Efetivamente, existem muitas tradições em alguns países (documentadas na Índia por Madhav Gadgil) nas quais se nota uma preocupação em reservar áreas para conservação, como arvoredos ou bosques sagrados. Apesar disso, o eixo principal desta terceira corrente não é uma reverência sagrada à natureza, mas, antes, um interesse material pelo meio ambiente como fonte de condição para a subsistência; não em razão de uma preocupação relacionada com os direitos das demais espécies e das futuras gerações de humanos, mas, sim, pelos humanos pobres de hoje. Essa corrente não compartilha os mesmos fundamentos éticos (nem estéticos) do culto ao silvestre. Sua ética nasce de uma demanda por justiça social contemporânea entre os humanos. Considero isso tanto como um fator positivo quanto uma debilidade.

    Essa terceira corrente assinala que muitas vezes os grupos indígenas e camponeses têm coevolucionado sustentavelmente com a natureza e têm assegurado a conservação da biodiversidade. As organizações que representam grupos de camponeses mostram crescente orgulho agroecológico por seus complexos sistemas agrícolas e variedade de sementes. Não se trata de um orgulho meramente retrospectivo. Nos dias de hoje, existem muitos inventores e inovadores, tal como tem demonstrado a Honey Bee Network para o caso da Índia (Gupta, 1996). O debate iniciado pela Organização das Nações Unidas para a Alimentação e a Agricultura (FAO) sobre os chamados "direitos dos agricultores" contribui com a tendência de defesa dos agricultores, hoje organizada na Via Campesina e apoiada por ONGs globais como o ETC Group* (anteriormente Rafi**) e a Grain (Genetic Resources Action International). Enquanto as empresas químicas e de sementes exigem remuneração por suas sementes melhoradas e por seus praguicidas, solicitando que sejam respeitados seus direitos de propriedade intelectual por intermédio de acordos comerciais, o conhecimento tradicional sobre sementes, praguicidas e ervas medicinais tem sido explotado gratuitamente sem reconhecimento. Isso tem sido chamado de "biopirataria" (ver capítulo "Ouro, petróleo, florestas, rios, biopirataria: o ecologismo dos pobres" para uma discussão detalhada).

A luta nos Estados Unidos pela justiça ambiental é um movimento social organizado contra casos locais de "racismo ambiental" (ver capítulo "Os indicadores de insustentabilidade urbana como indicadores de conflito social"), possuindo fortes vínculos com o movimento dos direitos civis de Martin Luther King dos anos 1960. É possível afirmar que, na comparação com o culto ao silvestre, o movimento por justiça ambiental, dada a dimensão que as questões do racismo e do antirracismo assumem na sociedade norte-americana, é um produto da mentalidade estadunidense. Muitos projetos sociais nas áreas centrais das cidades e áreas industriais em várias partes do país têm chamado a atenção a respeito da contaminação do ar, da pintura com chumbo, dos centros de transferência do lixo municipal, dos dejetos tóxicos e outros perigos ambientais que se concentram em bairros pobres ou habitados por minorias raciais (Pundy, 2000: 6). Até muito recentemente, a justiça ambiental como um movimento organizado permaneceu limitado ao seu país de origem, muito embora o ecologismo popular ou ecologismo dos pobres constituam denominações aplicadas a movimentos do Terceiro Mundo que lutam contra os impactos ambientais que ameaçam os pobres, que constituem a ampla maioria da população em muitos países. Estes incluem movimentos de base camponesa cujos campos ou terras voltadas para pastos têm sido destruídos pela mineração ou por pedreiras; movimentos de pescadores artesanais contra os barcos de alta tecnologia ou outras formas de pesca industrial (Kurien, 1992; McGrath et al., 1993), que simultaneamente destroem seu sustento e esgotam os bancos pesqueiros; e, por movimentos contrários às minas e fábricas por parte de comunidades afetadas pela contaminação do ar ou que vivem rio abaixo dessas instalações. Essa terceira corrente recebe apoio da agroecologia, da etnoecologia,

---

* N.T.: Acrônimo para Action Group on Erosion, Technology and Concentration.

** N.T.: Sigla de The Rural Advancement Foundation International, isto é, Fundação Internacional para o Avanço Rural – organização sediada no Canadá voltada para a conservação e utilização sustentável da biodiversidade agrícola e responsabilidade social no desenvolvimento de tecnologias rurais e das comunidades rurais.

da ecologia política e, em alguma medida, da ecologia urbana e da economia ecológica. Também tem sido apoiada por sociólogos ambientais.

Essa terceira corrente está crescendo em nível mundial pelos inevitáveis conflitos ecológicos distributivos. À medida que se expande a escala da economia, mais resíduos são gerados, mais os sistemas naturais são comprometidos, mais se deterioram os direitos das gerações futuras, mais o conhecimento dos recursos genéticos são perdidos. Alguns grupos da geração atual são privados do acesso aos recursos e serviços ambientais, e sofrem muito mais com a contaminação. As novas tecnologias talvez possam reduzir a intensidade da utilização de energia e de matérias-primas por parte da economia. Mas somente depois de já terem causado muita destruição, sem contar que com isso podem desencadear um "efeito Jevons". Não fosse suficiente, as novas tecnologias implicam muitas vezes "surpresas" (analisadas no capítulo "Economia ecológica: 'levando em consideração a natureza'" sob a rubrica de "ciência pós-normal"). Da forma como o problema está colocado, as novas tecnologias não representam necessariamente uma solução para o conflito entre a economia e o meio ambiente. Pelo contrário, perigos desconhecidos incorporados às novas tecnologias engendram em muitos momentos conflitos de justiça ambiental. Estes seriam os casos emblemáticos tanto da localização de incineradores – cujo funcionamento pode gerar dioxinas –, como de áreas voltadas para armazenar resíduos radioativos ou, ainda, do uso das sementes transgênicas. O movimento pela justiça ambiental tem fornecido exemplos de ciência participativa, como os que respondem pela denominação de "epidemiologia popular".* No Terceiro Mundo, a combinação da ciência formal com a informal, a concepção de "ciência com pessoas", antes que uma "ciência sem as pessoas", caracteriza a defesa da agroecologia tradicional de grupos camponeses e indígenas, com os quais há muito que ser aprendido através de um autêntico diálogo de saberes.

O movimento por justiça ambiental dos Estados Unidos assumiu consciência de si mesmo nos inícios dos anos 1980. Sua "história oficial" destaca a primeira aparição em 1982. Quanto aos seus primeiros discursos acadêmicos, datam do início dos anos 1990. A noção de um ecologismo dos pobres também reporta a uma história de vinte anos. Ramachandra Guha identificou as duas principais correntes ambientais como *wilderness thinking* (o que agora rubricamos como "o culto ao silvestre") e o *scientific industrialism*, que ora estamos denominando como "credo da ecoeficiência", "modernização ecológica" e "desenvolvimento

---

* N.T.: A epidemiologia popular tem por base movimentos surgidos principalmente nos países centrais em contextos considerados "de risco". Esses movimentos sociais/populares, liderados por ativistas sociais diante de ameaças ambientais em muitos casos relacionadas com os resíduos tóxicos, são eventualmente associados com ONGS, travando lutas para interferir nos impactos de quadros de exposições a riscos, e simultaneamente questionando a falta de resposta efetiva e ágil por parte das instâncias governamentais, administrativas ou acadêmicas. Seu grande ponto de inflexão foi o episódio de Love Canal (EUA), em 1978, quando toneladas de resíduos potencialmente tóxicos foram despejadas próximas a uma grande comunidade.

sustentável". A terceira corrente foi identificada a partir de 1985 como "agrarismo ecologista" (Guha e Martínez Alier, 1997: cap. IV), aparentado a um "narodnismo ecológico"* (Martínez Alier e Schlupmann, 1987), que implicava um vínculo entre os movimentos camponeses de resistência e a crítica ecológica para o enfrentamento da modernização agrícola, assim como da silvicultura "científica" (vide a história do movimento Chipko: Guha, 1989, ed. rev. 2000).

Em 1988, um amigo meu, o historiador peruano Alberto Flores Galindo, que possuía um grande interesse pessoal a respeito dos Narodniks do século XIX e principalmente do século XX na Europa Oriental e na Rússia, percebeu que a terminologia "econarodnismo" requisitava um conhecimento histórico que não estava disponível ao público em geral, sugerindo substituí-la pela utilização da expressão "ecologismo dos pobres". A revista *Cambio*, de Lima, publicou em janeiro de 1989 uma extensa entrevista travada comigo sob o título "O ecologismo dos pobres".[6] Sob os auspícios da "Social Sciences Research Council" (de Nova York), Ramachandra Guha e eu mesmo organizamos três reuniões internacionais nos inícios dos anos 1990 direcionadas para as diversas variedades do ambientalismo e do ecologismo dos pobres (Martínez Alier e Hershberg, 1992). Como está explicado no capítulo "Ecologia política: o estudo dos conflitos ecológicos distributivos", existiu, durante os anos 1990, uma intensa investigação no âmbito da ecologia política preocupada com os desdobramentos dessa perspectiva.

A convergência entre a noção rural terceiro-mundista do ecologismo dos pobres e a noção urbana de justiça ambiental, tal como é utilizada nos Estados Unidos, foi sugerida por Guha e Martínez Alier (1997: caps. I e II). Uma das tarefas do presente livro é precisamente comparar esse movimento por justiça ambiental com o ecologismo dos pobres, mais difuso e estendido em nível mundial, na tentativa de explicitar que ambos podem ser entendidos como integrantes de uma só corrente. Nos Estados Unidos, um livro sobre o movimento de justiça ambiental poderia facilmente ser intitulado ou subtitulado "O ecologismo dos pobres e as minorias", pois esse movimento luta em favor dos grupos minoritários e contra o racismo ambiental no país. Contudo, o presente livro preocupa-se com a *maioria* da humanidade, com aqueles que, na contramão, dispõem de relativamente pouco espaço ambiental; que têm

---

* N.T.: *Narodnik* é o nome dado aos membros de um movimento ocorrido no antigo Império Russo que, no século XIX, advogavam o regresso à vida no campo, inspirados no romantismo e em Rousseau. Esse movimento ficou conhecido como *Narodnichestvo* – ou *Narodnismo* –, palavra que em português resulta em "populismo", significado desprovido, é óbvio, da adjetivação atualmente inserida nesse termo.

[6] "O ecologismo dos pobres" apareceu também nos livros de Martínez Alier (1992), Gadgil e Guha (1995: cap. IV) e Guha e Martínez Alier (1997: cap. I). Provavelmente, foi utilizado pela primeira vez em inglês – o equivalente acadêmico de um consentimento de trabalho visando a um *sans pascer* – em Martínez Alier (1991).

gerenciado sistemas agrícolas e agroflorestais sustentáveis; que realizam um aproveitamento prudente dos depósitos temporários e sumidouros de carbono; cuja subsistência está ameaçada por minas, poços de petróleo, barragens, desflorestamento e *plantations* florestais para alimentar o crescente uso de energia e matérias-primas dentro ou fora dos seus próprios países. Como investigar a respeito dos milhares de conflitos ecológicos locais, que muitas vezes nem recebem atenção dos periódicos regionais e que ainda não são ou nunca foram assumidos como inseridos nessas questões por grupos ambientalistas locais e por redes ambientais internacionais? Em qual arquivo encontrarão os historiadores as referências para reconstruir a história do ecologismo dos pobres?

Notadamente, o que consideramos minorias ou maiorias depende do contexto. Os Estados Unidos contam com uma população crescente que representa menos do que 5% do total mundial. Na população desse país, as chamadas "minorias" perfazem aproximadamente a terça parte. Em nível mundial, grande parte dos países que em seu conjunto constituem a maioria da humanidade contam com populações cujo perfil, num contexto estadunidense, seriam classificadas como minorias. Tanto o movimento Chipko quanto as lutas encabeçadas por Chico Mendes nos anos 1970 e 1980 constituíam conflitos por justiça ambiental, mas não é necessário e tampouco procedente interpretar esses movimentos nos termos de um racismo ambiental. O movimento pela justiça ambiental é potencialmente importante, sempre e quando se dispõe a falar em nome não só das minorias localizadas nos Estados Unidos, como também das maiorias de fora desse país (que nem sempre estão definidas em termos raciais), envolvendo-se em assuntos como a biopirataria e biossegurança e as mudanças climáticas, para além dos problemas locais de contaminação. O que o movimento pela justiça ambiental herda do movimento pelos direitos civis dos Estados Unidos também vale em escala mundial devido à sua contribuição para formas gandhianas de luta não violenta.

Com base no que foi exposto, em resumo, verificam-se três correntes relativas à preocupação e ativismo ambientais:

- O "culto ao silvestre" ou "à vida selvagem", preocupado com a preservação da natureza silvestre, sem se pronunciar sobre a indústria ou a urbanização, mantendo-se indiferente ou em oposição ao crescimento econômico, muito preocupado com o crescimento populacional e respaldado cientificamente pela biologia conservacionista.
- O "credo da ecoeficiência", preocupado com o manejo sustentável ou "uso prudente" dos recursos naturais e com o controle da contaminação, não se restringindo aos contextos industriais, mas também incluindo em suas preocupações a agricultura, a pesca e a silvicultura. Essa corrente se apoia na crença de que as novas tecnologias e a "internalização das externalidades"

constituem instrumentos decisivos da modernização ecológica. Essa vertente está respaldada pela ecologia industrial e pela economia ambiental.

• O movimento pela justiça ambiental, o ecologismo popular, o ecologismo dos pobres, nascidos de conflitos ambientais em nível local, regional, nacional e global causados pelo crescimento econômico e pela desigualdade social. Os exemplos são os conflitos pelo uso da água, pelo acesso às florestas, a respeito das cargas de contaminação e o comércio ecológico desigual, questões estudadas pela ecologia política. Em muitos contextos, os atores de tais conflitos não utilizam um discurso ambientalista. Essa é uma das razões pelas quais a terceira corrente do ecologismo não foi, até os anos 1980, plenamente identificada. Assim, este livro analisa tanto injustiças ambientais que completaram um século de existência quanto aquelas que ocorreram há poucos meses.

Existem pontos de contato e pontos de desacordo entre esses três tipos de ambientalismo. Ressalvo que uma mesma organização pode pertencer a mais de um destes tipos. Exemplificando, o Sierra Club, ainda que tenha trabalhado pela preservação da natureza, publicou livros sobre justiça ambiental. Quanto ao Greenpeace, trata-se de uma organização fundada há trinta anos com base na preocupação com os testes nucleares com finalidade bélica e em defesa da preservação das baleias em perigo de extinção. Do mesmo modo, também tem participado dos conflitos de justiça ambiental. O Greenpeace teve importante papel na Convenção de Basileia, que proíbe a exportação de resíduos tóxicos para a África e outros lugares. Tem respaldado e capacitado comunidades urbanas pobres nas suas lutas contra o risco representado pelas dioxinas provenientes dos incineradores. Tem apoiado as comunidades dos mangues na resistência contra a carcinicultura. Por vezes, o Greenpeace tem assumido o papel de promotor da ecoeficiência quando, por exemplo, recomenda um refrigerador na Alemanha que não apenas dispensa a utilização de CFC como também é eficiente no uso da energia. Entretanto, uma coisa une todos os ambientalistas: é a existência de um poderoso *lobby* antiecologista, possivelmente mais forte no Sul do que no Norte. No Sul, os ambientalistas são em muitas ocasiões atacados pelos empresários e pelo governo (e pelos remanescentes da velha esquerda), considerados serviçais de estrangeiros cujo objetivo é estancar o desenvolvimento econômico. Na Índia, os ativistas antinucleares são considerados contrários à pátria e ao desenvolvimento. Na Argentina, os escassos ativistas antitransgênicos também são tidos como traidores pelos exportadores agrícolas.

ECONOMIA ECOLÓGICA: "LEVANDO EM CONSIDERAÇÃO A NATUREZA"

No capítulo anterior tínhamos afirmado, sem entrar em muitos detalhes, que por mais que se fale em modernização ecológica, de ecoeficiência ou de desenvolvimento sustentável, existe um enfrentamento sem solução entre a expansão econômica e a conservação do meio ambiente. A economia ecológica, tal como vem se consolidando desde os anos 1980, estuda esse enfrentamento e as formas que ele assume.

Nos países ricos, o crescimento econômico tem servido para apaziguar os conflitos econômicos. Tanto nas sociedades modernas já industrializadas quanto naquelas em processo de industrialização, existem aqueles que dizem ser a expansão do "bolo" da economia – isto é, o crescimento do PIB – o fator que melhor atenua os conflitos econômicos distributivos entre os grupos sociais. O meio ambiente surge, quando muito, como consideração de segunda ou terceira ordem, como uma preocupação que emerge a partir de valores profundos relacionados com uma natureza considerada sagrada, ou, então, simplesmente como um luxo: "amenidades" ambientais, mais do que condições ambientais da produção e da própria vida humana. Como costuma ser dito, os pobres são "demasiado pobres para serem verdes". Caberia, pois, aos pobres "desenvolver-se" para escapar da pobreza e, posteriormente, como subproduto desse processo, poder, quem sabe, adquirir o gosto e os meios necessários para melhorar o meio ambiente. Indignado por esse apanhado de ideias, o diretor executivo do Greenpeace, Thilo Bode, escreveu ao diretor da revista *The Economist*, na esteira dos eventos de Seattle, em 11 de dezembro de 1999:

Você assegura que uma maior prosperidade é a melhor maneira de melhorar o meio ambiente. Porém, tomando por base o desempenho de qual economia, em qual milênio, você poderia chegar a esta conclusão? [...] Declarar que uma expansão massiva da produção e do consumo em nível mundial melhora o meio ambiente é um absurdo. O atrevimento de enunciar uma declaração com esse mote, passível de ser interpretada como um escárnio, explica em grande parte a fervorosa oposição à Organização Mundial do Comércio.

O crescimento econômico pode se efetivar paralelamente a uma crescente desigualdade nacional ou internacional, um tema que a "Curva de Kuznets" procurou explorar. No debate sobre os efeitos do crescimento econômico, é admitido que quando a maré econômica sobe, sobem juntos todos os barcos, mesmo que suas posições hierárquicas não sejam alteradas. Em outras palavras, o crescimento econômico é bom para os pobres, mesmo que somente na comparação com a sua posição inicial. Se os 25% mais pobres da população apenas recebiam 5% da renda, depois de um período de crescimento econômico continuará recebendo 5%, embora de uma renda total bem maior. Obviamente, as disparidades em termos absolutos terão se aprofundado, mas o nível de renda dos mais pobres também terá se expandido. Tudo isto é, em geral, aceito. Alguns otimistas acreditam que a distribuição torna-se mais equitativa com o crescimento econômico. Outros insistem que, pelo contrário, as disparidades também aumentam e que, de qualquer modo, ingressos monetários mais volumosos não implicam maior segurança, dado que a degradação ambiental e outros impactos sociais permanecem ocultos. Uma maior proporção de bens comercializados (adquirir água ao invés de obtê-la gratuitamente, alimentar-se fora de casa com mais frequência, gastar dinheiro para chegar ao local de trabalho, comprar sementes em vez de produzi-las nos próprios campos, recorrer à medicina comercial ao invés de utilizar remédios caseiros, gastar dinheiro para solucionar problemas ambientais) faz parte da tendência na direção da urbanização e do crescimento econômico. Seria o mesmo que dizer que maiores ingressos não representam maior bem-estar. A crítica ao conceito do PIB induziu a criação do Índice de Desenvolvimento Humano (IDH) pela Organização das Nações Unidas. Esse índice considera diversos aspectos sociais, mas não os impactos ambientais.

A desigualdade econômica internacional tem se expandido. Todavia, aceitemos o argumento (para os propósitos deste livro) de que os conflitos econômicos distributivos são eventualmente atenuados ou amenizados pelo crescimento econômico. De qualquer modo, permanece a interrogação a respeito da probabilidade de os conflitos ecológicos distributivos serem equacionados pelo crescimento econômico ou, pelo contrário, se o crescimento econômico conduz a uma deterioração do meio ambiente. Está claro que nos países ricos os danos à saúde e ao meio ambiente provocados pelo dióxido de enxofre e pelo envenenamento através do chumbo têm diminuído. Porém, isso ocorre não somente devido ao crescimento econômico como também em função do ativismo social e das políticas públicas. Existem investigações que procuram demonstrar a possibilidade dos países ricos desacelerarem a intensidade material por um "fator 4", ou até mesmo por um "fator 10", sem que paralelamente seu bem-estar seja comprometido (Schmeidt-Bleek, 1994; Lovins e Weizaecker, 1996).

Porém, tal otimismo (do "credo da ecoeficiência") não pode eliminar nem dissimular as realidades decorrentes de uma maior exploração de recursos em territórios ambientalmente frágeis, simultaneamente a maiores fluxos físicos de matéria e energia entre o Sul e o Norte (Bunker, 1996; Naredo e Valero, 1999; Muradian e Martínez Alier, 2001), pelo acirramento do efeito estufa, pela consciência do "roubo" de recursos genéticos no passado e no presente, pelo desaparecimento da agroecologia tradicional e da biodiversidade agrícola *in situ*, pela pressão sobre as águas superficiais e subterrâneas em detrimento das necessidades humanas e dos ecossistemas e pelas inesperadas "surpresas" que têm surgido, ou estariam por surgir, das novas tecnologias (energia nuclear, engenharia genética, sinergia entre resíduos químicos). Tais incertezas tecnológicas não podem ser gerenciadas nos termos de um mercado de seguros voltado para o cálculo das probabilidades dos riscos. Ao invés de oportunidades para que todos ganhem econômica e ambientalmente com soluções do tipo *win-win*, o que vez por outra vemos acontecer são fiascos nos quais todos perdem. Ainda que aceitemos o argumento de que as economias ricas contam com os meios financeiros para corrigir danos ambientais reversíveis, além de possuírem a capacidade de introduzir novas tecnologias de produção que favoreçam a proteção do meio ambiente, pode também ser que tais pontos de inflexão quanto às tendências ambientais negativas surjam unicamente quando muitos danos já tenham se acumulado ou quando o ponto de não retorno tenha sido ultrapassado de modo irreversível. Em outras palavras: "tarde demais para ser verde". O *lock-in** tecnológico e social, o caráter fechado e fixo não somente das tecnologias como também dos hábitos de consumo e dos padrões de povoamento humano, tornam difícil desvincular crescimento econômico da expansão dos fluxos energéticos e de materiais.

A produção pode tornar-se relativamente menos intensa na sua demanda por energia e por matérias-primas. Contudo, a pressão ambiental da economia é especificada pelo consumo. John Ruskin,** que criticava a economia industrial a

---

* N.T.: Nesse contexto, a expressão significa "blindagem", "trancamento", isto é, refere-se ao caráter apologético do sistema de produção de mercadorias existente.

** N.T.: John Ruskin (1819-1900), autor, poeta e artista britânico, bastante conhecido pelo seu trabalho como crítico de arte e da sociedade da sua época. Seus ensaios sobre arte e arquitetura foram extremamente influentes na Era Vitoriana e Eduardiana.

partir de uma perspectiva estética e tecnológica, acreditava que seria fácil satisfazer as necessidades materiais da vida humana. Por isso mesmo, sustentava que a produção de mercadorias poderia ser potencialmente voltada "para a arte". Poderia converter-se em algo artisticamente valioso desde que belamente desenhada. No entanto, a produção na economia atual, seja ela bela ou não, requer de um modo ou de outro suprimentos materiais crescentes. Certo é que nas décadas dos anos 1960 e 1970 existiram tendências artísticas batizadas como "desmaterialização do objeto de arte". Entretanto, esses artistas não se referiam ao crescente consumo de massa de automóveis, viagens aéreas e condomínios fechados. Tal consumo é "artístico" no sentido de que não está voltado estritamente para a subsistência. Mas, qualquer que seja sua estética, é evidente que o consumo não está se desmaterializando. Os cidadãos ricos buscam satisfazer suas necessidades ou desejos por intermédio de novas formas de consumo que são, em si mesmas, altamente intensivas na utilização de recursos. Esse é o caso, por exemplo, da moda de degustar camarões importados dos países tropicais ao custo da destruição dos mangues, ou a aquisição de ouro ou diamantes, ambos inserindo enormes "mochilas ecológicas"* e um custo em vidas humanas (Princen, 1999).

Origens e alcance da economia ecológica

A economia ecológica proporciona uma visão sistêmica das relações entre a economia e o meio ambiente. Portanto, o estudo dos conflitos ambientais não se reduz a uma coletânea de episódios interessantes, mas antes constitui uma parte do estudo do enfrentamento em evolução entre economia e meio ambiente. Observamos as economias do ponto de vista do "metabolismo social". De acordo com o "perfil metabólico" dessas economias, assim serão seus conflitos ambientais.

A economia – a economia de um "mundo cheio" de pessoas, para utilizar a expressão de Herman Daly – está incrustada nas instituições sociais e na percepção social dos fluxos físicos e dos impactos ambientais. A relação entre natureza e sociedade é histórica em dois sentidos. Primeiro, a história humana se desenvolve no contexto de circunstâncias naturais. Contudo, a história humana também modifica a natureza. Segundo, a percepção da relação entre os humanos e a natureza tem sido alterada ao longo do tempo. Exemplificando, as leis da termodinâmica não foram enunciadas ou estabelecidas até 1840-1850. A conexão entre a termodinâmica e a evolução não foi traçada até a década

---

* N.T.: A *mochila ecológica* corresponde à quantidade de matérias-primas que intervém e que deve ser movimentada no ciclo de vida de um produto e, ademais, que permanece no ambiente como resíduo. Esse conceito reflete os fluxos ocultos de recursos necessários para a fabricação de um produto, embora não façam parte deste e sequer sejam objetos de valoração pelo sistema econômico vigente.

de 1880. A economia ecológica deve estar consciente desses aspectos históricos, mesmo tendo renunciado, fato com o qual concordo, ao entendimento da natureza como uma "construção social".

A economia ecológica é às vezes equivocadamente concebida como uma tentativa de impingir valores monetários aos recursos e serviços ambientais. Mas isso seria apenas um fragmento de uma tarefa mais ampla, crucial para o problema principal levantado neste livro: *as relações entre os conflitos ecológicos distributivos e os diversos discursos de valoração*. Temos como exemplo de valoração em um contexto não ambiental: as empresas e o governo alemães acordaram em 1999 compensar os sobreviventes do trabalho forçado no período nazista (após 55 anos), mediante o pagamento de 5,2 bilhões de dólares. Um evento pode ser julgado de acordo com diversos critérios ou escalas de valor. Podemos dizer: foi um ato desumano fazer uso de mão de obra escrava, e, além do mais, a compensação é demasiadamente barata. Entretanto, também é possível dizer que nenhuma compensação "real" é possível, mesmo que 5,2 bilhões de dólares configurem um razoável montante monetário (tendo de resto em conta que a maioria dos afetados já estão mortos). A compensação monetária não significa de forma alguma que as empresas ou os Estados possam utilizar mão de obra escrava desde que, quando são desmascarados, procedam ao pagamento de uma compensação. Finalmente, como conclusão, qualquer um poderia ponderar que o sacrifício humano observado durante o nazismo não pode ser avaliado em termos monetários.

A economia ecológica é um campo de estudos transdisciplinar estabelecido em data recente, que observa a economia como um subsistema de um ecossistema físico global e finito. Os economistas ecológicos questionam a sustentabilidade da economia devido aos impactos ambientais e a suas demandas energéticas e materiais, e igualmente devido ao crescimento demográfico. As pretensões de atribuir valores monetários aos serviços e às perdas ambientais, e as iniciativas no sentido de corrigir a contabilidade macroeconômica, fazem parte da economia ecológica. Todavia, sua contribuição e eixo principal é, mais precisamente, o desenvolvimento de indicadores e referências físicas de (in)sustentabilidade, examinando a economia nos termos de um "metabolismo social". Os economistas ecológicos também trabalham com a relação entre os direitos de propriedade e de gestão dos recursos naturais, modelando as interações entre economia e meio ambiente, utilizando ferramentas de gestão como avaliação ambiental integrada e avaliações multicriteriais para a tomada de decisões, propondo novos instrumentos de política ambiental.

O livro resultante da primeira conferência mundial de economistas ecológicos em Washington D.C. em 1990 (Costanza, 1991) definiu o campo conceitual como "a ciência e gestão da sustentabilidade". No final do século XIX e princípio do XX, o biólogo e planejador urbano Patrick Geddes, o revolucionário "narodnik" e médico Sergei Podolinsky e o engenheiro e reformista social Josef Popper-Lynkeus pretenderam sem êxito promover uma visão biofísica da economia como um subsistema incorporado a um sistema mais amplo sujeito às leis da termodinâmica (Martínez Alier e Schlüpman, 1987). Por volta de 1850 ou 1860, o ciclo de carbono e os ciclos de nutrientes das plantas tinham sido descobertos, e na sequência foram estabelecidas a primeira e a segunda lei da termodinâmica (a conservação e transformação da energia, mas também a dissipação da energia e aumento da entropia). O conflito criado entre a teoria "otimista"da evolução, que explica a diversidade da vida, e a "pessimista"segunda lei da termodinâmica constituiu um importante elemento da dieta cultural do início do século xx. Desse modo, as contribuições essenciais de uma visão ecológica da economia existiam muito antes do nascimento de uma economia ecológica consciente de si mesma. Essa demora é explicada pela rigidez das fronteiras existentes entre as ciências naturais e sociais.

 O biólogo e ecólogo de sistemas Alfred Lotka, nascido em 1880, introduziu, entre os anos 1910 e início de 1920, a distinção fundamental entre os usos endossomático e exossomático da energia por parte dos humanos ou, em outras palavras, entre "biometabolismo" e "tecnometabolismo". O prêmio Nobel de Química, Frederick Soddy, nascido em 1877, e que também escreveu sobre energia e economia, comparou a "riqueza real", que evolui acompanhando o ritmo da natureza, esgotando-se quando transformada em capital manufaturado, com a "riqueza virtual", na forma de dívidas que à primeira vista podem crescer exponencialmente de modo incessante com taxas de juros compostos. Mais tarde, quatro reconhecidos economistas, que no entanto não formavam uma escola, foram retrospectivamente vistos como economistas ecológicos. São eles: Kenneth Boulding, nascido em 1910, e que trabalhou principalmente na análise de sistemas; K.W. Kapp, também nascido em 1910, e S.Von Ciriacy-Wantrup, que nasceu em 1906, sendo estes dois últimos economistas institucionalistas; por fim, Nicholas Georgescu-Roegen, autor de *A Lei da entropia e do processo econômico* (1971). Já o ecólogo de sistemas H. T. Odum (1924-2002) voltou-se para o estudo do uso da energia na economia. Alguns dos seus ex-alunos integraram o grupo fundador da Sociedade Internacional de Economia Ecológica. Outras inspirações da economia ecológica podem ser encontradas na economia ambiental e dos recursos naturais (isto é, na microeconomia aplicada à contaminação ambiental e ao esgotamento dos recursos do meio ambiente), na ecologia humana, na antropologia ecológica,[*] na ecologia urbana e também no estudo do "metabolismo industrial", tal como foi desenvolvido por Robert Ayres, hoje conhecido como ecologia industrial.

---

[*] N.T.: Recorde-se a distinção realizada as partir dos finais dos anos 1990 entre antropologia *ecológica* e antropologia *ambiental*, sendo a primeira próxima das ciências naturais e a segunda, das ciências sociais.

Após uma importante reunião organizada na Suécia em 1982 pela ecóloga Ann Mari Jansson a respeito da integração da economia e da ecologia (Jansson, 1984), foi tomada a decisão de lançar a revista *Economia ecológica*. Além disso, durante uma oficina realizada em Barcelona em 1987 – o mesmo ano em que foi publicado o Relatório Brundtland sobre o "desenvolvimento sustentável" –, foi deliberada a fundação da Sociedade Internacional de Economia Ecológica, a ISSE, em conformidade com a sua sigla em inglês (International Society for Ecological Economics). Herman Daly (um ex-aluno de Georgescu-Roegen, o mais conhecido economista ecológico de hoje) propõe que a palavra "desenvolvimento" implica mudanças na estrutura econômica e social, enquanto "crescimento" significa uma expansão na escala da economia que provavelmente não tem condições de se sustentar ecologicamente. Por essa exata razão, "desenvolvimento sustentável" é aceito pela maioria dos economistas ecológicos, ao passo que "crescimento sustentável" não é. No meu ponto de vista, "desenvolvimento" é uma palavra detentora de uma forte conotação de crescimento econômico e modernização uniforme. Nessa ordem de colocações, seria preferível deixá-la de lado e falar somente de "sustentabilidade".

Nesse mesmo ano de 1987 surgiu o primeiro livro intitulado *Economia ecológica* (Martínez Alier e Schlüpmann, 1987), e com esse mesmo título foi publicado, sob a responsabilidade de Daly e Costanza, um número monográfico de *Ecological Modelling*. A bem-sucedida revista acadêmica *Ecological Economics* teve seu primeiro número publicado em 1989, sendo dirigida desde essa data por Robert Costanza, que, ademais, foi o primeiro presidente da ISSE, que conta com sociedades afiliadas na Argentina e Uruguai, Austrália, Nova Zelândia, Brasil, Canadá, União Europeia, Índia e Rússia. Fora dos Estados Unidos e da Europa, a "escola de entropia" japonesa (Tamanoi et al., 1984) estudou os serviços ambientais proporcionados pelo ciclo hídrico, bem como o ecossistema urbano de Edo, nome que antigamente designava a capital do Japão. Na Índia, vários economistas e biólogos (Madhav Gadgil) vêm realizando trabalhos desde os anos 1970 sobre a relação entre manejo florestal e o da água e os direitos comunitários de propriedade (Jodha, 1986, 2001). Essa constitui atualmente uma importante área de interesse tanto para a economia ecológica quanto para a ecologia política (Berkes e Folke, 1998). Outros economistas ecológicos europeus dos anos 1970 e 1980, cuja obra principal não foi publicada inicialmente em inglês, foram, na França, René Passet (1979, 1996) e Ignacy Sachs, que propôs no início dos anos 1970 a concepção de "ecodesenvolvimento"; Roefie Hueting (1980), na Holanda; Cristian Leipert (1989), na Alemanha; José-Manuel Naredo, na Espanha (para uma introdução geral: Costanza et al. (eds.), 1977; Costanza et al., 1997; Common, 1995).

Na economia ecológica, considera-se que a economia está inserida ou incrustada no ecossistema – ou para dizê-lo do modo mais preciso – animada pela historicamente cambiante percepção social do ecossistema. A economia também está incrustada na estrutura de direitos de propriedade sobre os recursos e serviços ambientais, numa distribuição social do poder e da riqueza em estruturas de gênero, de classe social ou de casta, vinculando a economia ecológica com a economia política e com a ecologia política (figura 1). Para compreender esse ponto sugiro o seguinte exemplo. O crescimento de uma economia baseada na utilização de combustíveis fósseis pode (ou não) encontrar um primeiro limite na estrutura dos direitos de propriedade sobre os sumidouros e os depósitos de carbono. Pode encontrar um segundo limite na capacidade de absorção da biosfera através da qual o dióxido de carbono é reciclado num determinado tempo, sem provocar alteração do clima. Outra possibilidade é que as excessivas emissões de carbono sejam reduzidas através da alteração dos direitos de propriedade sobre os sumidouros e os depósitos de carbono e/ou por mudanças na estrutura de preços, através de ecoimpostos ou licenças de emissão. A política a respeito do clima requer uma integração de análise dos três níveis.

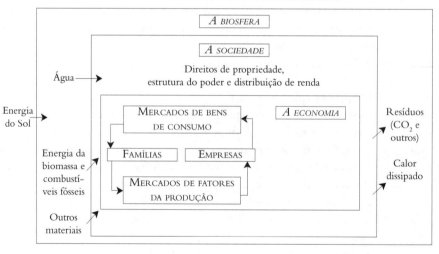

FIGURA 1: OS TRÊS NÍVEIS DA ECONOMIA ECOLÓGICA.

Por outro lado, a ciência econômica convencional observa o sistema econômico como um sistema autossuficiente no interior do qual são formados os preços dos bens e serviços de consumo, assim como os dos serviços e dos fatores de produção. Tal posição pré-analítica se reflete na categoria das "externalidades". Os economistas ecológicos simpatizam com as intenções no sentido de "internalizar" as externalidades no sistema de preços, aceitando de bom grado as propostas para corrigir os preços através de impostos (como os tributos sobre o esgotamento do capital natural ou taxas incidindo sobre a contaminação). Contudo, negam a existência de um conjunto de "preços ecologicamente corretos".

Por fim, a economia ecológica constitui um novo campo transdisciplinar que desenvolve e introduz temas e métodos, tais como os que seguem:

- Novos indicadores e índices de (in)sustentabilidade da economia;
- A aplicação, nos ecossistemas humanos, de concepções ecológicas como capacidade de carga e resiliência;
- A valoração dos serviços ambientais em termos monetários, mas também a discussão sobre a incomensurabilidade dos valores, e a aplicação de métodos de avaliação multicriterial;
- A análise do risco, da incerteza, da complexidade e da ciência pós-normal;
- Avaliação ambiental integral, incluindo a construção de cenários, modelagem dinâmica e métodos participativos na tomada de decisões;
- Macroeconomia ecológica, a contabilidade do "capital natural", o debate entre as noções de sustentabilidade "fraca" e sustentabilidade "forte";
- As relações entre economia ecológica e economia feminista;
- Os conflitos ambientais distributivos;
- As relações entre a atribuição dos direitos de propriedade e o manejo de recursos, as velhas e as novas instituições públicas para a gestão ambiental;
- O comércio internacional e o meio ambiente, a dívida ecológica;
- As causas e consequências ambientais das mudanças tecnológicas ou do *lock-in* tecnológico, as relações entre a economia ecológica e a economia evolucionista;
- As teorias do consumo (necessidades, "satisfatores"), e como o consumo se relaciona com os impactos ambientais;
- O debate sobre a "desmaterialização", as relações com a ecologia industrial, aplicações na administração de empresas;
- Os instrumentos de política ambiental, muitas vezes baseados no "princípio da precaução" (ou em *standards* mínimos de segurança", tal como desenvolvidos por Ciriay-Wantrup).

Neste capítulo, assim como no capítulo "Índices de (in)sustentabilidade e neomalthusianismo", serão tratados com maior detalhamento apenas alguns dos pontos acima mencionados, considerados particularmente relevantes para o tema principal deste livro e que dizem respeito à relação entre conflitos ambientais distributivos, sustentabilidade e valoração.

Não existe produção sem distribuição

Embora na teoria econômica neoclássica o estudo do direcionamento dos recursos para a produção esteja analiticamente dissociado da distribuição da produção em distintas categorias sociais, na economia ecológica esses dois aspectos são enfocados conjuntamente. Além disso, na economia ecológica "distribuição" não significa somente distribuição econômica, pois igualmente diz respeito à distribuição ecológica. Por essa razão, nesta obra as "considerações de equidade" não são apresentadas como é feito pelos economistas, ou seja, como um pensamento caridoso que aparece no último momento, mas, sim, considera-se que os aspectos distributivos são centrais para que sejam entendidas as valorizações e os aportes dos recursos naturais e serviços ambientais.

Na economia clássica, antes da revolução neoclássica da década de 1870, não se separava analiticamente a produção econômica da distribuição. A teoria de Ricardo sobre a renda da terra refere-se à distribuição da produção e também, por sua vez, a uma teoria da dinâmica capitalista. Suponhamos uma estrutura agrária tríplice, composta de grandes latifundiários e de agricultores capitalistas que alugam a terra dos grandes proprietários, contratando diaristas para o trabalho agrícola. À medida que a agricultura avança na direção dos terrenos de menor fertilidade (modo extensivo), ou utilizando mais insumos nos campos (modo intensivo), se iniciará uma fase de rendimentos decrescentes. Caso os salários sejam estáveis em um nível de subsistência, os rendimentos decrescentes, conjuntamente com a competição entre os agricultores capitalistas que visam a alugar os melhores solos, induzirão ao crescimento a renda a ser paga aos grandes senhores de terras. Supondo-se que os latifundiários gastem as rendas obtidas em consumo suntuoso (ao invés de investi-las), então, o fato de que os ganhos de capital diminuam enquanto as rendas dos latifundiários aumentam se desdobra numa estagnação da economia.

São bastante conhecidas as objeções aos prognósticos traçados por Ricardo. O mesmo Ricardo posicionou-se a favor das importações de trigo. E os novos territórios agrícolas, não na Grã-Bretanha, mas sim no ultramar, foram mais e não menos férteis. Ademais, as famílias dos capitalistas e dos grandes proprietários de terras da Grã-Bretanha estabeleceram laços de parentesco entre si. Analiticamente, quero aqui destacar que a análise econômica da produção e da distribuição foi combinada em um só modelo ou esquema. Note-se igualmente que a distribuição ecológica não foi levada em consideração. Ponderações similares se aplicam à economia marxista. Uma maior capacidade de produção, origem da acumulação de capital, conjuntamente com uma deficiente capacidade de compra de um proletariado explorado (e dos igualmente explorados fornecedores de matérias-primas e mão de obra nos territórios coloniais, como depois acrescentou Rosa Luxemburgo), produzia uma contradição inescapável do capitalismo, empurrando-o para uma crise periódica. O proletariado estaria social e politicamente mais bem organizado e as crises do capitalismo desencadeariam a revolução. A famosa frase de Henry Ford propondo que os trabalhadores se tornassem capazes de adquirir os automóveis que produziam (algo sem sentido em nível de uma só indústria ou empresa) deu seu nome (graças à análise de Gramsci) ao "fordismo" e à escola de "regulação" da economia política, enquanto a economia keynesiana igualmente se baseou na concepção de que a demanda efetiva podia, nas economias capitalistas, ser inferior do que a oferta potencial em plena utilização da capacidade produtiva e nível máximo de emprego. Por isso, a política estatal deveria estar orientada a aumentar a demanda efetiva. Aqui, mais uma vez a análise da distribuição econômica e da produção se manteve articulada. Não obstante, essas escolas econômicas não incluíram nas suas análises a deterioração ambiental (ainda que exista uma interessante discussão sobre o uso do "metabolismo social" na obra de Marx).

Não se toma nenhuma decisão produtiva a menos que existam de antemão normas ou práticas a respeito da distribuição. Um senhor de terras que utiliza parceiros não iniciará a produção a menos que se chegue a um acordo ou que exista uma norma costumeira sobre a proporção da colheita que lhe corresponderá. Exemplificando, caso 40% da colheita sejam orientados para os parceiros, a terra será utilizada para o cultivo do algodão; se os parceiros exigirem 70%, o grande proprietário terá que mudar o uso da terra para um cultivo muito mais produtivo e intensivo em mão de obra ou descartá-los e usar a terra como pastagens. A distribuição precede as decisões da produção. Esse é um ponto também óbvio para outras relações de produção, como a escravidão ou o trabalho assalariado. Nesse sentido, o pleno emprego dos anos 1960 na Europa orientou um forte poder de negociação por parte dos trabalhadores e uma pressão sobre os lucros dos empresários (o *profit squeeze**), resolvida mais tarde na recessão econômica de meados dos anos 1970 e por novas políticas neoliberais.

Considerando agora não a distribuição econômica, mas sim a distribuição ecológica, pode-se argumentar que não será tomada nenhuma decisão sobre a produção enquanto não existir um acordo ou norma habitual sobre como os recursos naturais serão apropriados ou como serão destinados seus resíduos. Por exemplo, a decisão de produzir energia nuclear requer uma decisão sobre o armazenamento dos resíduos radioativos. Serão guardados nas centrais nucleares? Serão transladados para um distante depósito final (como Yucca Mountain nos Estados Unidos)? Mesmo a localização das centrais nucleares requerem uma decisão sobre a distribuição social e geográfica dos perigos da radiação nuclear. Da mesma forma, a decisão de produzir energia elétrica a partir do carvão requer uma decisão prévia sobre a destinação dos dejetos da mineração, sobre o dióxido de enxofre, os óxidos de nitrogênio e o dióxido de carbono em distintas escalas geográficas. Quem desfruta do direito de propriedade sobre esses lugares? Em termos econômicos, se as externalidades podem permanecer como tais – isto é fora da contabilidade dos resultados e do balanço da empresa –, as decisões seriam diferentes caso tais passivos ambientais fossem incorporados na sua conta

---

* N.T.: Literalmente "arrocho dos lucros".

(inserindo algum valor econômico). Efetivamente, caso os produtores de veículos sejam obrigados a não produzir externalidades ou incluí-las no preço final dos seus produtos – e me refiro a todas as externalidades inevitáveis presentes ao longo de seu ciclo de vida, desde o berço até o túmulo, e depois, desde o túmulo até o berço quando reciclamos os materiais, incluindo as externalidades produzidas pelo dióxido de carbono –, então, as decisões relativas à produção na nossa economia seriam outras, dependendo em boa parte do preço associado a essas externalidades. O poder de jogar os veículos (distribuí-los) em depósitos de sucata e o poder de emitir (distribuir) na atmosfera os contaminantes a baixo preço ou gratuitamente detêm influência decisiva no momento de assumir decisões sobre a produção. Questionando com maior precisão: existem grupos sociais que reclamam das externalidades produzidas? Devemos argumentar em termos de definir um valor crematístico às externalidades ou utilizar outros discursos de valoração?

Por exemplo, se uma fábrica de celulose no Brasil pode plantar eucaliptos ignorando a compensação pela perda de fertilidade e pode lançar os efluentes exercendo de fato direitos de propriedade sobre o rio ou o mar, suas decisões de produção são diferentes das que existiriam na hipótese de se ver obrigada a pagar por essas externalidades ou caso tivesse que se confrontar com normas legais mais estritas, sendo essas levadas a efeito à risca. A ideia da "segunda contradição" do capitalismo foi introduzida por James O'Connor em 1988. Não se pode levar a produção a cabo sem a utilização dos recursos naturais e sem gerar resíduo. Pode ser que os diaristas agrícolas e os parceiros mal remunerados em termos econômicos também sofram os efeitos do malathion* na sua saúde juntamente com suas famílias e seus vizinhos que não trabalham nas plantações. Nesse contexto, os aspectos distributivos ambientais não recaem unicamente sobre os produtores. Isso possui influência nas formas assumidas pelos conflitos ecológicos distributivos. Afinal, os protagonistas dos conflitos não necessariamente são trabalhadores assalariados, mesmo que casualmente o sejam. Senão vejamos: podemos aventar que a luta contra os efluentes de uma fábrica de celulose seja liderada por um grupo de naturalistas, por um grupo local de mulheres, ou, como acontece no Brasil, por um grupo indígena, todos exigindo compensação (na linguagem dos economistas, a internalização das externalidades) ou utilizando outras linguagens (direitos territoriais indígenas, direitos humanos pela saúde....). Caso obtenham êxito, os custos serão diferentes para as empresas envolvidas e as decisões da produção serão

---

* N.T.: *Malathion* é a denominação de um inseticida, também conhecido como *Carbophos* na ex-URSS, *Maldison* na Austrália e Nova Zelândia, e *Mercaptothion* na República Sul-Africana. Embora possuindo toxidade relativamente baixa para seres humanos, sua degradação no ambiente tem por subproduto o *Malaoxon*, que é sessenta vezes mais tóxico do que a substância original. Por isso, o uso do *Malathion* é objeto de agudas polêmicas em muitos países.

igualmente diferentes. Os agentes dos conflitos ambientais distributivos não estão tão bem definidos como os agentes econômicos de Ricardo ou de Marx – grandes proprietários e agricultores capitalistas no primeiro caso, capitalistas industriais e proletários no segundo.

Disputas sobre sistemas de valoração

A distinção realizada pelos gregos (como na *Política* de Aristóteles) entre "oikonomia" (a arte do aprovisionamento material da casa familiar) e a "crematística" (o estudo da formação dos preços de mercado, para ganhar dinheiro), entre a verdadeira riqueza e os valores de uso, por um lado, e valores de troca, de outro, é uma distinção que hoje nos soa irrelevante porque o aprovisionamento material parece dar-se, sobretudo, através de transações comerciais, existindo, portanto, uma aparente fusão entre a crematística e a "oikonomia". Desse modo, com a exceção de algumas frutas do bosque, cogumelos e um pouco de lenha obtidos nas suas residências de lazer, a maioria dos cidadãos do mundo rico e urbanizado se abastece em lojas. Disso decorre a proverbial resposta das crianças urbanas à pergunta "De onde é que vêm os ovos e o leite?", "Do supermercado", respondem. Sem dúvida, muitas atividades realizadas no interior do núcleo familiar e da sociedade – basta contabilizar as horas dedicadas aos trabalhos domésticos – e muitos serviços da natureza ocorrem fora do mercado. Na economia ecológica, a palavra "economia" é utilizada num sentido mais próximo à "oikonomia" do que à "crematística". A economia ecológica não se compromete com um tipo de valor único. Ela abarca a valorização monetária, mas também avaliações físicas e sociais das contribuições da natureza e os impactos ambientais da economia humana mensurados nos seus próprios sistemas de contabilidade. Os economistas ecológicos "levam em consideração a natureza", nem tanto em termos crematísticos, quanto por intermédio de indicadores físicos e sociais.

Na macroeconomia, a valorização do seu desempenho meramente em termos do PIB recobre com um manto de invisibilidade tanto o trabalho não remunerado realizado no seio das famílias e na sociedade como também os danos sociais e ambientais não compensados. Tal simetria foi assinalada inicialmente pela ecofeminista Marilyn Waring (1988). Na economia feminista e ambiental, questiona-se e procura-se aprimorar os procedimentos relacionados com a mensuração do PIB e, na sequência, outros grupos podem procurar a substituição do PIB por outros indicadores ou índices para tornar visíveis seus próprios aportes e contribuições. De igual modo, nos conflitos específicos de distribuição ecológica (tais como a contaminação da água por uma fábrica de celulose ou riscos à saúde por pesticidas no cultivo do algodão), alguns grupos sociais insistiram na valoração econômica das externalidades, enquanto outros introduziram valores não econômicos. Em muitas ocasiões, os setores afetados ou envolvidos recorrem simultaneamente a diferentes sistemas de valoração. Outras vezes, a negação da valoração econômica – "a cultura própria tem um preço", ponderou Berito Cobaría, o porta-voz dos u'was* da Colômbia, ameaçados pela extração do petróleo – poderia possibilitar a formação de alianças entre os interesses (e valores) dos povos pobres ou empobrecidos com o culto da natureza praticado pelos "ecologistas profundos".

A natureza fornece recursos para a produção de bens e, ao mesmo tempo, "amenidades" ambientais variadas. Como assinalam Gretchen Daily, Rudolf de Groot e outros autores, mais importante é observar que a natureza disponibiliza gratuitamente serviços essenciais sobre os quais se apoia a vida, como o ciclo de carbono e os ciclos de nutrientes e da água, a formação dos solos, a regulação do clima, a conservação e evolução da biodiversidade, a concentração dos minerais, a dispersão ou assimilação dos contaminantes e as diversas formas de energia utilizáveis. Houve tentativas de atribuir valores monetários aos fluxos anuais de alguns serviços ambientais, para compará-los monetariamente com o PIB. Por exemplo, é possível identificar um valor monetário plausível para o ciclo de nutrientes (nitrogênio, fósforo), em alguns sistemas naturais, comparando-os com os custos das tecnologias econômicas alternativas. Seria possível que essa metodologia de valoração econômica – isto é, o custo de uma tecnologia alternativa – fosse aplicada de forma coerente à valorização da biodiversidade, numa espécie de "Parque Jurássico"? Obviamente, não. Portanto, quanto à biodiversidade, a valorização monetária tem tomado uma via completamente diferente, a saber, na forma de pequenas somas em dinheiro pagas por alguns contratos de bioprospecção, ou valores monetários fictícios subjetivos em termos da disposição em pagar por projetos de conservação, isto é, o chamado método da "valoração contingente" favorecido pelos economistas ambientais (ainda que não pela maioria dos economistas ecológicos). Além disso, como contabilizaríamos – em termos dos custos da tecnologia alternativa – o serviço que a natureza nos proporciona ao concentrar os minérios que nós utilizamos? Custos "exergéticos" têm sido calculados por ecólogos industriais. Contudo, a tecnologia para criar tais depósitos de minérios simplesmente não existe. Assim sendo, as cifras disponíveis a respeito dos valores monetários aplicados aos serviços ambientais disponibilizados de forma gratuita pela natureza carecem de coerência metodológica (Costanza et al., 1997). São úteis, por outro lado, para estimular o debate sobre como "levar em conta a natureza".

---

* N.T.: A etnia u'wa faz parte da família Chibcha. Esse povo – cujo nome significa "gente que pensa" ou "gente que sabe falar" na sua própria língua – tornou-se conhecido pela determinação em resistir contra a exploração de petróleo nas suas terras, tendo por argumento principal o fato de serem cobertas por florestas consideradas sagradas.

A economia ecológica estuda diferentes processos de tomada de decisões num contexto de conflitos distributivos, valores incomensuráveis e incertezas sem solução. Aqui, explicarei o significado da incomensurabilidade de valores ou mais precisamente a "comparabilidade fraca de valores" (O'Neill, 1993), relegando as incertezas para um outro ponto mais adiante desta discussão. Um exemplo de tomada de decisões com comparabilidade fraca de valores seria o seguinte. Suponhamos que um novo e grande depósito de lixo tenha que ser implantado nas proximidades de uma cidade, levando-se em consideração três possibilidades de localização – A, B e C –, uma das quais será sacrificada. No nosso exemplo, as três localizações são comparadas com base em três diferentes valores: como hábitat, como paisagem e como valor econômico. Caberia, em princípio, agregar nessa avaliação outros valores. Suponhamos que o lugar A corresponda a uma área úmida selvagem de propriedade pública, configurando um hábitat ou ecossistema extremamente valioso em razão da pujança das suas espécies. Trata-se de uma paisagem monótona e aborrecida, muito frequentada por escolas e observadores de aves. Contudo, de acordo com a "metodologia do custo de viagem", apresenta algum valor econômico. Quanto ao lugar C, este gera muita renda como terreno de uso industrial e urbano e, portanto, apresenta-se, na comparação com os demais espaços, na primeira colocação em termos de valor econômico, mas somente em terceiro enquanto hábitat ou ecossistema e segundo, como paisagem (devido à qualidade histórica de algumas edificações). Por fim, o lugar B corresponde a uma antiga área agrícola, dantes formada por belas hortas, que atualmente requerem cuidados, e por antigas mansões abandonadas. Ocupa o primeiro ponto com paisagem, terceiro no tocante à rentabilidade econômica e segundo como ecossistema ou hábitat.

	Valor como hábitat	Valor como paisagem	Valor econômico
Lugar A	Primeiro	Terceiro	Segundo
Lugar B	Segundo	Primeiro	Terceiro
Lugar C	Terceiro	Segundo	Primeiro

O valor econômico é contabilizado em euros numa escala cardinal, e o valor do hábitat, caso definido pela riqueza de espécies, também poderia ser avaliado por intermédio de uma mensuração cardinal incorporando o número de espécies (comensurabilidade forte). No exemplo, para simplificar, e provavelmente por necessidade no caso do valor da paisagem, cada tipo de valor é calculado em uma escala ordinal (comensurabilidade fraca dentro de cada tipo de valor).

Qual dos lugares deve ser sacrificado? Como decidir? Seria possível e adequado reduzir todos os valores a um único supervalor, para conseguir uma comparabilidade forte e até mesmo uma comensurabilidade forte (medida cardinal)? No exemplo são levados em consideração os valores econômicos (em mercados reais e fictícios) das três localizações. Contudo, inexiste um valor supremo (econômico ou de outra índole, como a produção líquida de energia, referência pela qual no caso a área úmida natural ocuparia a primeira posição).

Com toda certeza, as pessoas, os grupos interessados ou afetados poderiam insistir pela reconsideração das classificações. Por conseguinte, se poderia elevar o valor da paisagem do lugar A e, também, seu valor econômico (como também da área B), que poderia ser aumentado através da valoração contingente baseada na disposição em pagar com base num mercado fictício. Além do mais, se poderia (ou se deveria?), colocar mais peso em alguns critérios do que em outros (Por quê? Quem decide?), ou se poderia conceder um poder de veto a alguns critérios. Desse modo, a legislação referente às "espécies em perigo" dos Estados Unidos ou a Convenção Internacional Ramsar,* que coloca sob proteção muitas áreas úmidas e, ainda, o destaque para "o sagrado" enquanto referência decisiva (por exemplo, um cemitério antigo ou um santuário milagroso de algumas localidades), contribuiria para escapar de indecisões persistentes. Exemplificando, o lugar A poderia ser denominado oficialmente como um *santuário* de avifauna". Alguns grupos da sociedade poderiam questionar os métodos de valoração de cada uma das escalas em questão, poderiam sugerir novos critérios de valoração, novas alternativas para a localização do depósito de lixo ou poderiam, ainda, questionar todo o sistema de gestão de resíduos, propondo a compostagem, a reciclagem ou a incineração, acatando seus próprios pontos de vista. Esse exercício serve meramente para ensinar o significado de "comparabilidade fraca dos valores" (O'Neil, 1993) e para introduzir brevemente ao leitor o amplo campo dos métodos multicriteriais de tomada de decisões (Munda, 1995). Não seria despropositado assinalar que ante a diversidade de critérios de valoração, o processo de tomada de decisões pode carecer de racionalidade, com comportamento similar, por exemplo, aos resultados de uma loteria. No entanto, outro pode ser o resultado quando a decisão é adotada com base em deliberações apropriadas. Contudo, a autoridade política pode optar por fórmulas autoritárias ou talvez, de modo mais moderno, se impor com base numa análise de custo e benefício reducionista, aplicando uma lógica monetarista, possivelmente complementada por alguma avaliação cosmética de impacto ambiental.

---

* N.T.: A *Convenção sobre Áreas Úmidas de Importância Internacional* é um tratado internacional sobre a conservação e a utilização das terras úmidas e seus recursos naturais, especialmente se configurar hábitat de aves aquáticas. É conhecida como *Convenção de Ramsar* por ter sido firmada na cidade iraniana de mesmo nome. Esse tratado foi firmado em 02/02/1971, entrando em vigor em 1975. Até janeiro de 2006, essa convenção havia sido ratificada por 150 países. Atualmente, a Ramsar inclui 1.578 áreas consideradas de importância internacional, totalizando 133,8 milhões de hectares. O Brasil aderiu à Ramsar apenas em 24/02/1993, atualmente abrigando oito áreas de interesse somando 6.434.086 hectares.

A distinção entre a comparabilidade "fraca" e "forte" de valores é útil para classificar os métodos da economia ecológica. Na avaliação de projetos, como no exemplo precedente, existe uma comparabilidade forte de valores e até uma forte comensurabilidade, na análise de custo e benefício, quando os projetos a serem avaliados são todos hierarquizados segundo uma única escala monetária (ou seja, os valores atualizados dos custos e benefícios, incluindo certamente as externalidades e os serviços ambientais monetarizados). Em contraste, algumas formas de avaliação multicriterial admitem a irredutibilidade entre formas distintas de valor, encontrando-nos assim, em uma situação de comparabilidade fraca. Na microeconomia existe uma comparabilidade forte de valores e, de fato, uma comensurabilidade forte quando se internalizam as externalidades no sistema de preços. Dessa forma, um imposto pigouviano* é definido como o valor econômico da externalidade em um nível ótimo de contaminação. Em macroeconomia, as propostas práticas de Salah El Serafy para "esverdear" o PIB (Costanza, 1991) – cujos valores monetários dependerão da taxa de juros que seja adotada – não vão mais adiante do que a comensurabilidade forte em termos monetários. De fato, afirmou El Serafy, nem todas as rendas provenientes da comercialização de um recurso não renovável (capital natural) devem ser incluídas no PIB, senão apenas uma parte, o ingresso "verdadeiro". O restante deve ser contabilizado como "descapitalização", ou o "custo ao usuário" deste "capital natural", o qual deve ser revertido como juros composto até o esgotamento do recurso, de modo a permitir que o país sustente o mesmo nível de vida quando seus recursos estiverem esgotados. Essa proposta, baseada na definição de "ingresso" de Hicks, e relacionada com a regra de Hotelling (e, antes, com as regras de Gray e de Faustmann) na microeconomia dos recursos naturais (Martínez Alier e Schlüpmann, 1991; Martínez Alier e Roca, 1992), propunha somente uma noção "fraca" de sustentabilidade. A sustentabilidade fraca permite a substituição do chamado "capital natural" pelo capital manufaturado – "semear petróleo"** –, implicando, portanto, uma unidade comum de mensuração. Por sua vez, a sustentabilidade "forte" refere-se à conservação dos recursos e serviços do ambiente natural (Pearce e Turner, 1990), os quais devem ser avaliados através

---

* N.T.: O termo *pigouviano* tem origem no economista britânico Arthur Cecil Pigou (1877-1959), referindo-se a impostos lançados pelas autoridades governamentais como incentivo para que o setor produtivo reduza sua emissão de poluentes. Consequentemente, o imposto pigouviano varia em função da fonte de contaminação e dos níveis pelos quais esta se manifesta, oscilando também de acordo com os danos sociais provocados para, em princípio, corrigir distorções de ordem ambiental. Em geral, a literatura econômica entende que esse imposto reporta ao valor da externalidade gerada. No Brasil, o imposto pigouviano integra atualmente uma das pautas da reforma tributária.

** N.T.: A frase é do escritor venezuelano Arturo Úslar Pietri (1906-2001), que em 1936 citou esse bordão num texto publicado pela imprensa de Caracas, propondo que a riqueza produzida pelo petróleo fosse revertida em "riqueza sã": agrícola, dinâmica e progressiva.

de uma bateria de indicadores e de índices físicos. Assim sendo, em síntese, na macroeconomia ecológica temos que:

- A sustentabilidade fraca implica uma comparabilidade forte de valores,
- A sustentabilidade forte implica uma comparabilidade fraca de valores;

E quanto à avaliação de projetos:

- A análise custo-benefício implica uma comparabilidade forte de valores,
- A avaliação multicriterial implica uma comparabilidade fraca de valores.

É possível apresentar a discussão sobre valoração (O'Connor e Spash, 1999), nos marcos da "Curva Ambiental de Kuznets", uma hipotética curva em forma de "U" invertido que, como foi observado anteriormente, relaciona a renda com alguns impactos ambientais (Selden e Song, 1994; Arrow et al., 1995; Bruyn e Opschoor, 1997). Nos contextos urbanos, com o crescimento dos ingressos, aumentam efetivamente em primeiro lugar as emissões de dióxido de enxofre, para em seguida diminuírem. Todavia, as emissões de dióxido de carbono dos países se expandem paralelamente ao crescimento da renda. Se algo melhora ou algo se deteriora, a reação possível de um economista tradicional seria aplicar pesos ou preços a tais efeitos, buscando a comensurabilidade de tais valores. Não obstante, a incerteza e a complexidade dessas situações (pode ser, por exemplo, que o dióxido de enxofre compense o efeito estufa), e o fato de que o preço das externalidades esteja na dependência de relações sociais de poder, implica que as contas dos economistas somente irão convencer os paroquianos frequentadores da mesma escola.

Entendendo que o padrão de uso dos recursos e dos sumidouros ambientais depende de relações de poder mutáveis e da distribuição da renda, entramos então no campo da ecologia política. Esta possui suas origens na geografia e na antropologia, sendo definida como um estudo referente aos conflitos ecológicos distributivos. O crescimento econômico induz a ampliação dos impactos ambientais e dos conflitos, muitas vezes fora da esfera do mercado. São abundantes os exemplos da incapacidade do sistema de preços em indicar impactos ambientais, ou abundam (segundo K.W. Kapp) os exemplos de transferências bem-sucedidas dos custos sociais. Todas as pessoas – com exceção dos escravos – são donas do próprio corpo e da sua saúde. Não obstante, os pobres vendem barato sua saúde quando trabalham por uma diária numa mina ou plantação. Os pobres vendem barato não por opção, mas por falta de poder. O uso gratuito dos recursos ambientais tem sido explicado num marco neoricardiano por Charles Perrings, Martin O'Connor e outros autores, evidenciando como o padrão de preços na economia seria diferente ao supor outros resultados dos conflitos ecológicos distributivos. Como Martin O'Connor assinalou, é bem possível que um custo zero cobrado para extrair recursos ou para despejar resíduos indique abundância, mas apenas explicite uma relação histórica de poder.

A cachoeira sem preço de Ludwig von Mises e a contabilidade *in natura* de Otto Neurath

Durante os últimos vinte anos, muitos trabalhos foram produzidos a respeito do "metabolismo social" no âmbito da economia ecológica e da ecologia humana, assim como pela agroecologia, ecologia urbana e no novo campo da ecologia industrial (Fischer-Kowalski, 1998; Haberl, 2001). Tais estudos estiveram voltados para a mensuração dos insumos energéticos e das matérias-primas solicitados pela economia, como também para a geração de resíduos. Esses trabalhos sobre metabolismos sociais pretenderam criar uma tipologia de sociedades caracterizadas por diferentes padrões de fluxos de energia e consumo de materiais. Na economia ecológica e na ecologia industrial, o estudo do "metabolismo social" relaciona-se com os debates atualmente travados acerca da "desmaterialização" da economia. Na minha opinião, esse campo de estudo foi inaugurado pela obra de Josef Popper-Lynkeus, escrita em 1912 na cidade de Viena, dedicada à análise do fluxo de energia e das matérias-primas pela economia.*

Conforme ressalvado, a economia ecológica difere da economia ortodoxa pela sua insistência em assinalar a incompatibilidade do crescimento econômico com a conservação em longo prazo dos recursos e dos serviços ambientais. Certamente os economistas ecológicos abordam o problema da tradução dos serviços e dos danos ambientais em valores monetários. Contudo, ao propor a utilização de indicadores físicos e sociais que explicitam justamente a falta de sustentabilidade, vão além do que seria meramente crematístico. Estamos diante da incomensurabilidade dos valores em um contexto de incertezas inevitáveis. Nesse contexto, mais do que buscar a internalização das externalidades no sistema de preços ou valorizar crematisticamente os serviços ambientais em mercados reais ou fictícios, os economistas ecológicos reconhecem o "fetichismo das mercadorias" e, inclusive, o "fetichismo das mercadorias fictícias" dos métodos de valoração contingente. É essa a postura que pavimenta um possível nexo entre o marxismo e a economia ecológica.

Os marxistas analisam os conflitos entre as classes sociais, ignorando ou descuidando dos aspectos ambientais. Isso é um erro. Engels repudiou a tentativa de Podolinsky em 1880 de introduzir no interior da economia marxista o estudo dos fluxos de energia. Ainda que Marx tenha adotado a noção de "metabolismo" (*Stoffwechsel*) para descrever a circulação de mercadorias, assim como as relações humanas com a natureza (Martínez Alier e Schlüpmann, 1987: 220-226; Foster, 2000), os marxistas não empreenderam o estudo da ecologia humana nos termos dos fluxos de matéria e de energia. Kautsky poderia ter discutido detalhadamente

---

* N.T.: Trata-se do clássico *Allgemeine Nährpflicht als Lösung der sozialen Frage*.

a utilização da energia na agricultura, mas não o fez. Rosa Luxemburgo, que observava as relações entre o mundo industrial e o Terceiro Mundo de modo similar a este livro, não realizou uma análise dos fluxos de matéria e energia. No final das contas, eram economistas, ainda que economistas marxistas. Ademais, sendo marxistas, provavelmente temiam que a introdução da ecologia implicasse numa "naturalização" da história humana. Lembre-se que de fato ocorreram tentativas nessa direção, abrangendo desde o malthusianismo, postulando uma tendência "natural" de um crescimento exponencial da população humana, até a sociobiologia. Não obstante, a introdução da ecologia na história humana não naturaliza a história, porém, antes, dá historicidade à ecologia. A utilização exossomática da energia e da matéria por parte dos humanos está na dependência da tecnologia, da economia, da cultura e da política. A demografia também se relaciona com estruturas e percepções sociais sujeitas a mudanças, formando, pois, um sistema reflexivo, em razão de os padrões de migração humana dependerem muito mais da economia, da política, das leis e da vigilância fronteiriça do que de imperativos naturais.

    O estudo de 1912 realizado por Popper-Lynkeus sobre os fluxos de matéria e energia não se insere, portanto, no interior da tradição marxista. Muitos esquemas têm sido propostos para garantir segurança econômica com base numa renda básica ou num provisionamento de bens de subsistência. Um dos primeiros foi o proposto na notável obra de Popper-Lynkeus a respeito da análise dos fluxos energéticos e de materiais, que ao mesmo tempo também criticava a economia convencional a partir de uma perspectiva neomalthusiana. Ele articulou uma proposta "utópica prática" referente a um sistema econômico que estaria dividido em dois setores. O primeiro deles seria o setor de subsistência, fora da economia de mercado; o segundo, aquele no qual se materializariam as transações monetárias e um mercado livre de trabalho. A dimensão relacionada com o setor de mercado estaria, nas acepções em voga hoje em dia, sujeita a restrições de ordem da sustentabilidade ecológica. Exemplificando, Popper-Lynkeus discutiu detalhadamente a substituição da energia do carvão pela da biomassa. Foi pessimista. No setor de subsistência, o essencial do sustento em relação à alimentação, vestimenta e habitação seria encaminhado em espécie a todos (separadamente aos homens e às mulheres), como fruto do trabalho realizado, e cuidadosamente calculado, do serviço universal de um "exército" cidadão de trabalhadores sem salário. As bases da obra de Popper-Lynkeus foram o ideal da segurança econômica para todas as pessoas e o enfoque ecológico.

    Hoje em dia, as propostas que reportam a um ingresso (ou renda) básico para todos os cidadãos (Van Parijs, 1995) eliminam, no que se refere ao setor de subsistência, o serviço laboral obrigatório proposto por Popper-Lynkeus e outros autores "utópico-práticos" de cem anos atrás. Isso é positivo. Contudo, os partidários da "renda básica" às vezes se esquecem de incluir considerações ecológicas e demográficas. Nesse sentido, suas propostas são menos relevantes do que as de Popper-Lynkeus, que analisou, por exemplo, as cifras de Kropotkin sobre as colheitas de batatas nas estufas de Guernsey e Jersey,* criticando o otimismo de Kropotkin, uma vez que este esquecia de levar em consideração a energia requerida para manter aquecidas as estufas. Nos debates sobre a questão da sustentabilidade nos países do Sul, onde a pobreza em larga escala e a carência de consumo constituem tema agudo, surge frequentemente a ideia de um "piso de dignidade" satisfazendo a todos (o que tem sido proposto pela Rede de Ecologia Social do Uruguai e pelo Instituto de Ecologia Política do Chile), ou ainda, de modo semelhante a essa concepção, uma *lifeline* gratuita de água e eletricidade, conforme argumentado pelos ativistas do Soweto em Johannesburgo (ver capítulo "A justiça ambiental nos Estados Unidos e na África do Sul").

É bastante conhecido entre os filósofos analíticos que Popper-Lynkeus influenciou de diversas formas o Círculo de Viena** e, em particular, Otto Neurath. Em primeiro lugar, Popper-Lynkeus, engenheiro de formação, escreveu ensaios a respeito da história da termodinâmica nos quais insistiu na estrita separação entre proposições científicas e metafísicas, lamentando-se das diatribes religiosas de Lord Kelvin baseadas na Segunda Lei e numa duvidosa teoria sobre a fonte de energia do Sol. Por outro lado, Popper-Lynkeus, ao lado de Ballod Atlanticus,*** influenciou a visão positiva que marcou o posicionamento de Neurath a respeito das utopias práticas. Afinal, elaborar "histórias sobre o futuro" que sejam críveis requer que sejam unidos pontos de vista e descobertas das diversas ciências, eliminando-se as contradições entre elas. Finalmente, Popper-Lynkeus desenvolveu um forte ataque contra a economia convencional dedicada à adoração do mercado e que se esquecia tanto das necessidades dos pobres quanto dos fluxos de matéria e de energia.

A contribuição de Otto Neurath no tocante ao debate sobre as relações existentes entre o meio ambiente e a economia, a conexão entre os escritos econômicos de Neurath e a obra de Popper-Lynkeus de 1912, o vínculo entre a posição de Neurath no debate sobre o cálculo do valor numa economia socialista a partir de 1920, assim como a incomensurabilidade dos valores na economia

---

* N.T.: São duas das ilhas que formam o conjunto das ilhas do Canal, situadas no Canal da Mancha e que integram o Reino Unido. A cultura da batata é um esteio tradicional da agricultura dessas ilhas.

** N.T.: O Círculo de Viena, que funcionou principalmente na cidade de mesmo nome na terceira década do século passado, configurou-se como um dos mais notáveis espaços de discussão em todos os tempos. Dentre os participantes das reuniões do Círculo, ainda que não de modo simultâneo, podem ser citados: Moritz Schlick e Rudolph Carnap (filosofia); Hans Hahn (matemático); Otto Neurath (sociólogo); Gustav Bergman (matemático); Victor Kraft (historiador); Felix Kaufmann (advogado); Friedrich Waismann (filósofo); Herbert Feigl (filósofo); Karl Menger (matemático) e Kurt Gödel (matemático), entre outros.

*** N.T.: Referência a Karl Ballod (1864-1931), economista alemão cujo pseudônimo era Atlanticus.

ecológica atual, têm sido temas explorados em detalhe somente nos últimos anos (Martínez Alier e Schlüpman, 1987; O'Neil, 1993). Na realidade, tais contribuições deveriam ter se tornado mais difundidas, pois a influência de Neurath terminou reconhecida explicitamente em vários artigos do economista K.W. Kapp, autor de *Os custos sociais das empresas privadas* (1950). As ideias de Neurath também foram sintetizadas em várias páginas da famosa obra *Economia e sociedade*, de Max Weber. Mais ainda, os comentários negativos de Hayek (1952) a respeito dos "engenheiros sociais" colocaram no mesmo saco todos aqueles que compartilhavam uma visão de economia como "metabolismo social". Nesse rol estavam Patrick Geddes, Lewis Mumford, Frederik Soddy e Otto Neurath. De resto, a posição pró-mercado de Hayek no debate sobre o cálculo do valor em uma economia socialista era bem conhecida desde 1930. Como afirmou John O'Neill, o debate atual sobre economia e ecologia pode ser observado como uma nota de pé de página, decididamente extensa e ao mesmo tempo tardia, a respeito do debate ocorrido a partir de 1920 sobre o cálculo do valor numa economia socialista.

  Assim, pois, os argumentos sobre a incomensurabilidade econômica e seu lugar na tomada de decisões não constituem novidade no debate econômico. A discussão relativa ao cálculo do valor numa economia socialista teve lugar na Europa Central (Hayek, 1935), após a Primeira Guerra Mundial, quando este parecia pertinente em razão da onda de revoluções na Europa Central e Oriental. Neurath, filósofo, economista e teórico social, que depois assumiu a liderança do Círculo de Viena, explicou a essência da incomensurabilidade econômica com o seguinte exemplo: considerem-se duas fábricas capitalistas que alcançam o mesmo nível de produção de um mesmo produto; uma delas conta com duzentos operários e cem toneladas de carvão, e a segunda tem à disposição trezentos trabalhadores e quarenta toneladas de carvão. Ambas competem no mercado, e a indústria que utiliza o método "mais econômico" obtém vantagem ante a concorrente. Sem dúvida, numa economia socialista, na qual os meios de produção estão socializados, com a finalidade de comparar dois planos econômicos alcançando o mesmo resultado, porém, com diferentes demandas de energia e de força de trabalho, deveríamos alocar um valor atualizado quanto às necessidades futuras de carvão (e acrescentaríamos que também seria necessário alocar um valor atualizado relativo ao incerto impacto futuro das emissões de dióxido de carbono). Nessa sequência, devemos fixar não apenas uma taxa de desconto e um horizonte temporal, como também enxergar as mudanças tecnológicas: utilização de energia solar, hidroeletricidade, nuclear. A resposta à indagação sobre se deveríamos utilizar métodos intensivos em carvão ou intensivos em mão de obra não poderia ser deixada ao mercado.

Não somente porque inexiste um mercado de carvão em uma economia socialista, o que não resultaria em um preço para o carvão, mas também não existiria, talvez, um preço para a mão de obra (estas eram as objeções às quais costumavam responder Von Mises, e logo Lange e Taylor), senão porque não haveria como escapar dos dilemas morais e das incertezas tecnológicas envolvidas em tais discussões. Na acepção do próprio Neurath (1973: 263), a decisão

> depende, por exemplo, de alguém pensar que a energia hidráulica pode ser suficientemente desenvolvida ou a energia solar pode passar a ser mais bem utilizada. Entretanto, caso alguém tema que o fato de uma geração utilizar carvão em demasia levará ao congelamento milhares de pessoas no futuro, poderíamos então utilizar no presente mais mão de obra, economizando carvão. Tais considerações não técnicas determinam as escolhas em um plano tecnicamente calculável [...] não observamos possibilidade alguma de reduzir o plano de produção a um único tipo de contabilidade e, logo em seguida, comparar os diferentes planos nos termos de tal unidade.

Os elementos da economia não eram comensuráveis.

Os argumentos de Neurath no debate sobre o cálculo do valor numa economia socialista foram contestados por Ludwig von Mises. Para ele, o princípio do valor subjetivo de uso era o que importava. Não somente os bens de consumo como igualmente, de modo indireto, os dos insumos da produção poderiam basear-se unicamente em valores subjetivos expressados em preços. Na prática, dependemos dos valores de troca determinados em mercados reais. Como o expressam os fiéis discípulos de von Mises:

> Ele explicava que os cálculos econômicos não seriam possíveis numa sociedade socialista pura. Os preços surgem do mercado quando os proprietários privados oferecem e competem entre si por bens e serviços. Esses preços indicam, de forma resumida, a escassez relativa dos insumos da produção. Nesse sentido, sob um socialismo pleno no qual toda a propriedade seria pública, não existiriam preços de mercado. Do que decorre que os planejadores centrais não contariam com preços para guiá-los, nem pistas para auxiliá-los a decidir quais bens e serviços produzir, ou como produzi-los; seriam incapazes de calcular.[1]

Por outro lado, eu agregaria o comentário de que, no capitalismo pleno, todo mundo sabe hoje em dia que os mercados não valorizam alguns bens (nem alguns males). É bastante interessante que, na discussão a respeito das fontes alternativas de energia parcialmente presentes nas hostilidades que marcaram a abertura do debate, von Mises tenha assinalado o seguinte: se considerarmos que uma usina hidrelétrica é rentável, não incluiríamos no cálculo de custos o dano provocado na beleza das cachoeiras, a menos que se leve em consideração a queda no valor econômico em razão da diminuição do trânsito de turistas.

---

[1] Consultar o endereço eletrônico da Fundación para la Educación Económica (www.fee.org/about/misesbio).

Na realidade, temos que tomar tais considerações em conta no momento de decidir se a obra deve ser construída ou não (von Mises, 1922, 1951: 116).[2] Portanto, para atribuir um preço para a beleza de uma cachoeira, os economistas poderiam introduzir um sistema de valorização monetária que atualmente é conhecido "método do custo de viagem".

Na opinião de von Mises, sem um denominador comum para os preços seria impossível existir uma economia racional. Entretanto, a posição de von Mises, em restrospectiva, é estreita demais, particularmente num contexto como o atual, no qual a incidência de externalidades é ampla e crescente. Mesmo assim, hoje aceitamos os méritos da racionalidade "de procedimento", como a denominou Herbert Simon (e as soluções de compromisso), acima da racionalidade de objetivos ou de resultados (baseada em soluções "ótimas").

> A questão não é se apenas o mercado pode determinar o valor [econômico], uma vez que os economistas vêm debatendo durante muito tempo outros métodos de valoração [econômica]; nossa preocupação tem que fazer sentido com a suposição de que, em qualquer diálogo [ou conflito], todas as valorações ou "*numeraires*"* devam reduzir-se a uma só escala unidimensional (Funtowicz e Ravetz, 1994: 198).

A complexidade emergente e a ciência pós-normal

A economia ecológica, baseada no pluralismo metodológico (Norgaard, 1989), deve evitar totalmente o reducionismo. Deve, com muita propriedade, adotar a imagem proposta há sessenta anos por Otto Neurath da "orquestração das ciências", que reconhece e procura reconciliar as contradições que surgem entre as diferentes disciplinas que tratam dos diversos aspectos da sustentabilidade ecológica. Exemplificando, como escrever atualmente uma história da economia agrícola industrializada, levando em conta o ponto de vista tanto da economia agrícola convencional como da agroecologia? Em alguns discursos científicos, a agricultura moderna caracteriza-se por uma menor eficiência energética, uma maior erosão genética e das áreas de cultivo, pela contaminação do solo e da água, pelos riscos incertos para o ambiente e a saúde. Contudo, outros discursos científicos exaltam que a agricultura moderna alcança maiores níveis de produtividade. Outra descrição discordante da realidade agrícola enfatiza a perda das culturas indígenas e dos seus conhecimentos. Em suma, existe um choque de perspectivas. No transcorrer dos últimos trinta anos, aos pioneiros da lógica ambiental da agricultura camponesa da Índia (Albert Howard, 1940) e do cultivo

---

[2] Em repetidas ocasiões, John O'Neil tem chamado a atenção para esse argumento de von Mises.

* N.T.: Quer dizer "numerários".

itinerante (Harold Conklin, 1957) agregaram-se etnoecólogos e agroecólogos (Paul Richards, Victor Toledo, Miguel Altieri e Anil Gupta), cuja argumentação valoriza os sistemas agrícolas antigos, também defendendo a coevolução, *in situ*, das sementes e das técnicas agrícolas. São elogiadas as virtudes do conhecimento tradicional, não apenas o associado à agricultura, como também à pesca artesanal e ao manejo e à utilização dos bosques. Como afirmou Shiv Visvanathan, toda pessoa não é somente consumidora e cidadã. Ela é de igual modo portadora de um conhecimento ameaçado pela modernização.

Existe a necessidade de se considerar simultaneamente as diversas formas de conhecimento apropriadas para diferentes níveis de análise. Isso é percebido no nascimento da economia ecológica, assim como nas frequentes exortações às avaliações integradas, que se direcionam para um contexto holístico a fim de respeitar a "consiliência"* entre as diversas ciências, de maneira que – tal como asseverou Edward Wilson – as implicações de cada uma não sejam negadas pelos pressupostos das demais ou as solicitações em apoio à análise de sistemas ou, enfim, para enfatizar a "orquestração das ciências". Tudo isso coaduna muito bem com as concepções de "coevolução" e da "complexidade emergente", que implicam o estudo das dimensões humanas presentes nas transformações ambientais e, portanto, no estudo das percepções humanas sobre o meio ambiente. Isso significa incorporar na ecologia e na demografia a atuação autoconsciente dos humanos e a interpretação humana reflexiva. Enquanto a "complexidade emergente" examina o futuro inesperado, a "coevolução" mira a história. A complexidade surge do comportamento não linear dos sistemas e, também, da relevância das descobertas realizadas por diferentes disciplinas visando a predizer o que irá acontecer. Por exemplo, a política sobre o efeito estufa deve igualmente considerar o que ocorre na política a respeito da chuva ácida, até porque o dióxido de enxofre possui um efeito que neutraliza os aumentos da temperatura. Em alguns momentos, a investigação, em vez de consolidar conclusões firmes, gera uma ampliação das incertezas. No geral, nota-se uma ausência de investigações não só das complexas relações físicas e químicas, como também da demografia humana, da sociologia ambiental, da economia e da política. Disso decorre a proposição em favor de uma "avaliação integrada", reconhecendo a legitimidade dos vários pontos de vista relacionados ao mesmo problema. Quando ocorrem conflitos ambientais, as conclusões das ciências são utilizadas para validar uma ou outra posição. Nessa linha de argumentação, os

---

* N.T.: O filósofo e educador britânico William Whewell (1794-1866) cunhou esse termo, presente no seu livro *A filosofia das ciências indutivas* (1840). "Consiliência" é descrita como "a inferência que ocorre quando uma indução, obtida de uma classe de realidades, coincide com outra indução, que surge de uma diferente classe de realidades". Sua meta é a unificação do conhecimento com base nas especulações das diferentes disciplinas.

organismos geneticamente modificados (OGM) seriam "saudáveis", enquanto a energia nuclear seria perigosa, ao passo que as dioxinas não representariam uma verdadeira ameaça, ainda que nesse caso estaríamos ameaçados pelos disruptores endócrinos. Frequentemente, os argumentos apoiam-se nas inevitáveis incertezas da informação ecológica surgidas não só das lacunas na investigação, como também da complexidade dos sistemas. Nessa visão, a governabilidade requer enfoque integral, mas como obtê-lo?

Nos conflitos relacionados com o conhecimento rural, os cientistas investigam e traduzem o conhecimento prático local em termos universais. Por exemplo, a manutenção e a experimentação cotidiana com sementes de batata se convertem em formas de conservação e coevolução *in situ* da biodiversidade. A etnoecologia é subdividida em etnobotânica, etnoedafologia etc. E assim os conhecimentos locais sobre as plantas e as qualidades dos solos são elevados a uma dignidade científica que, sem dúvida alguma, merecem. Isso é o que de uma certa forma também ocorre com a medicina tradicional. Ao contrário, nos novos conflitos de contaminação industrial, os intérpretes locais traduzem o conhecimento científico e a própria ignorância científica para uma linguagem localmente útil. Não se pode invocar o conhecimento tradicional em muitos conflitos ecológicos urbanos ou em problemas globais como o aumento do efeito estufa, ou dos novos riscos tecnológicos. Nesse contexto, a noção de "ciência pós-normal" articula o novo com o antigo, o rural com o urbano, o local com o global. Certo é que inexistia qualquer conhecimento tradicional sobre os perigos da energia nuclear, sobre os impactos do DDT, sobre o DBCT, o malathion, sobre a relação entre a contaminação urbana e a asma infantil, sobre os efeitos do asbesto e do amianto e, seguramente, nem sobre os efeitos do chumbo (ao menos como aditivo na gasolina) ou sobre os perigos dos cultivos transgênicos. Porém, da mesma maneira que os mineiros das minas de cobre e suas famílias tornam-se especialistas na contaminação originada pelo dióxido de enxofre, os moradores locais afetados por impactos aprendem o vocabulário de que necessitam.

Isto é o que foi realizado por uma geração inteira de ativistas antinucleares na década de 1970. Minha primeira experiência com um conflito ambiental ocorreu no vale do rio Ebro, na Catalunha, devido a uma proposta de construção de uma barragem hidrelétrica em Xerta – que não foi construída – e pela construção de duas usinas nucleares no povoado de Asco, planejadas para gerar 1.000 MW cada uma. A luta local foi liderada por um alfaiate chamado Carranza e por um sacerdote de nome Redorat. O padre distribuía textos em inglês a respeito dos riscos da energia nuclear, tratando de convencer a população, que ainda vivia sob o regime de Francisco Franco, de que devia posicionar-se contra as usinas nucleares.

De qualquer modo, ressalvemos que o ecologismo popular não tem por obstáculo qualquer falta de conhecimento. Esse é obtido por meio do saber tradicional sobre o manejo dos recursos, do conhecimento adquirido sobre as novas formas de contaminação e de depredação dos recursos, assim como, em muitas ocasiões, das incertezas ou ignorância sobre os riscos das novas tecnologias, que o conhecimento científico não pode dissipar. Os porta-vozes das indústrias se desesperam quando, nos casos de tais incertezas, deixa de ser possível manipular a ciência de um modo subserviente ao poder. Exatamente por isso rotulam os ativistas de "mestres manipuladores" por exigirem um "risco zero", que "substituem políticas sensatas pelo ativismo político", tornando impossível aos gestores públicos o desempenho das suas decisões com base numa "ciência sólida".[3]

A economia ecológica enquanto uma "orquestração de ciências", leva em consideração as contradições entre as disciplinas. Também está atenta às mudanças históricas da percepção das relações mantidas entre os seres humanos e o meio ambiente, destacando os limites das opiniões dos especialistas em disciplinas específicas. Como sustentam Funtowicz, Ravetz e outros estudiosos dos riscos ambientais, em muitos problemas atuais, importantes e urgentes, nos quais os valores estão em disputa e as incertezas, que não se restringem a riscos probabilísticos, são altas, é possível observar especialistas "qualificados" desafiados em muitas ocasiões por cidadãos comuns ou por integrantes dos grupos ambientalistas. Certamente, um problema específico de gestão ambiental pode permanecer um certo tempo nos marcos da ciência "normal", em cuja moldura pode-se recorrer aos laboratórios e realizar análises. Contudo, os desafios não tardam. Também pode acontecer o contrário, isto é, que um problema procedente do debate pós-normal venha impregnar a ciência normal, como no caso da discussão sobre os riscos do amianto ou do asbesto. Na ciência pós-normal, diferentemente da ciência normal, os não especialistas são incluídos, manifestadamente, pela razão de que os especialistas oficiais ou qualificados são incapazes de oferecer respostas convincentes aos problemas que enfrentam. A "sociedade de risco" de Ulrich Beck (Beck, 1992) insere uma análise semelhante, mesmo que se referindo unicamente às novas tecnologias em países ricos (Síndrome de Chernobyl). Na proposta de Beck, a palavra "risco" não é tecnicamente correta, pois implica distribuições conhecidas de probabilidade. Em situações complexas ou para enfrentar tecnologias novas, a incerteza predomina. Mais do que os riscos, são os perigos que devem ser manejados, e isso não é fácil. Desse contexto procedem as estatísticas duvidosas, porém socialmente eficazes, da epidemiologia popular do movimento de justiça ambiental dos Estados Unidos, os debates contínuos sobre os perigos da energia

---

[3] Pronunciamento divulgado no *New York Times* em 26/11/1999, de autoria de Daniel J. Poppeo, presidente do *Washington Legal Foundation*, referindo-se às denúncias exageradas a respeito da periculosidade das dioxinas. Tais porta-vozes da indústria deveriam frequentar cursos de ciência pós-normal.

nuclear, os debates sobre os perigos dos novos alimentos biotecnológicos, os argumentos orgulhosos e verossímeis desenvolvidos por etnoecólogos com base no conhecimento prático das populações indígenas e camponesas em prol de se manter viva a agricultura tradicional e multifuncional da Índia, China, África e América Latina, desmantelando o muro entre o conhecimento indígena e o científico. O ativismo ambiental, muitas vezes, se converte numa importante fonte de conhecimento. Essa é a ciência pós-normal, baseada na avaliação ampliada aos especialistas não oficiais, rumando, pois, mais adiante do que a estrita *peer review**** devido à própria natureza dos problemas, induzindo métodos participativos de resolução de conflitos e mesmo à "democracia deliberativa", noções muito caras aos economistas ecológicos.

Com base nesses pressupostos da economia ecológica e da ciência pós-normal, discutiremos, no capítulo "Índices de (in)sustentabilidade e neomalthusianismo", os índices físicos propostos para caracterizar os "perfis metabólicos" das sociedades humanas, assim como para mensurar seus avanços ou retrocessos na direção da sustentabilidade, incluindo a noção de capacidade de carga e a demografia humana. Posteriormente, no capítulo "Ecologia política: o estudo dos conflitos ecológicos distributivos", iniciaremos o estudo concreto dos conflitos ecológicos distributivos, tema central deste livro.

---

* N.T.: Revisão realizada interpares, isto é, exclusivamente por especialistas ou pelos que dominam determinado campo do conhecimento.

ÍNDICES DE (IN)SUSTENTABILIDADE E NEOMALTHUSIANISMO

Devido às imperfeições da valorização monetária, os economistas ecológicos preferem a utilização de indicadores e de índices físicos para julgar o impacto da economia humana no meio ambiente. Desse modo, deixaremos de lado as correções monetárias do PIB na perspectiva proposta pela "sustentabilidade fraca", tal como defendido por El Serafy (ver capítulo anterior), e a elaborada por Hueting, que contabiliza o custo econômico de ajuste da economia em função da extração de recursos e de normas e padrões de contaminação. Afinal, de onde são provenientes tais normas e padrões? Tal normatização estaria unicamente na dependência de especificações científicas ou seria decorrente de negociações sociais e políticas? Também deixaremos de lado o Índice de Bem-Estar Econômico Sustentável proposto por Daly e Cobb. Trata-se de um indicador calculado pela primeira vez nos Estados Unidos e que tem inspirado investigações em outros países, sendo seu resultado uma cifra comensurável em termos monetários do PIB, ainda que muitas vezes inserindo tendências bastante diferentes da convencional (Daly e Cobb, 1989 e 1994). Os índices principais de (in)sustentabilidade discutidos atualmente são os considerados nos parágrafos que seguem. Por fim, uma discussão mais detalhada da sustentabilidade, seja ela a "fraca" ou a "forte", está de qualquer modo disponível para consultas em outras fontes (ver Martínez Alier, 2000, assim como sua aplicação para a realidade equatoriana, em Falconi, 2002).

A apropriação humana da produção primária líquida

A Apropriação Humana da Produção Primária Líquida (AHPPL) ou da Produção de Biomassa é um conceito proposto por Vitousek et al. (1986). A Produção Primária Líquida (PPL) corresponde à quantidade de energia colocada à disposição das demais espécies vivas, os chamados heterótrofos, pelos produtores primários, isto é, as plantas. Esse indicador é mensurado em toneladas de biomassa seca, em toneladas de carbono ou em unidades de energia. A humanidade utiliza em torno de 40% dessa PPL nos ecossistemas terrestres. Quanto mais elevado o índice AHPPL, menos biomassa estará disponível para a biodiversidade "silvestre". A proporção da PPL requisitada pela humanidade tem se ampliado em razão do crescimento populacional, se justificando também pelas demandas crescentes de terra *per capita* para a urbanização, colheitas realizadas para o abastecimento dos humanos e dos rebanhos, assim como pela obtenção de madeira (aliás, o bordão "plantações não são florestas" constitui um lema dos ecologistas dos países tropicais). Aos humanos cabe a decisão de manter níveis crescentes de expansão da AHPPL, reservando, consequentemente, cada vez menos espaço para as demais espécies, ou de reduzir a AHPPL para 30 ou 20% nos ecossistemas terrestres. As agências internacionais poderiam calcular e incluir esse índice nas suas publicações. Omiti-los do debate político implica também uma decisão.

O AHPPL é um índice proveniente da ecologia dos sistemas. É possível discutir se esse indicador é ou não eficaz para mensurar a perda da biodiversidade, já que as relações entre fluxo de energia, crescimento da biomassa e biodiversidade não são simples. Um deserto pode conter pouca biomassa devido à carência de água, mas, sem dúvida, as espécies que abriga são muito interessantes. E mais, o cálculo da AHPPL não é nada fácil. Existem perguntas técnicas, que não são passíveis de serem solucionadas de modo categórico. Dentre elas: deve ser incluída nesse cálculo a produção primária subterrânea? Também existem perguntas conceituais (Vitousek et al., 1986; Haberl, 1997). A ideia é que a apropriação humana não se restringe em obter recursos, mas que essa de fato diminui a produção de biomassa (devido à impermeabilização do solo). Dessa forma, a AHPPL é calculada em três etapas, expressas por meio de indagações. Na primeira: qual seria a PPL nos ecossistemas naturais de um território concreto? (Em qual tempo histórico, exatamente?) Na segunda: qual a PPL considerando-se o uso atual do solo? Na terceira etapa: da PPL atual, qual parte fica com os humanos e com as espécies associadas a eles? Nas mudanças provocadas nas florestas e na vegetação natural pela agricultura não irrigada, a PPL potencial será mais alta do que a PPL da vegetação atualmente dominante. Desse modo, se a PPL da vegetação potencial é 100, e a PPL da vegetação atualmente dominante é 60, da qual metade é retirada para o uso humano, então a AHPPL não é 50%, mas sim 70%. Entretanto, ao transformar um hábitat seco em um local com agricultura de irrigação e talvez também em certas florestas cultivadas, a PPL da vegetação atualmente dominante poderia ser mais alta do que a PPL da vegetação potencial que ocorreria naturalmente. Em geral, a agricultura aumenta ou diminui a PPL? Também interrogaríamos: quais tipos de agricultura são mais compatíveis com a biodiversidade?

Atualmente, na União Europeia, em razão da biomassa ter deixado de ser utilizada apenas como combustível e devido ao uso da energia proveniente dos combustíveis fósseis, e também por se ver uma agricultura intensiva que ocupa menor extensão de solo, nota-se que a AHPPL, que havia aumentado durante décadas e décadas, está diminuindo. Por isso encontramos novamente lobos e ursos em bosques nos quais não mais eram encontrados. Podemos observar nesse exemplo que o índice AHPPL identifica, nessa escala geográfica, uma maior sustentabilidade. Entretanto, claramente a tendência não será a mesma no mundo.

Finalmente, indagamos: quais são os atores sociais nos conflitos pela AHPPL? Seria necessário estudar os interesses dos distintos grupos sociais em distintas formas de utilização da terra. Exemplificando, ao converter um delta ou uma área úmida repleta de vida selvagem em uma área agrícola de uso privado, ou, ao converter o bosque de um mangue em uma planta de carcinicultura, quais são os usos da PPL que terminam privilegiados? Quais são sacrificados? Quais grupos sociais deles se beneficiam? Quais sofrem as consequências? Estariam alguns países importando a PPL dos demais? A que preços? Para além dos conflitos inter-humanos, quais valores sociais estão em jogo quando são discutidos os direitos de existência das outras espécies na medida em que se discute a garantia de reservar a elas uma fatia adequada da PPL?

O ecoespaço e a pegada ecológica

Qual é a pressão ambiental da economia em termos de espaço? O cientista H. T. Odum apresentou a pergunta, e autores mais recentes (Opschorr, Rees) elaboraram algumas respostas. Em vez de indagar qual é a população máxima que se pode manter sustentavelmente em uma região ou país, a questão passou a ser convertida em: quanta terra produtiva é solicitada, como manancial de recursos ou como área de resíduos, para sustentar uma dada população em seu nível atual de vida com as tecnologias atuais? Concretamente, a pegada ecológica de uma pessoa soma quatro tipos de uso do solo: a) a terra destinada para alimentar a pessoa, superfície que irá variar de acordo com a sua dieta (por exemplo, se come mais ou se come menos carne) e da intensidade do cultivo; b) a terra utilizada para produzir madeira para papel e outros usos; c) a terra edificada e pavimentada para ruas, estradas...; d) a terra que hipoteticamente serviria para produzir energia em forma de biomassa equivalente ao consumo atual de combustíveis fósseis e de energia nuclear desta pessoa ou, alternativamente, a terra necessária para que sua vegetação absorva o dióxido de carbono emitido. A pegada ecológica representa, em hectares de terra, alguns aspectos importantes do impacto ambiental humano. Contudo, esse indicador é criticado precisamente por pretender incluir de modo demasiadamente incisivo uma única referência, que também está referendada nas cidades ou em países ricos pela utilização exossomática de energia. Desse modo, uma vez conhecido o uso da energia da biomassa e dos combustíveis fósseis, praticamente já sabemos qual é a pegada ecológica. Mas, sua virtude é a de constituir um índice territorial; isso, talvez, justifique sua popularidade. Os cálculos são válidos não só para cidades e regiões metropolitanas (cuja pegada ecológica é centenas de vezes maior do que o próprio território que ocupam), como também para os países da Europa densamente povoados (supondo pegada ecológica *per capita* de 3 hectares), o Japão e a Coreia do Sul (com pegadas ecológicas *per capita* de 2 hectares). Essa forma de avaliação mostra que esses países ocupam ecoespaços dez a 15 vezes maiores do que sua própria extensão. Essa é a "capacidade de carga expropriada" da qual decorre uma "dívida ecológica" (para maiores detalhes, vide Wackernagel e Rees, 1995; para uma crítica e aplicação histórica, vide Haberl et al., 2001).

O custo energético de se obter energia

A sigla REIE, ou EROI em inglês, significa Rendimento Energético dos Insumos de Energia. Como no caso da pegada ecológica, as raízes do conceito são encontradas no trabalho de H. T. Odum. Existe uma tendência de intensificar o custo energético de produzir energia? (ver Hall et al., 1986). A ideia de examinar o metabolismo energético da sociedade humana é bem conhecida pelos antropólogos ecológicos. Essa concepção foi desenvolvida na monografia clássica *Pigs for the ancestors* – Porcos para os antepassados –, de autoria de Roy Rappaport (1967) e em outros trabalhos posteriores. Os primeiros cálculos são de Podolinsky, de 1880 (ver a tradução para o castelhano do trabalho original de Podolinsky em Martínez Alier, ed. 1995). Para que uma economia seja sustentável, a produtividade energética do trabalho humano (isto é, quanta energia é produzida por dia de trabalho humano) deve superar (ou igualar, se todos trabalham) a eficiência da transformação da energia dos alimentos convertida em trabalho humano. Esse é o princípio de Podolinsky. Quer dizer, se uma pessoa ingere 2.500 kcal por dia transformando em trabalho uma quinta parte (portanto, um coeficiente melhor que o de uma máquina a vapor da época), a produtividade desse trabalho dever ser de pelo menos cinco vezes maior para permitir que essa pessoa possa se alimentar. Mas isso, ainda assim, não será suficiente, pois nem todos trabalham, e também há necessidades diversas da alimentação. A produtividade energética de um mineiro de carvão, escreveu Podolinsky, era superior que a de um agricultor primitivo. Entretanto, tal superávit obtido da exploração dos combustíveis fósseis era transitório, e, também, já existia uma teoria que ligava as mudanças climáticas com a concentração de dióxido de carbono na atmosfera. Uma explicação nesse sentido, endossada por Sterry Hunt,* foi apresentada durante uma reunião da Sociedade Britânica para o Avanço da Ciência, em outono de 1878. O texto de Podolinsky foi escrito poucos anos antes de Svante Arrhenius** estabelecer a teoria do efeito estufa.

Em 1909, Max Weber criticava a interpretação de Wilhelm Ostwald da história econômica, que ressaltava: (a) uma tendência ao maior uso de energia e à substituição de energia humana por outros tipos de energia e (b) uma tendência de cada tecnologia, por exemplo, a máquina a vapor, de obter um rendimento maior no uso da energia. Max Weber argumentou que as decisões empresariais sobre os processos industriais ou novos produtos baseavam-se em preços e não em cálculos energéticos. Os empresários não prestavam nenhuma atenção na contabilidade energética *per se* (Weber, 1909). (Em 1909, do mesmo modo que hoje em dia, não era obrigatória uma auditoria ambiental das empresas.) Max Weber, cuja crítica contra Ostwald foi louvada por Hayek anos mais tarde, ainda não questionava os preços da energia com base num ponto de vista ambiental, como se faria agora.

A partir de 1973, são publicados alguns famosos estudos sobre o fluxo de energia na agricultura. Dentre eles, os mais conhecidos foram os de autoria de David Pimentel, que demonstravam uma diminuição da eficiência da produção de milho nos Estados Unidos, em razão do uso intensivo de insumos energéticos provenientes do petróleo. Isso posto, a agricultura mexicana com base na milpa*** seria energeticamente mais eficiente do que a agricultura do Iowa ou do Illinois. Um novo campo de investigação histórico e transversal foi aberto por esses estudos a respeito da eficiência do uso de energia em distintos setores da economia, incluindo o próprio setor energético (lenha, petróleo, gás etc.) (Peet, 1992). Simultaneamente, tais estudos levavam em consideração que uma maior eficiência energética poderia, em razão da redução dos custos, paradoxalmente induzir uma utilização ainda maior da energia, levando ao chamado efeito Jevons. Tais análises energéticas não implicam, em absoluto, a adoção de uma "teoria energética do valor". Tampouco implicam que exista escassez de fontes de energia. Talvez, o problema mais grave para a sustentabilidade seja a

---

* N.T.: Thomas Sterry Hunt (1826-1892), geólogo e químico norte-americano.

**N.T.: Svante August Arrhenius (1859-1927), cientista sueco laureado com o Prêmio Nobel de Química em 1903.

*** N.T.: *Milpa*, no idioma asteca, significa milharal. A Milpa corresponde a um sistema agrícola tradicional baseado em roçados e em queimadas sucedidas pela semeadura do milho e outros cultivos associados, sendo praticado há milhares de anos. Principalmente entre os maias, esse tipo de prática agrícola tem se mantido como a base da subsistência, sustentando também seus códigos culturais, estilo de vida e visão de mundo.

disponibilidade ou a toxicidade dos materiais e a carência de áreas para despejo dos resíduos, bem mais do que a escassez de recursos.

A utilização de materiais

O indicador denominado IMPS, ou MIPS em inglês, representa o insumo de materiais por unidade de serviço desenvolvido pelo Instituto Wuppertal (Schmidt-Bleek) e constitui a somatória dos materiais utilizados na produção. Por exemplo, além dos quilogramas de cobre, também se consideram os materiais descartados na extração do mineral (mochilas ecológicas). São contabilizados os minerais, as substâncias energéticas (carvão, petróleo, gás) e toda a biomassa (ainda que excluindo a água, utilizada em quantidades muito maiores), que terminam incorporados ao "ciclo de vida" em toda sua extensão, incluindo as fases de disposição final ou reciclagem. A utilização de materiais é calculada em quilos ou toneladas, sendo comparados com os serviços proporcionados, setor por setor e, em princípio, para toda a economia. Exemplificando, para proporcionar o serviço de um quilômetro/passageiro, ou o espaço de moradia com uma determinada área de metros quadrados, qual é a quantidade de material utilizado comparando diferentes regiões do mundo ou comparando os valores atuais com os valores históricos? É o IMPS da reforma das residências menor do que o IMPS de uma nova obra? É o IMPS do ensino a distância menor do que o IMPS do ensino presencial, supondo-se, é claro, que ambos configuram o mesmo serviço? O IMPS foi muito útil nos anos 1990 para introduzir a concepção de "mochila ecológica", tão relevante nessa época em que os impactos ambientais se deslocavam do Norte para o Sul. Sua intenção era medir a intensidade do uso de materiais no processo de produção. Não era relevante, e nem essa era sua pretensão, analisar a toxicidade dos materiais.

A ideia do IMPS foi desenvolvida mais a fundo nas estatísticas publicadas pelo *World Resources Institute* em 1997, dizendo respeito à demanda direta de materiais e à demanda total de materiais – sendo "mochila ecológica" justamente a diferença entre ambas – das economias de alguns países como Estados Unidos, Alemanha, Holanda e Japão, levando em conta tanto as fontes domésticas quanto as importações, questionando assim a hipótese da "desmaterialização" da produção.

São contabilizadas, portanto, a extração/produção doméstica de recursos naturais em um país durante um ano, somadas a importação e subtraída a exportação de tais recursos. Esse total é convertido em acumulação de estoque ou na geração de resíduos. São incluídos tanto os materiais não renováveis (combustíveis fósseis, minerais) quanto os renováveis (madeira, substâncias processadas como os alimentos). A produção doméstica inclui, pelo menos, uma parte das "mochilas ecológicas". Mas se, como no caso europeu, a tonelagem das importações for muito mais alta do que a das exportações, então as estatísticas dos fluxos de materiais somente explicitam uma parte do deslocamento da pressão ambiental para outros continentes. Existem dificuldades estatísticas para se calcular as "mochilas ecológicas" das importações de materiais extraídos/ produzidos em locais distantes, cujas condições tecnológicas, geográficas e sociais são diferentes. Existem trabalhos posteriores voltados para o estudo dos fluxos de materiais, apresentados no ano 2000 pelo *World Resources Institute* e outros centros de investigação, comparando a situação dos países anteriormente citados e também da Áustria, na forma de fluxos de materiais *per capita* (Matthews et al., 2000).

O departamento de estatísticas da União Europeia (o Eurostat) publica atualmente uma estatística do uso de materiais, em toneladas, de todas as economias europeias (Foi inclusive elaborada uma série entre 1980 e 2000.) (Weisz et al., 2001). Quanto à Espanha, está disponível o recente e excepcional trabalho de Oscar Carpintero, que calculou quarenta anos do uso de materiais pela economia espanhola desde a década de 1950, mostrando que: a) a tonelagem, incluindo as mochilas ecológicas, cresce no mesmo ritmo que o PIB; b) os materiais abióticos crescem mais do que a biomassa, cuja utilização aumenta relativamente pouco a partir da década de 1960; c) as importações de materiais crescem muito mais do que as exportações; d) a utilização de materiais (uso corrente somado à acumulação de estoque, acontece em termos *per capita* na Espanha, menor do que a média da Europa mais próspera, embora estejamos avançando rapidamente nessa direção. Não existe, portanto, na Espanha nenhum sinal de "desmaterialização" da economia, nem em termos absolutos, nem, tampouco – diferentemente da Alemanha –, no que diz respeito ao PIB (Carpintero, 2002, 2003). Claro está, por assim dizer, que se o resultado obtido for o próprio aumento do PIB, no final das contas a otimização por unidade do PIB terminará destinando poucos benefícios para o meio ambiente.

Todos os índices aqui mencionados são calculados com base em unidades diferentes. Como podemos julgar uma situação na qual, por exemplo, um indicador ou índice sintético como o uso de materiais (em toneladas) aumenta enquanto a AHPPL apresenta melhorias, o REIE cai e o PIB cresce, o desemprego diminui, mas se expande a violência doméstica? A comensurabilidade implicaria a redução de tais valores em um supervalor abarcando tudo. Contudo, isso não é necessário para alcançarmos apreciações razoáveis através de uma forma de avaliação macroeconômica multicriterial (Faucheux e O'Connor, 1998).

Desmaterialização do consumo?

Nas teorias econômicas preocupadas com a produção e o consumo, reinam soberanamente os princípios da compensação e da substituição. Não é esse o procedimento da economia ecológica, na qual são utilizadas diversas escalas de valor para "ter a natureza em consideração". Na teoria do consumo da economia ecológica, alguns bens são mais importantes, não podendo ser substituídos por outros. (Os economistas ortodoxos categorizam essa situação como de ordem "lexicográfica" de preferências, e acreditam tratar-se de um evento extraordinário). Dessa forma nenhum outro bem pode substituir ou compensar a quantidade mínima de energia endossomaticamente necessária para a vida humana. Isso não implica uma visão biológica das necessidades humanas. Pelo contrário, no uso exossomático da energia, qual seja, em seu "tecnometabolismo", a espécie humana exibe enormes diferenças intraespecíficas, socialmente definidas. Argumentar que o consumo endossomático de 1.500 ou 2.000 kcal ou o uso exossomático de 100.000 ou 200.000 kcal *per capita*/dia constituem necessidades ou desejos socialmente construídos seria deixar de lado as explicações ecológicas e/ou implicações de semelhante uso energético, ao mesmo tempo que chamar para o consumo diário de 1.500 ou 2.000 kcal de uma "preferência individual inescrutável revelada pelo mercado" seria um bom exemplo do ponto de vista metafísico da economia convencional (Vide Martínez Alier e Schlüpmann, 1987, a polêmica a respeito entre Hayek e Lancelot Hogben). Existe outro enfoque, que, como assinala John Gowdy, utiliza como base o "princípio de irredutibilidade" das necessidades (proclamado por Georgescu-Roegen na edição anterior da *Enciclopédia das Ciências Sociais*, no artigo sobre "Utilidade"). Segundo Max-Neef (Ekins e Max-Neef, 1992), o conjunto dos humanos possui as mesmas necessidades, descritas como de "subsistência", "afeto", "proteção", "entendimento", "participação", "ócio", "criação", "identidade" e "liberdade", e não existe um princípio generalizado de substituição entre elas. Tais necessidades podem ser atendidas mediante distintos "satisfatores". Em vez de assumir os serviços econômicos como um dado indispensável, como é feito através do IMPS (passageiro/km, metros quadrados de espaço para viver), podemos indagar: Para que tanta viagem? Por que tantas habitações construídas com materiais novos? Poderíamos então perguntar: há uma tendência na direção da utilização de "satisfatores" incorporando uma crescente intensidade energética e material para satisfazer necessidades predominantemente não materiais?

Nesse sentido, são errôneas as expectativas de que uma economia com menos indústrias e mais serviços seja menos intensiva em termos de energia e de recursos materiais. Isto porque o dinheiro obtido no setor de serviços será destinado a um consumo que, pelo menos por ora, é muito intensivo em energia e materiais. A análise *input-output* das formas de vida domésticas (realizadas por Faye Duchin e outros autores) demonstra altas demandas de energia e materiais vigentes nos padrões de consumo característicos de muitos dos que trabalham no setor "pós-industrial".

Tempo, espaço e taxa de desconto

Um princípio aceito por todos os economistas ecológicos é que a economia configura um sistema aberto. Na termodinâmica, os sistemas são classificados como "abertos" quando permitem a entrada e a saída de energia e materiais; e "fechados" quando resistem à entrada e saída de materiais, embora abertos à entrada e saída de energia, como no caso da Terra; existem finalmente os sistemas "isolados", carentes de qualquer entrada ou saída seja de materiais, seja de energia. A disponibilidade de energia solar e os ciclos de água e de materiais permitem que as formas de vida se tornem cada vez mais complexas e organizadas. O mesmo se aplica à economia. Nesses processos, a energia é dissipada e resíduos são gerados. É possível reciclar ao menos uma parte dos resíduos ou, quando isso não é possível, a economia abre mão de novos recursos. Não obstante, quando a dimensão da economia é demasiado grande e sua velocidade é excessiva, os ciclos naturais deixam de reproduzir os recursos ou de absorver e assimilar os resíduos. É o que acontece, por exemplo, com os metais pesados e com o dióxido de carbono.

O crescimento da economia determina, nesse veloz regime de exploração, a incorporação de novos territórios visando a obter recursos e áreas para destinação de resíduos. Exemplificando, novas florestas cultivadas são semeadas para produzir pasta de papel e funcionar como áreas de absorção do carbono; mangues são destruídos por projetos de carcinicultura de exportação numa escala mais rápida do que o reflorestamento; o petróleo é extraído com maior celeridade não só do que seu ritmo geológico de formação, como também da capacidade dos ecossistemas locais para assimilar a água de formação[*] e outros resíduos nocivos. Dito de outro modo, a *resiliência* local está ameaçada por um novo ritmo de exploração, impulsionado agora pela taxa de juros ou taxa de lucro do capital. "Resiliência" é a capacidade de um sistema em manter-se a despeito de um transtorno, sem passar para um estado novo. Também se define como a capacidade do sistema de retornar ao seu estado original.

Como assinalou Elmar Altvater em seu trabalho sobre os projetos de mineração do norte do Brasil (Altvater, 1987, cap. XI), o deslocamento geográfico das cargas ambientais acelera o ritmo do uso da natureza. Há situações nas quais as percepções sociais, os valores, as culturas e as instituições locais têm retardado a exploração de recursos ao estabelecer uma concepção diferente do uso do espaço (por exemplo, reivindicando direitos territoriais dos indígenas) ou ao afirmar valores não econômicos (como "o sagrado"). Existem outros casos nos quais a exploração de recursos e a utilização de áreas para a disposição de resíduos não excedem as cargas críticas, tampouco ameaçam a resiliência local. Isso em razão de que a capacidade de resposta foi ampliada com bastante êxito.

---

[*] N.T.: O termo *água de formação* é um conceito que faz parte do jargão técnico da indústria petrolífera, designando a água utilizada para produzir petróleo, seja no processo de bombeamento, de prospecção ou de manutenção das instalações. A água de formação é rica em substâncias tóxicas e perigosas ao meio natural e à saúde humana. Acredita-se que, para cada barril de petróleo produzido, aproximadamente um outro barril de água de formação seja gerado, e muitas vezes ela é descartada sem tratamento no ambiente imediato.

Por outro lado, existem muitas outras situações nas quais a resistência e as culturas locais foram destruídas juntamente com os ecossistemas locais.

O sistema econômico carece de um padrão comum para calcular as externalidades ambientais. A estimativa econômica de perda de valores ambientais irá depender da dotação de direitos de propriedade, da distribuição da renda, da força dos movimentos ecologistas e da distribuição do poder. O assunto se complica ainda mais quando pensamos nos custos e benefícios *futuros*. Todavia, deve-se aceitar que a noção de *conflitos ecológicos distributivos*, central na discussão travada por este livro, refere-se aos conflitos localizados no contexto da atual geração humana. Não está se referindo às injustiças entre gerações humanas ou contra outras espécies, salvo sejam levadas em conta pelos membros da geração atual.

Como os economistas explicam a utilização de uma taxa de desconto positiva que atribui ao futuro um valor menor do que ao presente? Eles explicam o desconto do futuro por intermédio de uma "preferência temporal" subjetiva ou, em um segundo argumento, pelo fato de que o crescimento econômico *per capita* causado pelos investimentos de hoje engendrará uma menor utilidade marginal do consumo (satisfação agregada ou adicional) para nossos descendentes do que atualmente para nós. A preferência temporal é egoísmo puro. No segundo argumento, as gerações futuras estarão em melhor condição e, portanto, no que aparenta ser um raciocínio lógico para os economistas, aptas para obter uma utilidade marginal menor de consumo. Porém, esse cenário não é inteiramente aceitável porque um consumo maior nos dias de hoje pode deixar para os nossos descendentes um meio ambiente degradado e, portanto, em piores condição. Devemos distinguir entre o investimento genuinamente produtivo e o investimento que promove prejuízos ao meio ambiente. Só deveriam ser contabilizados os incrementos *sustentáveis* da capacidade produtiva. Contudo, a avaliação econômica do sustentável envolve um aspecto distributivo. Se o capital natural possui um preço baixo visto não pertencer a ninguém ou por pertencer a grupos empobrecidos e destituídos de poder que se veem forçados a vendê-lo barato, então a destruição da natureza será subvalorizada. Aceitemos dos economistas ortodoxos que o desconto surge da produtividade do capital. Mas não esqueçamos que a "produtividade" é uma mescla de verdadeiros acréscimos na esfera da produção e bastante destruição ambiental e social. A taxa de desconto deve ser a taxa de crescimento econômico sustentável *per capita*, restando, portanto, a destruição dos recursos e serviços ambientais. No entanto, para determinar o valor econômico atual da destruição provocada pelo crescimento econômico (perdas de biodiversidade, esgotamento dos espaços de absorção de carbono, produção de dejetos radioativos etc.), necessitamos não somente lhe atribuir valores monetários (como se discute ao longo deste livro), mas também se requer uma taxa de desconto. Mas qual? O *paradoxo do otimista* entra em cena. O futuro é subvalorizado devido às opiniões otimistas de hoje a respeito das mudanças tecnológicas, os ganhos de ecoeficiência e a produtividade dos investimentos atuais. Portanto, recursos e área para descarte de resíduos estão sendo mais utilizados na atualidade do que previa o nosso otimismo. Pois bem, exatamente a utilização em larga escala de recursos e de áreas para resíduos é que termina por depreciar a perspectiva otimista de um futuro radiante e próspero.

Os economistas ecológicos (Norgaard, 1990) divergem do ponto de vista expresso nos anos 1960 por Barnett, Krutilla e outros economistas, os quais julgavam que o baixo preço dos recursos naturais era sinal de sua abundância. Os mercados são míopes, subvalorizando o futuro, não se permitindo perceber a escassez futura de recursos ou sumidouros, nem incorporando as incertezas de longo prazo. A sustentabilidade deve ser avaliada não em termos econômicos, mas sim através de uma bateria de indicadores biofísicos. A distribuição dos direitos de propriedade, de renda e de poder determina o valor econômico do chamado "capital natural". Assim, por exemplo, os preços dentro da economia seriam distintos dos atuais, na hipótese de o uso gratuito dos vertedouros e dos depósitos de carbono deixar de existir. Outra exemplificação: se a lei requeresse que os minerais dispersados fossem reconcentrados até alcançar novamente seu estado original e que a cobertura vegetal fosse recomposta, isso alteraria o padrão de preços da economia. Podemos facilmente imaginar exigências feitas por alguns grupos sociais, tais como: renunciar ao uso da energia nuclear, diminuir a AHPPL para 20%, proibir o uso de automóveis nas cidades, "pegadas ecológicas" nacionais que não excedam o dobro do tamanho do território, ritmo de extração dos combustíveis fósseis igual ao ritmo de introdução de energias renováveis, um programa mundial para a viabilidade econômica em longo prazo para a maioria dos agricultores tradicionais, objetivando a conservação *in situ* da biodiversidade agrícola inerente às suas práticas. Essas mudanças na economia claramente alterariam o padrão de preços.

Para além dos valores econômicos, os usos possíveis do capital natural implicam decisões a respeito de quais interesses e formas de vida se sustentarão e quais seriam sacrificadas ou abandonadas. Não se dispõe de uma linguagem comum de valoração para tais decisões. Quando decidimos que alguém ou algo é "muito valioso" ou "pouco valioso", essa é uma apreciação que suscita uma outra pergunta: valioso em função de qual padrão ou tipo de valoração? (O'Neil, 1993). Para as decisões políticas, o que se necessita é, como vimos, um enfoque multicriterial não compensatório capaz de acomodar uma pluralidade de valores incomensuráveis (Munda, 1995; Martínez Alier et al., 1998, 1999). Todavia, em vez de aceitar a incomensurabilidade de valores, existem aqueles que, para conceber políticas, preferem chamar as autoridades (a polícia ambiental, poderíamos dizer) e optar pelo enfoque do custo-eficiência. As metas, as normas ou os limites da economia são estabelecidos por fora pelos chamados "*experts* científicos". Exemplificando, considera-se aceitável que a concentração de dióxido de carbono na atmosfera se amplie até 550 partes por milhão (ppm), quando esse nível agora é de pouco mais que 370 ppm, e a discussão logo se foca em quais são os instrumentos mais baratos para manter-se dentro de tais limites (por exemplo, a implementação conjunta, o comércio de licenças de emissões ou os impostos).Trata-se, na medida do possível, de conseguir resultados nos quais todos ganhem economica e ambientalmente.Tudo isto é muito bonito. No entanto, as metas e os próprios indicadores deveriam estar abertos à discussão. O enfoque custo-eficiência não permite nos desvencilharmos do dilema da valoração.

Capacidade de carga

Muitos economistas ecológicos têm destacado a importância da pressão demográfica sobre os recursos. A humanidade tem excedido a chamada *carrying capacity* – capacidade de carga? Esta se define como a população máxima de uma determinada espécie, como as rãs de um lago, que pode viver neste território sustentavelmente, isto é, sem depredar sua base de recursos. No entanto, no que diz respeito aos humanos, as grandes diferenças internas relativamente ao uso exossomático de energia e dos materiais ocasionam primeiramente esta pergunta: podemos considerar uma população máxima em relação a que nível de consumo? Em segundo lugar, sabemos que as tecnologias transformam-se rapidamente. Por exemplo, em 1965 a tese de Boserup[*] sobre a mudança tecnológica endógena evidenciou que os sistemas agrícolas pré-industriais transformaram e dilataram sua produção (não por hora de trabalho nem por hectare, mais sim para o conjunto do território mediante o encurtamento dos períodos de rotação de culturas), como resultado dos acréscimos da densidade populacional. Essa assertiva instiga uma releitura do argumento malthusiano. Há um terceiro argumento contrário quanto à aplicação da noção de "capacidade de carga" para a espécie humana: o comércio internacional. Este se assemelha à noção de transporte horizontal em ecologia, e uma vez conscientemente regulado e ampliado pelos humanos pode aumentar a capacidade de carga quando um determinado território carece de um bem que é abundante num outro. A "Lei do Mínimo" de Liebig, recomendaria o intercâmbio. Nesta hipótese, a capacidade de carga geral de todos os territórios em conjunto seria maior do que a somatória das capacidades de carga dos territórios na sua acepção autárquica (Pfaundler, 1902). Essa assertiva poderia vincular-se com as propostas das ONGs para um comércio justo e ecológico. Por outro lado, assinale-se que a capacidade de carga de um determinado território irá declinar

---

[*] N.T.: Ester Boserup (1910-1999), nascida Børgesen, economista e escritora dinamarquesa especialista em economia e desenvolvimento agrícola.

caso esteja sujeita a um intercâmbio ecologicamente desigual (ver capítulo "A dívida ecológica"). Um quarto argumento em contrário à utilização do conceito prende-se ao fato de que os espaços ocupados pelos humanos dependem de fatores históricos e políticos, mais do que de fatores naturais. Como mostra o índice AHPPL, as demais espécies podem ser desprezadas ou eliminadas. No interior da espécie humana, a territorialidade está construída por meio de políticas estatais que permitem ou proíbem a migração.[1]

Em razão da fragilidade da noção de "capacidade de carga" como índice de (in)sustentabilidade para os humanos, e também levando em consideração os argumentos alinhavados por Barry Commoner nos princípios da década dos 1970 contra Paul Ehrlich – que havia publicado em 1968 o livro *A bomba populacional* –, se impôs a fórmula I = PAT. Nesta, *I* corresponde ao impacto ambiental; *P* é a população; *A* identifica a riqueza per capita e *T*, pretende mensurar os impactos ambientais da tecnologia. Existem pretensões em operacionalizar I = PAT. A população seria, é claro, apenas uma das variáveis que explicam o carga ambiental. As acusações de neomalthusianismo contra Ehrlich seriam hoje infundadas. Mas de fato, a população constitui uma variável de grande importância. Ao mesmo tempo, é procedente ressalvar que as políticas neomalthusianas inspiradas e legitimadas pela imagem da "bomba populacional" têm provocado muitas esterilizações forçadas e infanticídio feminino em grande escala em vários países, ameaçando remanescentes de pequenos grupos étnicos. Não obstante, faz cem anos que o movimento neomalthusiano na Europa e nos Estados Unidos se opõe à opinião de Malthus de que a pobreza devia-se à superpopulação mais do que a iniquidade social. Esse movimento lutou com muito sucesso em prol do controle da natalidade com base – para utilizar uma linguagem atual – nos direitos reprodutivos das mulheres, apelando de igual modo para os argumentos ecológicos da pressão exercida pela demografia sobre os recursos sem desprezar a pressão do superconsumo dos ricos. As transições demográficas não são meras respostas automáticas frente a mudanças sociais como as promovidas pela urbanização. Seu ritmo articula-se com instituições sociais como direitos de herança, idade matrimonial e tipo de estrutura familiar. A demografia humana é coletivamente autoconsciente e reflexiva. Sinteticamente, ainda que para a população humana a Curva de Verhulst* tenha sua validade, ela claramente irá diferir da ecologia das rãs de um lago.

---

[1] Todo ano, centenas de africanos, jovens em sua maioria, morrem tentando cruzar o estreito de Gibraltar em pequenos barcos até a Andaluzia: não existem estatísticas oficiais exatas. Seus nomes não são registrados.

* N.T.: Modelo matemático construído por volta de 1838 pelo belga Pierre F. Verhulst (1804-1849), a pedido do governo do seu país, preocupado com o crescimento populacional. A *Curva de Verhulst* pressupõe a limitação dos recursos e o crescimento logístico da população com base em um parâmetro matemático, daí decorrendo que seu estudo seja conhecido como de ecologia matemática.

O neomalthusianismo feminista

Atualmente, muitas feministas descartam, ao invés de destacar, o vínculo entre crescimento populacional e a deterioração do meio ambiente (por exemplo, Siliman e King, 1999), diferindo assim do que foi feito cem anos atrás pelo movimento neomalthusiano, proposição evidente na própria escolha do nome do movimento. Essas feministas de hoje não parecem estar conscientes dos debates ambientais que aconteceram no próprio seio do movimento feminista neomalthusiano. O que as incomoda é a ênfase reservada para a população na equação I = PAT (que de qualquer modo irá depender dos coeficientes que sejam atribuídos para os fatores P, A e T), sentindo-se justificadamente incomodadas pelo racismo implícito na insensibilidade para com o drama da desaparição de povos e culturas minoritárias ao redor do mundo. Além disso, mostram-se indignadas com a arrogância patriarcal e estatal a respeito dos métodos de contracepção introduzidos à força no Terceiro Mundo.

É evidente que os problemas ambientais não são unicamente problemas populacionais. Desde o início da ecologia política (Blaikie e Brookfield, 1987), foi traçada uma clara distinção entre a pressão da população sobre os recursos e pressão da produção sobre os recursos. Tanto a África quanto a América Latina são pobres (ou empobrecidas), mas não estão, pela média, superpovoadas (Leach e Means, 1996). Novas enfermidades estão se propagando, velhas enfermidades retornam e, assim, o contingente demográfico poderia retrair-se em alguns países africanos. Todos esses fatos são bem conhecidos. Contudo, não explicam a razão do movimento feminista, que sustenta o direito das mulheres pelo controle da natalidade e ao aborto (que permanece ilegal em muitíssimos países) como parte de um serviço de saúde integral, se esquecer do seu próprio papel histórico nas transições demográficas. Como não se orgulhar da força demonstrada pelas mulheres contra as estruturas sociais e políticas, muitas vezes se contrapondo à irresponsabilidade masculina, em assumir o controle de sua própria capacidade reprodutiva, conquistando coletivamente transições demográficas sem as quais o ambiente natural mundial acabaria arruinado?

Existe uma conexão entre a densidade populacional e a carga ambiental. Tal conexão – que não é direta – está explicitada por índices como o da AHPPL. Também se evidencia na "pegada ecológica", que ao mesmo tempo ressalta, com razão, o nível de consumo per capita. Quando as feministas apelam para a análise da "pegada ecológica" (Patrícia Hynes, in Siliman e King, 1999: 196/199), buscando identificar a riqueza como a ameaça principal ao meio ambiente, não podem se esquivar da importância da densidade populacional. A "pegada ecológica" das áreas metropolitanas ricas é centenas de vezes maior do que seu próprio território, embora em países ricos e densamente povoados como Alemanha, Holanda e Japão, seja "somente" 10 a 15 vezes maior que as suas áreas, precisamente em razão de que as densidades das áreas metropolitanas e dos países na sua totalidade não são iguais. A "pegada ecológica" do Canadá é menor do que a do seu próprio território, a despeito da riqueza de seus habitantes.

Entre as feministas de hoje, a simples menção do neomalthusianismo causa repugnância. Isso decorre de uma falta de cultura histórica. O neomalthusianismo atual se vincula a políticas estatais de população, como ocorre na China, ou da pressão de fanfarrões internacionais como o Banco Mundial. Na Índia, ainda que Indira Gandhi também tenha promovido a esterilização masculina (com desgastantes impactos políticos), esse processo se desenvolve mediante a esterilização feminina. A análise tem demonstrado que na Índia a taxa de fertilidade decrescente – salvo as exceções conhecidas de Kerala e alguns outros estados desse país – está associada à difusão do infanticídio feminino, motivado pela preferência pelos filhos homens. E mais, as mulheres esterilizadas parecem estar mais sujeitas à violência doméstica por parte de maridos inseguros. No âmbito doméstico, é reservada uma menor quantidade de alimentos às mulheres que não mais possuem capacidade de procriar (Krishnara, et al. 1998). Tais consequências do controle da natalidade surgem devido a valores culturais que discriminam as mulheres, e não devido ao próprio controle da natalidade. Porém, é evidente que as políticas populacionais impostas pelos aparatos de Estado não estão de maneira alguma inspiradas pelo movimento feminista, tendo consequências terríveis de um ponto de vista feminista ou simplesmente humano. Ao contrário, pesquisadoras indianas afirmam que "adotar uma perspectiva de gênero na política populacional implica ir mais adiante do que a planificação familiar, por considerar mudanças da estrutura social que possibilitariam às mulheres escolher seus casamentos e sua fertilidade sem restrições sociais e econômicas" (Desai, 1998: 49). É preciso observar aqui como a falta de liberdade para escolher o marido segue de mãos dadas com a falta de liberdade no que diz respeito ao número de filhos. Na Índia, as mulheres detêm uma posição muito frágil devido a um contexto cultural que frequentemente vincula a filiação a uma casta com o controle sobre a sexualidade feminina. Note-se, entretanto, que algumas regiões da Índia contam com densidades populacionais tão ou mais altas do que a dos mais densamente povoados países europeus. Qual será a "pegada ecológica" da Índia, quando sua população, conforme se espera, alcançar um maior nível de vida?

A fertilidade europeia caiu, *não devido* às políticas estatais, mas sim *contrariamente* a elas. Os governos democráticos europeus proibiram o ativismo neomalthusiano até os anos 1920, e os governos fascistas, além desta data. Entre 1865 e 1945, o estado prussiano e, posteriormente, o alemão tinham por meta dispor de mais soldados para combater a França e vice-versa. O estado francês, que tanto empenho havia demonstrado para despovoar o país no período entre 1914 e

1918, proibiu patrioticamente, em 1920, o movimento neomalthusiano (Ronsin, 1980: 83-84). Na história europeia, a "política estatal de população" implicava a pretensão de expandir a população através do incremento da taxa de natalidade. Nos Estados Unidos, significa favorecer a imigração de populações com origem considerada adequada. As recentes iniciativas realizadas pela Índia, China e outros lugares têm alterado o significado da expressão "política estatal de população". A ciência demográfica foi promovida na França por governos pró-natalidade, que, após 1945, divulgaram alguns fervorosos acadêmicos antimalthusianos, como foi o caso de Alfred Sauvy (1960).

Em geral, os demógrafos guardam silêncio a respeito da ecologia ("este não é meu assunto"). Assim, não restou outra alternativa a um biólogo como Ehrlich, mesmo desprovido de conhecimento social e histórico, a não ser abordar novamente com determinação, em 1968, a questão da relação entre população e meio ambiente no seu livro *A bomba populacional*, diante do silêncio, na melhor das hipóteses, não só dos demógrafos como também dos economistas (outros economistas, tais como Wicksell,* foram neomalthusianos militantes). Na maior parte dos casos, com a exceção de países como a Romênia, os governos comunistas permitiram a liberdade de contracepção e de aborto. Contudo, destacavam ao mesmo tempo a crítica de Marx contra as teorias reacionárias de Malthus. Marx também contou com um argumento econômico contra Malthus: na produção agrícola não existiam rendimentos decrescentes, mas, pelo contrário – como já demonstrava a experiência britânica entre 1850 e 1870 –, as colheitas aumentavam e, simultaneamente, diminuía o insumo de mão de obra rural em vista das migrações rumo às cidades. Marx não foi um economista ecológico. A economia ecológica direciona críticas à maneira como os economistas mensuram a produtividade agrícola por razões que Marx, apesar dos seus comentários sobre a erosão e a perda de nutrientes, de fato jamais incorporou na sua análise.

Quanto ao feminismo, o laço entre os "direitos reprodutivos" das mulheres e a consciência da pressão da população sobre o meio ambiente não surgiu pela primeira vez em 1994, na Conferência do Cairo sobre População e Desenvolvimento, mas sim cem anos antes. O neomalthusianismo radical e feminista da Europa e dos Estados Unidos – contrário à Igreja Católica e ao Estado – já reivindicava os direitos reprodutivos pelos idos de 1900 ao insistir na liberdade das mulheres para decidir sobre o número de filhos que desejavam. Foi com esse mote que a anarquista e feminista estadunidense Emma Goldman (1869-1940) participou, em 1900, da primeira conferência neomalthusiana

---

* N.T.: Johan Gustaf Knut Wicksell (1851-1926), economista sueco integrante da chamada Escola de Estocolmo e um dos mais proeminentes autores do período imediatamente posterior à primeira geração dos chamados marginalistas na economia.

celebrada em Paris. Concretamente, essa conferência se converteu numa pequena reunião auspiciada pelo anarquista catalão Francisco Ferrer Guardiã. Participaram do evento Paul Robin, pedagogo e maçom que acreditava na coeducação, além de bakuninista, ex-membro da Internacional e importante impulsionador do movimento neomalthusiano francês; o Dr. George Drysdale (1825-1904), que em 1854 publicou na Inglaterra uma famosa obra neomalthusiana, *Elements of Social Science* (Elementos da Ciência Social); e o Dr. Rutgers, procedente da Holanda, editor de *Het Gelukkig Huisgezin* (A Família Feliz). Todavia, existiram manifestações anteriores do neomalthusianismo. Nessa perspectiva se enquadrariam os folhetos publicados na Inglaterra na década de 1820 por Francis Place e Robert Owen, e o famoso processo enfrentado por Annie Besant em Londres, em 1877, após publicar e vender abertamente o livro neomalthusiano *Fruits of Philosophy* (Os Frutos da Filosofia), de autoria do Dr. Charles Knowlton de Boston, cuja primeira edição data de 1833 (Ronsin, 1980, Masjuan, 2000).

Mas de que modo uma famosa feminista radical e anarquista como Emma Goldman participou de uma conferência neomalthusiana? O fato claramente solicita uma explicação, em face de Malthus ter sido um autêntico reacionário, oponente da Revolução Francesa. Para Malthus, pretender melhorar a situação dos pobres seria tempo e trabalho perdidos, em função de que os acréscimos populacionais absorveriam de imediato qualquer melhoria. A população tendia a expandir-se em progressão geométrica e apenas seria freada pela falta de alimentos (cuja expansão estaria sujeita aos rendimentos decrescentes na agricultura) ou, na melhor das hipóteses, pelos limites morais da castidade e dos matrimônios tardios. De Malthus, os neomalthusianos mantiveram seu interesse pela relação entre crescimento populacional e a disponibilidade de alimentos. Como outros autores a partir de então (Martínez Alier com Schlüpmann, 1987, capítulos sobre Pfaundler e Ballod-Atlanticus; Cohen, 1975), discutiram frequentemente sobre a capacidade de carga da Terra, formulando, pois, a pergunta: "Quanta população no mundo seria possível alimentar?". As respostas não eram coincidentes, variando de 6 a 200 bilhões. Por exemplo, o genro de Paulo Robin, Gabriel Giroud, escreveu um livro pessimista a esse respeito, com o título *Population et Subsistances*, publicado em Paris em 1904. Contudo, hoje em dia, essa pergunta deve ser colocada de um outro modo: Qual é o contingente populacional que pode ser alimentado e viver de um modo sustentável com um nível de vida aceitável, mantendo 40% (ou 60, ou quiçá 80%), da produção de biomassa fora do uso humano e disponível para a vida selvagem?

Há cem anos, fortes desacordos opuseram anarquistas neomalthusianos como Sebastian Faure, e anarquistas antimalthusianos como Kropotkin e Reclus, os quais eram otimistas tecnológicos. Kropotkin acreditava que seria possível expandir enormemente a disponibilidade de alimentos através dos cultivos em estufas. No entanto, ele não foi feminista, mas Emma Goldman manteve com ele um debate fraternal a respeito dos direitos das mulheres. Os neomalthusianos de um século atrás estavam de acordo com Malthus em um ponto: os pobres tinham filhos em demasia. Porém, não acreditavam na castidade, tampouco nos matrimônios tardios. Defenderam barreiras preventivas mais vigorosas do que as previstas por Malthus, exortando as populações pobres da Europa e dos Estados Unidos a utilizarem contraceptivos, dissociando o ato de amor da concepção dos filhos e mesmo do matrimônio. Esse movimento foi cuidadoso em insistir que seus partidários eram neomalthusianos – e não malthusianos –, promotores "da liberdade sexual e da prudência paterna" (Paul Robin, 1896, cf. Ronsin, 1908: 70). Primeiramente, na França, e logo a seguir na Espanha, foram publicadas revistas com este viés, intituladas *Generación Consciente* (isto é, procriação consciente). Pode-se citar entre as feministas ativas no interior do neomalthusianismo francês até 1900: Marie Huot, a qual serviu-se do bordão "*la grève des ventres*", e Pelletier, que propôs não apenas o uso de contraceptivos como também a legalização do aborto.

Não sabemos se Malthus havia reivindicado direitos de propriedade intelectual sobre o uso da palavra "malthusianismo". Muitos clérigos de 1900 consideravam pecaminosas as ideias e as práticas neomalthusianas. Diversos estadistas as consideravam subversivas. Os neomalthusianos instavam as mulheres e os homens a colaborarem para converter a curva exponencial de Malthus em uma curva logística:* a verdadeira lei da população. A demografia humana tornou-se bem mais socialmente autorreflexiva na Europa e nos Estados Unidos do que nas demais sociedades (salvo em alguns grupos "primitivos" que controlavam estritamente a reprodução). Desse modo se justifica a participação ativa de Emma Goldman na conferência neomalthusiana de Paris em 1900 e seu papel como propagandista dessa causa. Goldman editou *Mother Earth* (Mãe Terra) entre 1906 e 1917. Durante os anos 1960 e 1970, os ecologistas dos Estados Unidos ressuscitaram o título da sua revista. Emma Goldman foi ativa como feminista neomalthusiana antes de Margaret Sanger (1879-1966). Esta também pertenceu ao mesmo grupo radical de Greenwich Village, de Nova York, sendo com razão reconhecida como a principal ativista em prol da aceitação legal da contracepção nos Estados Unidos. Os contraceptivos estavam proibidos pela Lei Comstock de 1873. Sanger foi uma das organizadoras do sindicato International Workers of the World, IWW (Trabalhadores Internacionais do Mundo) e, portanto, conhecia as ideias anarquistas. Na França, aprendeu

---

* N.T.: A curva, equação ou função logística tem por base concepções desenvolvidas por Pierre Verhuslt em 1838, constituindo um dos modelos de análise do crescimento populacional mais importantes para a Ecologia das Populações. De acordo com a função logística, a população pode caracterizar-se por um rápido crescimento, depois arrefecer e finalmente se estabilizar. Contrapõe-se, portanto, ao modelo exponencial.

sobre as técnicas de controle da natalidade e depois do seu regresso aos Estados Unidos começou a editar *The Woman Rebel* (A Mulher Rebelde), apoiando o socialismo, o feminismo e a contracepção. Foi acusada de violar a Lei Comstock. Sanger já não utilizava o termo "neomalthusianismo", que (paradoxalmente) havia se tornado politicamente radical demais, utilizando no seu lugar "controle da natalidade", enfatizando a prevenção de abortos. Em seguida, esse termo seria substituído por um outro ainda mais suave, "planificação familiar", ou "paternidade planificada". Margaret Sanger escancarou com sucesso uma porta já meio aberta. Na Europa e nos Estados Unidos, apenas pessoas radicais nas suas concepções se atreviam a recomendar a contracepção nos finais do século XIX e começo do XX. Na América Latina ocorria o mesmo. A principal personalidade neomalthusiana no Brasil foi a feminista e anarquista Maria Lacerda de Moura, que escreveu vários livros nas décadas de 1920 e 1930, um dos quais intitulado *Amai-vos e não vos multipliqueis* (Gordon, 1976; Ronsin, 1980; Morton, 1992; Masjuan, 2000, 2003). O declínio da natalidade no Brasil, entre 1970 e 1985, deu-se sem o apoio do Estado – mais precisamente em oposição ao Estado, dirigido então por um governo militar (Martine et al., 1998).

Os historiadores debatem se a propaganda neomalthusiana influenciou a transição demográfica ou se a causalidade corre na direção oposta, no sentido de que a prática social do controle da natalidade tornou aceitável o neomalthusianismo, a despeito dos processos e do confisco de panfletos. Na França, a natalidade começou a desacelerar nas décadas anteriores ao movimento neomalthusiano, ainda que a taxa de decréscimo tenha se acelerado no final do século XIX. Em outros países, o movimento neomalthusiano precedeu o declínio da taxa de natalidade. Esse foi, creio eu, o caso da Holanda, Alemanha e de parte da Espanha, com exceção da Catalunha, onde o movimento neomalthusiano organizado iniciou suas atividades em 1904 (liderado por Luis Bulffi, que participou em 1900 da conferência de Paris), momento em que a natalidade já estava declinando. Muitas revistas e folhetos foram publicados na cidade de Barcelona, difundindo-se para outros pontos da Espanha e também em alguns países latino-americanos (Masjuan, 2000). Entre os métodos contraceptivos recomendados pelo movimento neomalthusiano na Europa e nos Estados Unidos, alguns estavam orientados para as mulheres. Contudo, os preservativos foram muito populares. A proposta das vasectomias surgiu nos círculos anarquistas da França no início dos anos 1930. A resposta do Estado foi encaminhar uma denúncia aos tribunais (Ronsin, 1980: 202). Porém, entre 1920 e 1930, apesar das políticas natalistas estatais, o debate social na Europa sobre a liberdade de escolher o número de filhos já estava resolvido em favor dos neomalthusianos.

Concluindo, a pressão da população permanece como um fator de importância no conflito entre economia e meio ambiente. O declínio da fertilidade humana em todo o mundo significa que o sobreconsumo é atualmente, e cada vez mais, o fator primordial. Recordemos que quando a América foi "descoberta", em 1492, Europa e América contavam com populações aproximadamente iguais. É bem conhecido que a população indígena da América despencou durante os séculos seguintes. O mesmo também aconteceu, por causa do contato europeu, na Austrália e nas ilhas do Pacífico. A população europeia aumentou consideravelmente no século XIX, despachando para o exterior um grande número de emigrantes. Felizmente, as taxas de natalidade europeias declinaram muito rápido depois disso. O papel das feministas neomalthusianas de cem anos atrás merece ser reconhecido. Imaginemos a Europa dos dias atuais com uma expansão demográfica da ordem de 400% entre 1900 e o ano 2000, como foi o caso do mundo em geral. Por que não voltar a combinar os temas da liberdade das mulheres, os direitos reprodutivos (incluindo a opção do aborto quando os demais métodos fracassam) e da pressão da população sobre o meio ambiente? Esse vínculo logo será uma das doutrinas explícitas do ecofeminismo.

ECOLOGIA POLÍTICA: O ESTUDO DOS CONFLITOS ECOLÓGICOS DISTRIBUTIVOS

Os elementos preliminares deste livro agora estão quase completos. O enfrentamento entre economia e ecologia não pode ser resolvido mediante piedosas ladainhas como as referentes à "internalizar as externalidades" no interior do sistema de preços, ao "desenvolvimento sustentável", à "modernização ecológica" e à "ecoeficiência". Os estudos do metabolismo social mostram que a economia não tem empregado menos energia e nem está se "desmaterializando". Pelo contrário, o ambiente está ameaçado pelo crescimento populacional e pelo sobreconsumo. Ainda que não exista um único índice do estado ambiental na sua totalidade, podemos avaliar essa ameaça por meio de diversos indicadores físicos de (in)sustentabilidade. A elaboração desses indicadores, sua avaliação integrada em uma perspectiva multicriterial constituem a principal tarefa de novas disciplinas ou campos transdisciplinares, tais como a ecologia industrial, a ecologia urbana, a agroecologia, e economia ecológica.

A desigual incidência de danos ambientais ante não só as demais espécies ou as futuras gerações de humanos, mas em nossa própria época, justifica o nascimento do ecologismo popular ou do ecologismo dos pobres. Começaremos agora a descrição das suas ações e dos seus discursos. Hoje, existe uma longa lista de mártires ecologistas. Sua morte não comprova exatamente que sua causa foi correta, mas sim que possuíam uma causa. Este livro argumenta que a causa em si mesma não é nova. Neste capítulo, serão considerados alguns casos desde os finais do século XIX e do começo XX relacionados com a mineração do cobre e, em seguida, explicarei o nascimento da ecologia política a partir de 1980 como o estudo dos conflitos ecológicos distributivos.

A opção do caso da mineração do cobre como ponto de partida se justifica por duas razões. Em primeiro lugar por fornecer exemplos históricos, tal como também poderiam ser encontrados nos conflitos sobre as florestas e as águas. Ao comprovar a existência de casos históricos de conflitos ecológicos que não foram incorporados no discurso ecologista ou ambientalista, podemos então interpretar como conflitos ecológicos os casos atuais de conflito social nos quais os atores ainda são hoje reticentes em denominar a si mesmos ecologistas ou ambientalistas (Guha, 1989). Em segundo lugar, através da comparação de tais casos históricos na mineração do cobre com casos atuais que também se voltam à mineração do cobre, insisto que o cobre – apesar do alumínio e da fibra ótica – não se tornou obsoleto. Pelo contrário, a fronteira de extração do cobre alcança novos territórios impulsionada pelo crescimento econômico, sendo esse um bom argumento que contradiz os crentes da "desmaterialização". O cobre não está escasso em nenhum sentido. Tampouco outros metais. A Terra está repleta de metais e também abundam as fontes energéticas. No entanto, as fronteiras da extração avançam sobre novos territórios porque as velhas fontes estão esgotadas ou se tornaram caras demais.

O ecologismo *avant la lettre*: a mineração do cobre no Japão

Os ambientalistas japoneses recordam Ashio como um lugar infame, no qual se produziu o primeiro grande desastre de contaminação no Japão. Trata-se de uma grande mina de cobre não muito distante de Tóquio, de propriedade da corporação Furukawa. Esse local foi o cenário de uma grande revolta dos trabalhadores contra as condições de trabalho em 1907. Os historiadores sociais japoneses têm debatido se a revolta foi espontânea ou organizada por antigas irmandades. Nessa época existiam também grupos socialistas japoneses que advogavam a "ação direta". Como veremos, no Rio Tinto, na Andaluzia, houve em 1888 uma frente comum entre mineiros e camponeses contra a contaminação. Contudo, não parece ter sido esse o caso em Ashio, onde dezenas de milhares de camponeses ao longo do rio Watarase lutaram sozinhos durante décadas contra a contaminação por metais pesados que afetavam não só os cultivos, como também a saúde humana. Também em 1907, lutaram contra a construção de um grande depósito para o armazenamento de materiais que sofreram flotação e águas contaminadas que acarretaria na destruição do povoado de Yanaka, com o seu cemitério e seus oratórios sagrados.

A refinaria da mina lançava nuvens contendo ácido sulfúrico, fazendo murchar as matas dos arredores, e as águas com resíduos [...] escoavam até o rio Watarase, reduzindo o rendimento dos campos de arroz dos camponeses, que regavam as plantações com esta água [...]. Milhares de famílias camponesas [...] protestaram inúmeras vezes. Elaboraram petições às autoridades nacionais e se confrontaram com a polícia. Finalmente, Tanaka Shozo, seu líder, criou uma grande agitação ao solicitar solução para o caso diretamente ao imperador [...]. Com a irrupção da destruição ambiental nos anos sessenta como uma questão social importante, somada à preocupação pública no que diz respeito aos impactos da contaminação, o legado de Ashio como o local de nascimento da contaminação no Japão tem permanecido [...] Nesta época o cobre tinha um papel importante na economia japonesa, ocupando o segundo lugar depois da seda nas exportações do Japão. (Nimura, 1977: 20-21; ver também Strong, 1977)

Ashio não constituía caso único no mundo. A campanha de relações públicas da Furukawa prontamente identificou Butte, em Montana, como um lugar horroroso para se viver:

> O processo de fundição tem destruído totalmente a beleza da paisagem, gases nocivos têm eliminado toda forma de vida vegetal num raio de quilômetros; os córregos estão pútridos devido aos contaminantes, e o povoado em si mesmo, parece soterrado sob monstruosas pilhas de escórias. (Strong, 1977: 67)

Tais eram as realidades da mineração de cobre nos Estados Unidos. Na comparação, Ashio não era tão ruim assim, com a exceção de que, diferentemente de Montana, existiam milhares de agricultores infelizes rio abaixo.[1]

Furukawa havia adquirido as minas de Ashio em 1877. Em 1888, fez um acordo para fornecer 19 mil toneladas de cobre em dois anos e meio para um consórcio francês. O compromisso foi cumprido. Três mil mineiros estavam então trabalhando em Ashio. Mais tarde esse número se expandiria para 15 mil. Em nome do consórcio francês, o acordo com Furukawa foi assinado pelo administrador da Jardine Matheson, uma firma fundada por James Matheson, tio de Hugh Matheson, o fundador da companhia Rio Tinto (Strong, 1977: 67). Furukawa postergou por décadas a aplicação de métodos anticontaminação, beneficiando-se do caráter inédito e da incerteza a respeito da poluição em questão, assim como da proximidade entre o governo e as empresas no Japão.

---

[1] Na história local de Montana, Butte tem sido conhecido como "a montanha mais rica da Terra", uma honra que pertence com mais justiça à montanha Cerro Rico, de Potosí. Recentemente, Butte tem conquistado a mais duvidosa distinção como o maior espaço geográfico *Superfund* de limpeza por parte da Agência de Proteção Ambiental, um legado da história da mineração (FINN, 1998, 250, nota. 8). Butte pertenceu à companhia Anaconda, a mesma que adquiriu de Guggenheim a mina de Chuquicamata no Chile, possivelmente a maior mina de cobre da Terra. Não existe um *Superfund* para Chuquicamata... ou para Potosí.

Fazendo uso de um discurso que atualmente denominaríamos de análise de custo-benefício, Furukawa argumentou:

> Suponhamos que os resíduos de cobre tenham sido responsáveis pelos danos provocados nas terras agrícolas nas duas margens do Watarase – apesar de os benefícios públicos auferidos pela mina de Ashio para o país ultrapassarem de longe qualquer prejuízo sofrido pelas áreas afetadas. O dano, de qualquer modo, pode ser adequadamente resolvido através de compensação. (Artigo publicado no *Tokio Nichi Nichi Shinbun*, de 10 de fevereiro de 1892, in Strong, 1977:74).

Na terminologia econômica contemporânea, uma *melhora de Pareto** significa, no sentido estrito, que uma mudança, tal como um novo projeto de mineração, melhora a situação de alguém e não piora a de ninguém. Nesse sentido, Ashio não contemplou o critério. Mais precisamente, num sentido amplo, caberia uma melhora de Pareto acompanhada de uma compensação aos prejudicados com base no critério de *Kaldor-Hicks*.** Assim, os que se beneficiaram podem (potencialmente) compensar com um ganho nítido aqueles cuja situação piorou nesse mesmo contexto. Isso é o que argumentava Furukawa, cinquenta anos antes que o ramo da teoria econômica denominado "economia do bem-estar" fosse desenvolvido.

Nem mesmo Tanaka Shozo (1841-1913), filho de um chefe camponês de um povoado situado na área contaminada, que se tornou líder do movimento contra a contaminação, poderia ter tomado conhecimento nessa época da "economia do bem-estar". Ele chegou a ser membro do parlamento em Tóquio nos anos 80 do século XIX. Famoso pelos seus discursos fervorosos, Shozo foi um homem imbuído de profundos sentimentos religiosos, convertido posteriormente no pai do ecologismo ou do ambientalismo japonês, que surgiu, portanto, de uma tradição de justiça ambiental pró-campesinato. O ecologismo japonês está enraizado nas atenções dedicadas à ecologia urbana, além da preocupação com proteção das florestas e com ciclo da água (Tamanoi et al., 1984) mais do que voltado para a preservação do silvestre. Tudo isso num contexto nacional de industrialismo e militarismo que colocou o ambientalismo na defensiva.

Hoje, o Japão é um grande importador de cobre por meio de ativas companhias transnacionais como a Mitsubishi. A contaminação da mineração do cobre e das plantas industriais de fundição tem ainda um papel importante na economia de alguns países exportadores. Se a extração mundial de cobre foi, em 1900, da ordem de 400 mil toneladas por ano, cem anos mais tarde ela alcançou a magnitude de 10

---

* N.T.: Vilfredo Pareto (1848-1923), sociólogo, político e economista italiano, que analisou aspectos teóricos relacionados à regulação econômica.

** N.T.: Conceito firmado pelos economistas Nicholas Kaldor (1908/1986) e John Hicks (1904/1989), que diz que a eficiência econômica somente ocorre se o valor econômico dos recursos sociais for maximizado.

milhões de toneladas, um crescimento de 25 vezes (contrastado com um incremento de 4 vezes da população humana, que passou de 1,5 bilhão em 1900 para 6 bilhões em 2000). Mais de 60% da produção de cobre é procedente de jazidas novas, e o restante, da reciclagem. O resultado disto tudo é uma implacável expansão das fronteiras do cobre. Quanto menor for o custo de uma extração nova, menos reciclagem irá existir. Quando em 1999 comecei a escrever este livro, a produção de alumínio conhecia o seu ápice mundial, iniciando-se seu deslocamento para os países do Sul. Assim, imaginava que o cobre havia se convertido em uma matéria-prima obsoleta, e que meus exemplos sobre os conflitos ambientais relacionados à mineração do cobre seriam exclusivamente históricos. Entretanto, na década de 1990 a extração do cobre estava se expandindo a taxas de 1,5% anuais. Se os preços baixam, é em função da superoferta, e não da falta de demanda.

Ashio não foi o único caso de ambientalismo popular no Japão. Por exemplo, quando:

> A companhia Nikko construiu em 1917 sua refinaria de cobre na extremidade da península de Saganoseki (na prefeitura de Oita), e os agricultores locais se opuseram energicamente. Eles temiam que a fumaça ácida da refinaria chegasse às montanhas e arruinasse as amoreiras, das quais dependia sua produção de seda. Ignorando seus argumentos, os funcionários oficiais concordaram com a refinaria. Os camponeses sentiram-se traídos e, incomodados, insurgiram-se no povoado cortando os pilares da casa do dirigente comunitário, uma tática (*uchikowashi*) conhecida desde a era Tokugawa [...]. A polícia pôs fim ao protesto de modo brutal, golpeando e prendendo centenas de manifestantes. Nikko construiu a refinaria, que opera até hoje. (Broadbent, 1998: 138)

O prefácio de Michael Adas ao livro de Ramachandra Guha, *O ecologismo: uma história global* (Guha, 2000), insiste – equivocadamente, na minha opinião – nas "diferenças fundamentais que separam os ativistas e teóricos ambientais euroamericanos daqueles que argumentam a partir da perspectiva das sociedades pós-coloniais, nas quais vive a maioria da humanidade". A noção de pós-colonialismo não é utilizada por Guha. O ecologismo japonês dos pobres, quando o Japão não era um território colonial nem (ainda) dispunha de um poder colonial, tem muito em comum com outros casos ocorridos ao redor do mundo. De fato, o ecologismo dos pobres que luta por justiça ambiental existe em distintos países com diferentes histórias e culturas e agora é explicitamente internacional.

Cem anos de contaminação no Peru

Vários estudos sobre os conflitos entre fazendeiros e comunidades da Serra Central do Peru há 25 anos explicaram como as comunidades se defenderam com certo êxito da expansão das fazendas (Mallon, 1983). Esses pastores e agricultores camponeses resistiram contra a modernização das fazendas, cujos proprietários queriam expropriá-los juntamente com suas ovelhas que não eram de raça *wakcha** (Alier, 1977). As comunidades também tiveram que enfrentar, numa outra frente, as companhias mineradoras, e ainda o fazem. A Cerro de Pasco Copper Corporation contaminou os pastos nos anos 1920 e 1930. Certamente, a mineração não constituía uma novidade nas serras peruanas. Huancavelica** havia abastecido Potosí de azougue (mercúrio) desde o século XVI. A prata foi explorada nos tempos coloniais e, também, nos pós-coloniais.

    Por volta de 1900, por conta da difusão dos instrumentos elétricos, ferramentas, máquinas, armamento e vias férreas, a produção mundial de mineração do cobre, chumbo e do zinco que estava em alta. Os capitalistas peruanos da mineração (como Fernandini) ganharam pequenas fortunas. Em 1901, o governo peruano alterou o código de exploração mineral autorizando a propriedade privada das jazidas de minérios, substituindo a propriedade estatal e o regime de concessões administrativas (Dore, 2000: 13/15). A Corporação Cerro de Pasco, de Nova York, adquiriu muitas jazidas e começou uma operação mineira subterrânea em larga escala. Tinha à sua disposição a estrada de ferro da costa, uma notável obra de engenharia levada a cabo por Henry Meigss, o Pizarro ianque. A companhia Cerro de Pasco construiu caminhos, vias férreas, diques, usinas hidrelétricas e campos de mineiração a quatro mil metros acima do nível do mar. Primeiramente, ergueu várias fundições de pequeno porte, para depois, em 1922, construir uma grande fundição e uma refinaria em La Oroya, cujos efeitos tornaram-se foco de um célebre litígio (Mallon, 1983: 226/229, 350/351). "A nova fundição contaminou o ar, o solo e os rios da região com arsênico, ácido sulfúrico, resíduos de ferro e zinco" (Dore, 2000: 14). Os pastos murcharam e as pessoas adoeceram.

    As comunidades camponesas, assim como velhos e novos proprietários de fazendas localizados até 120 quilômetros de distância, decidiram promover uma reclamação judicial contra a companhia. Esta foi obrigada pela justiça a adquirir, como uma forma de indenização, as terras que havia contaminado. Quando nos anos seguintes o nível de contaminação das operações mineradoras e da fundição de La Oroya tornou-se menor – ao menos no que diz respeito ao ar, em função dos filtros ou *scrubbers*, embora nem tanto assim quanto aos cursos de água –, a propriedade de toda essa terra se tornou um valioso ativo para a companhia, que iniciou então um grande negócio de criação de ovelhas, o que gerou conflitos de vizinhança com as comunidades do entorno. No início

---

*N.T.: A palavra *wakcha* na língua quéchua significa simultaneamente pobre, desprovido de bens, dinheiro e de relacionamentos sociais.

**N.T.: Região peruana famosa pelas suas minas de mercúrio.

do século XX, a Corporação Cerro de Pasco teve dificuldades inicialmente para recrutar mão de obra qualificada. Recorrendo ao *enganche*,* os trabalhadores endividavam-se com a companhia. Como assinalou Elizabeth Dore (2000: 15), a contaminação em larga escala causada pela fundição de La Oroya contribuiu, graças à diminuição dos rendimentos das colheitas agrícolas dos pequenos lotes nos quais a agricultura era praticada a grandes alturas e por conta da morte dos animais dos camponeses, para solucionar o problema da escassez de trabalhadores. A mão de obra camponesa tornou-se, desse modo, disponível. Essa foi uma outra bênção que agraciou a empresa.

Muitos anos mais tarde, em 1970, essa enorme empresa pecuarista, detentora de 300 mil hectares, foi expropriada pela Reforma Agrária, subsistindo, ainda, como a Sais** Tupac Amaru,*** de propriedade das comunidades próximas, um dos poucos grandes empreendimentos de ovinocultura que não foram repartidos em fragmentos entre as comunidades indígenas camponesas, que reivindicavam a retomada das suas terras desde tempos passados.

A mineração no Peru esteve durante muito tempo dominada pela Corporação Cerro de Pasco. Contudo, na década de 1960 a extração de cobre se deslocou rumo ao sul, alcançando Cuajone e Toquepala. Essas são grandes minas a céu aberto, situadas nas proximidades de Ilo, constituindo uma extensão das ricas jazidas de Chuquicamata e de outras minas situadas no norte do Chile. A mineração subterrânea, como em Cerro de Pasco, tem sido substituída em todo o mundo pela mineração a céu aberto. O cobre é atualmente obtido em minas a céu aberto na parte sul do Peru (e no Chile), produzindo em enormes quantidades de terra removida, gerando sedimentos e deteriorando a água disponível em regiões onde chove pouco e existe pouca água subterrânea. É preciso assinalar, ademais, o conhecido problema do dióxido de enxofre das fundições. A Southern Peru Copper Corporation, de propriedade da Asarco e Newmont Gold, tem causado contaminação da atmosfera e da água durante mais de trinta anos na cidade de Ilo, situada ao sul do Peru, e que contava com 60 mil habitantes no final da década de 1990. A fundição foi construída em 1969, a 15 quilômetros ao norte de Ilo, expelindo diariamente quase 2 mil toneladas de dióxido de enxofre. Os resíduos da flotação e as escórias foram despejados sem tratamento sobre a terra e

---

* N.T.: Termo do jargão sociológico que se refere a formas extralegais de redução dos trabalhadores à servidão e a trabalhos forçados, com base, por exemplo, em dívidas assumidas com a empresa. Similar ao chamado "sistema de barracão" do Brasil.

** N.T.: Sigla resultante de Sociedad Agraria de Interes Social, forma cooperativista de produção agrícola estabelecida nos anos 1960 no Peru durante o processo de reforma agrária.

*** N.T.: Jose Gabriel Tupac Amaru (1742-1781), líder de uma revolta antiespanhola, foi o último grande líder indígena do Peru.

também no oceano, onde "vários quilômetros da linha costeira estão inteiramente poluídos". A Southern Peru Copper Corporation faz parte da lista das dez maiores produtoras de cobre do mundo, sendo a maior empresa exportadora do Peru. O conflito é urbano, ao passo que na Serra Central assumiu um caráter rural, ainda que não se deve a contaminação da cidade de La Oroya. Em Ilo, tem ocorrido intervenção de ONGs locais como também de ambientalistas europeus. Petições em tribunais internacionais têm sido apresentadas. Em 1992, as autoridades locais encaminharam com sucesso uma queixa no chamado Tribunal Internacional da Água, na Holanda, obtendo seu apoio moral. Em 1995, iniciou-se uma petição de "ação de classe" sob a ATCA (Alien Tort Claims Act), na corte do Distrito Sul do Texas, Divisão de Corpus Christi (*New York Times*, 12 de dezembro de 1995). Porém, ela foi rechaçada quando o Estado peruano, procedendo do modo que lhe é peculiar, requisitou que o caso fosse encaminhado de volta ao Peru. Os demandantes, em nome da população de Ilo, em sua maioria formada por crianças com enfermidades respiratórias, reclamaram que a contaminação do dióxido de enxofre, a despeito da construção de uma planta de ácido sulfúrico, cuja função era recuperar esse resíduo, não havia diminuído apreciavelmente nos últimos anos. O juiz da corte federal sentenciou, em 22 de janeiro de 1996, contra a admissão do caso pelo sistema judicial estadunidense, fazendo uso da fórmula de *forum no conveniens*. Posteriormente, houve um recurso.

Entre 1960 e 1970, a mineração de cobre do Peru, que se deslocara do centro ao sul, retoma agora suas atenções para o norte do país, com grandes explotações em Antamina, ligada ao porto de Huarmey por intermédio de um minerioduto. Isso deu margem a protestos. Outro conflito relacionado com a mineração de cobre ocorreu em El Espinar, em Cuzco e em Tintaya, opondo a BHP-Billiton e as pobres comunidades locais. Outra mina peruana onde existem conflitos é a de Yanacocha, em Cajamarca, uma enorme jazida de ouro a céu aberto. O auge minerador no Peru atingiu tamanha proporção, e tantos são os conflitos relacionados com a contaminação ou a ocupação de terras e águas, que a situação motivou a constituição da CONACAMI – Coordenação Nacional de Comunidades Atingidas pela Mineração –, uma mostra bem convincente do ecologismo popular, enraizado nos antigos conflitos na Serra Central. Raul Chacón (2002) assinala que ante os novos impactos relacionados com o auge mineiro do Peru, o movimento camponês institucionalizado, ainda dominado por velhos dirigentes da esquerda tradicional, tende a se diferenciar desse movimento ecologista popular, heterogêneo e não de todo articulado, no qual observa um incômodo competidor político. Miguel Palacín, líder da Coordenação Nacional de Comunidades Atingidas pela Mineração, consolidou sua liderança no conflito entre a comunidade de Vicco – de antiga reputação por suas lutas pela terra contra a Corporação Cerro de Pasco –, com a mineradora nacional El Brocal S. A., no projeto San Gregório de mineração de zinco, chumbo e prata. Vicco está em Pasco, a mais de 4.000 metros de altitude, junto a Chinchaycocha ou Lago Junín; lá foi fundada, em 1994, a Frente de Defesa Ecológica, que obteve êxito em frear o projeto. Também na Serra Central, o povoado de San Mateo de Huanchor, localizado a menos de cem quilômetros de Lima pela estrada central, irrompeu em meados da década de 1990 uma luta contra os resíduos de flotação da mineradora Lisandro Proaño S.A. Os dirigentes se incorporaram à CONACAMI. Em San Mateo de Huanchor, todos lembram os conflitos e o massacre ocorrido há setenta anos, uma prematura manifestação do ecologismo popular.

Rio Tinto e outras histórias

Os escritores românticos reagiram em oposição aos horrores sociais e estéticos da industrialização. Existe pois ao menos uma boa razão para romantizar o passado: os românticos, como William Blake, possuíam um bom olfato para as fumegantes indústrias e fundições, para a química ambiental e a contaminação industrial. Foi em Huelva, durante a década de 1880, no ensolarado território da Andaluzia, anos antes das palavras "meio ambiente" e "ecologia" se tornarem uma moeda social e política de domínio público, que aconteceu o primeiro grande conflito ambiental associado com o nome Rio Tinto (Avery, 1974; Ferrero Blanco, 1994; Pérez Cebada, 2001). As velhas minas reais de Rio Tinto foram adquiridas em 1873 por britânicos e alemães, sob a direção de Hugh Matheson, o primeiro presidente da Rio Tinto Company. Imediatamente foi construída uma nova estrada de ferro até a baía de Huelva, a qual foi amavelmente colocada à disposição dos passageiros locais em dias normais (porém, não nos dias de festa ou nos aniversários da Rainha Vitória). Uma grande operação de mineração a céu aberto foi posta em marcha. Oitenta anos mais tarde, em 1954, as minas foram vendidas novamente para proprietários espanhóis, ainda que a primeira Rio Tinto Company tenha conservado uma terça parte do controle acionário.

Essa companhia britânica, Rio Tinto – rebatizada como Rio Tinto Zinc – conquistou a posição de gigante mundial da mineração e da contaminação (Moody, 1992). Seu nome associa-se à Andaluzia, onde no dia 4 de fevereiro de 1888, o exército levou a cabo um massacre de agricultores e camponeses, assim como de sindicalistas operários. Esse foi o ponto culminante de anos de protestos com foco na contaminação pelo dióxido de enxofre. O Estado espanhol não era muito competente em compilar estatísticas. Desse modo, os historiadores debatem a respeito do número de mortos contabilizados quando o Regimento de Pávia abriu fogo contra uma grande manifestação na praça do povoado de Rio Tinto:

> A empresa não conseguiu averiguá-lo, e de qualquer maneira, prontamente decidiu que era melhor minimizar a gravidade de todo o assunto e abandonou suas intenções de descobrir o número de vítimas, ainda que a tradição de Rio Tinto coloque o número de mortos entre cem e duzentos. (Avery, 1974: 207; e Ferrero Blanco, 1994: 83 e seguintes).

Os historiadores também discutem se os mineiros reclamavam unicamente pelo fato de que a excessiva contaminação os impedia de trabalhar alguns dias (dias de *manta*) e, portanto, de cobrar jornadas completas de trabalho por esses dias, ou se reclamavam pela contaminação por conta do dano causado para a própria saúde e das suas famílias. A companhia, empregando dez mil mineiros, extraía uma grande quantidade de piritas de cobre. A pretensão era exportar o cobre e secundariamente o enxofre recuperado das piritas, este último encaminhado para a fabricação de fertilizantes. A quantidade de minério extraído era extraordinária. A empresa, preocupada com a obtenção rápida do cobre, deixava de recuperar muito do enxofre, que assim era liberado na atmosfera na forma de dióxido de enxofre, em razão de o mineral ser tostado em *teleras** através de um processo de calcinação ao ar livre, uma etapa prévia para a fundição do concentrado.

> Os vapores sulfurosos do processo de calcinação constituíram a principal causa de descontentamento. Os vapores produziram um ambiente que molestava a todos, pois a nuvem de fumaça que no mais das vezes pairava sobre a área, destruiu grande parte da vegetação, produzindo escuridão e sujeira constantes. (Avery, 1974: 192).

Ainda que a companhia lhes estivesse pagando compensações monetárias, os grandes e os pequenos agricultores convenceram alguns dos conselhos dos acanhados povoados circundantes da necessidade de proibir a calcinação ao ar livre no interior dos territórios municipais. Através de membros do parlamento espanhol que integravam sua "folha de pagamentos", a companhia conspirou com êxito para tornar Rio Tinto um território autônomo, separando-o de Zalamea, um povoado maior, com base no razoável argumento de que a população da área mineira havia crescido consideravelmente. Evidentemente, a companhia desejava possuir funcionários municipais fiéis às suas ordens.

As causas imediatas da greve do dia 4 de fevereiro de 1888 foram a exigência pelo pagamento completo de jornadas de trabalho referentes aos dias de *manta*, a solicitação da eliminação do trabalho por empreitada e o fim da dedução de uma peseta semanal para cobrir os gastos do fundo médico. Maximiliano Tornet, líder sindicalista dos mineiros, um anarquista que poucos anos antes tinha sido deportado de Cuba para a Espanha, havia conseguido consolidar uma aliança entre os camponeses e os agricultores, e com alguns proprietários de terras e políticos locais, os quais constituíram a Liga Antifumaça de Huelva. Quando o exército chegou à praça repleta de mineiros em greve e de camponeses com suas famílias provenientes da região afetada pelo dióxido de enxofre, havia começado na prefeitura de Rio Tinto a discussão a respeito das *teleras* ao ar livre. O que estava

---

* N.T.: Peças que mantinham as piritas em montículos quando da calcinação, permitindo uma combustão lenta.

em debate era se estas deveriam ser proibidas por decreto municipal não só nas aldeias do entorno como de igual modo em Rio Tinto. Contudo, numa linguagem atual, os setores locais implicados ou afetados, os *stakeholders* (sindicalistas, políticos locais, camponeses e agricultores), não alcançaram uma resolução favorável para conflito, tampouco a solução do problema. Caso o prefeito tivesse anunciado publicamente um decreto contrário à calcinação ao ar livre, a tensão na praça teria diminuído, e a greve teria sido suspensa. Outros *stakeholders* – a companhia Rio Tinto e o governador civil da capital da província – estavam, todavia, mobilizando outros recursos, a saber, organizando o transporte por via férrea do Regimento de Pavía. Não se sabe com certeza quem foi o primeiro a gritar "fogo", talvez um civil postado em uma janela (Avery, 1974: 205). Porém, os soldados entenderam o grito como uma ordem de disparar contra a multidão.[2]

Um século mais tarde, a interpretação desse episódio pela ótica do ecologismo popular tornou-se inesperadamente relevante quando o povo de Nerva protestou na década de 1990 contra as autoridades regionais devido à implantação de um depósito de resíduos perigosos precisamente em uma mina em desuso. Os ambientalistas locais e os funcionários do povoado apelaram explicitamente para a recordação do episódio vivido no "anos dos tiros" de 1888 (García Rey, 1996), cinquenta anos antes da guerra civil de 1936-1939, quando os mineiros do Rio Tinto foram massacrados, dessa vez por motivações não ecológicas. Contudo, os céticos quanto à tese do ecologismo popular assinalam que, em 1888, os trabalhadores estavam mais preocupados com suas jornadas de trabalho do que propriamente com a contaminação; falam que os camponeses e os agricultores foram manipulados por políticos locais que queriam obter dinheiro da companhia Rio Tinto ou que possuíam seus próprios desacordos com outros políticos em nível nacional sobre relacionamento mantido com a empresa britânica, tão conspicuamente britânica que dispunha de uma igreja anglicana e de uma equipe de *cricket*.[3]

O ecologismo "retrospectivo" relacionado com a mineração e a contaminação do ar tem se convertido em um tema da história social em muitos países. Esse tema não se restringe à contaminação do ar, mas também à da água – caso do rio Watarase, no Japão, e em Ilo, no Peru –, estando igualmente presente

---

[2] Ferrero Blanco (1994: 214) fornece uma lista de artigos do Código Penal que, segundo o político Romero Robledo, foram infringidos.

[3] Os céticos também destacam corretamente que em Aznalcóllar, um povoado situado no interior da área contaminada em 1888, os mineiros de Boliden solicitaram em 1999 que fosse reaberta a "sua" mina, em oposição aos ambientalistas de classe média de Sevilha e de Madri. Boliden é uma companhia sueco-canadense cujo dique de resíduos de flotação entrou em colapso em 1998, contaminando com metais pesados dez mil hectares de terras agrícolas irrigadas (nas quais os cultivos foram abandonados) e ameaçando o parque nacional de Doñana no delta do Guadalquivir. Desde então, Boliden abandonou sua mina de Aznalcóllar.

em outras modalidades de mineração, caso, por exemplo, da contaminação por mercúrio, o azougue que os espanhóis empregaram em Potosí e no México para amalgamá-lo com a prata, e que hoje é utilizado nos rios amazônicos para ser amalgamado com o ouro. O mercúrio foi a origem de casos famosos de enfermidades no Japão desde a década de 1950, época em que ainda não eram empregadas as palavras ecologia ou meio ambiente. Mas isso não é impeditivo de interpretar tais conflitos sociais como conflitos ecológicos. Na história social se procede habitualmente desse modo. Escreve-se que determinada greve assinala o nascimento do movimento operário em um país, sem que haja exigência de que os protagonistas apresentem uma folha de papel com reivindicações encabeçada com um título do tipo "aqui estamos: o novo movimento operário deste país", sem sequer usar a palavra "greve". Escreve-se a respeito de uma onda de invasões de terras como uma *jacquerie*, ou, quiçá, como o início de um movimento camponês em tal ou qual país, sem que os próprios protagonistas façam uso dessa terminologia. Pode-se dizer, com ou sem razão, que os zapatistas de 1910 eram narodniks mexicanos – de fato, ambos os movimentos utilizavam a palavra de ordem "Terra e Liberdade" – e dá no mesmo que o próprio Zapata dissesse que não. Pode-se dizer que o golpe do general Pinochet em 1973 inaugurou a era do neoliberalismo econômico na América Latina, e isso constitui uma verdade mesmo que o próprio general e seus colaboradores não admitam. Tudo isso é penosamente óbvio, mas deve ser explicitamente dito diante do suposto anacronismo presente ao identificar a existência de casos de ecologismo popular no século XIX.

Sendo ainda em pequeno número, os ecologistas organizados ficam com frequência na defensiva. Gostariam de ser proativos, mas são reativos, correndo de uma ameaça para a seguinte. No final dos anos 1990, a Mitsubishi teve seu plano de instalação de uma mina de cobre na região de Íntag, em Cotacachi, na província de Imbabura, situada ao norte do Equador, derrotado por uma organização não governamental da região, a Decoin (Defensa y Conservación Ecológica de Íntag), que recebeu auxílio de grupos equatorianos e internacionais. Conheço esse caso devido ao meu relacionamento com a Acción Ecológica, sediada em Quito, uma das organizações que auxiliaram a Decoin. A intenção da empresa era retirar uma centena de famílias para abrir caminho para uma mineração a céu aberto, trazendo milhares de mineiros para extrair uma grande reserva de cobre. O Íntag é uma área povoada por uma população mestiça, apresentando uma formosa e frágil floresta e campos agrícolas. A Rio Tinto já havia demonstrado interesse pelo território. Mas suas incursões prévias no Equador (em Salinas de Bolívar e em Molleturo, em Azuay) fracassaram, resultando na sua retirada. A Bishi Metals, uma subsidiária da Mitsubishi, começou, no início da década de 1990, alguns trabalhos preliminares no Íntag. Em 12 de maio de 1997, após muitos encontros com as autoridades, uma grande convocatória dos membros das comunidades afetadas recorreu à ação direta. Grande parte dos bens da companhia foi inventariada pela população, que procedeu a sua retirada da área e posteriormente os devolveu para a companhia. O equipamento restante foi queimado sem provocar danos às pessoas.

O governo do Equador reagiu propondo uma denúncia de terrorismo – um evento raro nesse país – endereçada contra as chefias comunitárias e ao líder da Decoin. Contudo, o caso foi rejeitado pela justiça um ano mais tarde. Nesse período, os esforços em atrair a Codelco (Companhia Nacional de Cobre do Chile) também foram derrotados. A Acción Ecológica despachou uma ativista, Ivonne Ramos, para o centro de Santiago para manifestar-se, com o respaldo de ecologistas chilenos, por ocasião da visita oficial do presidente do Equador. Acabou sendo levada à prisão. A publicidade que cercou o caso obrigou a Codelco a retirar-se. A Acción Ecológica também organizou uma visita das mulheres das comunidades do Íntag às regiões mineiras do Peru, tais como Cerro de Pasco, La Oroya e Ilo. As mulheres fizeram contatos por sua própria conta nessas áreas e regressaram para Íntag impregnadas com suas próprias impressões, trazendo músicas e letras tristes de *waynos* mineiros, que imediatamente sensibilizaram a população. Contudo, essas mulheres negam ser ambientalistas ou, Deus as livre disso, ecofeministas.[4] Hoje existem várias iniciativas sobre formas alternativas de desenvolvimento no Íntag, sendo uma delas a exportação de café "orgânico" para o Japão por intermédio de contatos estabelecidos durante a luta contra a Mitsubishi. Mas as jazidas de cobre mantêm-se ainda no mesmo local, debaixo da terra, ao mesmo tempo em que a demanda mundial pelo metal aumenta.

Desde muito tempo existe um consenso de que a mineração implica uma *Raubwirtschaft*, literalmente uma economia de rapina,[*] que abrange dois aspectos: a contaminação não compensada e a exploração do recurso sem investimento alternativo suficiente. Os debates sobre as prerrogativas da mineração são, por definição, muito mais antigos do que a discussão explicitada sobre a sustentabilidade "fraca", embora possam relacionar-se com ela. Desse modo, a British South África Company (BSAC) redigiu em 1911 um código de mineração para o norte da Rodésia (atualmente Zâmbia, com suas ricas jazidas de cobre), que foi enviado para o Colonial Office (ou Departamento das Colônias) para sua aprovação. O Colonial Office procurou assegurar algum rendimento monetário para os chefes locais, para investimento ou para ser gasto

---

[4] Acción ecológica (Quito) e o Observatório Latinoamericano de Conflictos Ambientales (Santiago de Chile), *A los mineros: ni um paso atrás em Junín-Íntag*, Quito, 1999.

[*] N.T.: Muito usual nos estudos do geógrafo alemão Friedrich Ratzel, *Raubwirtschaft* também pode ser traduzido por "economia de roubo", "de pilhagem", "de saque" ou, ainda, "destrutiva". A terminologia *Raubwirtschaft* é frequentemente utilizada para descrever práticas coloniais no século XIX e outras que se assemelham a ela nas décadas seguintes e nos tempos atuais. O Estado Livre do Congo do rei Leopoldo II é muitas vezes descrito como um dos exemplos mais acabados de *Raubwirtschaft*. O termo tem sido frequentemente requisitado nos estudos que entrelaçam ecologia e economia.

localmente. A BSAC dizia ter obtido as concessões mineiras diretamente desses chefes, escrevendo para o Colonial Office que não desejava uma lei reduzindo, de forma alguma, seus direitos ou benefícios. No final, o governo britânico aceitou o rascunho de 1911, que se transformou na Portaria Mineira por um longo período de tempo (Ndulo, 1987: 123, citado em Draisma, 1998). Anos mais tarde, no fim da década de 1970, Kenneth Kaunda* não só nacionalizou as minas, como também procurou constituir, com o Chile, Peru e o Congo, a Cipec (Council of Copper-Exporting Countries), um cartel de países exportadores de cobre. Esse, porém, logo entrou em colapso.

Se os preços das matérias-primas baixam, isso se deve à superoferta, ainda que alguns países (tais como Zâmbia, para o cobre) tenham conseguido eventualmente diminuir a produção e vender a um preço mais baixo. A corrente de matérias-primas (incluindo materiais portadores de energia) que liga o Sul ao Norte não está diminuindo em termos de peso, ao contrário. O Japão é, com a Europa e os Estados Unidos, um dos principais importadores. Broadbent (1998: 223-225) expõe um caso ocorrido no Japão por volta de 1970, no qual ativistas locais tiveram êxito em impedir que a companhia Showa Denko construísse uma fundição de alumínio, no que foi denominado de Aterro 8, situado na prefeitura de Oita (nesse contexto, aterro significa um trecho de mar costeiro, entulhado com rochas, cascalho e terra). O êxito dos ativistas convenceu a empresa a construir sua fundição de alumínio em outro lugar. Uma vez que a imagem da Showa Denko havia sido comprometida no seu país, a companhia decidiu erguer a fundição na Venezuela, consumindo energia da enorme represa de Guri. Essa energia hidroelétrica é muito mais barata que no Japão. Como é possível observar, o deslocamento do Norte para o Sul é causado tanto por fatores de atração quanto de repulsão.

Bougainville e Papua Ocidental

Na ilha de Bougainville, apesar de seu acordo com o governo de Papua-Nova Guiné** (o qual detém soberania sobre Bougainville), a Rio Tinto Zinc Company envolveu-se com problemas na sua meta de explorar o que foi descrito como a mina de ouro e cobre mais rentável do mundo. O conflito, na realidade, havia começado dois séculos antes, quando o viajante Bougainville visitou a ilha, e seu nome foi utilizado para denominar tanto o lugar quanto a planta que hoje é tão costumeira nas paredes dos jardins ensolarados. Diderot, no seu *Suplemento à viagem de Bougainville*, escrito em 1772, registrou como os europeus

---

* N.T.: Kenneth David Kaunda (1924-), primeiro presidente da República de Zâmbia (1964-1991).

** N.T.: País também conhecido como Papua ou Nova Guiné Oriental.

ensinaram aos insulares os princípios do cristianismo e, simultaneamente, conspiraram para escravizá-los. A chegada dos europeus foi sucedida por catástrofes demográficas em muitas das ilhas do Pacífico. Os europeus, escreveu Diderot, castigavam os insulares por roubarem bagatelas, ao mesmo tempo em que eles roubavam o país inteiro.[5] Duzentos anos mais tarde, em 1974, informou-se que "os nativos de Bougainville pararam de lançar geólogos ao mar desde que a companhia (Rio Tinto Zinc) se declarou disposta a compensá-los pela terra que havia usurpado com dinheiro e outros serviços materiais". Porém, há informações de que os nativos não consideravam suficiente a compensação em dinheiro:

> As comunidades afetadas davam a mais alta importância à terra como fonte de seu padrão material de vida. A terra era também a base dos seus sentimentos de segurança e centro da atenção religiosa. Apesar dos pagamentos compensatórios e da remuneração pelo arrendamento, o ressentimento local pela usurpação da terra permaneceu alto, existindo uma forte oposição quanto a qualquer expansão da mineração em Bougainville, esteja esta sob responsabilidade da companhia, do governo ou de qualquer outro. (Mezger, 1980: 195)

Por fim, no final dos anos 1980 estalou nessa pequena ilha de 160 mil habitantes uma guerra de secessão. Devemos assinalar nesse contexto a utilização de discursos que são bem conhecidos em muitas culturas, mas que não se materializaram nos casos já discutidos da Andaluzia e do Equador: o discurso do sagrado e o discurso da independência nacional. Subscrevemos também que o discurso da compensação monetária também foi colocado na roda nos casos comentados neste capítulo, embora mesmo isto nem sempre tenha ocorrido, como por exemplo, na Potosí colonial para as vítimas do azougue.

Não distante de Bougainville, há trinta anos a fronteira de extração do cobre se estendeu até o Irian Jaya, isto é, a Papua Ocidental sob a soberania da Indonésia. Explora-se uma mina de ouro e cobre chamada Grasberg, de propriedade da Freeport McMoRan, Companhia sediada em Nova Orleans e dirigida por um pitoresco CEO (Chief Executive Officer/Diretor Chefe Executivo), Jim Bob Moffet.[6] A Rio Tinto possui participação nessa mina. No ano 2000, o plano era extrair *diariamente* 300 mil toneladas de mineral de cobre, sendo 98% desse volume

---

[5] Sou agradecido a Aaron Sachs por recordar-me os escritos de Diderot sobre Bougainville.

[6] A documentação sobre esse caso é proveniente dos arquivos do Tribunal Permanente dos Povos sobre Empresas Transnacionais Globais e Danos Humanos, organizado pela Fundação Lélio Basso na Escola de Direito, Universidade de Warwick, Coventry, de 5 a 22 de março de 2000. Ver também Eyal Press, "Freeport McMoRan at Home and Abroad", *The Nation*, 31 de julho a 7 de agosto de 1995, e Robert Bryce (do periódico *Austin Chronicle*), "Spinning gold", *Mother Jones*, setembro-outubro de 1996.

atirado nos rios como dejetos. A "mochila ecológica" dessa operação a céu aberto inclui não apenas resíduos descartados, mas igualmente todos os materiais removidos antes de se chegar até o metal propriamente dito. Finalmente, o conteúdo total de cobre a ser recuperado seria próximo de 30 milhões de toneladas, equivalendo a três anos da produção mundial, os quais alcançariam o mercado num ritmo que faria de Grasberg provedora de 10% do cobre do mundo a cada ano. Essa mina está situada próxima de um glaciar a elevada altitude. Originalmente, o depósito formava o núcleo de uma montanha de 4.100 metros, e o fundo do buraco aberto conta agora com um nível de 3.100 metros. A atual expansão significaria uma extração anual de mineral que permitiria um rendimento de 900 mil toneladas de cobre e de 2,75 milhões de onças de ouro.[7] A contaminação da água no rio Ajkwa tem sido até agora a maior reclamação ambiental e a drenagem ácida do entulho assim como os resíduos de flotação constituirão um problema crescente.

A ecologia dessa ilha é particularmente sensível e a dimensão das operações é descomunal. Em 1977, nas etapas iniciais da operação, alguns Amungme rebelaram-se e destruíram as tubulações que escoavam o concentrado de cobre até a costa. As represálias do exército indonésio foram terríveis. As reclamações contra Freeport McMoRan respaldaram uma petição de "ação de classe" (sob a ATCA), apresentada em Nova Orleans em abril de 1996 por Tom Beanal e outros membros da tribo Amungme. Contudo, a ação não foi coroada de sucesso. Tom Beanal declarou em 23 de maio de 1996, em uma conferência da Universidade de Loyola, Nova Orleans:

> Essas companhias têm tomado e ocupado nossa terra [...]. Até as montanhas sagradas, as quais nós consideramos nossa mãe, têm sido arbitrariamente rasgadas com canais e não sentem por isso a menor culpa [...]. Nosso ambiente tem sido devastado, e nossas matas e rios, contaminados com detritos [...]. Mas nós não ficamos silenciosos. Nós protestamos e estamos indignados. Porém, temos sido levados à prisão, golpeados e colocados em isolamento: temos sido torturados e, inclusive, assassinados.

Mais tarde, foi divulgado que Tom Beanal havia recebido certa soma em dinheiro para sua própria ONG, um clássico expediente para a resolução de conflitos. Contudo, o procedimento legal fez algum progresso nas cortes da Louisiania. Desde que exista jurisdição sobre determinado tema, este permanece de pé nas cortes dos Estados Unidos. Agora, a mais conhecida representante dos Amungme é Yosepha Alomang, conduzida à detenção em condições repulsivas em 1994 e impedida de sair do país em 1998, quando pretendeu acompanhar a assembleia dos acionistas da Rio Tinto em Londres.[8]

[7] Mining Journal (Londres), 329 (8.448), 26 de setembro de 1997.

[8] Survival for Tribal Peoples (Londres), giro de imprensa em maio de 1998, "Crítica de Rio Tinto amordaçada".

Alguns acionistas da Freeport têm demonstrado publicamente suas preocupações a respeito das responsabilidades civis infringidas pela companhia na Indonésia. Henry Kissinger é um membro do conselho diretor da Freeport. Sabe-se que a companhia está profundamente comprometida com o regime de Suharto,* presenteando parentes e sócios do ex-presidente com ações da companhia. A Freeport também é a maior fonte de impostos da Indonésia. Qual foi a posição assumida pelos governos da Indonésia? Como o movimento separatista da Papua Ocidental – Organasasi Papua Merdeka, OPM** – irá recepcionar os planos da Freeport (e da Rio Tinto), visando a expandir a extração do cobre e do ouro? A OPM tem organizado cerimônias hasteando a bandeira da Papua nos últimos trinta anos, obtendo como resposta ações violentas do exército indonésio e das forças de segurança da Freeport (um famoso incidente aconteceu no Natal de 1994, em Tembagapura, uma localidade próxima da mina de Grasberg). Serão apresentadas demandas por passivos ambientais, a serem pagos pela Freeport McMoRan, não através de uma demanda encaminhada pelas tribos indígenas, mas como decorrência de uma iniciativa do governo da Indonésia, um equivalente internacional do programa de correções ambientais *Superfund*, dos Estados Unidos. As tentativas por obter indenizações pelas externalidades causadas pelas transnacionais fora do seu país de residência legal constituem ingredientes interessantes no cálculo dos passivos ambientais que o Norte tem em relação ao Sul, cuja soma configura uma enorme dívida ecológica (ver capítulo "A dívida ecológica).

Não só volumes expressivos de águas residuárias são escoados pelos rios dessa região, provocando um severo comprometimento ambiental, como também têm ocorrido inúmeros atentados violando direitos humanos, incluindo o deslocamento forçado de população e muitos assassinatos a cargo do exército e da polícia Indonésia em cooperação com o próprio serviço de segurança da Freeport. O Estado indonésio foi controlado por um regime autoritário ou, dito de modo mais preciso e cruamente, uma ditadura capitalista, desde 1964 até o final dos anos 1990. As circunstâncias vividas por Papua Ocidental, onde coincidem uma mina muito rica e um movimento independentista, fornecem razões para uma forte presença militar. Constituiria uma piada de humor negro dizer que uma política ambiental apropriada teria permitido internalizar as externalidades ao preço do cobre e ouro exportados. Os economistas esquecem de incluir a distribuição do poder político nas suas análises. Alguns dentre eles

---

* N.T.: Haji Mohammad Suharto (1921-), mais conhecido como General Suharto, foi o chefe do golpe militar que derrubou em 1965 o regime de Ahmed Sukarno (1901-1970), líder nacionalista indonésio que liderou a independência do seu país. Suharto foi o principal representante do regime militar que dominou a Indonésia por 21 anos, de 1967 a 1998.

** Sigla de Organização de Libertação da Papua, movimento de base melanésia atuante nesse território.

acreditam, em sua comovedora inocência, que os danos ambientais surgem como consequência da ausência de mercados voltados para a valoração desses estragos. A linguagem dos direitos territoriais indígenas (cuja aceitação seria uma novidade na Indonésia) e mesmo a linguagem mais forte de identidade nacional que se quer separada – uma reivindicação historicamente relevante, dado que Papua Ocidental foi anexada pela Indonésia somente depois da retirada dos holandeses – podem ser utilizadas após o fim da ditadura com o propósito de combater o desastre humano e ambiental ocasionado.

Em um outro caso, a Broken Hill Proprietary, uma das maiores companhias da Austrália, pagou uma exigência apresentada por líderes indígenas da Papua Nova Guiné de uma área circundante à sua mina de Ok Tedi, situada a trezentas milhas a leste da mina de Grasberg (Papua Ocidental). Essa é uma mina menos expressiva do que a da Freeport. Em Ok Tedi acordou-se um pagamento de quase 400 milhões de dólares. A petição inicial contra a Freeport pelos danos causados em Grasberg fixou a quantia de seis bilhões de dólares. Freeport McMoRan está construindo com a Mitsubishi uma fundição em Gresik, em Java, para exportar cobre para o Japão. Ocorre que a Freeport McMoRan também possui, em Huelva, na Espanha, a firma Atlantic Cooper, proprietária da fundição e refinaria de cobre que foi separada da Rio Tinto espanhola formada depois de 1954, que é onde chega o concentrado de cobre de Grasberg. É como se se tratasse de uma grande família.

Milagres da descontaminação
e a construção social da natureza

O dióxido de enxofre é produzido não só pela calcinação e fundição do cobre, como também, em muitas regiões do mundo e em quantidades muito maiores, pela queima de carvão de baixa qualidade em centrais de energia elétrica. Tais emissões de dióxido de enxofre têm fornecido argumentos para conflitos locais, e até mesmo internacionais, como os sucedidos na Europa sobre a "chuva ácida" nos casos bem conhecidos de "contaminação transfronteiriça". Estes também ocorrem em outros continentes, como nos Estados Unidos, país no qual a chuva ácida alcança a Nova Inglaterra procedente dos Estados ocidentais. Não é difícil diminuir as emissões de dióxido de enxofre instalando filtros ou mudando de combustível nas centrais de energia elétrica, queimando gás natural no lugar do carvão. *Um agravamento do conflito pode conduzir a uma solução do problema.* As *teleras* desapareceram de Huelva uns dez anos após o massacre. Mesmo assim, as exportações de cobre da Rio Tinto continuaram a crescer. Broadbent (1998) demonstra como, após alguns conflitos ambientais bem conhecidos no Japão, aconteceu um "milagre da descontaminação" com relação a alguns contaminantes como o dióxido de enxofre, assim como a contaminação por mercúrio relacionado aos casos de Minamata e Nigata, que tiveram início em 1950. As emissões de dióxido de enxofre começaram a declinar em termos absolutos mais prematuramente no Japão do que na Europa.

Na Alemanha, em meados do século XIX, aconteceu a chamada "guerra das chaminés". As queixas por contaminação por dióxido de enxofre induziram a construção de chaminés cada vez mais altas, que chegaram a superar 140 metros antes de 1890. As autoridades ordenaram a construção de chaminés altas com o propósito de pacificar os protestos nos arredores. Os donos das fábricas consentiram de bom grado em construir chaminés com grande altura. Disseminando sua contaminação por um território ainda mais amplo, sua poluição se mesclava com a das demais indústrias, evadindo-se, dessa forma, da responsabilidade em casos de ações judiciais que requeressem provas de causa-efeito. As discussões sobre as consequências do dióxido de enxofre, nem tanto para a saúde das pessoas como para as matas, somam também um século de história (Brüggemeier e Rommelspacher, 1987, 1992: 35). Por um momento, as chaminés resolveram o conflito social, mas não o problema. Posteriormente, o problema das emissões de dióxido de enxofre em si mesmo foi solucionado, inclusive no vale do Ruhr.

Nos conflitos políticos internacionais carentes de substância real, como os que degeneram em disputas entre os países pela posse de uma franja de território inútil, alcançando-se um acordo de paz e demarcando-se uma nova fronteira, tanto o conflito quanto o problema desaparecem. Em algumas ocasiões, como a ameaça do CFC para a camada de ozônio nos últimos vinte anos ou as emissões transfronteiriças de dióxido de enxofre na Europa, foram alcançados acordos que resolvem tanto o conflito quanto o problema. No entanto, em outros casos, solucionar o conflito não equivale necessariamente a solucionar o problema. Pelo contrário, a resolução do conflito pode levar à perpetuação do problema. Os conflitos ambientais internos ou internacionais são solucionados mediante o estabelecimento de regimes de descontaminação, ou regimes de acesso aos recursos naturais, tais como a água ou a pesca. Em outras palavras, é obtido algum tipo de acordo sobre os padrões ambientais e sobre as regras de conduta dos atores. Esses padrões não conduzem necessariamente para a sustentabilidade, podendo conduzir ao aquecimento global, ou a perder a biodiversidade ou ao esgotamento de um aquífero. Exemplificando, um conflito internacional sobre direitos de pesca pode ser resolvido com a ampliação das cotas de pescado, agudizando ainda mais o problema da sobrepesca.

Muitos conflitos nucleares têm sido resolvidos, ou não têm se explicitado em toda sua magnitude – caso da França e do Japão –, ainda que a possibilidade de acidentes nucleares permaneça, muito provavelmente, justificada pelas dúvidas quanto a uma maneira segura de controlar crescentes quantidades de resíduos por dezenas de milhares de anos. As atitudes francesa e japonesa com relação à energia nuclear foram social e historicamente construídas de um modo muito complexo. Em países como a Grã-Bretanha e os Estados Unidos, faz muito tempo que se renunciou à ideia de construir reatores de plutônio visando à geração de eletricidade. Por sua vez, França e Japão têm mantido um romance constante com a economia do plutônio, recuperando dejetos das usinas de energia nuclear com a esperança de utilizá-los novamente. Na França, a central nuclear de produção elétrica de Creys-Malville, após uma demorada vitória ambientalista em 1998, está, neste momento, fechada. Na Grã-Bretanha, a usina de reprocessamento de plutônio de Sellafield, que certamente preferiria não desfrutar de publicidade, figurou reiteradamente no ano 2000 entre as manchetes dos jornais por manipular especificações técnicas por conta das suas exportações para o Japão. Nesse mesmo país, depois do acidente em Tokaimura em setembro de 1999, a indústria nuclear está na defensiva, e o alvo mais notório para os ativistas antinucleares seria o reator de plutônio. Na França, a posição pró-nuclear do poderoso Partido Comunista durante os anos 1970 e 1980 explica parcialmente as atitudes pró-nucleares francesas. As atitudes japonesas são eventualmente atribuídas à carência de fontes de energia no próprio país. Contudo, o Japão tem um saldo comercial em conta corrente que lhe permitiria importar combustíveis fósseis, possuindo, como se sabe, uma experiência muito dolorosa de radiação nuclear. Apesar de o conflito social envolvendo a energia nuclear ter sido quase inexistente em ambos os países – na comparação, por exemplo, com o caso da Alemanha –, o problema do lixo atômico permanece. A possibilidade de acidentes nucleares é igualmente real, ampliado pelo tratamento dado aos resíduos nucleares mediante a recuperação e reprocessamento do plutônio. Em suma, a resolução do conflito não implica uma resolução do problema.

Na realidade, buscando avançar na solução do problema, o que é necessário é *exacerbá-lo*. Esse não é o prisma dos especialistas em políticas públicas ou dos estudiosos das relações internacionais, pois esses não têm profissionalmente claro o que deveria ser a economia ecológica, voltando seus interesses para regimes de resolução dos conflitos *per se*. Os especialistas em resolução de conflitos não estudam os indicadores ou os patamares do esgotamento dos bancos pesqueiros, ou o crescente efeito estufa, ou a perda de biodiversidade terrestre, ou a acumulação dos dejetos atômicos. Eles estudam os regimes sob os quais estas questões são resolvidas ou como escondê-las debaixo do tapete.

Sucede também que, na abordagem discursiva pós-moderna sobre a "natureza", esta se constrói social e culturalmente, como *a fortiori* os conflitos sociais sobre o uso da natureza, de maneira semelhante às disputas entre estados soberanos a respeito de alguns poucos quilômetros quadrados de território inútil, desprovido de uma substância real. Esse, porém, não é o meu enfoque.

Pelo contrário, este é um livro materialista. Com toda certeza os conflitos são social e politicamente modelados e suas formas específicas requerem uma análise contextual. Exemplificando, o aumento da concentração de dióxido de carbono na atmosfera é um dado real. O crescimento econômico está baseado na queima de mais e mais combustíveis fósseis. O acirramento do efeito estufa foi adequadamente descrito na década de 1890; contudo, nenhuma ação efetiva foi tomada ainda, um século mais tarde. Não se aplicou nenhum princípio da precaução O atraso em adotar um posicionamento se deve aos prazeres do *free-riding** e, sobretudo, aos obstáculos distributivos quanto a um acordo sobre a redução das emissões de dióxido de carbono. Isso também se deve a uma interpretação otimista do fenômeno por parte dos cientistas durante muitas décadas, incluindo o próprio Svante Arrhenius.

Os ciclos de atenção do ativismo ambiental não podem ser explicados somente a partir de marcos sociais. As realidades dos impactos ambientais, as possibilidades de uma solução técnica e a incerteza das ameaças em si mesmas exercem um importante papel. Como explica Downs (1972), a mobilização pública contra os impactos da contaminação sobre o ambiente e a saúde consegue audiência junto à imprensa e outros meios de comunicação, contribuindo para ampliar a mobilização. Downs acreditava que o período descendente do ciclo de atenção pudesse ser explicado tanto pelas soluções técnicas passíveis de solucionar o problema (caso do dióxido de enxofre) quanto pelo fato de que os custos marginais crescentes da redução da contaminação fossem entendidos como demasiado altos. A mobilização e a atenção dos meios de comunicação são maiores quando a resolução da questão é fácil e barata. Por exemplo, diminuir as emissões de dióxido de carbono utilizando menos o carro e viajando menos de avião é possível, mas isso é visto como algo muito caro nos Estados Unidos em termos econômicos e em termos das mudanças do estilo de vida, baseado no petróleo barato. Nesse sentido, o vaticínio de Downs seria que a atenção dispensada para o efeito estufa aumentará e irá minguar de acordo com o preço das medidas corretivas, da consequente mobilização social e da atenção dos meios de informação. Mas em oposição a uma explicação puramente econômica e social, o fato é que os eventos climáticos extremos como os furacões ou os verões especialmente quentes, na medida em que existam argumentos para associá-los com a tendência das mudanças climáticas, fazem retomar a preocupação com o efeito estufa, assim como os acidentes nucleares que mantêm a indústria do átomo na mira da opinião pública de uma maneira que não é passível de explicação, apelando-se unicamente às dinâmicas sociais.

---

* N.T.: Termo usado no mercado de valores que significa compra e rápida revenda de títulos, com o objetivo de cobrir uma compra dispensando desembolso de dinheiro próprio. No jargão ambientalista, o termo é utilizado para identificar comportamentos oportunistas, respaldados em viver às custas de uma situação, um "comportamento parasitário" ou de "desfrute livre", beneficiando-se, por exemplo, de bens públicos ou dos recursos naturais sem remunerar pela sua produção ou minimização de impactos.

Quando os problemas são reais, aplicar o princípio do avestruz (ao invés do princípio de precaução) produz quando muito um alívio temporário. Uma visão reconstrucionista ajuda, também, a entender os fluxos e refluxos dos protestos, a mudança do interesse público de um assunto para outro, o desgosto japonês com o dióxido de enxofre e as suspeitas francesas relativamente aos cultivos transgênicos, contrastando com a atmosfera pró-nuclear em ambos os países, ao menos até o final do século XX. Sem dúvida, o inexorável choque entre economia e meio ambiente não pode ser permanentemente silenciado pelas esperanças socialmente construídas inspiradas numa desmaterialização angelical. Esse choque vai na direção da transferência dos custos para as partes mais débeis, com o exercício de fato dos direitos de propriedade sobre o ambiente, com o fardo desproporcional de contaminação recaindo sobre grupos específicos, com a expropriação dos recursos naturais beneficiando certos grupos sociais em detrimento dos outros. Tudo isso fomenta reivindicações reais sobre questões reais. Eis aqui as causas do nascimento da ecologia política.

Origens e campo de atuação da ecologia política

Os conflitos ecológicos distributivos – isto é, os conflitos pelos recursos ou serviços ambientais, comercializados ou não – são estudados pela ecologia política, um novo campo nascido a partir dos estudos de caso locais pela geografia e antropologia rural, hoje estendidos aos níveis nacional e internacional. Disso decorre que a primeira seção deste capítulo poderia ter sido intitulada "A ecologia política da mineração do cobre" e o capítulo seguinte, "A ecologia política da exportação do camarão cultivado".

A antropologia e a ecologia têm estado largamente em contato, daí podemos falar em uma antropologia ecológica ou ecologia cultural. Esse campo se caracterizou pelos enfoques adaptacionistas e funcionalistas, como o esplêndido livro de Roy Rapaport sobre os Tsembaga-Maring, ou o trabalho de Netting sobre as famílias camponesas e a agricultura sustentável (Netting, 1993). Foi o método funcionalista e não as realidades da ecologia humana em si mesmas que converteram a antropologia ecológica no estudo das adaptações locais a ecossistemas específicos. De fato, a ecologia humana se caracteriza pelo conflito social, no sentido de que os humanos não possuem instruções biológicas sobre o emprego exossomático da energia e dos materiais, sendo nossa territorialidade construída politicamente. Com certeza, os humanos não são excepcionais pelo fato de fazerem uso da energia e dos recursos do meio natural. Nesse aspecto, somos muitos parecidos a muitos animais. Para entender a sociedade humana devemos estudar os determinantes físicos, biológicos e sociais do "metabolismo social" (Fischer-Kowalski, 1998, Fischer-Kowalski e Haberl, 1997; Haberl, 2001). O que torna os humanos excepcionais, na comparação com outros animais, não é somente nossa fala, nosso riso e nossa evolução cultural, mas antes, tal como Lotka formulou há noventa anos, nosso potencial para desenvolver enormes e crescentes *diferenças* na utilização da energia e da matéria. Utilizamos mais e mais instrumentos exossomáticos que vão se transformando com o tempo, sejam eles os voltados para o trabalho ou para o entretenimento, instrumentos esses que requerem energia para serem construídos e para funcionar. Antes que a antropologia ecológica se tornasse funcionalista e adaptacionista, o antropólogo Leslie White, influenciado pela energética social europeia e analogamente pelo marxismo, tentou sem êxito desenvolver uma teoria dos usos da energia ligados aos modos e relações de produção (Podolinsky também tentou fazê-lo em 1880) (Martinez Alier e Schlüpmann, 1987).

O antropólogo Eric Wolf, em 1972, introduziu a expressão "ecologia política". Esta já tinha sido utilizada em 1957 por Bertrand de Jouvenel (Rens, 1996). Os geógrafos têm sido mais ativos no novo campo da ecologia política que os antropólogos. Ademais, várias revistas iniciadas por alguns ativistas a partir de 1980 levam ou têm levado o título de "Ecologia Política" na Alemanha, México, França, Alemanha, Itália e, provavelmente, em outros países. Desde 1991, coordeno a revista *Ecología Política*, uma irmã ibérica de *Capitalism, Nature, Socialism*, de James O'Connor. O campo da ecologia política está crescendo.

O informativo eletrônico *Journal of Political Ecology*, com sede na Universidade do Arizona, concede anualmente o Prêmio Netting para o melhor artigo. O trabalho de Netting foi realizado nessa universidade e constituiu uma obra minuciosa de grande significação. Netting insistiu mais na questão da adaptação do que a do conflito. Louvou a economia camponesa como capaz de absorver os acréscimos demográficos mediante a alteração dos sistemas de cultivo, tal como argumentara Boserup. Apoiado em um cuidadoso trabalho de campo desenvolvido em vários países, incorporou o argumento de que a agricultura camponesa era mais eficiente no uso de energia que a agricultura industrial. Essa é uma boa argumentação conhecida desde a investigação encaminhada por Pimentel em 1973, uma informação útil para a crítica dos preços da economia. Todavia, o arrazoado de Netting, pelo qual o campesinato sobreviveria como uma consequência do incremento dos preços da energia, não é convincente. A agricultura moderna, apesar de intensiva em energia de combustíveis fósseis, utiliza apenas uma pequena fração do total de energia consumida pela economia na sua totalidade (sem incluir na sua contabilidade a energia solar da fotossíntese, a qual ocorre em um fluxo contínuo e gratuito). Manter o campesinato mundial não economizaria em si mesmo muita energia, se compararmos com a energia consumida pelas grandes economias modernas. Por outro lado, os efeitos colaterais da industrialização e da urbanização ao estilo ocidental na China, Índia, Indonésia e África seriam extremamente significativos.

A posição de Netting a favor dos camponeses (a quem despolitizava ao chamá-los de "pequenos agricultores") certamente não era popular durante as décadas de 60 e 70 do século passado. Ele observou a coletivização soviética como uma manifestação da tendência de concentração de terras que também ocorria nos Estados Unidos. Na sua opinião, esse seria um modelo ruim para a maioria da humanidade. Entretanto, subestimou o conflito de classes no interior da sociedade rural. A parceria foi interpretada por Netting não como um sistema de exploração engendrado para permitir uma ampliação da oferta e da intensidade do trabalho, mas antes como um sistema adaptativo, uma demonstração de que as virtudes da pequena exploração agrícola triunfavam sobre a desigualdade na distribuição da propriedade da terra. Netting faleceu antes de participar da discussão sobre a conservação da biodiversidade, que teria fortalecido sua posição pró-camponesa contra a agricultura industrial. Um movimento político está em ascensão – o neonarodnismo ecológico, o ecoagrarismo, o ecozapatismo, a Via Campesina – e é inspirado na agroecologia e na economia ecológica, que insistem em afirmar que o aumento da produtividade agrícola, tal como geralmente é contabilizado, não leva em consideração os impactos ambientais. A luta política explica mais que a adaptação funcionalista.

Uma ecologia política mais atenta aos conflitos sociais que a de Netting (que se considerava um antropólogo ecológico ou um ecólogo cultural, e não um estudioso da ecologia política) começou na década de 1980 com as investigações rurais desenvolvidas a cargo de geógrafos, como as compiladas por Blaikie e Brookfield (1987), estudando as mutáveis relações existentes entre as estruturas sociais (econômicas, políticas) e a utilização do meio ambiente, levando em consideração não apenas as divisões de classe ou de casta, ou as divisões de renda e de poder, como igualmente a divisão por gênero da propriedade, do trabalho e do conhecimento (Agarwal, 1992). Por exemplo, existem diferentes explicações a respeito da erosão do solo causada pelos camponeses. Em alguns contextos, os camponeses são obrigados a cultivar as ladeiras montanhosas dado que a terra do vale está nas mãos de latifundiários. Como eles mesmos sabem e dizem, cultivar nas vertentes aumenta as possibilidades de erosão (Stonich, 1993). Ou, em outros casos, por conta das políticas estatais, os camponeses são encurralados em uma "crise de tesouras" de baixos preços agrícolas, obrigando-os a restringir a rotação de culturas e intensificar a produção a fim de manter suas parcas rendas, implicando a aceleração da erosão do solo (Zimmerer, 1996). Em outras situações, o sistema agrícola de produção das altas montanhas andinas vem abaixo (devido ao crescimento populacional ou por causa da pressão da produção para o mercado). Assim, a terra se degrada. Ainda em outros contextos, pode acontecer o uso intensivo para pastagem, quiçá por falhas do controle comunitário das terras voltadas para a pastagem. As estruturas sociais e a utilização do meio ambiente estão entrelaçadas de muitas maneiras.

Na Índia, a partir de 1970, muito se investigou sobre a gestão de recursos pela propriedade comunal. Em outras partes do mundo, também foram desenvolvidas investigações sobre o nascimento de novas instituições comunais voltadas para o manejo de recursos (McCay e Acheson, 1989; Berkes, 1989; Ostrom, 1990; Hanna e Munasinghe, 1995; Berkes e Folke, 1998) e sobre os diferentes processos com os quais as comunidades têm desenvolvido instituições visando a resistir às tragédias sociais e ambientais decorrentes da privatização ou da estatização do comunal. Existe uma imensa quantidade de investigações sobre ecologia política rural desenvolvida pelos próprios ativistas do Terceiro Mundo.

O campo da ecologia política está agora se movimentando para além das situações rurais locais, na direção de um mundo mais amplo. A ecologia política estuda os conflitos ecológicos distributivos. Por distribuição ecológica são entendidos os padrões sociais, espaciais e temporais de acesso aos benefícios obtidos dos recursos naturais e aos serviços proporcionados pelo ambiente como um sistema de suporte da vida. Os determinantes da distribuição ecológica são em alguns casos naturais, como o clima, topografia, padrões pluviométricos, jazidas de minerais e a qualidade do solo. No entanto, também são claramente sociais, culturais, econômicos, políticos e tecnológicos.[9] Em parte, a ecologia política se superpõe à economia política, que na tradição clássica corresponde ao estudo dos conflitos relacionados à distribuição econômica. Por exemplo, existem grupos do meio urbano tão pobres e detendo tão pouco poder que não dispõem de condições para adquirir ou dispor de água potável em contextos urbanos (Swyngedouw, 1997). Outro exemplo: a pobreza rural intensifica a coleta de lenha em terras áridas e a utilização do esterco como combustível, com consequências negativas para a fertilidade do solo. De fato, a pobreza urbana também intensifica absurdamente o uso de lenha, trazida por trens de carga para as metrópoles da Índia. Um nível de renda maior pode permitir que as famílias pobres tenham condições de ascender na escala dos combustíveis para cozinhar, alcançando o uso do gás liquefeito de petróleo ou butano, uma verdadeira solução econômica e ecológica para o problema.

Muitos outros conflitos ecológicos situam-se fora da esfera do mercado, como os sumidouros e depósitos temporários de dióxido de carbono, a contaminação por dióxido de enxofre, as águas de flotação descartadas nos rios e a "biopirataria". Os conflitos ecológicos distributivos muitas vezes ocorrem fora dos mercados reais ou, inclusive, fora dos mercados fictícios (a partir do que as compensações podem ser fixadas ou negociadas). Os economistas ortodoxos disfarçam os

---

[9] O'Connor (1993a, 1993b), Martínez Alier e O'Connor (1996, 1999), Bekenbach (1996). Para uma compilação pioneira de ensaios, Schnaiberg et al. (1986).

conflitos ecológicos distributivos fazendo uso de palavras como "externalidades" e "falhas do mercado", ao passo que os economistas ecológicos replicam que as "externalidades" constituem, concretamente, "êxitos na transferência dos custos". Na verdade, os problemas são deslocados, os custos sociais e ambientais são transferidos. Mas então, como se assinalou no capítulo "Economia ecológica: 'levando em consideração a natureza'" e ao longo de todo o livro, surge um questionamento fundamental para a economia ecológica, a saber, tomando por base quais escalas numéricas ou qualitativas, e quais sistemas de valoração, serão traduzidos tais custos. Tal como formulado por Shiv Visvanathan (1997: 237), na sua aplicação da economia gandhiana aos atingidos por barragens do rio Narmada: o livro de contabilidade não se aplica ao ritual de um enterro.

Muitos livros[10] têm reunido estudos a respeito de diferentes conflitos ecológicos sobre a degradação da terra, sementes agrícolas, biopirataria e bioprospecção, utilização da água, ecologia urbana, contaminação industrial, defesa dos bosques e lutas sobre a pesca. Em algumas obras (Bryant e Bailey, 1997), a ênfase não está colocada nos temas, mas sim nos atores: o estado, os empresários, as ONGs, os grupos de base. Em algumas outras publicações de ecologia política (por exemplo, Rochelau et al., 1996), a ênfase é dada ao gênero. Um tema comum é o estudo dos conflitos sociais sobre o acesso aos recursos ou serviços ambientais e sua destruição, sejam esses recursos e serviços comercializados ou não. Isso define o campo da ecologia política. Estudos sobre ecologia política no Canadá têm sido organizados por Keil et al. (1998), deslocando, desse modo, o âmbito das preocupações da disciplina para o Norte. Os conflitos relacionados com a "justiça ambiental" nos Estados Unidos (ver capítulo "A justiça ambiental nos Estados Unidos e na África do Sul") ainda estão ausentes na maioria dos livros sobre ecologia política. Isso provavelmente resulta de tolas disputas disciplinares, em vista da ecologia política ser hegemonizada por antropólogos e geógrafos que trabalham com a problemática rural do Terceiro Mundo, enquanto a justiça ambiental nos Estados Unidos constitui campo dos ativistas dos direitos civis, sociólogos e especialistas em relações raciais. No entanto, o estudo de DiChiro a respeito das bem-sucedidas lutas lideradas pelas mulheres em Los Angeles sul-central contra uma incineradora de 1.600 toneladas de dejetos por dia integrando o Projeto de Recuperação de Energia da Cidade de Los Angeles (o Lancer – Los Angeles City Energy Recovery Project) foi incluído num livro sobre ecologia política (Goldman, 1998), ao passo que a excelente investigação de Laura Pulido (1991, 1996) sobre lutas urbanas contra a contaminação e também sobre as ameaças de expropriação dos direitos sobre a terra comunal e a água em espaços do território do Novo México pertence simultaneamente à ecologia

---

[10] Ghai e Vivian (1992), Friedman e Rangan (1993), Taylor (1995), Gadgil e Guha (1995), Gould, Schnaiberg e Weinberg (1996), Peet e Watts (1996), Guha e Martínez Alier (1997), Goldman (1998). Essa lista não é completa.

política e aos estudos sobre justiça ambiental. Isso também se aplica ao trabalho de Devon Peña sobre as lutas ambientais dos chicanos (Peña, ed. 1998). A investigação sobre saúde e segurança no trabalho, mais numa perspectiva popular do que de engenharia ambiental, assim como sobre os conflitos relativos a disposição final de resíduos urbanos, planificação urbana e o sistema citadino de transportes, pertence igualmente à ecologia política.

Os direitos de propriedade e a gestão dos recursos

A análise deste tema seria mais fácil se a terminologia referente a ele não tivesse há alguns anos, como resultado do artigo "A tragédia dos recursos coletivos" de Garret Hardin (1968), entrado em um estado de confusão, pelo menos no tocante à língua inglesa.* O espaço de estacionamento de automóveis nas ruas de Santa Bárbara, na Califórnia, não estava, ainda, regulamentado em 1968. Hardin, que lá vivia, erroneamente afirmou que a situação de acesso aberto poderia ser descrita como um "bem comunal". Não existe desculpa aceitável para esse equívoco de Hardin. Como foi prontamente apontado por Aguilera Klink, Berkes, Bromley e outros autores, a expressão área ou "recurso comum" é fartamente conhecida pela população em geral, incluindo os biólogos. Por exemplo, as famosas Áreas Comuns de Boston constituem espaço compartilhado por uma comunidade em obediência a determinadas regras. Os ataques à concepção de bens comunais levados a cabo com argumentos de eficiência econômica têm sido parte do receituário capitalista durante três séculos. Escreveu Arthur Young, a mágica da propriedade privada transformaria areia em ouro. A nova rodada de Hardin foi atacar as (mal classificadas) "áreas comuns" por intermédio de um manejo ambiental ruim.

Em seu artigo, Hardin discutiu unicamente duas situações: (1) o acesso aberto, o qual falsamente denominou de "comuns" e (2) a propriedade privada. Uma classificação mais aprimorada das formas de propriedade distinguiria: (1) acesso aberto; (2) propriedade comunitária, com regras de uso para os membros; (3) propriedade privada e (4) propriedade estatal. Existem também outras formas, tais como a propriedade municipal, cujos efeitos quanto ao manejo de recursos diferiam enormemente dependendo das dimensões da cidade e de sua atividade econômica.

Hardin chamou a atenção em seu artigo sobre um fenômeno que realmente existe em situações nas quais se verifica *acesso aberto ou livre acesso*

---

* N.T.: No artigo, Hardin discute a relação das pessoas com a propriedade, recursos ou áreas comunais e/ou coletivas. Para ele, esse tipo de propriedade seria, inevitavelmente, destruída ou sobreutilizada até atingir a degradação. A racionalidade existente no interesse egoístico do indivíduo impediria que o usufruto comum se perpetuasse.

aos recursos, como é o caso, na ausência de normatização internacional, da caça às baleias em alto mar. De um ponto de vista econômico, não existiria incentivo pela preservação das baleias, não apenas quanto às futuras gerações, como inclusive para a presente. Caso a renda adicional obtida seja maior do que o custo adicional – ou seja, captura-se a baleia, porém essa ação é barata em comparação com a renda que se obterá ao convertê-la em carne e ou azeite –, essa baleia será capturada. Pode ocorrer que as pessoas tenham motivações não econômicas, como a obsessão por revanche do capitão Ahab em arpoar Moby Dick a qualquer custo marginal que fosse ou, ao contrário, o sentimento de que as baleias devem estar fora do mercado para impedir que sejam assassinadas. Segundo Hardin, a situação de acesso aberto era frequente, e a melhor cura seria a privatização dos recursos (ou a adoção de regulamentações estatais rigorosas). A privatização estimularia os amantes das baleias a superarem no mercado as ofertas feitas pelos assassinos das baleias.

Para Hardin, quando a população cresce, os recursos de acesso aberto serão explorados numa intensidade cada vez maior. A ganância individual conduziria à miséria coletiva, não se restringindo às gerações vindouras e acometendo inclusive a atual. Ninguém poderia discordar, exceto pelo fato de ele erroneamente ter denominado de "comuns" os recursos de acesso aberto, e por imprimir mais ênfase no crescimento populacional do que nas pressões de mercado. Fato evidente, segundo Hardin, o próprio crescimento em larga escala da população poderia ser interpretado como sendo a (falsamente denominada) "tragédia dos comuns", já que o custo adicional para os ecossistemas referente a um menino ou uma menina seria escasso para a família em cujo seio nascia. A única consideração para a família seria o custo de sustentar o menino ou menina, e esse custo, por outro lado, rapidamente se tornaria um benefício, no caso das famílias pobres, quando esses começassem a trabalhar. Nesse sentido, Hardin argumenta que as famílias transferem os custos ambientais do crescimento da população para o conjunto da sociedade. Dito de outra forma, o ambiente não possui proprietário, e nesse ponto é que reside o problema: nós o sufocamos com um peso sem que ao mesmo tempo paguemos nada com as nossas economias privadas. Hardin, juntamente com Kenneth Boulding, propôs um sistema de cotas de procriação, por meio do qual cada casal – ou cada mulher – estaria autorizado a ter apenas duas crianças, sendo obrigado, com o objetivo de evitar os custos ambientais decorrentes de uma população em expansão, a pagar uma multa caso procriasse a mais. A partir de tal sistema de distribuição de cotas, poderia facilmente emergir um mercado de autorizações para procriação.

No que se refere à pesca, a ameaça de extinção dos recursos como resultado de um acesso aberto induziu, algum tempo atrás, o surgimento de acordos internacionais – caso da zona exclusiva de 200 milhas* – cujo propósito é o manejo de tais recursos como se esses constituíssem uma propriedade comunal, implicando a exclusão daqueles que não pertencessem ao grupo comum. De um modo semelhante, existem acordos pelos quais a atmosfera deixa de ser tratada, como invariavelmente o foi, como um sumidouro de livre acesso onde qualquer um poder deixar seus resíduos. É dessa maneira que as emissões de CFC que destroem a camada de ozônio estão reguladas. Alguns acordos são escassamente associativos, como o tratado internacional a respeito das mudanças climáticas, firmado no Rio de Janeiro em 1992 e seus protocolos adicionais. Indubitavelmente, sua própria existência indica que se reconhece que o acesso aberto é uma saída para o abuso.

Um conhecido parágrafo do famoso artigo de Hardin inicia-se desta forma: "Imaginemos um pasto aberto a todos...". Em tais circunstâncias, como na pesca em mar aberto, qualquer um pode estar interessado em colocar uma vaca ou uma ovelha extra na área de pastagens dado que os custos ambientais seriam suportados por todos, na forma da degradação do pasto por conta do sobrepastoreio, enquanto a renda obtida da engorda da vaca ou da ovelha extra, assim como o leite e a lã, seria apropriada por seu proprietário. A interrogação, no entanto, seria: onde afinal está este renomado pasto aberto para todos? Existiram conflitos relativamente ao acesso aos pastos no caso da Mesta espanhola,** ou na Grã-Bretanha após a apropriação das terras comunais, uma verdadeira "tragédia dos cercamentos ou dos *enclosures*", quando, como escreveu Tomas Morus, "as ovelhas devoravam os homens". Existiu acesso aberto na América depois de 1492. Elinor Melville explicou, em sua brilhante história ambiental e social do Vale de Mezquital no México, como o número de ovelhas aumentou e o de índios Otomíes diminuiu, até o número de ovelhas também diminuir drasticamente em função da repercussão do número de ungulados para a qualidade dos pastos. Desse modo, um vale agrícola irrigado tornou-se quase um deserto (Melville, 1994). Contudo, o caso é que nas terras de pastagens, o acesso aberto é uma exceção e não uma regra.

Na propriedade comunitária, todos os proprietários possuem direito de utilizar o recurso natural (nem sempre em partes iguais), ao passo que os não proprietários são excluídos do acesso a ele. Pode acontecer que, em situações de propriedade comunitária, o uso dos recursos seja extrapolado quando as regras

---

* N.T.: Faixa de 321,8 quilômetros contados a partir da orla marítima.
** N.T.: A Mesta espanhola refere-se a uma poderosa sociedade voltada para a criação pastoreia cujas origens reportam à criação transumante característica de várias regiões da Ibéria. Graças às suas exportações de lã, a Mesta alcançou grande influência econômica e política, condicionando a organização de diversas seções do espaço espanhol na forma de vias pecuárias que davam vazão a fluxos sazonais de verão e de inverno.

deixam de ser respeitadas. Pode também acontecer que a comunidade se veja cada vez mais envolvida em uma lógica comercial em detrimento da lógica do valor de uso. Portanto, a produção voltada para a exportação pressiona os recursos, ao que se soma a uma crescente pressão demográfica. As formas de propriedade coevolucionam de acordo com as circunstâncias sociais e ambientais. Em muitos casos, as comunidades humanas têm inventado sistemas para o manejo comunitário dos recursos. Desse modo, quando a água dos aquíferos se tornar escassa, deixará, possivelmente de ser disponibilizada em acesso aberto. De acordo com o poder dos diferentes grupos, a água pode tornar-se propriedade comunal ou privada. Outra situação é quando poderosos "*lock-in*" ou "ferrolhos institucionais", a despeito, por exemplo, das óbvias desvantagens ambientais de um dado sistema de propriedade, fazem com que essas mesmas formas de propriedade sejam perpetuadas em detrimento do meio ambiente.

Como argumentou Hardin, certo é que a propriedade privada faz com que os custos da excessiva exploração dos recursos recaiam sobre o proprietário, que irá compará-los com a renda privada obtida. Contudo, Hardin deveria ter advertido a respeito da existência – como habitualmente ocorre – de uma assimetria temporal entre custos e rendas obtidas, isto é, o lucro está no presente e os custos localizam-se no futuro, como seria o caso, por exemplo, dos custos da não disponibilidade futura da exploração da madeira, pesca, pastos ou recursos minerais. Nessa perspectiva, provavelmente a propriedade comunitária seria o melhor sistema. O proprietário individual muito provavelmente considera um horizonte de tempo mais curto e uma taxa implícita de desconto mais alta do que a levada em consideração por aqueles que manejam a propriedade comunal. Uma comunidade perdura mais do que uma companhia, do que um proprietário privado ou do que uma família. Na prática, no entanto, encontramos muitas situações diferentes. Finalmente, quanto à propriedade estatal, sua influência sobre o manejo dos recursos naturais dependerá da lógica pela qual ela é regida. Se o Estado enquanto proprietário consentir que as comunidades apliquem sua própria lógica de uso para os recursos (como acontece no caso dos manguezais utilizados sustentavelmente por grupos locais), a situação certamente irá diferir daquela na qual o Estado, direta ou indiretamente (através de concessões administrativas para empresas privadas), aplica uma lógica comercial à exploração desses mesmos bens naturais.

A DEFESA DOS MANGUEZAIS CONTRA A CARCINICULTURA

Como vimos, o choque entre economia e meio ambiente é estudado pela economia ecológica. O nascimento da ecologia política também deve ser explicado como o estudo dos conflitos ecológicos distributivos. Este capítulo enfocará a investigação empírica de um conflito ecológico distributivo atual. Descreverei vários exemplos de resistência contra a carcinicultura. Primeiramente, alguns comentários relacionados às fontes de informação. A bibliografia do presente livro reporta majoritariamente a publicações de origem acadêmica em língua inglesa. Entretanto, existe uma explosão de investigação e de comunicação dos próprios ativistas que lembra o nascimento do socialismo internacional de 1870, ainda que dessa vez com um alcance geográfico mais amplo, com muitas mulheres ativistas, e utilizando, também, a internet além de livros e folhetos. O presente capítulo se baseia em informação obtida em vários pontos do mundo, parcialmente por intermédio da observação participante. Em maior medida, ela é oriunda dos arquivos da organização ecologista Acción Ecológica, do Equador.

Os camarões são produzidos de duas formas diferentes. Do mesmo modo que ocorre com outras mercadorias no comércio mundial, no estudo dos ditos *filières*, "cadeias de mercadorias" ou "regime de produtos" – como os denomina Konrad von Moltke –, podemos identificar e acompanhar as intervenções de diferentes atores em diferentes pontos da cadeia, motivados por interesses e valores díspares entre si. Os camarões podem ser pescados no mar (eventualmente provocando morte não premeditada das tartarugas) ou "cultivados" em tanques ou piscinas nas áreas costeiras tropicais. Essa técnica, denominada aquicultura, está se expandindo à medida que o camarão se converte em um produto valioso no mercado mundial. A vegetação do mangue tem sido sacrificada em favor do cultivo comercial do camarão. Este capítulo reflete a respeito do conflito entre a conservação dos manguezais e as exportações de camarão por diferentes países. Quem dispõe de títulos de propriedade sobre os mangues? Quem ganha e quem perde nessa tragédia do fechamento e da privatização dos mangues? Quais discursos de valoração são utilizados pelos diferentes atores na comparação do aumento das exportações de camarão com as perdas em sustento humano e serviços ambientais prestados pelos manguezais? A valoração econômica dos danos é somente um dos possíveis discursos relevantes que atendem a esse contexto. Contudo, quem possui o poder de impor um discurso particular de valoração?

A catástrofe dos cercamentos (*enclosures*)

Em muitas áreas costeiras do mundo tropical, no Equador, Honduras, Sri Lanka, Tailândia, Indonésia, Índia, Bangladesh, Filipinas e na Malásia, ganha corpo uma resistência social à introdução do cultivo de camarão para exportação. Isso porque essa atividade implica a extirpação dos manguezais para que no seu lugar sejam construídas piscinas de carcinicultura. Os manguezais são habitados por uma população pobre que vive de modo sustentável em meio a essa vegetação ou próxima a ela, coletando, consumindo e vendendo caranguejos e conchas, além de pescar, empregando a madeira dos mangues para produzir carvão e consumi-la como material de construção. Os mangues são geralmente terras públicas por estarem localizados na zona das marés. No entanto, os governos outorgam concessões privadas para o cultivo do camarão, provocando o cercamento dessas áreas e sua apropriação pelos camaroneiros. Isso acontece, apesar da existência de leis ambientais específicas e de decisões judiciais que protegem os mangues, considerados ecossistemas valiosos.

A produção comercial de camarão pressupõe a perda do sustento das pessoas que vivem diretamente dos produtos do mangue. Para além do sustento humano direto, também se perdem, possivelmente de um modo irreversível, outras funções dos manguezais, tais como a defesa costeira diante das tormentas e da elevação do nível do mar. Lado a lado com valores estéticos, esses espaços igualmente funcionam como viveiros de peixes, áreas de absorção do carbono e como depósitos de biodiversidade (é o caso de recursos genéticos resistentes à salinidade). A contaminação provocada pelas piscinas de carcinicultura destrói a pescaria local. Mesmo o camarão silvestre desaparece como resultado da perda dos viveiros dos mangues e em razão de essas espécies serem coletadas de modo predatório no estágio de larva para povoar as piscinas. Como tem apontado John Kurien:

> Grandes áreas de terra costeira e extensões de mar aberto, que estavam sob o controle jurídico do Estado e/ou sobre os quais as comunidades locais possuíam direitos consuetudinários de acesso, estão sendo entregues aos interesses industriais de criação do camarão ou da captura do pescado. Isso tem iniciado um moderno movimento de cercamentos, expulsando das terras costeiras e do mar as pessoas que tradicionalmente conseguiam seu sustento por meio desses recursos naturais (Kurien, 1997:116).

Ao frisarmos uma "catástrofe dos cercamentos", fazemos alusão aos *enclosures* da Grã-Bretanha, responsáveis pela privatização das terras comunais nesse país, tal como terminou ocorrendo em outros países, como igualmente mencionamos ao falar da equivocada interpretação de Hardin.

Este capítulo trata, pois, da aquicultura do camarão, apoiada pelo Banco Mundial como parte da estratégia de impulsionar exportações não tradicionais. Seu objetivo seria o pagamento da dívida externa e a promoção de um suposto caminho de crescimento econômico baseado em exportações. A "Revolução Azul"* poderia constituir uma pré-condição para gerar o "ouro rosa". Uma nova indústria mundial orçada em mais de 10 bilhões de dólares de exportações por ano foi criada a um custo muito alto. Trata-se de uma indústria não sustentável, que migra de um lugar para outro, deixando atrás de si um rastro de paisagens desoladas e pessoas desamparadas. O que tradicionalmente foi, em algumas áreas, uma atividade complementar em pequena escala da aquicultura tradicional, converteu-se em empresas de propriedade privada com um único propósito. Não só os manguezais têm sido destruídos, como também áreas agrícolas, particularmente na Índia e no Bangladesh, países nos quais os pequenos agricultores que cultivavam arroz e outras culturas em pequenos terrenos próximos do mar foram expulsos à força ou pela salinização provocada pelas piscinas de carcinicultura.

A oposição à exploração industrial do camarão é exercida pela população pobre que vive de modo sustentável nos mangues. Dito de um outro modo, a destruição dos manguezais não se restringe ao fato de constituir uma ameaça para um valioso ecossistema, como também se converte, para eles, numa ameaça social. A pressão da dívida externa sobre os países exportadores de camarão, as doutrinas neoliberais e a cegueira ecológica dos consumidores dos países

---

* N.T.: *Revolução Azul* é o bordão utilizado por diversos atores que defendem mudanças na gestão da água, que, tecnificada, poderia configurar uma nova fronteira ecológica para o mundo contemporâneo. Seus principais defensores alinham-se com a aquicultura, inclusive em nome da preservação da fauna dos oceanos e da ampliação da produção de alimentos, saciando a fome da humanidade.

importadores do Norte, com uma flagrante falta de ação governamental local para proteger o meio ambiente na maioria dos países produtores de camarão, são as principais forças que conspiram em favor da destruição do manguezal. Trata-se de igual modo de um comércio desigual em função da transferência dos custos ambientais e sociais paras as áreas das quais procede a produção exportada. Em termos políticos, o conflito entre a proteção do mangue e a indústria camaroneira constitui um exemplo de choque entre duas orientações, a saber: as que regem o livre comércio e as diretrizes da proteção ambiental. Assim, a Organização Mundial do Comércio (OMC) e o Banco Mundial estão a favor da indústria do camarão, ao passo que os ecologistas locais e internacionais, juntamente com a população pobre local, estão contra.

Muito embora os conflitos ambientais em foco estejam inseridos em cenários regionais, não se deve privilegiar as identidades culturais locais, mas sim a relação entre o ativismo em nível local com as redes ambientais globais. A identidade cultural local fornece os discursos para expressar um conflito estrutural. As decisões diárias dos consumidores e as atitudes permissivas dos governos comprometem os ecossistemas e o sustento das pessoas. Por outro lado, a ação local que visa a proteger os mangues por parte da população pobre, preocupada em preservar seu modo de vida, possui consequências benéficas para a sua própria sobrevivência. Essa ação local coloca em movimento redes internacionais que têm um papel específico na governança ambiental global. Existem, portanto, diferentes escalas temporais e espaciais nas quais intervêm os atores sociais, desdobrando-se também em diferentes discursos de valoração. Em princípio, a sobrevivência e o sustento local não constituem uma preocupação das organizações internacionais devotas do "culto ao silvestre". Contudo, pode ser defendido por parte das organizações internacionais de direitos humanos.

Os governos ou outros decisores oficiais (por exemplo, os bancos multilaterais) podem entender que uma análise de custo-benefício lhes auxiliaria a tomar uma decisão a respeito da expansão da indústria camaroneira ser estancada ou não, podendo também solicitar avaliações de impacto ambiental. Outros setores implicados, tais como as organizações ambientalistas internacionais, grupos ecologistas locais, ou ainda, grupos locais de pessoas que não se autodenominam ecologistas podem utilizar outros discursos de valoração, tratando de aplicar diferentes procedimentos para a tomada de decisão. Exemplificando, é possível, dependendo dos repertórios culturais de que disponham, solicitar um *referendum* na escala local ou então argumentar com base nos direitos territoriais indígenas. Em cada lugar em que eclode conflito entre os habitantes dos mangues e as camaroneiras, podemos indagar: qual é o valor dos camarões comparado com o valor do sustento humano e do meio ambiente perdidos? E em quais escalas esses valores devem ser mensurados?

Equador, Honduras e Colômbia

Na luta contra o camarão cultivado, as pessoas que dependem do mangue como sua fonte de vida têm recorrido, quando as circunstâncias o permitem, à destruição das piscinas de carcinicultura, replantando mudas de *rhizofora* como uma atitude simbólica. E quem poderá negá-lo, com alguma esperança real de reconstituir os manguezais. O Greenpeace participou de uma ação conjunta em julho de 1998 com a Fundecol – Fundación de Defesa Ecológica (um grupo de base com cerca de trezentas pessoas em Muisne, Equador), agregando também outros grupos ambientais e, por fim, observadores simpatizantes (como foi o meu caso). Essa ação consistiu na destruição, durante o amanhecer, de uma piscina ilegal de cultivo de camarão mediante a abertura de um buraco no muro, permitindo que se escoasse a água, replantando-se, em seguida, mudas dos mangues. Apesar da presença de um capataz portando arma de fogo, o comparecimento da estridente e simpática tripulação do *Rainbow Warrior* deu a força moral necessária para que o grupo local Fundecol atuasse, ainda que a ideia de destruir essa piscina e de replantar mudas típicas do mangue tivesse sido, no final das contas, uma proposta colocada previamente pela própria Fundecol. Replantar mangues pode ser uma iniciativa bem-sucedida enquanto restauração ecológica. Porém, pode produzir um ecossistema simplificado. Essa é uma avaliação importante para a questão dos custos da destruição dos manguezais pelo cultivo do camarão.

As pessoas que convivem com os mangues estão aprendendo a incorporar as palavras "ambiente" e "ecologia" no seu vocabulário de protesto. As ONGs intermediárias têm dado um significado ambiental explícito às suas lutas pela sobrevivência, conectando-as com redes mais amplas, como o Projeto de Ação para os Mangues ou a Rede Internacional Ação sobre o Camarão (ISAnet). No Equador, no início de 1999, surgiu a possibilidade de que as piscinas de carcinicultura instaladas há mais de cinco anos em terras públicas sobre manguezais destruídos fossem transformadas em propriedade privada legal ou, no mínimo, de que mediante o pagamento de uma multa de mil dólares por hectare, piscinas ilegais que somassem sessenta mil hectares e tivessem sido construídas depois de 1994 fossem convertidas em arrendamentos pelo período de 99 anos (baseado no artigo 12 de um projeto de Lei para a Racionalização das Finanças Públicas). O Greenpeace, em sua campanha contra a criação confinada de camarão, enviou uma carta para o presidente do Equador argumentando nos marcos do sustento da população local e do valor ecológico e econômico das funções dos manguezais. Também incorporava na mensagem a análise de

Odum e de Arding datada de 1991 sobre a "emergia",* ou seja, a respeito da energia incorporada pelos mangues que é dilapidada quando estes são destruídos (Odum e Arding, 1991).

Em 18 de março de 1999, Michael Hagler, o encarregado da campanha de oceanos e de pesca do Greenpeace, membro do comitê diretor da ISAnet, escreveu ao presidente do Equador:

> São de nosso conhecimento as pesquisas econômicas sobre o ecossistema do manguezal no Equador, que tem gerado para a economia valores econômicos em bens e serviços, providos por tais ecossistemas, na ordem de 13.000 dólares anuais por hectare... Não conseguimos ver justificativa econômica para sacrificar dezenas de bilhões de dólares em benefícios econômicos de longo prazo que seriam auferidos no período proposto de 99 anos do arrendamento em troca dos ganhos de um pagamento único de 60 milhões de dólares a curto prazo.

O Greenpeace alertou o presidente sobre outros perigos, dentre os quais os decorrentes de novas enfermidades – como sucedeu mais tarde com a "mancha branca"** em 1999 –, e a reação contrária aos camarões cultivados por parte dos consumidores estrangeiros ecoconscientes. Ao presidente foi solicitada uma política alternativa, baseada na restauração e preservação do ecossistema costeiro e no fortalecimento da autoconfiança e do desenvolvimento das comunidades litorâneas. Essas ponderações estavam apoiadas na contabilidade das enormes exportações de "emergia" ou de energia incorporada representada pela indústria do camarão. Estudos em outros lugares da América Latina e em países asiáticos produtores de camarão forneceram resultados similares. Daí a ordem da Corte Suprema da Índia em dezembro de 1996 de fechar e proibir toda a aquicultura industrial de camarão dentro da zona de regulação costeira do país. A Corte entendeu que o custo dos danos ao meio ambiente e às comunidades ultrapassava o valor de quaisquer benefícios passíveis de serem atribuídos à indústria camaroneira, incluindoo ingresso de divisas.

Uma semana antes, a Fundecol havia divulgado uma mensagem para as redes ambientais internacionais apresentando uma linguagem diferente. Incluía

---

* N.T.: *Emergia* é uma ordem de grandeza física utilizada para avaliar mais amplamente os impactos ambientais. A palavra resulta de uma contração da língua inglesa: EMbodied enERGY, isto é, energia incorporada. A *emergia* corresponderia a toda energia necessária para um ecossistema gerar determinado recurso. Assim, o conceito pressupõe a contribuição de outros sistemas produtores de insumos.

** N.T.: Trata-se de um vírus que ataca o sistema imunológico dos crustáceos, afetando seu crescimento e podendo provocar sua morte prematura. A praga surgiu primeiramente na Ásia (China e Tailândia) em princípios dos anos 1990. Na América Latina, apareceu em 1999 em Honduras e na Nicarágua, de onde se alastrou para o Panamá, este último um país exportador de larvas de camarão para cultivo. Posteriormente afetou o Equador, Peru, Colômbia e México. Em 2004, alcançou o Brasil, comprometendo planos de expansão da carcinicultura.

o seguinte chamamento de uma mulher contra o que, nos Estados Unidos, seria denominado de "racismo ambiental":

> Sempre estivemos dispostas a tudo. Mas agora, mais do que nunca, querem nos humilhar porque somos negros, porque somos pobres. Mas, ninguém escolhe a raça à qual pertence, tampouco não ter o que comer, ou ficar doente. Contudo, eu estou orgulhosa da minha raça e de ser *conchera*, porque é exatamente a minha raça que me fornece a força para lutar, para defender o que meus pais foram e pelo que meus filhos haverão de herdar; orgulhosa de ser conchera porque nunca roubei nada, nem nunca tirei o pão da boca de ninguém para saciar minha fome; porque jamais me arrastei diante de ninguém por dinheiro; e porque tenho vivido de cabeça erguida. Agora, estamos defendendo algo que é nosso, nosso ecossistema; porque não somos ecologistas de profissão, mas somente gente que precisa continuar viva; porque se o manguezal desaparece, desaparece todo um povo, desaparecemos nós mesmos e, assim, não mais seremos parte da história de Muisne, pois não mais estaremos existindo [...]. Não sei o que acontecerá conosco caso o mangue se acabe; comeremos restos em algum subúrbio de Esmeraldas ou de Guayaquil; seremos prostitutas; não sei o que aconteceria conosco se o mangue desaparecer [...]. O que sei é que eu aqui morrerei, defendendo o meu manguezal; mesmo que eu seja abatida, o meu mangue seguirá em pé e meus filhos estarão comigo; eu lutarei para oferecer-lhes uma vida melhor do que aquela que tenho desfrutado [...]. Os camaroneiros, que não são donos das zonas nas quais estão assentados, impedem a passagem das *concheras* e dos carvoeiros, impedem que atravessemos os brejos, nos insultam e nos rechaçam a bala; pensamos então sobre o que irá acontecer caso o governo lhes entregue estas terras: haverão de colocar placas grandalhonas dizendo "Propriedade Privada" e até haverão de nos matar com as bênçãos do presidente.[1]

Mesmo no Equador, que tem sido uma ilha de paz entre a Colômbia e o Peru, as ameaças de morte devem ser entendidas literalmente. Em Honduras (Stonich, 1991), a conservação dos manguezais tem cobrado um preço em vidas humanas. Assim aconteceu com Israel Ortiz Ávila e Marin Zelodonio Alvarado, assassinados no dia 4 de outubro de 1997 numa área conhecida como "A Iguana". O movimento em Honduras tem conseguido alguns êxitos graças à efetividade da Coddeffagolf (Comitê para a Defesa e Desenvolvimento da Flora e Fauna do Golfo de Fonseca), liderado por Jorge Varela, laureado com

---

[1] Mensagem da Fundecol@ecuanex.net.ec de 11 de março de 1999. As *concheras* são mulheres que coletam conchas (*Anadara Tuberculosa*), sendo a maior parte encaminhada para venda, ingressando também na alimentação. Os camaroneiros são os donos das piscinas de camarão. Os *carvoeiros* são aqueles que produzem carvão. As *concheras* atravessam de canoa os *esteros* (canais naturais) para alcançar os mangues e coletar as conchas durante a maré baixa. A população litorânea da província de Esmeraldas, no Equador, é em sua maioria, afrodescendente.

o Prêmio Goldman de 1999. Uma reunião internacional em Honduras em 1996, com a participação de representantes da América Latina, Estados Unidos, Índia e Suécia, havia emitido, em 16 de outubro, a Declaração de Choluteca, solicitando uma moratória em escala mundial da cultura do camarão. Depois das mortes de outubro de 1997, Varela declarou que os pescadores artesanais não podiam deslocar-se livremente ao longo das praias, charcos e mangues, onde anteriormente encontravam seu sustento, pois os camaroneiros se apropriavam, além das concessões de terras garantidas a eles pelo governo, das áreas circunvizinhas. Com a cumplicidade do governo, foi entregue um patrimônio da população a uns poucos indivíduos nacionais e estrangeiros, deixando milhares de pessoas sem sustento. O sangue do povo se convertia em um petisco para os consumidores estrangeiros.[2]

Essas descrições do Equador e de Honduras explicitam a ideia de que a vida e a dignidade humana possuem dimensões mais profundas do que a valoração monetária. As terminologias adequadas são: sustento, sobrevivência, segurança ou soberania alimentar, direitos humanos, direitos territoriais comunitários. Essa sequência integra um discurso distinto daquele explicitado pela "internalização das externalidades" no sistema de preços, "princípio do poluidor pagador", "análise de custo-benefício" ou pela "avaliação de impacto ambiental".

Os manguezais estão ameaçados em vários pontos de outros países centro-americanos, como a Guatemala, onde mortes também têm sido noticiadas. Em San Blas, Nayarit, México, grupos locais estão lutando contra gigantescos projetos camaroneiros e de turismo que pressupõem a destruição de milhares de hectares de mangues, particularmente o projeto Granjas Aquanova.[3] Mesmo na Costa Rica, houve a intenção, em 1998, de alterar a legislação que protege os manguezais para permitir a cultura confinada do camarão, autorizando a construção de canais através dos mangues a fim de garantir às piscinas de carcinicultura o acesso à água marinha e pontos convenientes de descarga para os efluentes. O Greenpeace e outros membros de ISAnet exortaram os legisladores da Costa Rica a opor-se a essa alteração.[4]

Nas costas colombianas, ainda que os mangues tinham sido, até agora, preservados na sua maioria, a pressão da indústria camaroneira está crescendo. Em Tumaco, bem perto da fronteira equatoriana, a extração sustentável de

---

[2] Periódico *La Tribuna*, seção "Ecocomentario", 29 de outubro de 1997, também a página da internet Meio Ambiente na América Latina em CSF, 9 de novembro de 1997.

[3] Correio eletrônico do Grupo Ecológico Manglar, San Blas, Nayarit, 1998.

[4] Carta de Matthew Gianni, coordenador da Campanha dos Oceanos, Greenpeace Internacional, a Rafael Villalta Loaiza, 5 de outubro de 1998.

conchas vendidas localmente no Equador é parte da economia diária de milhares de mulheres. Nos dois lados da fronteira, a defesa do mangue está articulada com o nascimento de um movimento afro-americano com base em um vigoroso processo de "etnogênese" (como evidencia Grueso et al., 1997).[5] No caso da Colômbia, a demanda por autonomia política local possui mais apoio constitucional do que no Equador. Nessa zona, há muito contato entre os membros das famílias ao longo da fronteira entre Colômbia e Equador. Em ambos os lados da fronteira, quando os manguezais são convertidos em piscinas de carcinicultura, são as mulheres as principais prejudicadas, pois perdem o acesso a uma fonte comunitária de alimento e de renda monetária, uma pauta similar a outros conflitos ecológicos distributivos de todo o mundo relacionados com o acesso à água, lenha e terras de pasto (Agarwal, 1992). Em Tumaco, uma ou duas cooperativas locais têm obtido êxito em implantar cultivos de camarão em pequena escala, a despeito de predominarem os cultivadores industriais de camarão, que exercem uma pressão crescente para construir grandes piscinas de carcinicultura. A pressão das exportações sobre os recursos locais é também exercida pelas plantações de palma africana ao longo da costa dos dois lados da fronteira e mais para o interior da área do mangue. Os líderes locais se opõem a tais pressões externas e manifestam apoio a uma doutrina de utilização sustentável dos mangues. Desse modo, uma entrevista acontecida em Tumaco no fim dos anos 1990 com José Joaquim Castro, líder da Asocarlet (Asociación de Leñateros y Carboneros de Tumaco) – a associação dos carvoeiros, que vendem seu produto para o consumo local –, obteve dele uma descrição do conflito, registrada nos termos que seguem:

> O mangue é parte da nossa cultura, como você vê. Desde a chegada dos primeiros escravos, o que se encontrou como alternativa foi esse amplo manguezal. Até hoje, quando estamos em plena passagem do século XX para o XXI, o mangue ainda subsiste. Apesar do desenvolvimento, o mangue é prioridade para o homem do Pacífico, como meio de subsistência, como meio de proteção, dele conseguimos o sustento, até obter carvão para cozinhar os alimentos. Para poder comer e para construir nossas casas, 80% disso é feito com madeira do mangue. Por isso, o manguezal é o símbolo do homem do Pacífico. Porque

---

[5] Existe uma descrição das origens das pessoas que habitam essa costa no texto de Manfred Max Neef, *From the Outside looking in: Experiences in "Barefoot" Economics* (1992:62-63). Um barco comandado pelo sevilhano Alonso de Illescas naufragou nesta costa em 1553 com um carregamento de 17 homens e 6 mulheres escravos enviados ao Peru a partir do Panamá. Os espanhóis saíram a pé dos charcos, mas os africanos permaneceram. Liderados por um nativo de Cabo Verde que assumiu o nome de Alonso de Illescas e, em aliança com grupos indígenas locais, repetidamente derrotaram as expedições coloniais até 1570. Ele foi então capturado, mas posto novamente em liberdade por um jovem noviço da ordem dos Mercenários de nome Escobar. Outros naufrágios incorporaram mais africanos ao grupo. Nos finais da década de 1580, foi alcançado um acordo com Quito, e um missionário cristão, Pedro Romero, se estabeleceu entre a população local.

o negro derruba o mangue adequado para obter sua casa, ocupa o mangue que lhe fornece polpa. O mangue juvenil não é podado. Uma área que se corta hoje se recupera dentro de um ano, existindo então material novo para cortar. Se mantivermos o mangue, teremos pescado, teremos camarão, teremos caranguejo. Porém, as grandes indústrias camaroneiras do setor industrial começaram a invadir essas terras deixando o negro de lado, sem levar em consideração que esse espaço é do carvoeiro, é das concheras e dos pescadores. Eles sobrevoavam a zona que lhes interessava, chegavam e faziam seus levantamentos topográficos. Solicitavam suas concessões para mil, cinco mil hectares de terra, e então cortavam o manguezal até a raiz. Assim, não havia condição para que o mangue voltasse a se reproduzir. Trata-se de um corte indiscriminado. Não sabiam que por detrás dessa franja de mangue existem muitas famílias que perdem seu sustento, e de forma impiedosa expulsam o carvoeiro e o pescador. Até o ponto em que quando eles apareciam lhes era concedida a área designada. Imediatamente então colocavam placas e nós não mais podíamos cortar a madeira do modo como tradicionalmente havíamos feito [...] tudo o que elas diziam era: "propriedade privada". Imagine só a confusão.[6]

Apesar de os direitos de propriedade sobre a vegetação dos mangues estarem legalmente estabelecidos de forma clara com o amparo do Estado e de existir uma utilização tradicional por parte das comunidades locais, os camaroneiros buscam *mudar* os direitos de propriedade para benefício próprio. Isso é localmente percebido como uma "tragédia dos cercamentos", uma tragédia ambiental e social que não está restrita ao Equador, Honduras ou Colômbia, mas que está presente em outros lugares do mundo, nos quais outros conflitos semelhantes têm surgido.

O cultivo do camarão no sul e no sudeste asiático

O Equador produzia cerca de 105 mil toneladas de camarão em 1995, das quais 95% eram cultivadas e somente 5% eram pescadas. Outros gigantes do camarão confinado eram a Tailândia e a Indonésia. A primeira colocava no mercado 330 mil toneladas (das quais 67% procedentes da carcinicultura), e a segunda, 195 mil toneladas (das quais 41% eram cultivadas). O Vietnã está expandindo rapidamente sua produção de camarão confinado. Índia e Bangladesh são importantes produtores, mas a oposição nesses países é forte. A China é um importante produtor. A indústria do camarão em Taiwan floresceu

---

[6] Entrevista feita por Martha Luz Machado, transcrita em Patricia Falla, *Estado atual e tendências no manejo do ecossistema dos mangues por comunidades do Pacífico colombiano*, tese de mestrado, Universidade Autônoma de Barcelona, julho de 2000. Também em Martha Luz Machado, "As flores dos mangues", *Ecologia Política*, 20, 2000, 31.

na década de 1970 e depois entrou em declínio. Em 1995, a produção mundial de camarão foi de 2 milhões e 607 mil toneladas, das quais 712 mil foram cultivadas e 1 milhão e 895 mil pescadas. A tendência aponta para uma expansão da carcinicultura, e um decréscimo da captura do camarão silvestre, em razão da superexploração dos bancos pesqueiros e da proteção às tartarugas.[7]

Nas Filipinas, as atividades da aquicultura foram responsáveis pelo desmatamento de mais de 300 mil hectares da vegetação de mangue desde 1968, afetando seriamente a pesca costeira (Gopinath e Gabriel, 1997: 201). Broad e Cavanagh (1993: 114-115) comentaram o caso que segue:

> Eliodoro "Ely" de la Rosa, pai de 5 filhos e com 43 anos de idade, havia sido pescador e líder do grupo de pescadores Lambat [...] Ely estava profundamente preocupado porque a baía de Manila estava morrendo, porque não havia pesca para seus filhos e seus netos. Ele explicou os esforços da sua organização para deter a destruição dos mangues. Falou eloquentemente sobre os perigos da expansão das piscinas de carcinicultura, de deter os donos do cultivo do camarão e de outros destruidores do mangue, assim como dos seus planos de começar um programa de replantio dos manguezais. Por causa dos seus ideais e da sua habilidade em inspirar os demais a empreender ações contra aqueles que impediam a realização desses mesmos ideais, ele foi assassinado em 22 de janeiro de 1990.[8]

Na Tailândia, apesar da oposição de grupos ambientais como o Yadfon na província de Trang, a destruição dos manguezais tem acatado um padrão similar. As piscinas possuem uma vida média de uso inferior a cinco anos.

> Os cultivadores de camarão simplesmente vão baixando a linha da costa, deixando na sua passagem centenas de milhares de venenosas manchas de cor marrom. As piscinas saturam o solo das redondezas com sal, contaminam a terra e a água com um lodo químico formado por fertilizantes e antibióticos, assim como larvicidas, alimento para os camarões e dejetos da produção (Mydans, 1996).

Na Malásia, onde 20% dos mangues disponíveis foram listados para o desenvolvimento da aquicultura, existem movimentos de pescadores artesanais em algumas partes do país tentando frear a pesca industrial e também a destruição dos mangues. Desse modo, no estado de Penang, uma associação liderada por Haji Saidin Hussain recorreu, em meados da década de 1990, ao replantio de mudas do mangue fora da grande camaroneira Penshrimp. A associação assumiu uma posição ante a pesca com barcos de arrasto, a aquicultura do camarão, a destruição do mangue, as descargas tóxicas e o desenvolvimento turístico (Ahmed, 1997: 25-26).

---

[7] *Schrimp News International*, publicação da indústria editada por Bob Rossenbherry, San Diego, Califórnia, 1996.

[8] Para o contexto geral nas Filipinas, ver Primavera (1991).

Em algumas áreas, o valor dos produtos oriundos da vegetação do mangue tem representado um papel importante, impedindo a transformação dos manguezais em piscinas de carcinicultura, a isso acrescenta-se uma interessante alternativa sustentável: o cultivo de mexilhões nos baixios, como é praticado na reserva de mangues de Matang, sem requerer infraestrutura, nem alimentos balanceados e tampouco os químicos. Os mexilhões alimentam-se dos detritos produzidos pelos mangues, e isso depende das "sementes" de mexilhão produzidas pela própria natureza (Gopinath e Gabriel, 1997: 201-202).

Em Bangladesh, os cultivos costeiros de camarão estão localizados no distrito oriental de Cox's Bazar e nos distritos de Satkhira, Khulna e Bargerhat, no oeste, regiões nas quais os grandes latifundiários têm se apropriado das terras dos pequenos agricultores, convertidas para o cultivo do camarão, implicando a perda de árvores e de forragem, escassez de água potável e salinização dos campos. Também existem movimentos de pescadores que reclamam da perda da pesca: "Eles estão gerando alternativas. Querem encher todas as piscinas com terra e plantar mangues" (Ahmed, 1997: 19). Em Chakaria Sunderbans, em Cox's Bazaar, uns 50 mil acres de mangues foram, com o apoio do Banco Mundial, convertidos em piscinas de carcinicultura desde o começo dos anos 1980. Regularmente podem ser acompanhadas, nos lares do Norte, reportagens televisivas sobre inundações e mortes em Bangladesh, sem, no entanto, estabelecer a conexão entre a destruição dos manguezais e as piscinas de carcinicultura abandonadas e a diminuição da defesa costeira contra os ciclones. O desmatamento tem deixado a área vulnerável à penetração da água do mar por ocasião da chegada dos ciclones. Nessa perspectiva, a falta de segurança alimentar local para produzir um produto de exportação de luxo se articula com a insegurança ambiental.

Mortes têm ocorrido como consequência dos conflitos camaroneiros no Bangladesh, e a mais conhecida foi a de Karunamoi Sardar em 7 de novembro de 1990 em defesa do seu povoado, Horinkhola, em Khulna. Este e outros povoados das proximidades se autodeclararam "zonas livres do camarão". A cada 7 de novembro, milhares de camponeses se reúnem ali em memória de Karunamoi Sardar e em solidariedade à resistência do seu povoado contra a indústria da carcinicultura (Ahmed, 1997: 15).

Na Indonésia, no ano 2000, após a eclosão de uma doença viral que destruiu a maior parte da carcinicultura do país em 1995, foi apresentado um plano, nomeado Protekan 2003, para expandir a produção de camarão às expensas dos manguezais para os três anos seguintes, ocupando 320 mil hectares. Como parâmetro de comparação, no Equador – o maior produtor latino-americano – as piscinas de carcinicultura ativas ou abandonadas ocupam 210 mil hectares. A terra requisitada na Indonésia para a carcinicultura é frequentemente tomada do mangue ou de moradores locais por meio da força e da violência física. Tais confrontos podem crescer na nova atmosfera mais democrática.[9] A pressão para expandir a cultura do camarão tem origem na demanda dos países ricos e no declínio da pesca marítima do camarão. Na Indonésia, a maior parte das piscinas de carcinicultura originalmente estiveram concentradas na costa norte de Java, onde a vegetação dos manguezais foi destruída entre a década de 1970 e meados dos anos 1990. A maioria dessas piscinas está abandonada por conta da baixa produtividade e da degradação ambiental, e ainda há novas fronteiras de produção. O plano Protekan 2003 tem por alvo a costa sul de Célebes, Bornéu e Molucas. Alguns dos maiores empresários da carcinicultura na Indonésia são empresas tailandesas, que, após a destruição dos mangues no seu próprio país, estão regidas por um singular padrão migratório. Tais empresas eventualmente utilizam um sistema de contratação "núcleo-satélite", adquirindo o camarão produzido por provedores locais.

Na Índia, a aquicultura comercial do camarão iniciou-se com um empréstimo de 425 milhões de dólares do Banco Mundial em meados da década de 1980, aos quais se somaram subsídios governamentais. Tal como em Bangladesh e em outros países, a cultura camaroneira invadiu, paralelamente aos mangues, também áreas agrícolas próximas do mar, como em Tamil Nadu e em Andra Pradesh. Uma vez caindo em desuso, as piscinas permanecem salinizadas e desprovidas de uso agrícola. Ao menos nove mil hectares de arroz ficaram inutilizadas nas áreas litorâneas de Andra Pradesh como resultado da "abortada Revolução Azul da moderna aquicultura do camarão" (Vivekanadan e Kurien, 1998: 31-32). As bombas e as tubulações utilizadas para conduzir a água do mar até as piscinas e os canais de descarga da água contaminada interferem na atividade dos pescadores da costa. A água subterrânea também foi contaminada. "Como resposta à destruição das suas fontes de sobrevivência, as populações costeiras, sem terra e empobrecidas, levaram sua luta por justiça para as ruas, para as instâncias estatais e, finalmente, para os tribunais (Ahmed, 1997:4). Em dezembro de 1996, a Corte Suprema da Índia emitiu um veredicto memorável. A corte incluía o juiz Kuldip Singh, sendo o recurso empreendido pelo prestigioso gandhiano S. Jagannathan e por uma ONG chamada Prepare, e defendido pelo advogado M. C. Metha. A corte ordenou o fim de todas as operações de aquicultura comercial situadas no interior da faixa de quinhentos metros acima da linha da maré alta, ou incluídas nos mil metros na costa do Lago Chilika, no estado de Orissa, proibindo os cultivos de camarão nas áreas agrícolas

---

[9] Raja Siregar (Amigos da Terra), "*Indonesia to intensify shrimp farmings*", Link, 90(6), 1999. Também Raja Siregar e Emma Hafild (Amigos da Terra Internacional, WALHI), "Global Schrimp Trade and Indonesian Schrimp Farming Polices", Informe, Jacarta, novembro de 1999.

além destes limites. O veredicto determinou que as piscinas de carcinicultura deveriam tratar seus trabalhadores segundo o estabelecido pela Lei de Disputas Industriais, pagando-lhes uma compensação equivalente a seis anos de salários, tal como também foi ordenado pelo mesmo juiz Kuldip Singh para o caso dos trabalhadores em indústrias contaminantes de Delhi, que optaram pelo fechamento ao invés da recolocação (ver capítulo "Os indicadores de insustentabilidade urbana como indicadores de conflito social").

Essa sentença judicial de dezembro de 1996 foi baseada numa análise de custo-benefício solicitada pela corte e elaborada pelo Instituto Nacional de Investigação de Engenharia Ambiental, o NEERI – National Environmental Engineering Research Institute. Nessa análise de custo-benefício foi estipulado um valor alto para as divisas para exportação, baseada na grade do Forex (Foreign Exchange ou Mercado Internacional de Divisas). Mesmo assim, a NEERI calculou que a indústria do camarão, em termos monetários, gerou, em 1994, quatro vezes mais dano ambiental do que o valor dos lucros pela exportação. Contudo, hipoteticamente os resultados das análises de custo-benefício dependerão muito do horizonte temporal considerado, da taxa de desconto que seja aplicada e da valoração fictícia de benefícios que não passam pelo crivo do mercado. Nesse sentido, a decisão da corte foi baseada não só na análise de custo-benefício – cujos resultados depuseram contra a carcinicultura –, mas também em estudos de impacto ambiental e outras considerações. A decisão auxiliou o movimento de resistência contra a aquicultura do camarão na Índia e também no resto do mundo.[10]

A ONG Prepare, liderada por Jacob Raj de Chennai (Madrasta), organizou uma grande reunião em novembro de 1998, a Conferência Internacional dos Povos contra a Indústria Camaroneira e o seu Comércio. A Prepare também tratou de armar uma rede Sul-Sul. Há uma pequena rede sediada no Norte – a Mangrove Action Project, dirigida por Alfredo Quarto – que tem desempenhado uma longa luta em defesa das populações locais e que promove as "silvopescarias", isto é, apoia as pescarias tradicionais nos manguezais. Todavia, para Jacob Raj uma rede mais ampla, a ISAnet, formada em meados dos anos 1990, estava longe demais das suas bases e era fortemente inclinada em negociar com a indústria do camarão em reuniões internacionais. Daí decorre sua pretensão de criar essa nova rede Sul-Sul a partir da Índia.

O movimento contra o camarão industrial envolve na Índia, como em Bangladesh, os camponeses deslocados, mas também é parte de um grande

---

[10] As decisões da Corte Suprema na Índia, nesse e nos demais casos mencionados no presente livro, estão compilados em Divan e Rosencranz, segunda edição, 2001.

movimento para a defesa das pescarias artesanais, muito ativas tanto na costa oeste – particularmente no estado de Kerala – como na costa leste. Participam desse movimento milhares de trabalhadores da pesca, que se queixam dos barcos de arrastão utilizados para a pesca em alto mar, rejeitando enormes quantidades de pescado capturado nas redes puxadas pelas embarcações. Algumas vezes, os barcos de arrasto são de propriedade de empresas com participação estrangeira. Em 4 de fevereiro de 1994, aconteceu uma greve organizada pelo Fórum de Trabalhadores da Pesca, uma federação de pescadores artesanais de todos os estados costeiros na Índia. Não houve pesca nem descarga de pescado durante a greve. Esse mesmo movimento denunciou as tensões provocadas pela expansão da indústria camaroneira no lago Chilika, em Orissa, onde os pescadores forçaram as Indústrias Tata a abrirem mão dos seus planos aquícolas em princípios dos anos 1990. Em Chilika, em 11 de junho de 1999, a polícia matou quatro trabalhadores da pesca, incluindo uma mulher, que protestavam contra as piscinas ilegais de camarão.[11]

Os conflitos relacionados à aquicultura na Índia apresentam outras variações. Em algumas regiões, granjas de pequeno porte têm incluído a cultura extensiva do camarão como parte da rotação dos arrozais. Entretanto, os benefícios econômicos proporcionados pelo camarão em curto prazo induzem, por sua vez, o abandono do cultivo do arroz, colocando em perigo a segurança alimentar local e prejudicando os trabalhadores sem terra, dado que o cultivo do camarão é menos intensivo no que se refere à mão de obra do que o arrozal.

Os manguezais ameaçados da África Oriental

Fora do sul e sudeste da Ásia e também da América Latina – onde grandes extensões da vegetação de mangue na Colômbia, Venezuela e Brasil* ainda permanecem intactos –, a fronteira do camarão igualmente avança na África Oriental. Na Tanzânia, um projeto da Companhia Africana de Pesca para cultivar camarão em aproximadamente dez mil hectares no delta do Rufifi suscitou ferrenha oposição. A Norad, uma companhia privada norueguesa, e a Corporação de Desenvolvimento Bagamoyo propuseram um projeto no início da década de 1990. Este não foi levado a termo e suscitou a destituição por corrupção do Ministro de Terras: "O Ministro havia tentado inserir-se ele

---

[11] Correio eletrônico de Thomas Kocherry, coordenador, Fórum Mundial dos Pescadores e Trabalhadores do Pescado.

* N.T.R.: No Brasil, a carcinicultura instalou-se na costa nordestina, desde a Bahia até o Rio Grande do Norte. A resolução CONAMA 312/02 regulamenta o procedimento de licenciamento ambiental dos empreendimentos de carcinicultura na zona costeira. Nesse instrumento, proíbe-se a instalação em manguezais. Porém, já houve um movimento que buscou retirar essa proibição.

mesmo no negócio concedendo a terra reservada para a construção das piscinas de carcinicultura a um de seus sócios" (Gibbon, 1997: 81).

O delta do Rufifi contém por volta de 20 ilhas e 31 aldeias com mais de 40 mil pessoas, sendo conhecido por constituir o maior bloco contínuo de vegetação de mangue (53 mil hectares) na África Oriental.

> O delta do Rufifi é fisicamente uma das áreas mais impressionantes da África. Ao longo de uma área totalizando talvez 1.500 quilômetros quadrados, uma rede de rios e canais se cruzam com as aparentemente intermináveis florestas do mangue, interrompidos ocasionalmente por campos de arroz. (Gibbon, 1977: 5)

Na área, é praticada a pesca do camarão silvestre. Os conflitos entre os pescadores artesanais e os barcos de arrasto foram analisados por Gibbon (1997). O projeto de cultivo de camarão introduziu um novo tipo de conflito. Levantou uma torrente de protestos por parte dos ambientalistas e de algumas comunidades locais que seriam deslocadas. O enorme projeto chegou a ser um tema da política nacional, sendo fortemente rechaçado pela Associação dos Jornalistas Ambientais. O promotor do projeto da Companhia de Pesca Africana era Reginald Nolan, um investidor irlandês cujo dinheiro era oriundo do comércio de armas (Gibbon, 1997: 52).

O apoio de organizações externas como a Prepare da Índia e do Natural Resources Defense Council dos Estados Unidos foi mobilizado contra o governo da Tanzânia. A Worldwide Fund of Nature (WWF) também interveio, propondo um projeto de "cultivo melhorado de camarão" no delta do Rufifi para a Fundação MacArthur (a qual promove eventualmente projetos de "ecoeficiência" no Terceiro Mundo), com a perspectiva de "documentar quanto e como a crítica construtiva pode ser mais bem utilizada para aprimorar os projetos propostos". O enfoque conciliatório da WWF recebeu a oposição da Mangrove Action Project: "Qual é o direito que uma ONG tem em desafiar propostas, priorizando o projeto de cultivo de camarão? São os habitantes do Rufifi que estarão sujeitos a um vasto experimento que colocará em risco o futuro do meio ambiente e das comunidades locais".[12] Esse tipo de situação é comum. Organizações como a WWF e as principais fundações estadunidenses estão mais próximas em termos culturais dos grandes investidores estrangeiros do que da população local cuja subsistência está ameaçada, e não necessariamente adotam uma perspectiva de "justiça ambiental".

Tanto no caso da Tanzânia no delta do Rufifi, como também no Quênia existem planos de cultivo industrial de camarão para o delta do Tana. Daí a

---

[12] ET News, boletim da Associação dos Jornalistas Ambientais da Tanzânia, novembro de 1998, e um correio eletrônico de Alfredo Quarto, projeto Acción Manglar [Ação Manguezal, (NT)], 28 de abril de 1999.

Declaração de Mombaça de 6 de fevereiro de 1998 a respeito da conservação do mangue e da carcinicultura, que resultou de um estudo coauspiciado pela Sociedade da África do Leste para a Vida Selvagem, Prepare, pela Mangrove Action Project e pela Sociedade Sueca para a Conservação da Natureza, uma interessante aliança entre ONGs preocupadas com a defesa de áreas silvestres, com a justiça ambiental e o ecologismo dos pobres. A Declaração de Mombaça expressou preocupação com a crescente destruição ambiental evidente na escala mundial e, particularmente, com a devastação dos mangues, estuários, leitos de algas marinhas, recifes de coral e lagunas, assim como da conversão das áreas úmidas e regiões litorâneas em camaroneiras industriais, uma atividade não sustentável. Também assinalou o saque iminente, a expulsão e a marginalização das comunidades locais que dependem das áreas úmidas costeiras em razão da implantação da cultura industrial do camarão.

A captura das tartarugas e o pedido de boicote ao camarão cultivado

Foram necessários poucos anos para que os ambientalistas do Norte tomassem consciência da conexão entre as exportações de camarão e a destruição dos mangues. Inicialmente, a preocupação maior era que a pesca do camarão em alto mar implicava a morte das tartarugas. O Instituto Earth Island, por intermédio de Told Steiner, do Projeto de Recuperação da Tartaruga Marinha, havia colocado a questão sobre as tartarugas na agenda do comércio estadunidense no começo dos anos 1990. Em maio de 1996, o governo dos Estados Unidos concordou que os camarões não poderiam ser importados de países cujos barcos não contassem com Dispositivos de Exclusão de Tartarugas, o TED (Turtle Excluder Device). Três anos mais tarde, nos protestos de 1999 contra a OMC em Seattle, muitas pessoas estavam fantasiadas de tartaruga. O que é mais difícil: observar o mundo a partir do ponto de vista de uma mulher conchera ou da perspectiva de uma tartaruga capturada em uma rede? Desde Bangkok em 1993 já havia sido explicado que

> uma criatura de nome estranho está desmatando os mangues, arruinando os recifes de coral e as terras agrícolas ao longo da Tailândia. O culpado é o camarão. Essas são más notícias para os muitos que imaginam ser mais ecológico o cultivo do suculento camarão "tigre negro" em piscinas artificiais do que retirá-lo do mar. Porém, a Tailândia está pagando um alto custo ambiental por ser o maior produtor mundial de camarão confinado.[13]

---

[13] *Business Times*, 1 de junho de 1993.

Em resposta ao clamor nos EUA em defesa das tartarugas, em maio de 1996 o governo da Índia iniciou o trâmite de certificar os exportadores de produtos marinhos, garantindo que os barcos de arrasto voltados para a captura de pescado e de camarão em alto mar haviam adotado medidas para instalar Dispositivos de Exclusão de Tartarugas. Além do mais, para o camarão capturado em águas interiores e para o camarão procedente das piscinas, foi emitida uma certificação confirmando tratar-se de camarão "sem risco para as tartarugas".[14] Vários governos do Sul levaram os Estados Unidos diante do GATT, e mais tarde da OMC, queixando-se do requisito de certificar de que a captura do camarão silvestre, de alto mar, não oferecia risco para as tartarugas. Infelizmente, em 1998 a OMC anulou a decisão estadunidense de requerer que o camarão silvestre importado pelos Estados Unidos fosse capturado, poupando as tartarugas.[15] Em muitos países, a imposição do uso dos TED obteve sucesso,* embora seja um fato que milhares de tartarugas (tais como as tartarugas Olive Ridley na Índia) sejam assassinadas a cada ano por barcos pesqueiros. Além do Norte, no Sul existem grupos preocupados com as tartarugas. Dessa maneira, é inexato acreditar que as pretensões de deter o assassinato das tartarugas pela pesca de camarão silvestre – ou o massacre dos golfinhos pela pesca de atum – seja uma imposição de valores ambientais do Norte sobre as gentes do Sul. Do mesmo modo, não só no Sul como também no Norte existem ONGs e grupos de pessoas preocupadas com a destruição dos mangues, mesmo que os protestos mais pungentes tenham origem no Sul, onde inúmeras pessoas têm perdido suas vidas e muitas outras perderam seu sustento, defendendo os manguezais contra a aquicultura do camarão.

Entretanto, diversos interesses comerciais nos Estados Unidos (país que ocupa o primeiro lugar na lista dos consumidores de camarão) e também em outros países continuam se desdobrando em esforços para promover a aquicultura como alternativa ecológica ao camarão silvestre, capturado nas redes juntamente com as tartarugas marinhas.[16] Note-se, contudo, que os camaroneiros são costumeiramente investidores locais ou, quando muito, investidores de países vizinhos. Não são em absoluto empresas transnacionais. Na carcinicultura a globalização não significa a presença da Exxon, Shell ou Rio Tinto. E sim é a

---

[14] Gurpreet Karir e Vandana Shiva, "Uma proibição cosmética: por que a proibição estadunidense contra o camarão não irá salvar nem as tartarugas e nem as pessoas?". Enviado por correio eletrônico para grupos ambientais, 22 de junho de 1996.

[15] Ann Swandson, "A Lei de proteção das tartarugas anulada pela OMC", *Washington Post*, 13 de outubro de 1998, p. C2, citado por Shabecoff (2000:163), também French (2000: 121-123).

* N.T.: No Brasil, a Portaria n. 5, de 19 de fevereiro de 1997, do Instituto Brasileiro do Meio Ambiente e dos Recursos Naturais Renováveis (Ibama), estabelece a obrigatoriedade dos TED nas embarcações brasileiras.

[16] Kevin G. Hall, "Schrimp farms harvest aquaculture clash", *Journal of Commerce*, 24 de outubro de 1997.

ideologia global do crescimento baseado nas exportações e, também, a procura por um artigo de consumo que não constitui insumo para qualquer processo de produção, e cujo consumo não ocorre em razão do seu conteúdo proteico. Por outro lado, existem signos de uma globalização alternativa na resistência ao cultivo do camarão, justificando que muitas lutas locais eventualmente garantam fôlego para a irrupção de redes internacionais e de propostas alternativas para o reflorestamento dos mangues e para a "silvopescaria".

A morte das tartarugas marinhas é somente um dos problemas da pesca do camarão com barcos de arrasto. Outro problema é o fato de as redes rasparem o fundo do mar, danificando seriamente as comunidades marinhas de bentos.* Além disso, a pesca industrial de camarão possui uma taxa de pescado rejeitado superior a qualquer outro tipo de atividade pesqueira. Mas, como diziam Gurpreet Karir e Vandana Shiva em 1996, os grupos ambientalistas do Norte não eram ainda conscientes, primeiro, de que alguns cultivos aquícolas estavam situados em lugares que anteriormente eram ocupados por mangues, dos quais dependem para sua sobrevivência as próprias tartarugas e muitos outros organismos marinhos; nem, em segundo lugar, de que a proibição das importações de camarão silvestre desconsiderava o impacto da aquicultura sobre outras espécies ameaçadas e sobre as pessoas pobres que habitam nas áreas costeiras.

Aconteceu, então, uma perigosa situação por volta de 1995, hoje reconhecida por grupos ambientalistas do Norte e do Sul, pois a proibição do camarão silvestre induzira uma expansão do volume do camarão cultivado em todo o mundo. No Equador, onde 95% do camarão exportado procede de camaroneiras, os grupos ambientalistas locais não conseguiam compreender a insistência dos grupos estadunidenses de proibir as importações de camarão silvestre capturado, enquanto eles mesmos propunham no Equador, enfrentando forte desgaste local, um boicote no Norte contra o camarão confinado procedente do Equador e de outras partes. O incitamento ao boicote tornou-se notícia internacional. Geni Chávez, uma jovem advogada e, nessa época, ativista da Acción Ecológica, conseguiu publicar uma carta no *Financial Times* (24 de julho de 1995), contestando um artigo publicado em 15 de junho, no qual o presidente da Câmara de Aquicultura Equatoriana e o ministro da Indústria, Comércio e Pesca declaravam que o chamamento a um boicote externo contra o camarão cultivado em piscinas era "irresponsável, ridículo e antipatriótico". Gina Chávez replicou, pois, que a destruição dos mangues no sul do país era quase total, e que as indústrias estavam se transferindo na direção de Esmeraldas, "a área de manguezais mais conservada no Equador". Mais da metade da

---

* N.T.: Os bentos são organismos que vivem na interface sedimento-água.

vegetação dos mangues no Equador foi destruída pela indústria camaroneira. Nesse mesmo ano de 1995, verificou-se uma assembleia do movimento de pescadores e agricultores de Orissa, Índia, incluindo a participação do Chilika Bachao Andolan,* movimento responsável pela derrota da pretensão das Indústrias Tata em criar camarão no lago Chilika. A reunião conclamou "os países ricos a boicotar as importações de camarão visando ao consumo desse artigo de luxo, o qual nada mais representa do que o sangue, o suor e o sustento das pessoas comuns dos países do terceiro mundo". De resto, o evento chamou "à retirada imediata da indústria comercial do camarão da costa, permitindo que as pessoas pudessem ganhar, honrada e respeitavelmente, a sua vida" (Associação dos Consumidores de Penang et al., 1997: 11).

O Tribunal do Camarão em Nova York foi convocado em abril de 1996 pela Comissão das Nações Unidas para o Desenvolvimento Sustentável. A organização Natural Resources Defence Council, de Washington D.C., convidou ONGs, indústrias e representantes governamentais a tomar parte das sessões motivada pelo fato de que:

> A pesca do camarão silvestre é a causa de aproximadamente 35% das capturas de peixes e outras espécies marinhas descartadas mundialmente como pescado rejeitado. Mais recentemente, a atenção tem se centrado na morte, nas redes de camarão, de tartarugas marinhas em extinção. O auge da aquicultura do camarão tem induzido a ruína de milhões de acres de mangues que são biologicamente ricos, além de uma severa contaminação pelas piscinas de carcinicultura.

Tanto o camarão silvestre quanto o cultivado foram considerados. Houve um choque no Tribunal do Camarão em Nova York entre Gina Chávez, da Acción Ecológica do Equador, e Juan Xavier Cordovez, o presidente da Câmara Nacional de Aquicultura, a respeito das estatísticas de destruição dos mangues. A falta de vontade do governo equatoriano em fornecer cifras oficiais sobre a vegetação de mangue é bem conhecida. No entanto, o país é suficientemente pequeno para que existam estatísticas credíveis procedentes de outras fontes. O representante oficial do governo do Equador, Franklin Ormaza, do Instituto de Pesca, auxiliou Juan Xavier Cordovez na sua argumentação contra a inesperada ofensiva ambiental em uma reunião patrocinada pelas Nações Unidas. Mais tarde, sugeriu ao ministro da Indústria, Comércio e Pesca que Gina Chávez deveria ser processada por "traição à pátria".[17]

---

* N.T.: Ao pé da letra, "Salve o Movimento Chilika" na língua hindustani.

[17] Ofício 0960380, Instituto Nacional de Pesca, Guayaquil, 10 de março de 1996, de Franklin Ormaza, Phd, ao bacharel José Vicente Maldonado, Quito.

Em outubro de 1997, a decepcionante reunião realizada por ISAnet (em Santa Bárbara, na Califórnia e não em um país do Sul) deixou de reivindicar uma moratória no cultivo do camarão, conforme foi proposto na Declaração de Choluteca em 1996, ou um boicote, como defendido no Equador e na Índia desde 1995. Em seu lugar, foi proposto um "recesso" da carcinicultura (*shrimp break*, uma expressão de significado incerto). Outras propostas do Norte têm sido ainda mais tímidas. Considere-se, por exemplo, o que segue:

> Os países exportadores, juntamente com a indústria, grupos organizados e os países importadores, precisam identificar instrumentos legais que levantem incentivos para a sustentabilidade nos mercados, através, por exemplo, da rotulação e da certificação. Idealmente, o consumidor deveria pagar os custos totais da produção incluídos os custos ambientais que os produtores causam sobre os outros. Também deveriam ser estruturados mecanismos para devolver renda ao país produtor objetivando restaurar e reparar os ecossistemas e as espécies impactadas.[18]

Note-se aqui que a destruição ambiental pode ser compensada e restaurada. Os danos irreversíveis não são levados em consideração. A sobrevivência das pessoas pobres é vertida para um patamar de valoração monetária. A noção de "custos ambientais totais" é aceita acriticamente. A incomensurabilidade dos valores é deixada de lado. O respeito aos direitos humanos não possui poder de veto. Não cabe tampouco apelar para o caráter sagrado da natureza.

Uma jovem antropóloga que trabalhou nas áreas costeiras do Equador (Muisne e Olmedo, ambas em Esmeraldas), escreveu na sua tese:

> Muitas das pessoas entrevistadas neste estudo expressaram sentimentos de impotência diante do tipo de sociedade na qual vivem. Sublinharam o fato de que existem poucas oportunidades para elas encontrarem trabalho e ganhar a vida (Handberg, 1998).

Dito de outro modo, as externalidades que recaem sobre a população pobre e sem poder são de baixo custo, inclusive quando são internalizadas. Caso essas pessoas queiram defender os ecossistemas dos quais retiram seu sustento, é, portanto, mais eficaz apelar, se forem culturalmente relevantes, para outros discursos de valoração.

A análise de custo e benefício contra o pluralismo de valores

Uma equipe de economistas apresentou em 1999 uma análise de custo-benefício da aquicultura do camarão na Tailândia, na localidade de

---

[18] CIEL, IUCN, WWF, "Proteção marinha e biodiversidade costeira de acordo com a Convenção sobre Biodiversidade Biológica", abril de 1986, 36-37.

Tha Po, costa da província de Surat Thani, na qual cerca de 130 famílias dependem quase por completo da pesca para seu sustento. A área do entorno estava coberta por um manguezal. Na década anterior, mais da metade dessa área havia sido desmatada pela carcinicultura comercial. As exportações tailandesas de camarão congelado produziam anualmente algo em torno de US$ 1,2 bilhão em divisas para o país. Com o objetivo de conferir um valor monetário para os mangues destruídos, a doutora Suthawan Sathirathai e suas colegas estipularam preços para a madeira e outros produtos, também traduzindo em valores monetários os serviços ambientais do mangue como um criadouro de peixes e como uma barreira contra as tormentas climáticas e a erosão do solo. Em termos financeiros, tendo em conta apenas os produtos comercializáveis, o valor líquido atualizado por *rai* (6,25 *rai* = um hectare) de uma camaroneira comercial era mais alto do que o VAN* do mangue: 3.734 dólares contra 666. Contudo, levando em conta os benefícios indiretos dos mangues, o VAN dos manguezais por *rai* seria elevado para 5.771 dólares. Tais cifras dependem muito da taxa de desconto escolhida. Trabalhando com uma taxa de desconto mais alta, os mangues são menos valiosos na comparação com a carcinicultura. Um ligeiro aumento na taxa de desconto aplicada a tais análises condenaria os mangues, inclusive considerando um horizonte de tempo de somente cinco anos para as camaroneiras (antes que os benefícios comecem a diminuir) e que o replantio deve aguardar 15 anos.[19] Claramente, à medida que os mangues se tornem mais e mais escassos, poderia ser aduzida (com base em um marco neoclássico) a aplicação da regra de Krutilla** (1967), favorecendo a conservação do mangue. Porém, surge uma questão prévia a essas manipulações das taxas de desconto e da curiosa valorização monetária dos serviços ambientais. A questão é: todos os atores em conflito desejam permanecer aprisionados numa valoração monetária custo-benefício ou preferem, dados seus próprios interesses e valores, que seja adotada uma perspectiva multicriterial? Nem todos os atores dariam a mesma resposta.

---

* N.T.: Sigla de Valor Actual Neto (Valor Atual Líquido, em português), correspondendo à diferença entre o valor atual dos fluxos de fundos que respaldam uma aplicação e o desembolso inicial necessário para levá-la adiante.

[19] Suthawan Sathirathai, "Economic Valuation of Mangroves and the Roles of Local Communities in the Conservation of Natural Resources"; Centro para a Economia Ecológica, Chulalongkorn University, janeiro de 1999.

** N.T.: John Vasil Krutilla (1922-2003) foi um pesquisador da área econômica que estabeleceu a ideia de que o valor pode ser conotado por não usos, dispensando que a utilização seja derivada da manipulação direta de um recurso.

Ainda que não necessariamente decisiva, uma análise custo-benefício poderia ser um dos critérios relevantes. Nesse sentido, quem, então, detém o "poder de procedimento" que permite decidir as técnicas e os discursos de valoração a serem adotados?

Diversos valores e interesses entram em jogo no conflito entre a conservação do mangue e a produção do camarão cultivado. É possível alcançar uma decisão sobre a conservação do mangue mediante a aplicação da lógica reducionista da análise custo-benefício, argumentando que o fluxo de benefícios da produção de camarão não compensa os prejuízos gerados pela sua destruição, que seriam monetarizados e atualizados (sendo a taxa de desconto um crucial assunto distributivo em si mesmo). No elenco das perdas estariam incluídas as referentes ao desaparecimento das paisagens (para sempre ou até que se processe o replantio), as associadas à função de defesa costeira (talvez contabilizada pelo custo de substituí-la pela construção de um muro), as relacionadas com a segurança alimentar e da subsistência (disponibilidade direta de alimentos e de madeira, além da renda pela venda dos produtos do mangue), com os valores culturais (porventura explicitada pela disposição de aceitar mudanças em troca de uma compensação monetária), a perda dos criadouros de peixes, tanto para consumo humano ou outros fins etc. Não seria menos reducionista defender os mangues somente em termos de "emergia" (energia incorporada). Outra forma de considerar a avaliação dos custos ecológicos do cultivo do camarão em marcos físicos seria calcular sua "pegada ecológica" (Larsson et al., 1994).

Essas diferentes dimensões poderiam ser incorporadas ao cerne de uma análise multicriterial. Na aplicação de métodos multicriteriais, as alternativas e os critérios relevantes poderiam surgir da interação entre a população afetada e os especialistas externos. A cada alternativa seria fornecido um valor, em quantidade ou qualidade, acatando todos os critérios. Um desses critérios também poderia incluir uma análise financeira ou, até mesmo, uma análise de custo-benefício como um dos critérios sem incorrer numa contabilidade repetida, pois os demais critérios seriam valorados no âmbito das suas próprias escalas físicas ou sociais. É possível sugerir soluções de "compromisso". Mais importante é observar a matriz como forma de estruturar e tornar explícitos os conflitos sociais entre os interesses e os valores (Martínez Alier et al., 1998; uma matriz multicriterial similar, com mais alternativas e mais critérios – parcialmente em termos monetários, parcialmente em termos físicos – pode ser consultada em Gilbert e Janseen, 1998).

Produção de camarões cultivados vs. conservação do mangue.
Um enfoque multicriterial.

Critérios Alternativas	Produção de biomassa	Segurança alimentar	Valores culturais	Resultados financeiros	Defesa costeira	Valor da paisagem
1. Manter os mangues						
2. Produzir camarões cultivados						
3. Outras alternativas (por exemplo, pequenas piscinas cooperativas)						

Concluindo, a perda do sustento humano como consequência do crescimento da indústria do camarão tem sido destacada, como também os valores puramente ambientais. Não obstante, é evidente que a defesa da vegetação do mangue não constitui uma manifestação do "culto ao silvestre", sendo muito mais um exemplo típico do "ecologismo dos pobres", tendo mulheres frequentemente no papel de liderança.

O conflito entre as camaroneiras e o mangue, atendendo a diferenças culturais, apresenta fisionomia ligeiramente diferente em diversas partes do mundo. Contudo, possui raízes estruturais comuns. Trata-se de um conflito de distribuição ecológica, isto é, um conflito sobre direitos ou títulos ambientais, relacionados com a perda do acesso aos recursos e serviços ambientais, vinculados com a carga de contaminação e a partilha dos perigos ambientais.

A despeito de decisões judiciais como a da Índia em 1996, a tendência à destruição do mangue em escala mundial permanece, incentivada pelo consumo dos países ricos e interrompida unicamente por doenças ou por movimentos ambientalistas em nível local. O chamamento do Sul aos consumidores do Norte para o boicote ao camarão cultivado não tem encontrado audiência, inclusive junto às redes ambientais. Não se trata da mesma situação que caracteriza o "protecionismo verde" do Norte vetando importações produzidas com o concurso de padrões ambientais baixos, caso das importações de camarão silvestre ou de atum, que acarretam respectivamente a morte de tartarugas e de golfinhos. Nesse caso, os consumidores do Norte beneficiam-se igualmente de preços do camarão industrial importado, que não incluem a devida compensação das externalidades em nível local. O ato de beneficiar-se de importações baratas é uma regra geral que também se aplica a artigos essenciais, como o petróleo, o gás, a madeira, o cobre e o alumínio. As reclamações do Sul a respeito do dano sofrido nos territórios dos quais procedem as exportações não têm obtido impacto nos consumidores do Norte. Pode ser que certos grupos do Norte tenham pretendido acreditar nas boas intenções manifestadas no Código de Conduta emitido pela indústria tailandesa em 1999; ou nas promessas sinceras de Yolanda Kakabadse, do Equador, quando foi ministra do Ambiente ao longo de alguns meses até janeiro de 2000; ou, ainda, na interdição judicial temporária endereçada ao Projeto Rufifi, na Tanzânia. No entanto, os grupos do Norte em questão pressionam não em favor de um boicote, mas, antes, por uma gestão costeira integral e por alguma forma de "rotulação ecológica" para o camarão. Alfredo Quarto, do Mangrove Action Project, com sete anos de experiências nas costas, indagou aos seus colegas da ISAnet em 26 de maio de 1999: "Temos alcançado alguma vitória ou estamos, neste momento, na condição de meras testemunhas de uma curta calmaria antes da próxima tempestade? Devemos nos preparar para a próxima tormenta, enquanto encaminhamos um esforço honesto em empreender projetos que ofereçam alternativas positivas, como a promoção da silvopescaria de baixa intensidade, baseada nas comunidades". Ao mesmo tempo, a demanda mundial de camarão cultivado continua crescendo, com a maioria dos consumidores ignorando a devastação social e ambiental que ocasionam.

 O manejo e a resolução dos conflitos ecológicos distributivos globais ou locais requiririam a cooperação entre empresários, organizações internacionais, redes de ONGs, grupos locais e governos. Pode estar baseada em valores e em linguagens comuns? Nós argumentamos que isso não é possível acontecer. Quando existem conflitos ecológicos não resolvidos, o provável é que não apenas sejam constatadas discrepâncias, como igualmente a incomensurabilidade (Faucheaux e O'Connor, 1998; Funtowicz e Ravetz, 1994; Martínez Alier et al., 1998, 1999; Martínez Alier e O'Connor, 1996, 1999; O'Connor e Spash, 1999). Uma discrepância seria, por exemplo, discutir se as funções do mangue valem mil ou dez mil dólares por hectare/ano. Incomensurabilidade implica o entendimento de que os mangues são valiosos economicamente devido aos seus produtos comerciais e por seus serviços ambientais e, contudo, também por serem de grande valor do ponto de vista ecológico, cultural e paisagístico, assim como para a sobrevivência humana.

 Os conflitos podem surgir com base na existência de valores diversos, como também devido a interesses diferentes. Alguns querem preservar os mangues, pois apreciam seus valores ecológicos e estéticos. Outros pretendem preservá-lo, pois sua sobrevivência depende deles, e/ou por perceberem seu papel objetivo como defesa da linha costeira e como um viveiro para os peixes. Outros ainda – ou os mesmos, desde que colocados em outros contextos – apelam para o sentido de cultura e lugar que os mangues proporcionam aos seus habitantes tradicionais. Podem inclusive argumentar que existem mangues sagrados. De qualquer modo, os conflitos ambientais se expressam como conflitos de valoração, que ganham corpo seja no interior de um único modelo ou por meio de valores plurais. A "resistência semiótica" (M. O'Connor, 1993b; Escobar, 1996: 61) ao abuso ambiental pode ser expresso em muitas linguagens diferentes. Interpretar as declarações sobre biomassa, "emergia", cultura, sustento e direitos territoriais como falta de compreensão ou um repúdio *a priori* das técnicas de valoração econômicas em mercados reais ou fictícios é deixar de compreender a existência do pluralismo de valores. É possível defender interesses diferentes, insistindo nas discrepâncias de valoração no interior do *mesmo* padrão de valor ou apresentar descrições não equivalentes da realidade, isto é, recorrendo a *diferentes* padrões de valor. Podemos escrever "as exportações de camarão constituem um item *valioso* no comércio mundial" e também "*valiosos* ecossistemas e *valiosas* culturas locais são destruídas pelo cultivo do camarão". Assim sendo, qual seria então o verdadeiro valor do camarão cultivado? A legitimidade dessa pergunta, e não só da resposta, advirá do desenlace do conflito. A redução de todos os bens e serviços à condição de mercadorias reais ou fictícias, como sucede na análise custo-benefício, deve ser reconhecida como uma perspectiva entre outras, legítima como um ponto de vista e como reflexo das estruturas de poder real. Então, quem possui o poder de impor um padrão particular de valoração?

OURO, PETRÓLEO, FLORESTAS, RIOS, BIOPIRATARIA: O ECOLOGISMO DOS POBRES

A mineração do ouro

O que impulsiona a economia é o consumo. Porém, é factível objetar-se o que segue: os lucros empresariais não são obtidos da produção ao imputar uma margem de lucro sobre os custos, e não é exatamente a taxa de lucro o principal catalisador do capitalismo? Não são as mudanças tecnológicas os verdadeiros impulsionadores do capitalismo, sendo incorporados à produção, mais do que ao consumo, em razão da competição pelo lucro? Não são essenciais os investimentos como fluxo para o capital, de modo que a economia produza em plena capacidade, sejam esses investimentos aplicados na extração de recursos, na produção de bens de capital ou em bens de consumo? Além disso, não poderia o consumo das rendas obtidas em atividades relativamente desmaterializadas – a economia de Seattle sem a Boeing* – assegurar um

---

* N.T.: Referência ao fato de que a fábrica da Boeing Aircraft situa-se em Seattle, estado de Washington, mais exatamente em Everett.

consumo suficiente para manter os níveis da produção? Essas são perguntas importantes, contudo prematuras, porque a economia não está se desmaterializando e, dado que o consumo possui vida própria, não está propriamente determinado pela necessidade de vender a produção.

Certamente, a economia está dinamizada pela taxa de lucro, pelos investimentos e pelas mudanças tecnológicas. Mas também pelo consumo conspícuo ou pelo desejo de obter bens que garantam posição social (Hirsch, 1976), situações que reportam muito mais a traços de ordem cultural do que propriamente biológico. Daí a razão de as rendas elevadas serem orientadas para a aquisição de mais e mais ouro, um verdadeiro hábito da espécie humana no qual Oriente e Ocidente se igualam. A mineração do ouro é de alguma forma similar ao cultivo do camarão, à extração de madeiras tropicais como o mogno ou à exportação de marfim e de diamantes na África. Cerca de 80% de todo o ouro extraído da terra é transformado em peça de joalheria.

O ouro é eventualmente extraído com outros metais, como o cobre. Contudo, obtê-lo é, com frequência, o objetivo principal. O preço do ouro faz com que se mantenha lucrativa a abertura de novas minas, inclusive com baixo teor de minério, na ordem de um ou dois gramas por tonelada de material extraído. O ouro persiste por muito tempo. Mas o estoque existente no mundo, incluindo as reservas depositadas nos bancos centrais, não parece satisfazer os desejos da humanidade, existindo pressão para a abertura de novas minas, não para substituir o ouro que tenha sido gasto, mas para acumular novas reservas. Por que os bancos não vendem o ouro que possuem? Algumas religiões proíbem o consumo de mariscos, de carne de porco, de carne de vaca. Existe alguma religião que proíba a mineração e a acumulação de ouro? Essa atividade é particularmente destrutiva, tanto em pequena escala – como os garimpeiros no Brasil – quanto em grande escala, a cargo de empresas Placer Dome, Newmont, Freeport, Rio Tinto ou Anglo-American. O ouro deixa atrás de si enormes mochilas ecológicas e contaminação com mercúrio e cianureto.

Os participantes da Conferência dos Povos sobre o Ouro, realizada em San Juan Ridge, na Califórnia, entre os dias 2 e 8 de junho de 1999 (ver Project Underground, em www.moles.org), solicitaram uma moratória na exploração do ouro, em vista de que os projetos de mineração localizam-se majoritariamente em territórios de povos indígenas, cuja relação com a terra integra sua identidade espiritual e sua sobrevivência.

> Necessitamos apoiar a autodeterminação dos povos indígenas e a recuperação, demarcação e reconhecimento das terras dos camponeses e dos povos tribais e indígenas [...]. Em pequena ou em grande escala, a mineração do ouro é tóxica e dependente de insumos químicos, destruindo paisagens, hábitats, a biodiversidade, a saúde humana e os recursos hídricos. A água é contaminada

pelo cianureto, pelas drenagens ácidas, metais pesados e pelo mercúrio. Além disso, o ciclo hidrológico é alterado, sendo os mananciais de água esgotados de modo brutal pelo bombeamento da água dos aquíferos.

Essa é, com efeito, uma descrição verdadeira. A ela, os participantes acrescentaram:

> A vida, a terra, a água e o ar limpos são mais preciosos do que o ouro. Todo mundo depende da natureza para viver. O direito à vida é um direito humano inalienável. Portanto, nossa responsabilidade é proteger a totalidade da natureza com vistas às gerações atuais e as do futuro. A mineração de ouro em grande escala extingue violentamente e destrói as formas de vida espiritual, cultural, política, social e econômica dos povos, assim como ecossistemas inteiros. A destruição provocada pela exploração aurífera no transcorrer da história, assim como a dos nossos dias, supera qualquer valor que esteja sendo criado.

Caso venhamos a refletir sobre essa última afirmação, mais do que dizer que a destruição implica perdas maiores do que o valor gerado, eu apelaria para a noção da incomensurabilidade dos valores, em função de que a partir de uma perspectiva crematística, o valor do ouro possivelmente ultrapasse o valor referente à destruição provocada por ele.

No Peru, existem dois grandes conflitos atuais relacionados com a exploração do ouro. Um deles ocorre em Tambo Grande (Piura), que será analisado no capítulo "As relações entre a ecologia política e a economia ecológica", o outro em Cajamarca – local do encontro travado entre Atahualpa e Pizarro –, entre a mineradora Yanacocha e as comunidades locais integrantes da Federación de Rondas Campesinas. Em Cajamarca, os habitantes têm sido desalojados das suas terras, vendidas à companhia por uns poucos dólares. Eles se queixam de que não tinham conhecimento do que sabem agora. Como as famílias são forçadas a seguir rumo à cidade de Cajamarca para conseguir algum lugar onde viver, defrontam-se com a necessidade de pagar aluguel para morar e, também, não dispõem de nenhuma forma para ganhar a vida. A concessão da mina é de 25 mil hectares. A mineradora Yanacocha é propriedade da Newmont; nela também possui participação uma companhia local e, por fim, 5% pertencem à Corporação Financeira Internacional do Banco Mundial. "Na mina, o mineral é retirado com o recurso de explosões diárias de dinamite, sendo posteriormente empilhado em plataformas de lixiviação, que são regadas 24 horas por dia com uma solução de cianeto."[1] O cianeto de sódio utilizado nas minas de ouro pode ocasionar a morte dos peixes e causar diversos outros danos ecológicos, tais como

---

[1] Informação procedente do *Project Underground* (www.moles.org).

a contaminação das águas a jusante das instalações auríferas e de fontes locais do líquido. A técnica do cianeto tem sido apresentada como uma alternativa ao amálgama de mercúrio. Consiste em adicionar solução de cianeto sobre mineral previamente triturado e disposto em pilhas ao ar livre. Mas, o mercúrio também é utilizado. Em junho de 2000, um caminhão que viajava desde a mina de ouro de Yanacocha derramou mercúrio no povoado de Choropampa. "Os habitantes recolheram o material e dezenas deles foram envenenados. O governo multou a companhia em 500 mil dólares e ordenou a limpeza da área" (*The Economist*, 22 de junho de 2001). Os casos judiciais ainda estão pendentes e, paradoxalmente, um dos denunciantes terminou levado a julgamento (Chacón, 2003). Em tais minas, volumosas quantidades de águas residuais de flotação e escórias dispostas diretamente sobre o solo despido de vegetação se convertem em um pesadelo toda vez que a ventania levanta a poeira.

Em três outros casos recentes ocorridos na América Latina (quais sejam, no norte da Costa Rica contra a Placer Dome; em Challapata, no departamento boliviano de Oruro, no conflito com o consórcio boliviano-canadense Emusa-Orvana; em Esquel, na província Argentina de Chubut, contestando diversas companhias canadenses), a exploração do ouro foi, ao menos até o presente momento, detida. Na Venezuela, sob o governo que precedeu o de Hugo Chávez, o Decreto n. 1.850, de 1997, propunha abrir a área da reserva florestal de Imataca, compreendendo uma área de três milhões de hectares, para a mineração de ouro. Um movimento integrado pelo povo indígena Pemon, por grupos ambientalistas como o Amigransa (Amigos de la Gran Sabana, liderado por duas mulheres), por alguns antropólogos e sociólogos, assim como por membros do parlamento, cada um fazendo uso de linguagens diferentes ao serviço da mesma causa (desde protestos indígenas nas ruas de Caracas até o encaminhamento de recursos para a Corte Suprema), conseguiram deter a mineração em Imataca. A comissão ambiental da Câmara dos Deputados da Venezuela apelou para a Corte Suprema contra o Decreto n. 1.850. Estipulou uma cifra orçada entre 7 mil e 23 mil dólares por hectare para a restauração da cobertura vegetal afetada pela exploração, uma cifra útil, ainda que moderada, para o cálculo dos passivos ambientais provocados pela mineração de ouro.[2]

O petróleo no delta do Níger e o nascimento da OilWatch

O poder de persuasão da administração estadunidense foi dirigido aos governos da OPEP em 1999, visando a obter acréscimos na extração petrolífera e

---

[2] *The Economist*, 12 de julho de 1997, p. 30; *El Universal* (Caracas), 3 de agosto de 1997, pp. 1-12.

preços mais baixos para o petróleo bruto. Segundo afirmou o então presidente, Bill Clinton, em uma conferência de imprensa em 29 de março de 2000, preço baixo para o petróleo era considerado "bom para a economia e para o povo dos Estados Unidos". Seu sucessor, o presidente Bush, tem por meta explícita aumentar o fluxo de petróleo e de gás para os Estados Unidos, favorecendo além disso as empresas petrolíferas com as quais possui vínculos. Na medida em que se expande a extração de petróleo e de gás, recrudescem os conflitos locais.

Os Estados Unidos já consumiram a metade do total das suas reservas de petróleo, alcançando o ápice da "Curva de Hubbert".* Hoje em dia, o país importa mais da metade do petróleo que consome. Em termos mundiais, estamos queimando petróleo duas ou três vezes mais rápido do que conseguimos prospectar. Como consequência, a fronteira da extração do petróleo está alcançando hábitats naturais frágeis, colocando em perigo a saúde e a sobrevivência de diversas comunidades locais. Essas regiões fronteiriças deveriam ser colocadas fora do alcance da indústria petrolífera. Não somente por estarem ocupadas por populações humanas, mas pelo motivo de quase sempre constituírem áreas ecologicamente valiosas. Seria o caso de ampliar a utilização de outras fontes de energia, ou de extrair petróleo e gás de áreas diferentes dessas, ou, ainda, aprimorar a eficiência energética. Independentemente disso, o fato é que a fronteira do gás e do petróleo avança continuadamente. A extração do petróleo e do gás nas áreas selvagens do Alasca é uma situação singular, que conquistou notoriedade em razão das discussões que provoca nos Estados Unidos. Nos bastidores desse avanço da fronteira de produção está o aumento do consumo, a tendência ao esgotamento das reservas e o acréscimo dos custos de extração das áreas de exploração mais antigas.

O discurso dos conflitos sobre a extração petrolífera é vez por outra perpassado pelo da defesa do meio ambiente. Contudo, tem sido cada vez mais pautada a defesa dos direitos humanos e dos direitos territoriais indígenas. Em 19 de novembro de 1995, a ditadura militar nigeriana assassinou nove dissidentes, entre os quais Ken Saro Wiva, um famoso escritor. O crime atraiu as atenções sobre o impacto das perfurações petrolíferas da companhia anglo-holandesa Shell. O Movimento pela Sobrevivência do Povo Ogoni, o MOSOP, fundado por Saro Wiwa em 1991, organizou a oposição à Shell e aos militares que a apoiavam. Os generais responderam a partir de Lagos com ameaças, intimidações, prisões

---

* N.T.: O termo é uma referência ao geofísico norte-americano Marion King Hubbert (1903-1989), proeminente ativista do movimento tecnocrático dos EUA e criador de um modelo matemático, a Curva de Hubbert, que visa a diagnosticar a extração do petróleo. Nesse modelo, o prognóstico é que a extração dos hidrocarbonetos ao longo do tempo seguiria uma curva logística, ou seja, configurando inicialmente um rápido crescimento e depois abrandando até um determinado patamar. A partir desse piso, a produção declinaria assintoticamente até esgotar. O fim do petróleo seria, então, inexorável.

e, finalmente, com o assassinato legal de Saro Wiwa e seus colegas (Saro-Wiwa, 1995; *The Guardian Weekly*, 12 de novembro de 1995, Guha, 2000: 102). As violações dos direitos humanos relacionadas com a exploração e produção de petróleo no Delta do rio Níger continuaram após 1995. Ativistas ambientais internacionalmente conhecidos como Nnimmo Bassey e Isaac Osuoka foram presos. Muitos deles terminaram assassinados. Grandes companhias de petróleo, além da Shell, multinacionais como a Chevron, Agip e a Elf, estão envolvidas em violações dos direitos humanos. São exatamente essas companhias que de tempos em tempos solicitam a intervenção policial e militar. Um relatório da Human Rights Watch de fevereiro de 1999 constatou:

> O Delta do Níger tem sido por vários anos o palco de grandes confrontações entre as pessoas que ali vivem e as forças de segurança do governo nigeriano, tendo como saldo execuções extrajudiciais, detenções arbitrárias e restrições draconianas aos direitos de liberdade de expressão, associação e reunião. Essas violações dos direitos civis e políticos têm sido cometidas principalmente como uma resposta aos protestos contrários às atividades das companhias multinacionais responsáveis pela produção de petróleo da Nigéria. Por outro lado, a morte do antigo chefe de estado, o General Sani Abacha, em junho de 1998, e sua sucessão pelo general Abdulsalami Abubakar, resultou numa diminuição significativa da repressão desencadeada pelo general Abacha, que infligia a população nigeriana [...]. Todavia, os abusos contra os direitos humanos das comunidades nas quais o petróleo é produzido continuam e a situação básica no delta permanece inalterada.

A Declaração de Kaiama foi firmada em dezembro de 1998 pelos membros de movimentos juvenis pertencentes ao povo ijaw, um grupo étnico maior que os ogonis. Esta afirmou que "toda a terra e os recursos naturais (incluídos os recursos minerais) situados no interior do território ijaw pertencem às comunidades ijaws, constituindo a base da sua sobrevivência". Era reclamada "a retirada imediata do território ijaw de todas as forças militares de ocupação e de repressão do Estado nigeriano". Consequentemente, "qualquer companhia petrolífera que empregue os serviços das forças armadas do Estado da Nigéria para 'proteger' suas operações, será vista como uma inimiga do povo ijaw". A Declaração de Kaiama postulou que a Nigéria fosse convertida numa federação de nacionalidades étnicas. Vinculando o problema do aquecimento global com reclamações locais contra as companhias petrolíferas – pelos abusos quanto aos direitos humanos, pelos derrames de petróleo bruto, pela contaminação da terra, da água e pela queima do gás –, a Declaração anunciou que em 1º de janeiro de 1999 lançaria uma ação direta, "A Operação Mudança Climática", colocando um ponto final na queima de gás pelos pavios das instalações. Os poços extraem água e gás com o petróleo bruto; a água é escoada para piscinas ou reinjetada no interior da terra. O gás é frequentemente queimado, a menos que exista um mercado próximo que justifique a construção de um gasoduto. A queima do gás implica muita contaminação local e também emissões de CO_2. Caso o gás não seja queimado e alcance a atmosfera, o efeito estufa provocado pelo metano seria ainda mais poderoso.* O objetivo dos jovens ijaws não era aumentar as emissões de metano na atmosfera, mas, antes, forçar as companhias petrolíferas a deter suas operações mediante uma ação espetacular contra elas. O ecologismo local e global terminou, desse modo, articulado pela Declaração de Kaiama.

O foco da ação eram as estações nas quais o petróleo, a água de formação e o gás dos poços eram coletados e separados. Quase um ano após, no início de 1999, poucos dias antes da Assembleia Geral dos Amigos da Terra, um encontro internacional sobre "Resistência, um caminho para a Sustentabilidade" aconteceu em Quito. Nnimmo Bassey não estava presente, entretanto, enviou um documento no qual afirmava:

> Na região do Delta do Níger, na Nigéria, uma estratégia visando a deter a exploração e a produção de petróleo e de gás transformará radicalmente o cenário da luta, igualmente alterando de modo qualitativo o caráter das conquistas a serem obtidas. As instalações podem ser paralisadas, efetivamente paralisadas. Podemos generalizar a experiência ogoni através de todo o delta do Níger [...] os ijaws mostraram com a Declaração de Kaiama o imenso potencial da sua estratégia. Isso requer que os ativistas organizem uma vasta plataforma de luta em toda a extensão do Delta do Níger e que um fórum do Delta do Níger articule e harmonize os pontos de vista, os programas e as expectativas das pessoas que moram na região. A população necessitará então de dias de ação por todo o Delta para se chegar a um clímax, conjuntamente com ações permanentes de massas nas imediações das instalações petrolíferas e de gás, fechando assim as estações de bombeamento e paralisando as atividades do capital transnacional. A plataforma final para solucionar as restrições constitucionais que tem privado a população dos seus direitos básicos e do acesso a um ambiente seguro e satisfatório só pode ser alcançada na CSN, Conferência de Soberania Nacional. A CSN é entendida como um fórum para atingir a autodeterminação mediante a reestruturação da Nigéria numa genuína federação de nações. Por intermédio dela, o povo também alcançará a propriedade, o controle e o gerenciamento próprio e democrático dos nossos recursos. A resistência através de ações de massa parece ser o caminho através do qual o diálogo será obtido.

---

* N.T.: Embora o dióxido de carbono seja o "carro-chefe" do efeito estufa, o metano, mesmo emitido em quantidades menores, constitui um poderoso agente do efeito estufa. Especialistas estimam que esse gás seja cerca de vinte vezes mais potente que o CO_2 em termos do aquecimento global.

O conflito no delta do Níger prosseguia, mantido pelos ogonis, os ijaws e por outros grupos étnicos numa batalha permanente contra as companhias de petróleo e o Estado nigeriano, utilizando o discurso dos direitos humanos, da sobrevivência e do sustento, dos direitos territoriais para as minorias, o federalismo e o ecologismo.

Eventos como a morte dos "nove ogonis" em 1995 e outros confrontos no delta, assim como o intenso enfrentamento no Equador contra a Texaco e outras companhias petrolíferas, levaram ao nascimento da OilWatch. Essa é uma rede com base nos países do Sul que se desenvolve e se nutre dos movimentos de resistência locais contra a extração de petróleo e de gás. Em 1995, seu boletim *Tegantai* (nome de uma mariposa amazônica na língua huaorani) anunciou a morte de Saro-Wisa ocorrida meses antes, quando os olhos dos ambientalistas europeus estavam voltados para a vitória do Greenpeace sobre a Shell no contencioso sobre a plataforma Brent-Spar.[3]

Também na África Ocidental, que constitui uma das fronteiras da extração de petróleo, o Banco Mundial apoia o oleoduto, orçado em 3,5 bilhões de dólares, construído pela Exxon e outras companhias, ligando o Chade à costa do Camarões. Na República de Camarões, o oleoduto cruzará áreas florestais habitadas pelos bakolas. Um argumento oficial que tem sido levantado em favor desse projeto é que ele irá acelerar o processo de integração dos bakolas na modernidade, supondo, é claro, que estes sobrevivam.[4] Em 6 de junho de 2000, os diretores executivos do Banco Mundial, representando um total de 181 governos, aprovaram o oleoduto, que será utilizado durante trinta anos para exportar uma quantidade total de aproximadamente um bilhão de barris de petróleo. A Exxon anunciou jubilosamente (*New York Times*, 15 de junho de 2000) que as rendas obtidas pelos dois países poderiam contribuir para a transformação das suas economias, desde que corretamente administradas.

> Para assegurar que o sejam, o Parlamento do Chad e seu presidente decretaram um programa de gerenciamento dessas rendas. Essa lei impõe controles estritos na participação do governo nas rendas petrolíferas e coloca fundos do projeto em contas especiais que estarão sujeitas a revisões públicas e a auditorias do Banco Mundial.

---

[3] Um exemplo de colaboração Sul-Sul: a Declaração Kaiama, publicada pela conferência de Movimentos da Juventude Ijaw, de 11 de dezembro de 1998, foi incluída, em castelhano, em Lorenzo Muelas, *Los hermanos indígenas de Nigéria y las compañias petroleras. Conociendo las tierras de los indígenes negros del Delta del Níger*, publicada por OilWatch. Lorenzo Muelas, ex-senador, é líder do povo guambiano na Colômbia. Ver também *Tegantai*, 14 de outubro de 1999, Direitos Humanos e Exploração Petrolífera, um relatório de Isaac Osuoka sobre o abuso dos direitos humanos no delta do Níger.

[4] Samuel Nguiffo, in *Tegantai*, 14, 1999, p. 29; Ver também *The Guardian*, 11 de outubro de 1999.

Desse modo, o Banco Mundial foi convertido, para além de defensor da "sustentabilidade fraca", em seu diligente administrador.

A OilWatch fornece continuamente, a partir do seu escritório central no Equador, informações sobre conflitos de extração de petróleo e de gás em áreas tropicais frágeis. Existe muito conhecimento local e muita documentação para ser explorada a respeito de conflitos relacionados com a extração de petróleo e de gás, incluindo casos judiciais, como o da Texaco no Equador. Em 1993, foi apresentada uma "ação de classe" respaldada pela ATCA em Nova York por um grupo de indígenas e colonos da parte norte da região amazônica do Equador, denunciando que a Texaco havia contaminado a água, provocado a morte das suas fontes de alimentos e causado doenças. Ninguém realmente poderia negar que a Texaco, domiciliada em White Plains, Nova York, tivesse contaminado a água e a terra entre o início dos anos 1970 e final de 1980 por intermédio de sua subsidiária no Equador. Seria possível argumentar, de forma verossímil, que sua sucessora, a Petroecuador, herdara as mesmas práticas. A área está pontilhada de retentores da água viscosa extraída com o petróleo, eventualmente transbordando ou entrando em combustão súbita, enchendo o ar com partículas negras. Existem informes sobre o aumento das taxas de câncer, com o que se poderia concluir que os seres humanos estão convertidos à função de bioindicadores dos danos ambientais. Além disso, a Texaco abriu caminhos que facilitaram a chegada de colonos à floresta, causando a destruição das bases de vida dos indígenas cofanes, dentre vários outros povos. Nessa sequência, a companhia construiu o oleoduto transandino até Esmeraldas, obra cheia de vazamentos responsáveis até mesmo por incêndios. A indagação de se a Texaco utilizou padrões diferentes nos Estados Unidos e no Equador não possui relevância pelo simples motivo de que os Estados Unidos não possuem uma Amazônia, e os padrões adotados no Equador deveriam ter sido bem mais rigorosos. Os advogados argumentam o seu caso nos marcos da ATCA de 1789, que garante a possibilidade de julgar nos Estados Unidos cidadãos ou entidades responsáveis por prejuízos ocorridos no exterior contra estrangeiros. O juiz do distrito de Nova York, Jed Rakoff – que assumiu o caso após o falecimento do primeiro juiz – em um primeiro momento descartou o caso fundamentando-se no princípio do *forun non conveniens*. O governo equatoriano, por meio do seu embaixador nos Estados Unidos, Edgar Terán, alegou que o julgamento não deveria ocorrer nos Estados Unidos, com o argumento da soberania. Mais tarde, no curto período de 1997, quando Bucaram exerceu a presidência (um corrupto e um estranho aliado dos ambientalistas), a posição do Equador foi alterada, aceitando-se oficialmente a jurisdição da corte estadunidense.

O *New York Times*, na edição de 19 de fevereiro de 1999, afirmou que o caso deveria ser ouvido "no único foro que pode proporcionar um julgamento limpo e levar as penas a serem cumpridas: uma corte norte-americana". Em outubro de 1999 existiam rumores de que o caso seria resolvido extrajudicialmente com base num pagamento de 400 milhões de dólares. A petição original indicava uma cifra de 1,5 bilhão de dólares.[5] Finalmente, em 2002, o caso foi devolvido para o Equador acompanhado, contudo, de um alerta de que retornaria a Nova York caso não fosse julgado no país. Outros conflitos localizados na América Latina são os que opõem os ashaninka contra a Elf, e os nahua a Shell pelo gás de Camisea, ambos no Peru; entre os huaronis e a maxus (depois YPF e depois ainda, a Repsol), no Equador;* entre populações da Amazônia boliviana e os mapuches argentinos contra a Repsol; e entre os u'wa da Colômbia e a Occidental Petroleum.[6]

Esses conflitos de distribuição ecológica a respeito da extração petrolífera podem gerar uma disputa dentro de um padrão monetário de valoração, assim como na reivindicação de compensação financeira em decorrência de externalidades. Nessa consideração estaria incluída a indenização de US$ 1,5 bilhão requisitado inicialmente da Texaco para o caso equatoriano, o qual, no jargão jurídico, incorporaria dois quesitos: o da compensação e um elemento claramente punitivo. Tal como aconteceu em 1989 para o acidente da Exxon Valdez no Alasca ou do Prestige na Galícia em 2002, a lógica da economia ambiental neoclássica é relevante nesse ponto. Contudo, são pertinentes algumas perguntas técnicas: seria aceitável para os tribunais adotar a valoração para fatos contingentes? A valoração das externalidades pode ser transferida de um caso para outro? Como seria possível calcular a perda de uma biodiversidade desconhecida?

Os conflitos também podem ser expressos por outros discursos que se referem a outros sistemas de valores.

Petróleo na Guatemala

Possivelmente, um dos lugares menos adequados em todo o mundo para a exploração petrolífera é a região de Petén, na Guatemala, situada no norte desse país, território limítrofe com a Selva Lancadona do México, que conta com extensa floresta primária, áreas úmidas e ruínas maias (como Tikal),

---

[5] Ver a página da internet texacorainforest.org, com informações de ambos os lados.

* N.R.T.: Outro conflito no Equador tem se dado entre a Petrobrás e os povos indígenas huaoranis e os tagaeris, com enfrentamentos ocasionados em 2004 e em 2006. Isso porque a empresa brasileira quer extrair petróleo do Parque Nacional Yasuni, território habitado por essas nações indígenas, que temem pela contaminação de suas terras em caso de eventuais acidentes.

[6] A respeito dos passivos ambientais e sociais da Repsol-YPF na América, vide o notável livro de Marc Gavaldá (2003).

que são um grande foco de atração turística. A região foi identificada em 1990 como a Reserva Maia da Biosfera. A preservação foi apoiada com o dinheiro da USAID* em favor da Comissão Nacional de Meio Ambiente da Guatemala (Conama), que dividiu a reserva em áreas específicas, identificando zonas-núcleo às quais foi atribuída a prioridade mais alta em termos de proteção. A maior dessas zonas-núcleo da Reserva Maia da Biosfera é o Parque Nacional do Lago do Tigre, que cobre 1.300 milhas quadradas, protegido também pela Convenção Ramsar para áreas úmidas. Precisamente nessa área, a Corporação Financeira Internacional (IFC) do Banco Mundial apoiou a prospecção de hidrocarbonetos e a construção de um oleoduto até o porto de Santo Tomás de Castilla pela companhia petrolífera Basic Resources.

Em vista de o Petén ter sido colonizado apenas nas últimas décadas,** as ecomunidades locais de colonos não são de origem pré-hispânica. A despeito de assentados nesse ambiente apenas em data recente, eles têm aprendido a defender seus interesses mediante o discurso dos direitos comunitários e do desenvolvimento sustentável. Afirmando praticar um manejo sustentável das matas, esse grupo fundou, nos anos posteriores a 1990, a ACOPOF (Asociación de Comunidades Forestales del Petén), uma organização de comunidades florestais locais lideradas por Marcedonio Cortave, um ativista com um forte histórico de militância política, e que atualmente é um militante ambientalista. A ACOPOF se opõe à extração petrolífera no Petén e ao oleoduto, que inevitavelmente gerará derramamentos de petróleo. No conjunto do país, esse movimento conta com a participação da ONG Madre Selva. No sudeste, atua contra a extração de petróleo no Lago Izabal, apoiada pelos pequenos empreendedores turísticos do local e pela etnia Kekchi, que consideram esse lago sagrado. Existem confluências entre o ambientalismo conservacionista e o ecologismo dos pobres. De qualquer modo, ambas as correntes são céticas quanto ao critério da valoração econômica.[7]

Do outro lado da fronteira guatemalteca com o México parece existir petróleo em abundância, como muita gente sabe a partir das denúncias do neozapatista subcomandante Marcos.[8]

---

* N.T.: Sigla de United States Agency for International Development, órgão federal do governo dos EUA responsável pela assistência financeira para as nações em desenvolvimento.

** N.T.: Na realidade, o Péten é uma área que no passado constituía um assentamento territorial maia, abandonado bem antes da conquista espanhola e posteriormente retomado pela natureza.

[7] Testimonio de Paz, "*Um Crudo despertar: El Banco Mundial, política estadounidense, y el petróleo de Guatemala*", Washington, D.C., 1998. Vide também discurso de Marcedonio Cortave no Amherst College, Mass., em 18 de outubro de 1999, Luis Solano, "Guatemala: en luta contra la explotación petrolera", *Ecologia Política*, 19: 2000, pp. 155-9, e entrevista com Magali Rey Rosa, "20 anos de ecologismo na Guatemala", *Ecologia Política*, 24, 2002.

[8] Por exemplo, a carta de Marcos para José Saramago, em dezembro de 1999, publicada em *Ecologia Política*, 18, 1999.

O caso contra a Unocal
e a Total a respeito do gasoduto Yadana

No final da década de 1990, a Unocal (com sede na Califórnia) e a Total (sediada na França), juntamente com empresas da Birmânia e da Tailândia, investiram no campo de gás natural de Yadana no mar de Andaman, construindo um gasoduto até Ratchaburi na Tailândia com a intenção de produzir eletricidade. Tratava-se de um projeto de grandes proporções, pois a potência da central elétrica de gás seria de 2.800 MW. Na Tailândia, as tubulações atravessam florestas, ameaçando a biodiversidade. Na Birmânia – ou Myanmar, como os ditadores militares denominam seu país – os encanamentos cruzam o sul, na região de Tenasserim. Muitas pessoas foram deslocadas para garantir a segurança das tubulações. Certamente, o ambiente de grupos étnicos, como os karens, terminou comprometido. Ademais, a utilização de trabalho forçado e a expulsão de população desencadearam muitos protestos de grupos de direitos humanos e de apoio à democracia na Birmânia.

Uma demanda judicial voltada contra a Unocal na Califórnia, solicitando jurisdição nas cortes dos Estados Unidos, foi apresentada pelos advogados Cristóbal e John Bonifaz (Cristóbal Bonifaz também é advogado do caso Texaco no Equador), com base na privação de Direitos Humanos internacionalmente reconhecidos. O juiz Richard Paez concedeu jurisdição em 25 de março de 1997, permitindo que fosse levado adiante o caso contra a Unocal para que a mesma respondesse pelos seus procedimentos na Birmânia, baseado na legislação Alien Tort Claims Act – ATCA. Quanto ao governo da Birmânia, considerando-se que esse dispunha de imunidade soberana, foi excluído do processo pela corte estadunidense. A Unocal era sócia do governo birmanês, e procurou esconder-se sob o manto dessa imunidade. Mas em vão: o juiz determinou que a Unocal poderia ser responsabilizada judicialmente. No seu parecer, a responsabilidade de ambas as entidades – das quais uma era imune e a outra, não – poderia ser analisada em separado. Procurou-se posteriormente encaminhar a Total, companhia francesa com grande participação no projeto Yadana, aos tribunais da França, pensando-se também a possibilidade de considerá-la responsável nos Estados Unidos com a Unocal. Afinal, trata-se de um caso em que, de modo similar ao ocorrido na Nigéria e em outros países, onde se produziram agressões tanto aos direitos humanos como ao ambiente, sendo, pois, impossível dissociar a natureza da sobrevivência humana e dos direitos humanos.

O caso Unocal-Birmânia é muito semelhante ao do Texaco-Equador. Nessas duas situações, o tema principal foi o processo em si, isto é, se as cortes norte-americanas detêm jurisdição para julgá-los. Porém, os casos se diferenciam em dois aspectos. Primeiro, o juiz aceitou que no caso da Birmânia, uma vez sendo o trabalho forçado uma modalidade de escravatura ou, ainda, de tortura, o direito internacional seria imediatamente aplicável. Já no Equador, a questão em pauta não era o trabalho forçado, mas sim os danos provocados ao ambiente natural e à saúde humana. Em segundo lugar, no Equador as demandas judiciais reclamam a indenização pelos danos provocados pela Texaco entre 1970 e 1990, sendo possível argumentar que esses não poderiam ter acontecido sem a participação da Petroecuador, uma companhia estatal sucessora da Texaco que é senhora dos poços e do oleoduto que atravessa os Andes até o porto de Esmeraldas no litoral. Em contraste, no caso da Unocal a reclamatória datada de 1996-1997 manifestava que a atribuição da jurisdição da corte dos Estados Unidos não tinha por objetivo obter indenização, mas, antes, um amparo legal visando a cessar as doações em dinheiro da empresa aos governantes militares da Birmânia e a obrigar esta companhia a retirar-se do país. Evidentemente, a Unocal poderia proceder dessa forma (segundo o juiz Paez), dispensando qualquer decisão do governo militar e da empresa de gás e de petróleo da Birmânia.[9] A ordem da corte teve enorme impacto na imprensa financeira, dado que em razão do atual crescimento das grandes infraestruturas e projetos de recursos naturais nas economias emergentes, nas quais os governos anfitriões costumam ter participação significativa, as empresas deveriam estar atentas quanto à aplicação da legislação ATCA, até porque essa colocava sob risco não somente governos estrangeiros ou seus agentes, ou cidadãos estrangeiros, mas também as próprias empresas dos Estados Unidos.[10] Em abril de 1997, um mês depois da sentença do juiz Páez, o presidente Clinton colocou a Birmânia na mesma categoria de países como Cuba, Líbia, Iraque e Coreia do Norte, ou seja, tornou-se um país no qual não era permitido qualquer investimento oriundo dos Estados Unidos. No entanto, a decisão foi emitida num momento em que a construção do gasoduto já havia terminado.

Como em vários outros casos mencionados neste livro, relacionados com a mineração na Indonésia, África do Sul e Namíbia e com o petróleo na Nigéria, os novos governos democráticos, inclusive aquele que algum dia será instaurado na Birmânia, poderiam contribuir promovendo demandas em tribunais estrangeiros com o objetivo de conseguir o pagamento pelos passivos ambientais gerados, assim como compensações pelos danos, visando a beneficiar os seus próprios cidadãos, em muitos casos solicitados quando já é

---

[9] Informação de *Tegantai*, n. 14, outubro de 1999, pp. 18-24; em OilWatch, *The oil flows: the earth bleeds*, Quito, 1999, relatório de Noel Rajesh de TERRA (Tailândia), pp. 148-59; e, sobre a decisão do juiz Páez, ver página na internet diana.law.yale.edu.

[10] Yves Miedzianogova, Stuart T. Solsky e Rachel Jackson, "The Unocal case: potencial liabilities for developers for activies in foreign countries", 1997 (disponível em www.kelleydrye.com/prfin3.htm).

demasiado tarde. Contudo, conforme podemos presumir, tais governos, sejam eles democráticos ou não, optam geralmente pelo não enfrentamento do poder das companhias transnacionais.

De qualquer modo, uma vez outorgada a jurisdição, uma demanda pode ser conduzida nos Estados Unidos no esteio de uma "demanda de ação de classe". Isso significa dizer que as pessoas, ou talvez vários milhares de pessoas integrantes de uma "classe" de prejudicados, são reconhecidas enquanto tais ainda que o processo seja iniciado por apenas alguns poucos representantes deste mesmo grupo. Contudo, é altamente improvável que grupos como os povos tribais por si mesmos se deem conta das possibilidades oferecidas por um litígio internacional, e que nesta linha de compreensão contratem um advogado particular em Nova York ou Los Angeles para defendê-los. Em alguns casos, os próprios governos não permitiriam tal coisa. Além do mais, os povos indígenas e as populações rurais fazem uso, no geral, de idiomas próprios. Com a exceção das situações nas quais ocorre uma intervenção exterior de ativistas ou, quiçá, diretamente encaminhada por advogados externos – como no caso da esterilidade masculina provocada pelo DBCP* nas plantações de banana da Costa Rica e do Equador –, uma "ação de classe" não se materializa.

Em março de 1997, no caso Unocal, os demandantes que apresentaram a petição judicial foram alcunhados pela corte da Califórnia com nomes pouco birmaneses, dentre os quais John Doe, Jane Doe e Baby Doe. Isso para evitar o risco de represálias advindas do governo ditatorial da Birmânia. No caso Texaco do Equador, os peticionários (Aguinda et al.) estavam distantes de ser um grupo de pessoas formado por povos indígenas e colonos, que um dia qualquer decidiu juntar-se, pegar um telefone, enviar um fax ou uma mensagem eletrônica autorizando seus advogados nos Estados Unidos a iniciarem um processo em White Plains, Nova York, local onde a Texaco tem seu domicílio. A ideia de levar o caso para a corte veio de fora. De onde poderia ter vindo? Dez anos depois, quando o caso havia sido devolvido para o Equador, alguns dos habitantes locais estiveram em Nova York. A parte mais fragilizada deve procurar compreender o sistema de justiça dos estrangeiros, tal como as comunidades indígenas aprenderam a confeccionar petições para o vice-rei em Lima ou para o rei da Espanha, redigidas não na linguagem local, mas através de intermediários que detinham o conhecimento das formas adequadas ao modelo espanhol. Não existe distância cultural maior do que aquela entre o diretor da Texaco ou da FreeportMcMoRan e os povos indígenas do Equador ou da Papua Ocidental. Fato que se impõe por

---

* N.T.: Sigla de Dibromocloropropano, potente pesticida utilizado pela bananicultura. Sendo uma substância altamente reativa, o DBCP pode ocasionar mutações genéticas, esterilidade masculina e contaminar profundamente a água e a atmosfera.

si mesmo, as solicitações judiciais apoiadas por ONGs e pelos seus advogados não inventaram esses conflitos. Apenas os representam em uma linguagem específica. Os discursos são esplêndidos e deveriam impedir-nos de esquecer os agravos que estão por detrás deles. Foram tentadas outras ações judiciais contra a Unocal. Desse modo, em 1998, uma coalizão de grupos ativistas solicitou ao inspetor geral da Califórnia para que iniciasse um processo para revogar a própria existência legal da Unocal pelo fato de ser responsável pela contaminação do meio ambiente na Califórnia e no resto do mundo, violando normas trabalhistas e de saúde e, nessa sequência, os direitos humanos na Birmânia como também, no Afeganistão, nesse último caso sob a alegação de que a Unocal trabalhou sob o regime do Talebã para construir um oleoduto. O inspetor geral impugnou a petição.[11] O governo de Massachusetts incumbiu-se de proibir que a Unocal fizesse negócios na Birmânia. Porém, a Corte Suprema dos Estados Unidos pronunciou-se a esse respeito em 20 de junho de 2000 argumentando que a política exterior constituía uma prerrogativa eminentemente federal.

Os litígios envolvendo companhias estrangeiras dentro dos seus países de origem por conta de danos causados no exterior estão, desse modo, se convertendo em um assunto polêmico muito relacionado com o debate internacional a respeito da *corporate accountability*, isto é, a responsabilidade das empresas. Esse deveria ter se tornado um tema de ponta em Johannesburgo em agosto de 2002, mas fracassou em virtude de a conferência ter se configurado como um triunfo das multinacionais.[12] Devemos também registrar que o sistema judiciário tende à internacionalização. O cálculo dos danos nos litígios civis elencados fornece ingredientes interessantes para a valoração econômica do meio ambiente e dos direitos humanos. A lógica econômica, no Norte e no Sul, é a de que "os pobres vendem barato". Todavia, a lógica judicial para o ressarcimento pelos estragos provocados poderia ser diferente.

Plantações não são florestas

Em muitas regiões tropicais existe uma oposição entre plantações florestais compostas por uma única espécie e florestas com biodiversidade, ostentando grande variedade de árvores, em alguns casos com mais de cem espécies por hectare. Cem anos após Pinchot ter introduzido a exploração florestal ou a silvicultura "científica" nos Estados Unidos, começou a se descortinar no Terceiro Mundo essa oposição entre as plantações uniformes de árvores e as matas "de verdade".

---

[11] Rachel's Environment and Health Weekly, sumário de notícias de 1998.

[12] Há um esforço em desenvolver um projeto universitário europeu sobre tais casos, liderado por Sam Zarifi, da Universidade de Rotterdam. Contudo, tem se mostrado difícil obter apoio para esta linha de pesquisa.

A silvicultura científica para a produção sustentável de madeira – desde a ciência florestal alemã e a regra de Faustmann de 1849* – é, sem dúvida alguma, em todas as suas variáveis, "uma formulação complexa de discursos, de múltiplos níveis, produzida histórica e contingentemente" (Sivaramakrishnan, 1999:280). Todavia, para além da análise do discurso, é possível identificar um conflito estrutural idêntico perpassando por diferentes culturas e sistemas político-administrativos ao longo e em toda a extensão do mundo tropical.

Vale lembrar que em outras latitudes, como no Chile, por exemplo, as florestas nativas são constituídas por poucas espécies, e a oposição passa a se dar entre as matas originais (velhas e de crescimento lento), que são cortadas e transformadas em lascas para serem exportadas, e as novas plantações formadas por *pínus* de crescimento rápido.[13] Devido à crescente exportação de pasta de papel originária do Sul, ampliaram-se na mesma intensidade os conflitos sociais em torno do corte e subsequente plantio de árvores – principalmente de eucaliptos, embora não se restringindo exclusivamente a eles –, como sucedeu no final dos anos 1990 com a multinacional Smurfit na região de Portuguesa, na Venezuela, em que os atores mais proeminentes não eram povos indígenas, mas colonos locais. Está ao alcance de quem queira combinar o estudo em profundidade dos conflitos particulares com a informação comparativa disponível graças à existência de redes internacionais como o Movimento Mundial em prol das Florestas.

Até data recente, o grosso da matéria-prima para a indústria do papel era produzida nos países do Norte. A produção de madeira e de pasta de papel está em expansão em escala mundial, se deslocando de um modo cada vez mais evidente na direção dos países do Sul, onde a terra é mais barata por ser abundante, principalmente na América Latina e na África, regiões nas quais as pessoas também são mais pobres. Quando a oferta de madeira das matas não é suficiente, passa-se então ao plantio de árvores. Mesmo que menos da metade da produção mundial de madeira seja destinada para produzir papel, a produção de madeira voltada para essa atividade aumenta mais rapidamente do que a madeira para abastecer as serrarias. O lema que resume a resistência contra essa tendência é que "as plantações não são florestas" (Carrere e Lohman, 1996).

---

* N.T.: O economista florestal alemão Martin Faustmann (1822-1876) elaborou em 1849 a regra ou fórmula com seu nome a partir de artigo intitulado "*Berechnung des Wertes welchen Waldboden sowie noch nicht haubare Holzbestände für die Waldwirtschaft besitzen*" (Cálculo do valor que o solo florestal e a madeira possuem para a silvicultura), desenvolvendo uma teorização matemática sobre o valor do solo florestal privado das suas árvores. Por essa regra, tornou-se possível calcular a quantia máxima a ser paga por uma parcela de terra de modo que um projeto florestal pudesse compensar uma taxa de rendimento predeterminada numa economia empresarial.

[13] Quanto a informações atuais sobre conflitos envolvendo desmatamentos e novas plantações florestais ao redor do mundo, consultar boletins em inglês e em castelhano do Movimento Mundial em prol das Florestas, www.wrm.org.uy.

Nessa ordem de preocupações, bem doutrinado na fé no crescimento econômico respaldado nas exportações e pressionado para obter divisas, o Departamento Estatal de Florestas da Tailândia iniciou, no final dos anos 1970, a conversão de dezenas de milhares de hectares de florestas naturais em plantações de eucaliptos. Seu objetivo era fornecer lascas de madeira para a indústria papeleira, em sua imensa maioria de propriedade de companhias de capital japonês. "O eucalipto é como o Estado" disseram vários camponeses de uma aldeia remota para o antropólogo Amare Tegbaru em 1990. "Suga e absorve tudo para ele" (Tegbaru, 1998: 160). Com a finalidade de defender-se das plantações patrocinadas pelo governo, os camponeses recorreram à linguagem do sagrado, sobretudo porque era conveniente para defender os territórios cobertos por florestas tradicionais *pi puta*,* podendo também ser articulado com o discurso mais recente do ambientalismo. Os agricultores sabiam que seus campos de arroz seriam prejudicados pela proximidade dessas árvores australianas que tragam água e esgotam o solo; também lamentavam a perda das matas heterogêneas, nas quais obtinham forragem, combustível, frutas e ervas medicinais. Os camponeses foram amparados e mobilizados pelos sacerdotes budistas, os quais se postaram à frente das delegações organizadas para pressionar os funcionários públicos e, além disso, organizaram cerimônias de "ordenação" sagrada para impedir que as matas fossem transformadas em simples fileiras de árvores cultivadas (Guha, 2000: 100; Lohman, 1991, 1996: 40).

Essas plantações homogêneas formadas por árvores de uma única espécie, mesmo que frequentemente classificadas como florestas na Europa e nos Estados Unidos – acatando a norma de manejo do século XIX: máxima produção sustentável de madeira –, não têm as características das verdadeiras formações florestais. A introdução de florestas cultivadas significa que muitas das funções ecológicas das matas e suas produções que servem para a vida humana e seu sustento se perdem, motivo que leva a população pobre a reclamar. Existem pretensões no sentido de atribuir em curto prazo para as plantações de eucaliptos, pínus e acácias a função de áreas de absorção de carbono, em conformidade com projetos de "implementação conjunta", ou de "mecanismo de desenvolvimento limpo" (ver capítulo "A dívida ecológica"). Isso tornaria ainda mais favoráveis as condições para a expansão da economia das plantações simplificadas, ainda que seja necessário fornecer garantias de que o carbono sequestrado não seja convertido em dióxido de carbono demasiadamente rápido. Outras funções perdidas pela degradação dos solos, o comprometimento da fertilidade e da retenção da água, e, ainda, a eliminação da forragem usada para pasto nunca são incluídas na contabilidade das perdas e dos lucros das empresas produtoras de pasta de papel.

---

* N.T.: *Pi puta* corresponde em muitas regiões rurais da Tailândia ao espírito ancestral protetor dos vilarejos agrícolas, do solo, da floresta e da vida dos aldeãos, muitas vezes fazendo presença em cultos sincretizados com variações regionais do budismo.

Movimentos de resistência ao desmatamento têm despontado em muitos países. Um desses tem por referência o povo penan, uma pequena comunidade de caçadores e de agricultores que habita as selvas do estado malaio do Sarawak.* Durante a década de 1980, os penans viram-se continuadamente invadidos pelas madeireiras comerciais, cujas atividades contaminaram os rios, deixaram a terra exposta e destruíram animais e vegetais, dos quais dependia sua alimentação. Como explica Brosius (1999b), o processamento da planta do sagu para a alimentação requer água limpa. Nos vales dos rios agora afetados pelo desflorestamento, a planta do sagu continua a crescer, mas não pode ser processada devido à escassez de água limpa. Além das perdas materiais, houve uma perda mais profunda, pois os penans têm um forte laço cultural com seus rios e com a paisagem da selva. Apoiados por Bruno Manser, um artista suíço que viveu entre eles, a comunidade organizou bloqueios e protestos pressionado para que as motosserras e seus operadores regressassem para onde vieram. A luta do povo penan foi registrada e publicada por uma organização do estado malaio de Penang,** o Sahabat Alam Malaysia e por organizações transnacionais como Amigos da Terra, Greenpeace e Rede de Ação pelas Florestas Tropicais (Guha, 2000: 100). Em contraste com centenas de casos esquecidos em todo o mundo tropical, os enfrentamentos realizados pelos penans atraíram uma proporção considerável de ativistas externos, a ponto de estes se aproximarem numericamente das pessoas localmente implicadas.[14]

Stone Container na Costa Rica

Durante a noite de 7 de dezembro de 1994, os jovens e dedicados líderes da AECO (Associación Ecologista Costarriquense), Oscar Fallas, Maria del Mar Cordero e Jaime Bustamante morreram no incêndio ocorrido em sua residência em San José. O veredicto oficial foi de que a morte dos 3 ativistas foi acidental. O tempo talvez diga se foi um atentado para assustá-los ou para matá-los. Contudo, neste momento não é possível afirmar nada de definitivo. Maria del Mar e Oscar, com os quais conversei diversas vezes, participaram durante o ano de 1993 e 1994 do conflito contra a empresa Stone Container na Península de Osa e no Golfo Dulce, situado no sudoeste da Costa Rica. Além disso, estavam se engajando em outro confronto no norte do seu país

---

* N.T.: O Sarawak ocupa três quartos do Norte de Bornéu ou Kalimantan, na parte insular da Federação da Malásia.

** N.T.: O Penang situa-se na parte continental da Federação da Malásia.

[14] Bruno Manser desapareceu e provavelmente morreu no Sarawak no ano 2000.

contra a Placer Dome, uma conhecida empresa mineradora canadense.[15] Esses dois militantes ambientalistas praticavam um ecologismo popular, diferente da corrente majoritária do ambientalismo costarriquense, muito influenciado por organizações e personalidades conservacionistas dos Estados Unidos. O desaparecimento de ambos é sentido com pesar pelos grupos ecologistas latino-americanos, aliados entre si desde o Fórum Paralelo de ONG realizado durante a ECO-92, no Rio de Janeiro.

Maria del Mar e Oscar tinham conseguido uma vitória parcial no seu conflito com Stone Container. Eles haviam se posicionado na intersecção entre os interesses locais e grupos internacionais como Rainforest Action Network e o Greenpeace. A AECO era o membro costarriquense dos Amigos da Terra Internacional. Aprenderam a se virar, no interior do permeável estado da Costa Rica, uma democracia fundamentada num elevado grau de consenso interno entre as forças sociais do país e os principais partidos políticos, aparentemente impenetrável aos grupos dissidentes. Maria del Mar e Oscar tiraram proveito da imagem ambientalista que o presidente Figueres (1994-1998) e seu ministro do Meio Ambiente, René Castro, almejavam promover. O "reflorestamento" constituía ainda uma palavra bem recebida quando precisamente na Costa Rica a discussão internacional relacionada com os serviços ambientais promovidos pelas florestas estava apenas no início e, paralelamente, a crítica contrária às florestas cultivadas não havia se difundido no interior das organizações ambientalistas.

O conflito com a Stone Container tinha a ver tanto com a ecologia terrestre quanto com a ecologia marinha. As lascas ou *chips* de madeira produzidos pelas novas florestas cultivadas seriam exportados através de instalações industriais que possivelmente acarretariam a destruição da ecologia do Golfo Dulce. A espécie escolhida foi a *Gmelina arborea* (ou simplesmente melina), cujo plantio foi iniciado em terras arrendadas nos arredores do Golfo Dulce em 1984.* Essas terras eram em alguns casos constituídas por pastos degradados ou por florestas. Em outros, tratava-se de áreas anteriormente destinadas ao cultivo do arroz, cujo arrendamento era, contudo, barato em razão da política da eliminação dos subsídios da produção de grãos de acordo com as normas

---

[15] O conflito contra a Stone Container, uma empresa dos Estados Unidos, foi narrado por Helena van den Hombergh (1999) em um excelente livro que constitui um tributo aos ativistas da AECO e, simultaneamente, materializa uma reconstrução baseada em um cuidadoso trabalho de campo de quatro anos dedicados a uma tese de doutorado elaborada na Universidade de Amsterdã.

* N.T.: Na década anterior ocorreu a implantação de um megaprojeto de celulose baseado no plantio da *Gmelina* no Pará e no Amapá. Tratava-se do Projeto Jari, do milionário norte-americano Daniel Ludwig, iniciado em 1967 e entrando na fase operacional em 1978. A *Gmelina* é uma espécie africana aclimatada na Ásia. Sua introdução no Brasil foi um retumbante fracasso, pois a espécie não se adaptou ao perfil pedológico da região. Atualmente essa espécie foi abandonada em favor do eucalipto e do pínus.

traçadas pelo Fundo Monetário Internacional (FMI). Para começar, a Stone Container obteve permissão para construir um atracadouro e uma fábrica para o processamento das lascas visando à sua exportação. Tais instalações industriais estariam localizadas em Punta Estrella, no ponto mais interno do Golfo Dulce, cerca de trinta quilômetros de distância da sua entrada, que geograficamente constitui um fiorde tropical que tem pouca circulação de água. As previsões eram que 180 caminhões provenientes dos 24 mil hectares de plantações de melina abasteceriam diariamente a fábrica de Punta Estrella. Além da contaminação do mar, Punta Estrella localiza-se em um corredor biológico que conecta duas reservas silvestres situadas nos dois lados do Golfo Dulce: o Parque Corcovado e o Parque Esquinas ou Piedras Blancas.

Entretanto o projeto encontrou obstáculos. Ao invés dos 24 mil hectares de melina em seis anos, a Stone Container plantou 15 mil hectares em dez anos. Surgiram novos problemas para a expansão da monocultura de árvores devido às plantações para produzir o azeite de palma. A autorização para que a fábrica de lascas e as instalações portuárias entrassem em funcionamento foi indeferida no final de 1994, obrigando a Stone Container a exportar toras no lugar das lascas. Por outro lado, a empresa não fez uso da permissão obtida para construir sua unidade de processamento das lascas de madeira na boca do Golfo Dulce, num lugar chamado Golfito, no qual já existia um cais e uma ferrovia em desuso desde os dias das plantações de banana da United Fruit entre os anos de 1930 e 1980.

Antes de se instalar na Costa Rica, a Stone Container havia investido na plantação de florestas cultivadas na Venezuela. Mas chocou-se em Honduras com a Rainforest Action Network, cuja ativista Pamela Wellner também interveio contra a Stone na Costa Rica ao assumir sua nova posição no Greenpeace. O Rainbow Warrior visitou o Golfo Dulce em setembro de 1994. Grupos europeus da Alemanha e da Áustria engrossaram essa mobilização. Foram enviadas cartas para as autoridades. Essa pressão alcançou tal grau que Max Koberg, político e homem de negócios que encabeçava a subsidiária da Stone na Costa Rica, declarou que estava se desenvolvendo uma conspiração de ambientalistas estrangeiros contrários aos interesses nacionais do país. Entretanto, a Costa Rica estava naquele momento de tal modo envolvida com as políticas ambientais globais que os insultos de Koberg contra os estrangeiros não surtiram qualquer efeito. Até Maurice Strong, o secretário da conferência oficial do Rio de Janeiro das Nações Unidas, escreveu em 1992 uma carta para as autoridades costarriquenhas criticando Stone. Em contrapartida, propagandeava-se na Costa Rica a necessidade de distinguir os chamados ambientalistas "bons" dos ambientalistas "radicais": comunistas reciclados, considerados "melancias" (isto é, verdes por fora e vermelhos por dentro), determinados a criar problemas com as empresas norte-americanas em um momento no qual a Guerra Fria havia chegado ao seu fim. De fato, alguns membros da AECO haviam ocupado a liderança em organizações estudantis de esquerda. Maria del Mar Cordero participou na sua adolescência da campanha sandinista de alfabetização na Nicarágua.

A aliança local no Golfo Dulce estava formada pelos ativistas da AECO e por membros da população local (principalmente de mulheres, arregimentadas por Maria del Mar), cuja sobrevivência dependia da pesca artesanal, da agricultura camponesa e dos serviços turísticos, três setores colocados sob risco pelos planos da Stone Container. Foi constituído o Comitê de Defesa dos Recursos Naturais da Península de Osa. A organização obteve apoio de vários estrangeiros moradores desse belo trecho do litoral, respaldo de organizações internacionais dispondo também de serviços de biólogos membros da AECO, além da contribuição de um renomado biólogo marinho francês, Hans Hartmann, que no verão de 1993 investigou o Golfo Dulce recomendando – sem êxito – sua transformação em Parque Nacional Marinho. Por sua vez, a Stone contratou outros cientistas, os quais desaprovaram os "argumentos emocionais, não científicos" (Hombergh, 1999: 206) dos seus oponentes, elogiando as virtudes do reflorestamento com a melina e negando, por fim, a existência de ameaças para o ambiente marinho.

A AECO também encontrou apoio nas suas reivindicações em dois órgãos governamentais, a Controladoria (que supervisiona os gastos estatais) e a Defensoria do Povo. Ambas foram responsáveis por relatórios que, mesmo não se posicionando contrariamente às florestas cultivadas, eram contrários à implantação das unidades industriais. Em contrapartida, a AECO encontrou, nesse tempo (anterior à eleição de Figueres em 1994), uma reação negativa por parte do executivo. O Ministério dos Recursos Naturais declarou que as plantações propostas pela Stone Container equivaliam a um reflorestamento e, portanto, materializariam um autêntico "desenvolvimento sustentável". Todavia, dois membros do parlamento costarriquenho apoiaram a oposição à empresa norte-americana, auxiliando na organização de debates públicos na região do Golfo Dulce, durante os quais os representantes da Stone Container foram abertamente derrotados.

A comissão governamental voltada para a revisão técnica das Avaliações de Impacto Ambiental, cuja sigla é EIA (Evaluaciones de Impacto Ambiental), estava dominada pela indústria, oferecendo pouca resistência às EIA apresentadas pela Stone. Saliente-se que não houve uma discussão na Costa Rica a respeito de outros parâmetros de valoração em termos de avaliações integrais ou de valoração multicriterial. Paralelamente, a empresa obteve um certificado "verde" nos Estados Unidos, demandando esforços para conseguir uma certificação ISO

14.000.* Os ambientalistas tiveram de aprender todas essas palavras e expressões novas. Finalmente, o governo de Figueres impulsionou a formação de uma comissão, reunindo representantes do governo e especialistas do exterior, tais como Daniel Janzen,** alcançando-se, poucos dias antes da morte de Oscar e de Maria del Mar, uma resolução que, apoiando as florestas cultivadas, impunha o deslocamento das instalações industriais para a localidade de Golfito, na entrada do Golfo Dulce. A AECO considerou essa uma vitória parcial. Vários habitantes da região entrevistados por Hombergh se expressavam espontaneamente dizendo que as *plantações são monoculturas*. Portanto, igualmente foi obtida uma vitória para a educação ambiental.

San Ignacio

Como se poderia esperar, na Costa Rica o exército não teve nenhuma participação no conflito com a Stone Container. O país simplesmente não possui exército. Tampouco a Igreja Católica se manifestou, ainda que tenha auxiliado em outros conflitos ambientais. As linguagens dos direitos humanos e territoriais não entraram em campo. Existem paralelos e contrastes com o caso que analisaremos, ocorrido no norte do Peru também no início dos anos 1990 e que é notável sob diversos aspectos.[16] Os principais atores foram colonos e outros cidadãos locais, incluindo as autoridades da Igreja Católica local. A luta se materializou na oposição ao desmatamento comercial da floresta regional de podocarpus, uma conífera localmente conhecida como *romerillo*, abundante nos Andes (Gade, 1999). O povoado de San Ignacio foi fundado em 1941 por ex-soldados enviados como colonos para as proximidades da fronteira com o Equador. Chaupe é uma floresta enevoada situada nas bordas da selva que se prolonga até a bacia amazônica, sendo o hábitat de diversas espécies animais em perigo de extinção, incluindo o urso de óculos.*** Os agricultores itinerantes pressionam a floresta, mas a nova ameaça vinha das empresas madeireiras, nesse caso de capital peruano, não transnacionais.

---

* N.T.: A *International Organization for Standardization* (ISO) oficializou em 1996 as primeiras normas da série ISO 14000. Essa série tem por objetivo estabelecer diretrizes para a implementação de sistemas de gestão ambiental nas atividades econômicas passíveis de impactos no meio ambiente, avaliando e certificando esses mesmos sistemas com base em metodologias internacionalmente aceitas.

** N.T.: Daniel H. Janzen (1939-), naturalista norte-americano com reconhecimento internacional em áreas tropicais.

[16] Uma fonte sobre esse conflito é Scurrah (1998). Agradeço essa informação a Manuel Boluarte da Aprodeh, de Lima, Peru. Ver "Represión contra el ecologismo popular en el norte de Perú", *Ecología Política*, 5, 1993.

*** N.T.: Único exemplar de ursídeo que habita a América do Sul.

Como em outros tantos casos estudados neste livro, comprovamos que a concepção pela qual a má gestão do meio ambiente decorre da falta de definição dos direitos de propriedade é uma ideia muito gringa e ingênua. No caso ora estudado, uma vez mais os direitos de propriedade estavam claramente estabelecidos, mas foram alterados diante da oportunidade de lucro comercial sacrificando-se, assim, o sustento local. Sob o governo do general Velasco Alvarado, existiram esforços para preservar ou ao menos explorar sustentavelmente a floresta de podocarpus. Em 2 de maio de 1973 foi criada a Floresta de San Ignacio, ampliada no ano seguinte de modo a abarcar as regiões cobertas de matas dos distritos de Jaén e San Ignacio. Os direitos de exploração foram entregues, em princípio, a uma espécie de cooperativa ou companhia de propriedade social. Depois, nos anos 1980 e 1990, a tendência no Peru foi a privatização e exploração comercial em grande escala dos recursos naturais. Como se sabe, isso certamente não constitui nenhuma novidade na história econômica peruana. Especificamente para San Ignacio esse contexto significou que uma nova empresa, a Incafor, de propriedade de Carlos Muncher, cuja fortuna provinha da indústria da construção civil e obras públicas, obteve uma concessão para explorar os *romerillos* e vender essa madeira para o Japão. Alguns funcionários locais queixaram-se, mas foram desautorizados por Lima em 1991. No entanto,

> As autoridades locais e os habitantes começaram a se preocupar com o impacto que a depredação da floresta acarretaria para a qualidade de vida e para a futura sobrevivência dos habitantes. A agricultura sazonal tinha reduzido a mata a tal ponto que o fornecimento de água para a população estava afetado, e temia-se que as mudanças no microclima, como resultado do desaparecimento das matas, trariam como consequência a erosão do solo e a ruína da agricultura. Temia-se igualmente que as atividades de uma companhia com as dimensões da Incafor acelerariam o fim da mata. Diante dessa situação, em 12 de maio de 1991 foi formado um comitê de defesa da floresta com base em uma junta presidida por Celedonio Solano, prefeito de San Ignácio. (Scurrah, 1998)

A isso se seguiu, em 1 de outubro, uma interdição judicial solicitada por Manuel Bure Camacho em nome do comitê de defesa, que foi aprovada pelo juiz de San Ignacio. Durante os nove meses seguintes, o conflito aumentou em intensidade com a abertura, por parte da empresa, de estradas que adentravam a floresta. Para completar, nos anos de 1991 e 1992 a insurreição do Sendero Luminoso estava em seu nível máximo por todo o Peru. Somente em setembro de 1992, quando seu líder foi capturado, é que essa insurreição viria a perder rapidamente sua força.

As circunstâncias eram muito difíceis no Peru ao longo de 1992. Existia muita tensão no ar.[17] Na madrugada de 26 para 27 de junho, foi desencadeado um ataque ao acampamento da companhia Incafor localizado de três a cinco horas de carro de San Ignacio. Entre 20 a 30 homens fortemente armados e com rostos camuflados, assassinaram dois guardas, deixaram outros feridos e incendiaram dois tratores.

> Durante a manhã do dia 27, membros do departamento de polícia de San Ignacio começaram a prender os principais líderes do Comitê de Defesa da Floresta de San Ignacio. Eles foram torturados, obrigados a assinar declarações de culpabilidade, sendo acusados de homicídio, destruição de propriedade, distúrbios e terrorismo. O juiz local e os médicos foram impedidos de entrar na delegacia de polícia e os acusados foram levados para a capital regional, Chiclayo [...]. Parecia que graças à sorte ou a um plano premeditado (ou a combinação de ambos) a companhia não só havia obtido o direito de cortar a floresta, como também conseguiu pôr na cadeia sua oposição mais importante. (Scurrah, 1998)

Os porta-vozes dos grupos ambientalistas sentiram-se desolados com a suposta conexão com o Sendero Luminoso ou com outros grupos armados. Uma comissão formada por membros da universidade e grupos ambientalistas renunciou ao confronto, recomendando "a exploração racional da floresta por meio de um grande plano de manejo florestal incluindo um programa de reflorestamento que dispense a manutenção da mesma classe de flora", abrindo assim as portas para o avanço das florestas cultivadas. Tudo dava a entender que a Incafor havia ganhado a batalha. Porém, outros grupos ambientalistas persistiram na crítica aos contratos que beneficiavam a Incafor. Além disso, o bispo local de Jaén e de San Ignacio, o jesuíta José Maria Ezuzquiza, e seu secretário converteram-se em defensores incansáveis dos acusados, clamando para que estes não fossem considerados "terroristas" – e, por conseguinte, sujeitos a uma legislação especial –, mas, sim, prisioneiros comuns. A rádio católica Marañón assumiu clara posição em defesa dos acusados. Também houve a pressão de organizações peruanas de direitos humanos, como a APRODEH (Asociación Pro Derechos Humanos) e de órgãos como a Anistia Internacional.

Esse conflito ambiental não possuía qualquer relação com a insurreição do Sendero Luminoso. Os aprisionados não levaram a cabo, na realidade, qualquer ataque violento. Assim, enquanto os grupos ambientalistas cederam, os grupos de direitos humanos assumiam uma posição ética com a finalidade

---

[17] Recordo noites de medo em julho de 1992 em Lima, com bombas explodindo em locais não muito distantes, e um dia pavoroso no aeroporto de Lima (um lugar ameaçado), enquanto aguardava um avião que me conduziria até Piura para participar de uma reunião de especialistas andinos sobre biodiversidade agrícola, observando o presidente Fujimori na televisão exortando as tropas no dia nacional.

de defender que fossem aplicados processos judiciais distintos dos que haviam justificado a prisão de gente inocente como supostos membros do movimento Sendero Luminoso. De fato, dezenas de milhares de pessoas foram assassinadas "por engano" pelos dois lados em conflagração no Peru na década de 1980. Os grupos de direitos humanos possuíam uma enorme experiência nesses casos e fizeram o que estava ao seu alcance para deter e denunciar os assassinatos. As autoridades de Lima, incluindo o presidente, o qual inspecionou pessoalmente a floresta de San Ignacio, mudaram sua opinião acerca da proteção do bosque, suspendendo as concessões madeireiras em 22 de dezembro de 1992. Em 1993, manifestaram-se novas pretensões em renová-las, contudo foram frustradas por uma rápida reação da Confederação Camponesa e do novo Comitê de Defesa. No Peru, comentava-se a respeito de uma influência colombiana e do cultivo de papoula atuando nos bastidores do Comitê de Defesa. No entanto, o Congresso e a imprensa também começaram a se posicionar na defesa dos seus membros, ainda mantidos sob prisão. Mesmo existindo ataques qualificando seus membros como "agitadores ocultos atuando sob o manto da ecologia" (Scurrah, 1998), no pronunciamento da corte de Chiclayo de 5 de março de 1993, foram absolvidos de todas as acusações. A sentença esclareceu que a maior parte das peças acusatórias tinham sido forjadas, sendo criticado o comportamento da empresa Incafor.

Em San Ignacio, contrariamente ao conflito no Golfo Dulce na Costa Rica, não houve intervenção de grupos ambientalistas internacionais. Alguns funcionários governamentais, atuando em escalões administrativos locais e em Lima, acreditavam na necessidade de proteção ambiental para esse tipo especial de floresta (no vizinho Equador, perto de Loja, há um parque nacional de podocarpus), em um contexto de crescente privatização e exploração dos recursos naturais, mas também de crescente debate internacional sobre a conservação da natureza. A companhia Incafor era uma empresa de nacionalidade peruana, mas era estranha à região e à própria exploração florestal. O exército se mostrou aberto, em San Ignácio, aos argumentos dos líderes da Igreja Católica e também das organizações de direitos humanos. Outro dado que contribuiu para a resolução do conflito foi o sentimento de alívio gerado no país pela captura do líder do Sendero Luminoso. O poder judiciário atuou de modo relativamente rápido. Os grupos ambientalistas nacionais aproveitaram a oportunidade para apresentar à opinião pública o problema da depredação dos bosques. No entanto, sentiram-se incomodados com a hipótese inicial de que ocorrera um ataque violento em defesa da floresta. Os ambientalistas de Lima "sentiam-se bem mais tranquilos defendendo uma 'natureza' concebida numa ótica biológica do que aquela associada com as complexidades dos conflitos sociais e políticos" (Scurrah, 1998). Em San Ignacio não atuaram grupos locais explicitamente ambientalistas ou ecologistas.

As funções ecológicas da cobertura florestal para o ciclo hidrológico foram, sem qualquer sombra de dúvida, destacadas pelo Comitê de Defesa da Floresta. Contudo, em 1992, nenhum dos seus membros se autodenominava ecologista ou ambientalista. Em San Ignacio esteve ausente uma discussão calcada por critérios do tipo custo-benefício e das compensações monetárias. Outro aspecto pertinente é que mesmo tendo sido desfiados muitos argumentos centrados na qualidade do Estudo de Impacto Ambiental realizado pela companhia Stone Container no caso da Costa Rica, em San Ignacio, no Peru, a realização de um EIA sequer foi reivindicada.

O movimento Chipko na Índia e os seringueiros no Brasil

Há muitos casos de conflito social que apoia a tese da existência de um ecologismo dos pobres, isto é, o ativismo de mulheres e de homens pobres ameaçados pela perda dos recursos naturais e dos serviços ambientais de que necessitam para sobreviver. Os discursos que usam podem ser, por exemplo, os dos direitos humanos, os dos direitos territoriais indígenas ou dos valores sagrados, mesmo não sendo eles membros da confraria da "ecologia profunda".

O meio ambiente fornece as matérias-primas para a produção de bens, como é o caso da madeira e da pasta de papel. Os ricos adquirem uma quantidade maior dessas mercadorias do que os pobres. O meio ambiente proporciona ainda atrativos turísticos apreciados por aqueles que dispõem de tempo livre e de dinheiro para desfrutá-los. Porém, mais importante do que tudo isso, o meio ambiente fornece fora dos circuitos de mercado, e independentemente das mercadorias e dos atrativos turísticos, serviços essenciais para a vida de todos no planeta.

Certo é que a defesa das florestas primárias, a oposição aos cultivos industriais de árvores, a defesa da Amazônia ou dos Sunderbans* contra a exploração petrolífera e a luta pela integridade dos manguezais diante das camaroneiras estão apoiadas pelo ambientalismo da IUCN, da WWF e de outras organizações internacionais, juntamente com seus associados em nível local. Entretanto, na vanguarda desses enfrentamentos frequentemente encontramos populações pobres e indígenas, seja o Equador, o Chile, o Peru, a Indonésia ou as Filipinas. Por exemplo, arrancar eucaliptos recém-plantados para substituí-los

---

* N.T.: Denominação dada às vastas áreas de mangues localizados em Bengala. *Sunderbans* significa "bela floresta" na língua local.

por espécies nativas tem sido prática comum desses movimentos em lugares distantes. Conforme vimos, os discursos que essas lutas têm adotado podem ser muito diferentes entre si. Na Tailândia, materializam-se no ato de amarrar simbolicamente as túnicas amarelas dos monges budistas às árvores com o fim de protegê-las. No Equador e na Colômbia, têm se baseado no resgate do passado afro-americano nos conflitos quanto aos mangues, às camaroneiras e às novas plantações de dendezeiros. Tratam-se de conflitos estruturais que utilizam a linguagem da identidade local. Tais expressões locais de resistência estão muitas vezes acompanhadas de chamamentos às ONGs, aos consumidores e aos tribunais do Norte, articulando-se em redes constituídas por atores associados com estas lutas com base na internet.

Um conhecido caso mexicano foi o de Rodolfo Montiel, pioneiro da Organização dos Camponeses Ecologistas da Serra de Petatlán. Montiel seguiu os passos de milhares de agricultores que têm se oposto à depredação dos seus recursos. Durante sete anos, o grupo de Montiel deteve o desmatamento nessa região do estado de Guerrero, conseguindo no final a expulsão da firma Boise Cascade. No México existe um elevado nível de violência rural por parte do governo. Montiel foi torturado e encarcerado. Mas, atualmente, existe uma globalização alternativa dos produtos culturais, de informação sem censura e dos direitos humanos. Por isso, Montiel foi agraciado em San Francisco com o Prêmio Goldman do ano 2000. Ele apareceu em um artigo da revista *Time* e Hillary Clinton expressou sua simpatia por ele, fazendo com que o governo mexicano se sentisse um tanto quanto envergonhado. No seu comentário sobre tais eventos, Victor Toledo conclui que a solidariedade para com a natureza e com a humanidade presente e futura – que constitui uma petição peremptória dos ambientalistas de todos os cantos do mundo – pode ser encontrada nas culturas de muitas populações rurais que até agora têm escapado da "contaminação" do individualismo e da competitividade exacerbados. Existem muitíssimos outros "Rodolfo Montiel" espalhados pelo mundo. Não há diferença real entre os antigos mártires camponeses dos conflitos rurais e os novos defensores da natureza, salvo no uso de conceitos "da moda". Os zapatistas de um século atrás são os ecologistas populares dos dias de hoje (Toledo, 2000).

Existem fascinantes casos, históricos e atuais, nos quais aqueles que se denominam ambientalistas não o são, e aqueles que o são não utilizam essa terminologia. No Sri Lanka colonial "o discurso ecológico foi utilizado pelo Estado para reprimir o cultivo na modalidade *chena* com a finalidade de favorecer os interesses dos proprietários das plantações" (Meyer, 1998: 816). Os administradores coloniais, no Sri Lanka como em qualquer outro lugar do mundo, pretenderam suprimir o cultivo itinerante (isto é, a *chena*), taxando-o como um ataque bárbaro às florestas. No entanto, foi a manipulação do argumento visando a eliminar a prática da *chena* que permitiu a apropriação das matas nativas, para estabelecer plantações comerciais de café e do chá. No país não se desenvolveu um movimento organizado de resistência, exceto em casos esporádicos de rebelião. Por exemplo, segundo um observador contemporâneo, um topógrafo foi rodeado pelos nativos, que procederam como no relato que segue:

> Falavam e se lamentavam como apenas eles podem fazê-lo. Eles não se distanciavam e, pelo contrário, cercavam sua barraca. Na manhã seguinte, o topógrafo começou seu trabalho com o teodolito e com as linhas de nível, mas os nativos se postaram diante dele, se estendendo no chão, dizendo "você irá passar pelos nossos cadáveres, antes que possa medir e vender as terras de caça dos nossos ancestrais". Foi assim que, sem uso de violência, o trabalho do topógrafo foi detido. (Meyer, 1998: 815-816)

Conforme assinala Ramachandra Guha, a essas velhas lutas contra a degradação ambiental deve-se acrescentar hoje em dia os enfrentamentos pela renovação do meio ambiente, os esforços realizados pelas comunidades para aprimorar o manejo das suas florestas, conservar seus solos, replantar os mangues, "coletar" sustentavelmente sua água ou utilizar aparatos que aproveitem a energia, como nos casos dos fogões eficientes e das plantas de biogás. Com efeito, essas lutas de resistência implicam a reivindicação por uma sustentabilidade que implicitamente questiona as tecnologias usuais e de resto estabelece instituições práticas de gestão comunitária (Berkes e Folke, 1998). Um bom exemplo de reconstrução ambiental é o Movimento do Cinturão Verde do Quênia, fundado por Wangari Maathai. Em 1977, Maathai abandonou seu cargo como professora universitária para voltar-se ao trabalho de motivar outras mulheres a proteger e melhorar o seu meio ambiente. O movimento iniciou-se com a semeadura de não mais que sete árvores em 5 de junho de 1977. Em 1992, seu trabalho frutificou na distribuição de sete milhões de mudas, plantadas e protegidas por grupos de camponesas em 22 distritos dispersos por todo Quênia* (Guha, 2000: 102). No entanto, a pressão sobre as florestas continua. Em fevereiro de 1999, tomou-se conhecimento da atribuição das terras das florestas do Karura, situada nas periferia de Nairobi, "para pessoas detentoras de boas conexões e para corruptos, que as adquiriram".[18] A notícia teve muita oposição entre os estudantes universitários, os ativistas ambientais e entre os *wananchi*, cidadãos simples e comuns, cuja fala não se restringia a defender as matas mas igualmente a recuperá-las. Embora o presidente do Quênia tenha atribuído a controvérsia

---

* N.T.: Pelo sucesso da sua iniciativa, Wangari Maathai foi laureada com o Prêmio Nobel da Paz de 2004.

[18] John Githongo, "The Green Belt and the Fading Green Ink", East African, 8-14, fevereiro de 1999, p. 11.

ao tribalismo, a catedrática Maathai explicou que o ataque à floresta era causado antes de tudo pela corrupção.

A queniana Wangari Maathai e o nigeriano Ken Saro-Wiwa são nomes africanos bem conhecidos pela opinião pública. Nesta seção, serão comparados a dois outros expoentes do ecologismo florestal dos pobres.[19] Exemplos menos conhecidos são contados às centenas em todos os países do Sul. Quanto aos dois casos que pretendemos comentar, ambos se iniciaram a partir de 1970, um na Índia e o outro, no Brasil. No dia 27 de março de 1973, em uma aldeia remota do Himalaia, situada nas cabeceiras do vale do rio Ganges, um grupo de camponesas e camponeses negou-se a permitir que lenhadores cortassem árvores que cresciam em terras de propriedade estatal. O Departamento Florestal as havia leiloado em benefício de uma empresa produtora de materiais desportivos – raquetes de tênis e outros itens – situada na distante cidade de Allahabad. Os bosques indianos são utilizados por camponeses locais ou por grupos tribais, os chamados *adivasis*.[*] Porém, desde os tempos coloniais pertencem ao Estado. A população local, mulheres, crianças e homens, evitaram o corte das árvores abraçando-as (*chipko*). Esse episódio impulsionou uma série de protestos similares durante os anos 1970, mediante os quais os camponeses do Himalaia detiveram os empresários que pretendiam cortar as árvores para vendê-las no mercado. O conjunto desses protestos constituiu o movimento Chipko.

Antes de qualquer discussão a respeito da eficiência da gestão florestal, devem ser estabelecidos os critérios através dos quais a produção da floresta será avaliada. Trata-se de produzir madeira somente para vendê-la quanto puder e quanto antes melhor ou de produzi-la sustentavelmente? Trata-se de produzir madeira não para comercializá-la, mas antes para conservar os bosques visando a outros usos? O famoso movimento Chipko deixou claro a todos os olhos do mundo que as formações florestais são multifuncionais e essenciais para a vida humana. Ademais, esclareceu que o Estado tem sido um inimigo da sobrevivência ao permitir a apropriação e os cercamentos privados. Finalmente, este debate regional passou a converter-se em um debate nacional referente à política florestal indiana. O Chipko também resultou em muitos ensinamentos internacionais,

---

[19] As páginas que seguem estão fundamentadas em Guha (2000: 116-117). Para Java, vide Peluso (1993) e para a Birmânia, Bryant (1997).

[*] N.T.: Na sociedade Indiana, os adivasis – literalmente "habitantes originais", também classificados como "povos tribais" – constituem um grupo de etnias que diferem em maior ou menor grau dos padrões clássicos vigentes nesse país. Das 5.653 comunidades existentes na Índia, 635 são consideradas adivasis (8% da população indiana). Grande número dos adivasis pratica religiões tradicionais, diferentes do hinduísmo e do islamismo. Muitos se voltaram no século XIX para a fé cristã. Constituem o segmento mais pauperizado da sociedade hindu: 85% dos adivasis vivem abaixo da linha oficial de pobreza, contra a média de 40% do resto da população. Paralelamente, constituem o grupo mais suscetível diante da degradação ambiental.

tanto no aspecto do manejo florestal quanto da interação existente entre as comunidades, o Estado e a iniciativa privada. Além disso, marcou a utilização de um discurso novo, o ecologista, para descrever e analisar um tipo de conflito com muitos precedentes históricos. O Chipko foi simultaneamente um movimento de resistência camponesa e um movimento ecologista. Seus aspectos ambientais não eram socialmente visíveis poucas décadas antes. A interpretação promovida pelo Chipko como um movimento ecologista abriu caminho para um vasto território suscetível de investigação histórica sobre os conflitos relacionados às florestas na Índia e em outras partes do mundo. Muitos conflitos camponeses podem ser vistos retrospectivamente também como conflitos ambientais.

O movimento camponês do Himalaia pode ser comparado com as lutas desenvolvidas na Amazônia brasileira nos anos 1970 e 1980, vinculadas ao nome de Chico Mendes. Na Amazônia, a expansão maciça da rede de estradas de rodagem abriu uma via para a penetração de colonos e de empresários embasados por um enorme movimento de cercamento de terras. Os pecuaristas queimaram vastas áreas de floresta primária. Em trinta anos, calcula-se que a Amazônia brasileira tenha perdido 10% da sua extensão. As estimativas dão conta de que 85% das regiões desmatadas foram convertidas em pastagens para o gado, por sinal, a utilização menos apropriada para esses solos, uma vez que agora ficam expostos a chuvas torrenciais e, portanto, empobrecem. Em suma, um colossal desastre ecológico. Os ataques anteriores às florestas tropicais com a finalidade de extrair madeira e a borracha, que aconteceram no Congo Belga e no oeste da Amazônia no início do século XX, consistiram em ofensivas selvagens contra a natureza e a humanidade. Mas os patamares de destruição da cobertura vegetal no Brasil durante os anos 1970 e 1980 são sem precedentes e sem semelhança em escala com quaisquer outros casos. Isso apesar do país ter destruído a Mata Atlântica, ou seja, a floresta que existia ao longo de toda a sua extensão litorânea (Dean, 1995).

Além dos grupos indígenas, diversas populações extrativistas, coletoras de produtos da floresta como a borracha nativa e a castanha-do-pará, também foram afetadas pela devastação. Esses seringueiros não são populações indígenas de origem pré-europeia, mas a primeira ou segunda geração de migrantes pobres oriundos da região nordeste do Brasil, que, abandonados a sua própria sorte depois do término da exploração comercial da borracha em larga escala, estabeleceram formas de subsistência no interior da floresta. Essa população frequentemente não possuía títulos legais da floresta na qual trabalhavam. Ao mesmo tempo, os criadores de gado e os madeireiros do Brasil tinham a seu lado a ditadura militar capitalista, que, de 1964 em diante, decidiu "desenvolver" rapidamente a região. No estado do Acre, os pecuaristas adquiriram seis milhões de hectares entre 1970 e 1975, expulsando milhares de seringueiros. Liderados por homens como Chico Mendes, ele mesmo um seringueiro, recorreram a uma forma inovadora de protesto: o *empate*. As crianças, as mulheres e os homens marchavam na floresta e de mãos dadas desafiavam os trabalhadores das madeireiras e suas motosserras. O primeiro empate aconteceu em 10 de março de 1976, três anos depois do primeiro protesto Chipko. Na década seguinte, uma série de empates ajudou a salvar cerca de um milhão de hectares de floresta, que de outro modo seriam transformados em pastagens.

Os seringueiros do Acre formaram sindicatos, unindo-se em 1987 aos habitantes indígenas da Amazônia para formar a Aliança dos Povos da Floresta.* Essa aliança se comprometeu em defender a mata e os direitos territoriais dos seus membros. Mais ainda, além de trabalhar com certo êxito na demarcação dos territórios indígenas tradicionais, poupando-os das consequências da privatização e dos cercamentos, criou novas modalidades comunitárias de propriedade do solo, as chamadas "reservas extrativistas", uma ideia atribuída à antropóloga Mary Allegretti. Nessas áreas, os seringueiros e outros grupos sociais** podiam coletar sustentavelmente o que necessitavam para sua subsistência direta e para o mercado, sem afetar a capacidade de regeneração da floresta. As reservas extrativistas constituíram um exemplo de construção de novas instituições voltadas para o manejo dos recursos naturais. Essa proposta diferiu das geradas pelas comunidades latino-americanas dotadas de existência social e algumas vezes, de ordem legal desde "tempos imemoriais", na sua defesa contra o assalto modernizador das empresas de mineração ou de produção agrícola. As reservas extrativistas materializaram *a invenção de uma nova tradição comunitária* no meio da Amazônia por parte da população não indígena. Trata-se de um expediente aplicável em muitos cenários de luta no Brasil de hoje e em outros países, como na defesa dos manguezais (que também podem ser transformados em "reservas extrativistas"), da pesca artesanal e claramente em defesa de outras formações florestais. Porém, enquanto os seringueiros se organizavam, os pecuaristas manifestaram empenho nos seus esforços para desapropriá-los. Em 1980, os criadores de gado e seus capangas assassinaram Wilson Pinheiro, um ativista sindical. Oito anos mais tarde, em 22 de dezembro de 1988, finalmente eliminaram Chico Mendes, morto a bala ao sair de sua casa. Qualquer um poderia concluir que simplesmente se tratava de mais um líder sindical assassinado. No final das contas, literalmente centenas de líderes sindicais

---

* N.T.: A Aliança dos Povos da Floresta pretende abarcar um arco de populações tradicionais da Amazônia. Além dos seringueiros e das nações indígenas, essa aliança também diria respeito aos castanheiros, babaçueiros e populações ribeirinhas. O 1º Congresso dos Povos da Floresta foi realizado em março de 1989, em Rio Branco, capital do Acre. Realizado poucas semanas após o assassinato de Chico Mendes.

** N.T.: Ressalve-se que além dos seringueiros existe também a atuação dos ribeirinhos e dos castanheiros.

camponeses têm sido mortos nos últimos 35 anos no Brasil, especialmente nos estados do oeste e do norte do país (Padua, 1996). Contudo, os conteúdos e o discurso explicitamente ecologista da luta de Chico Mendes, assim como as propostas alternativas nascidas a partir dela, converteram esse ativista, assim como os homens e mulheres que lutaram com ele (tais como Marina Silva, ministra do Meio Ambiente no governo Lula a partir de 2003) em símbolos globais do ecologismo dos pobres. Atualmente, existem entre três e quatro milhões de hectares demarcados como "reservas extrativistas".[20] Hoje há um consenso de que, de um ponto de vista econômico, social e ambiental, é aconselhável manter a cobertura florestal na Amazônia.

Tanto o movimento Chipko quanto a luta de Chico Mendes enquadram-se na trajetória das longas histórias de resistência ao Estado e aos forasteiros. No caso do Himalaia, a resistência camponesa data de cem anos atrás ou mais. Nos dois exemplos as mulheres apresentaram atuação marcante, como é habitual nos conflitos ambientais. Nenhum dos dois movimentos se contentou simplesmente em falar para os madeireiros voltarem para casa. A Aliança dos Povos da Floresta defendeu a implantação de reservas sustentáveis, enquanto o movimento Chipko mobilizou as camponesas para proteger e repor os bosques dos seus povoados. Finalmente, os dois movimentos apelaram para ideologias que gozam de ampla aceitação em suas respectivas sociedades. Dois seguidores de Gandhi por toda a vida, Chandiprasad Bhatt e Sunderlal Bahuguna, conduziram o movimento Chipko. Do mesmo modo, padres e monges católicos da Teologia da Libertação apoiaram os seringueiros, apelando não para o sagrado da natureza, mas sim para as necessidades dos pobres.

Enquanto o desflorestamento do Himalaia gera preocupantes efeitos ecológicos em toda a região, atingindo até o Bangladesh (erosão dos solos e ampliação das inundações), o desmatamento da Amazônia tem implicações ainda mais amplas, pois resulta numa vasta perda de biodiversidade desconhecida, no esgotamento dos nutrientes do solo devido às enxurradas, na substituição de mais de cem toneladas de biomassa florestal por hectare por uma única vaca triste por hectare, e, por fim, a perda de um grande depósito de carbono e de capacidade de evaporação de água (Fearnside, 1997). Não se trata apenas da sobrevivência humana local que está em perigo, mas os sistemas ecológicos regionais e o global. Nos dois casos, as decisões que induziram formas insustentáveis de exploração dos recursos naturais à custa do sustento local foram provenientes de fora da região, contudo dentro dos limites nacionais desses dois grandes Estados. Os dois contextos não foram marcados pela instalação de grandes empresas transnacionais, que escapam

---

[20] Sobre Chico Mendes, ver Hecht e Cockburn (1990) e a entrevista publicada postumamente em *Ecología Política*, 2, 1991.

da jurisdição local, como aconteceu em muitas outras situações analisadas neste livro. Mais precisamente, a situação se deu pela penetração da indústria de bens de consumo da própria Índia e pela entrada dos madeireiros e dos pecuaristas da própria Amazônia ou do sul do Brasil. Deve também ser assinalado que nos dois casos a resistência lançou mão da ação direta não violenta. Tal atitude seria previsível num país como a Índia, que dispunha da tradição gandhiana como referência. Por outro lado, isso constitui fato surpreendente e extremamente meritório para o Brasil, nação na qual os militares ainda estavam no comando e o nível de violência contra os pobres rurais era reconhecidamente alto. Claro é, a bem da verdade, que existe violência rural endêmica em algumas regiões da Índia. Contudo, sua tradição democrática é, e seguramente continuará sendo, mais forte do que a brasileira. Portanto, é admirável como, em tal contexto, o movimento de Chico Mendes tenha conseguido desenvolver uma forma de ação não violenta como o *empate*.

A defesa dos rios contra o desenvolvimento

Explicarei dois tipos de conflito relacionados com o uso da água em áreas rurais: primeiro, os conflitos com foco nas represas (McCully, 1996); segundo, os conflitos cujo cerne é a extração de água subterrânea para irrigação, incorporando exemplos da Índia.

Se a indústria madeireira e papeleira possuem seus grupos de lobistas, consultores profissionais e associações (frequentemente da Finlândia, sem dúvida um pequeno país magnífico), a indústria da construção de represas está também muito bem organizada internacionalmente. Tem sido submetida recentemente às investigações da Comissão Mundial de Barragens (CMB). Da década 1930 até os dias de hoje, represas foram construídas em quase todos os rios do mundo. O rio Amazonas ainda flui livremente, mesmo que não em todos os seus afluentes. O poderoso rio Paraná foi represado em Itaipu, gerando mais de 10.000 MW de capacidade instalada, ao custo da inundação de paisagens espetaculares. Yaciretá* também foi construída, passando a produzir quase 3.100 MW, mas deixando pendente uma grande dívida financeira. No Chile, as mulheres pehuenches** da província de Bio-Bio têm lutado nacional e internacionalmente contra a companhia espanhola Endesa.[21]

---

* N.T.: Yaciretá ou Yaciretá-Apipé é uma hidrelétrica construída nas margens paraguaia e argentina do rio Paraná.

** N.T.: Os pehuenches compartilham com os mapuches grande parte de seu idioma e cultura. Seu nome deriva de "gente do pehuén" pelo fato de a sua alimentação estar baseada na coleta, durante o inverno, das pinhas (pehuén é a semente do pinheiro ou araucária).

[21] Para uma informação atualizada sobre os referidos conflitos em todo o mundo, consultar a página da internet da International Rivers Network em inglês e em castelhano.

Quais são os valores colocados em jogo pelos ativistas protetores dos rios nas suas lutas locais contra as grandes represas? Em alguns momentos, no Norte, eles defendem o valor das atrações naturais, ou a "ecologia profunda", que dão um caráter sagrado à natureza. Ao mesmo tempo, no Sul a sobrevivência material é frequentemente o valor fundamental, compatível com o sagrado, com o estético e com o respeito devotado a todas as formas de vida. No Norte, a oposição às represas decorre muitas vezes de grupos de pessoas preocupadas com a desaparição de belezas naturais ou pela perda de prazeres como descer navegando rio abaixo suas corredeiras. No Sul, o antagonismo tem origem, como no movimento dos *atingidos por barragens* do Brasil, numa população provida de poucas posses em perigo de perder sua fonte de sobrevivência.

> Um argumento utilizado com muita insistência pelos construtores de represas e aqueles que os apoiam é que a preocupação com o meio ambiente é um luxo do primeiro mundo, que não pode ser endossado pelos países em desenvolvimento. Na realidade, trata-se exatamente do contrário (McCully, 1996: 58).

O movimento mundial de apoio à construção de grandes represas teve inicialmente sua base nos Estados Unidos. A defesa econômica das grandes represas, no contexto da nova técnica de análise custo-benefício de desenvolvimento das múltiplas funções dos rios, se estendeu dos Estados Unidos a partir da década de 1940, particularmente por meio do Banco Mundial. Com base nessa peculiar técnica de contabilidade, todos os valores atuais e futuros obtidos ou sacrificados através da construção de uma barragem são reduzidos à escala de valores monetários atualizados. A análise custo-benefício recebeu em data recente complementações por intermédio do processo cosmético dos Estudos de Impacto Ambiental (que excluem os valores monetários). Em geral, não é encaminhado um estudo econômico, ecológico, social e cultural integrado. A Comissão Mundial de Barragens, abarcando diferentes pontos de vista, discutiu tais processos de tomada de decisão no seu relatório publicado no ano 2000. Nos países que respeitam a suposta racionalidade econômica e os valores ambientais em um grau menor que os Estados Unidos, as grandes obras hidráulicas são promovidas com um entusiasmo similar, desde a União Soviética, por muitas décadas após 1920 (acatando uma política hídrica equivocada que conduziu ao desastre do Mar de Aral), passando pela Índia de Nerhu, pelo Egito de Nasser, pela Espanha de Franco e pela China maoísta e pós-maoísta, a qual se ufana de abrigar a maior de todas as represas, responsável pelo maior deslocamento de população: a represa das Três Gargantas, que está sendo construída no rio Yang-tsé-kiang.* A resistência contra as grandes represas é frequentemente uma resistência contra o Estado.

---

* N.T.: A obra foi oficialmente inaugurada em 2006.

Somente a quinta parte de toda a eletricidade gerada no planeta é de origem hidrelétrica. Porém, os efeitos sociais e ambientais da construção de represas têm sido gigantescos (Goldsmith e Huldyard, 1984; McCully, 1996). Em alguns países, como os Estados Unidos, pouca potência permaneceu sem aproveitamento, inclusive hoje se propõe a "deixar fora de serviço algumas represas do oeste do país com a finalidade de restaurar o fluxo natural dos rios, recuperar belas paisagens e os lugares voltados para a pesca recreativa do salmão".[22] A possibilidade de deixar represas fora de serviço também é discutida nos países do Terceiro Mundo. Na Tailândia, Thogcharoen Sihatham, um líder da Assembleia dos Pobres,* após lutar anos a fio contra a represa de Pak Mun, conquistou certo êxito em junho de 2000, quando o governo concordou em manter abertas as comportas da represa, permitindo o regresso dos peixes ao rio.[23]

No mundo como um todo, o dano das possíveis represas futuras supera o resultante da implantação das barragens existentes. Desse modo, a represa Sardar Sarovar, do rio Narmada na Índia central, é uma de várias barragens em vias de construção. A população sob risco potencial de deslocamento se uniu sob a bandeira do Narmada Bachao Andolan (Movimento para Salvar o Narmada), liderado pela ativista Medha Patkar. Ela e seus companheiros de luta têm realizado greves de fome diante das legislaturas provinciais, acampando em frente da residência do primeiro ministro em Nova Delhi e caminhando ao longo do vale do Narmada para chamar a atenção sobre a situação daqueles que serão expulsos (Baviskar, 1995; Sangvai, 2002). Também anunciaram sua intenção de permanecerem na água, no transcorrer da estação das monções (durante os meses de julho e agosto), até morrerem afogados. Embora as águas venham a subir, pacientemente esperarão nas margens do rio durante sua *satyagraha*** anual, decidindo assim a chegada do momento para uma *jal samahdi*.***

Em agosto de 2001, Medha Patkar e a romancista Arundhati Roy foram ameaçadas de prisão por desacato, devido a seus comentários sobre as decisões da

---

[22] *New York Times*, 17 de outubro de 1999, artigo de Sam Howe Verhovek sobre a análise custo-benefício incluídos os chamados "valores de existência", com o objetivo de desmantelar quatro represas no rio Snake.

* N.T.: Trata-se de um movimento de massas da sociedade tailandesa surgido nos anos 1990, composto por agricultores, trabalhadores informais e alguns pequenos sindicatos. A Assembleia dos Pobres tem lutado pelo reconhecimento dos direitos das comunidades locais em administrar os recursos naturais da sua região e tomar decisões em projetos que possam vir a afetá-las.

[23] Vasana Chinvarakorn, *Bangkok Post*, 17 de junho de 2000.

** N.T.: *Satyagraha* é uma palavra sânscrita, resultante da junção de *Satya* (traduzida como "verdade") e *Agraha* ("busca"). Por conseguinte, *satyagraha* seria "busca da verdade" ou, ainda, "insistência pela verdade". É um dos principais ensinamentos do Mahatma Ghandi, vinculado ao princípio da não agressão, orientando formas não violentas de protesto.

*** N.T.: *Jal samahdi* significa em sânscrito "morte doce na água".

Corte Suprema de permitir continuidade das obras da represa além dos noventa metros de altura, desde que existam provas do reassentamento dos atingidos (*The Hindu*, 3 de agosto de 2001).

Inicialmente, a hidroeletricidade, uma energia renovável compatível com um controle de âmbito municipal e que na comparação com o carvão não emitia poluentes, foi muito bem recebida pelos primeiros críticos ecológicos europeus do capitalismo. Dentre eles, estava Patrick Geddes, em cujo parecer o carvão corresponderia à "paleotecnologia" e a hidroeletricidade à "neotecnologia". Mas a hidroeletricidade tem motivado a implantação de enormes projetos de irrigação. As represas também existem para fornecer água quando existe um crescimento urbano descontrolado. Desse modo, atualmente a água do rio Colorado ou rio Bravo, em cujo curso se localiza a famosa represa Hoover (cuja construção desencadeou a era das grandes represas), não alcança o seu delta, situado no México. A hidroeletricidade também está associada, nos países do Sul, com a exportação do alumínio, como acontece no caso de Tucuruí, Guri ou Akosombo (respectivamente no Brasil, na Venezuela e em Ghana). A eletricidade de Tucuruí é vendida a pouco mais de um centavo de dólar por kWh para as fundições de alumínio. Em outras palavras, isso significa que o Brasil subvenciona o Japão e outros países importadores.

"Nossos rios são a vida"

Isso é o que dizem os embera-katíos. A represa de Urrá situa-se no rio Sinu, ao sul de Cartagena, na Colômbia. A primeira central hidrelétrica construída possuía uma potência de apenas 340 MW, mas formou um grande lago, que expulsou os embera-katíos. Ironicamente, a palavra Urrá que designa essa hidrelétrica faz parte do seu idioma, referindo-se a uma abelha de pequenas dimensões. Atualmente, a ameaça é reforçada pela construção de uma segunda barragem. Ainda que num contexto de assimetria social e política, verifica-se um processo de negociação e de fixação de indenizações. Contudo, da mesma forma como acontece em outros conflitos ambientais na Colômbia, a violência militar ou paramilitar, de ambos os lados, se faz presente. Líderes indígenas têm sido sucessivamente assassinados. Podemos mencionar: Alonso Domicó em 1998; Alejandro e Lucindo Domicó em 1999; e Kimy Pernía Domicó em 2001.

Ademais, a presença de Urrá cria obstáculos para que o rio leve as águas até a costa, e assim as terras de Lorica estão se salinizando. Esse fato está sendo aproveitado pelas empresas camaroneiras para expulsar os agricultores, implantando suas piscinas de carcinicultura tanto em terras que eram agrícolas como em áreas de mangue. As forças militares as apoiam.[24]

---

[24] Informações obtidas no Seminário de Direitos Humanos e Direitos Ambientais, Censat, Amigos da Terra, Cartagena, setembro de 2003.

Existe uma nova consciência quanto aos riscos das represas. Dentre outros, seria possível citar: perda de sedimentos nos deltas, aumento da sismicidade local, salinização dos solos pelos projetos de irrigação ou pela intrusão do mar, diminuição dos estoques pesqueiros, novas enfermidades, emissões de metano, degradação da qualidade da água, perda de terras agrícolas férteis, rarefação da biodiversidade fluvial, perdas de monumentos culturais e, por fim, os riscos oriundos de um colapso das barragens. Existe, de resto, uma nova consciência sobre o grande número de pessoas deslocadas pela implantação dos reservatórios das represas, devido às lutas como as do rio Narmada na Índia ou pelo massacre da represa Chixoy, na Guatemala, na época da guerra civil que abalou esse país. A análise custo-benefício não pode proporcionar uma resposta racional nem para a construção das represas, nem para colocá-las fora de serviço, pois os valores monetários dependem da aceitação de uma dada estrutura de iniquidade social e ambiental. Por essa via, o custo de deslocar as pessoas dependerá do seu grau de pobreza assim como do grau de resistência contra a distribuição dos direitos de propriedade ambiental que o Estado e as companhias elétricas definem como legal. Os preços, em mercados atuais ou futuros, dependem da distribuição. Além disso, os preços são apenas um tipo de valor. Entretanto, alguém também poderia afirmar que, quando são perdidas espécies em perigo de extinção ou quando uma paisagem insubstituível é eliminada, uma compensação equivalente é impossível. Nesse sentido, a vida humana pode até mesmo possuir um valor monetário no mercado de seguros. Contudo, existem outros valores não monetários em diferentes escalas. Consequentemente, poderia ser afirmado: "onde a dignidade humana é afetada, os valores econômicos não contam". Por outro lado, também pode ser dito, como o foi por um político do Gujarat a respeito de Sardar Sarovar: "quando as águas subirem, os grupos tribais se afogarão ou sairão das suas tocas como ratos".

Os conflitos de distribuição ecológica acerca das represas e das transposições de águas frequentemente colocam uma região contra a outra, entrando em jogo interesses e valores distintos. Por exemplo, o conflito sobre os direitos de propriedade na Espanha, não apenas relacionados à água do Ebro mas também os relacionados aos sedimentos desse rio, tem suscitado um forte debate público. Um dos custos não contabilizados das represas do Ebro durante os últimos oitenta anos corresponde à perda dos sedimentos que já não chegam ao delta. Nos últimos dez anos, os ecologistas introduziram na Espanha uma "nova cultura da água", sendo uma das suas peças centrais o manejo ecossistêmico do rio, distanciando-se do que tem sido defendido pelos economistas e engenheiros. Nessa perspectiva, os rios devem ter, a todo o momento, um volume suficiente de água e, periodicamente, fluxos mais intensos. Esse é o regime fluvial adequado. Atualmente, a maior parte dos sedimentos do Ebro não alcança o delta. Ao mesmo tempo, se advoga uma transferência das águas desse rio para atender

Barcelona e o sudeste espanhol. Uma generosa compensação econômica aos habitantes do delta – que estão totalmente inseridos na economia de mercado – poderia, talvez, solucionar o conflito social. Porém, isso em nada resolveria o problema do afundamento do delta e as inevitáveis perdas ecológicas decorrentes desse processo. A disponibilidade de energia fotovoltaica, tornando a hidroeletricidade menos indispensável e barateando (simultaneamente em termos econômicos e ambientais) a dessalinização da água do mar, poderia colocar um ponto final tanto para o conflito quanto para o problema.

O delta do Ebro está localizado geográfica e socialmente ao sul de Barcelona. Nas manifestações de 2001 nesse estado contra a transposição das águas do Ebro, os ativistas desfilaram faixas com os dizeres: *Lo sud diu prou*. Isto é: *O sul disse basta!* Bem mais dramáticas do que as batalhas do Ebro na Espanha dos dias de hoje são os casos de perdas de vidas humanas devido a falhas das represas e a perdas das fontes de sustento em razão da construção dessas obras. O problema também tem acontecido nos Estados Unidos. Kate Berry (in Camacho, 1998) oferece um relato comovedor dos prejuízos ocasionados a grupos de nativos norte-americanos pelo plano de desenvolvimento Pick-Sloan, um megaprojeto em operação entre os anos 1940 e 1960 na bacia do rio Missouri, atravessando os estados de Montana, Wyoming, Nebraska, Dakota do Norte e Dakota do Sul. Foram perdidos, além das moradias e das terras férteis, cemitérios e santuários. Fontes de subsistência e valores imateriais terminaram sacrificados com o intuito de controlar as inundações e melhorar a navegação.

Movimentos de resistência similares estão voltados contra outras formas de "desenvolvimento dos rios", como, por exemplo, a oposição à hidrovia Paraguai-Paraná. Essa resistência é liderada por uma coalizão de grupos ambientais chamada Rios Vivos, afiliada à Rede Internacional de Rios. A hidrovia pretende facilitar a exportação de vinte milhões de toneladas de grãos de soja por ano, produzidas no Mato Grosso, no leste da Bolívia, no Paraguai e na Argentina. O projeto afeta o nível de água do Pantanal brasileiro, uma majestosa área úmida dotada de prodigioso valor natural. A *escala* do projeto proposto influenciou enormemente as formas de resistência. A hidrovia foi inicialmente planejada como uma única via aquática somando três mil quilômetros. O projeto foi oficialmente avaliado com base na análise custo-benefício e por meio de estudos de impacto ambiental. Entretanto, essas sondagens não incorporavam uma avaliação multicriterial. Foram apresentadas queixas em nome dos grupos indígenas que vivem nas margens de regiões atravessadas pela hidrovia. Hoje existe uma percepção de que, na prática, o projeto tem seu início águas abaixo, no interior das fronteiras nacionais, avançando pouco a pouco, segmento por segmento, em toda a extensão dos dois rios, desde o Uruguai até as cabeceiras.[25]

---

[25] Taller Ecologista (Rosário), "Los mitos de la Hidrovia", *Ecología Política*, 16, 1998, pp. 147-9.

Os engenheiros da era nuclear e hidrelétrica estão entre os "modernizadores" do século XX, distantes de todas as correntes ambientais discutidas no texto desta publicação. Em alguns momentos, os engenheiros hidrelétricos e os nucleares têm trabalhado com base em motivações comuns, como nos represamentos para bombeamento da água. A água vertida a jusante da cota da represa através das turbinas nas horas de pico é novamente bombeada acima para o reservatório, utilizando a eletricidade nuclear noturna de baixo custo. É imperioso recordar o entusiasmo suscitado pela energia nuclear na década de 1950 e nos primeiros anos da década de 1960. Fato emblemático, o símbolo da Exposição Mundial de Bruxelas em 1958 foi o Atomium, monumento mantido após o término do evento. Tal fato inseria a promessa da energia barata, dos átomos para a paz, e ao mesmo tempo uma percepção errônea dos riscos envolvidos. Tal otimismo tecnológico teve uma influência duradoura na economia ambiental e de recursos. A velha preocupação com a atribuição intertemporal dos recursos esgotáveis (tal como aparece no trabalho analiticamente pioneiro de Gray, 1914, e de Hotelling, 1913) e com a utilização sustentável dos recursos renováveis como a madeira e a pesca foram substituídas pela preocupação pelo desaparecimento dos atrativos ou "amenidades" naturais. As inovações tecnológicas permitiriam superar a escassez de recursos para a produção de energia. No entanto, belas paisagens ameaçadas por represas hidrelétricas, maravilhas geomorfológicas como o Grande Canyon e o Canyon do Inferno, assim como as insubstituíveis diversidades biológicas se tornariam cada vez mais escassas e crescentemente valorizadas. Por isso mesmo, Krutilla (1967) defendeu as paisagens montanhosas contra a hidroeletricidade com o argumento de que a eletricidade seria mais barata no futuro, ao passo que os cenários naturais seriam, com o tempo, mais valiosos. Por conseguinte, Krutilla empregou a lógica do custo-benefício visando à conservação da natureza. Contudo, sua principal suposição – a de que o progresso técnico seria ambientalmente benigno – resultou duvidosa.

A água subterrânea na Índia

A escassez de água no estado indiano de Gujarat assegura a justificativa da construção das represas do rio Narmada. Assinale-se que na Índia existem basicamente três sistemas de irrigação: primeiro, o sistema tradicional de tanques existentes no sul deste país; segundo, o sistema baseado em canais, tal como utilizado no Punjab, de origem colonial; terceiro, o sistema baseado em águas subterrâneas, este último sendo uma modalidade na qual a água constitui um recurso esgotável. David Hardiman estudou esse sistema durante muito tempo. Sua descrição a respeito da irrigação realizada com os poços do Gujarat (Hardiman,

2000) evidencia como a vida e a morte estão em jogo nesse sistema. O acesso à água está assentado nas desigualdades de uma sociedade dividida em castas.

As águas subterrâneas, abundantes em algumas regiões da Índia, não constituem, contudo, um recurso de acesso aberto. Os britânicos concederam sua propriedade para os latifundiários e, na sequência, o direito de extração ilimitada da água do subsolo. Mas, as técnicas de extração de água, baseadas na energia da tração bovina, eram tais que os poços não secavam, transbordando com a chegada do período monçônico. Em todo o século XX, particularmente nos anos 1970, a demanda pela água expandiu-se com grande ímpeto. A procura pelo líquido cresceu motivada pela "revolução verde",* induzindo a construção de poços utilizando bombas submersas, alimentadas com a energia proveniente do petróleo ou da eletricidade. Esses poços, endossados pela titularidade privada e empregando novos aportes tecnológicos, resultaram no rebaixamento do nível freático da água. Então, para obter o líquido, os agricultores são obrigados a cavar poços mais profundos. Consequentemente, para recuperar o investimento, tem que obter e vender quantidades ainda maiores de água. Em algumas regiões costeiras, o círculo vicioso se agravou devido à intrusão salina em razão do esgotamento dos aquíferos. Por sinal, o acesso à água está tanto ou mais concentrado do que o acesso à terra. A casta mais alta – os patidars ou rajputs, dependendo da área de estudo – controla a água. Vende uma parte, mas apenas para alguns grupos, de modo tal que os aldeãos das castas inferiores ficam privados de água. Um imposto sobre a água fora descartado pelos britânicos. O que se desejava era uma perfuração de poços numa escala tal que habilitasse uma irrigação mais ampla de terras. O Estado tem discutido a necessidade de um sistema de licenças. Comparativamente ao período colonial, a situação ecológica é diferente, porém, o interesse das castas mais altas de agricultores e camponeses impede a criação de impostos ou a imposição de licenças de água. Segundo Hardiman, em Gujarat algumas ONGs têm obtido êxito em usar a rivalidade entre as castas. A ONG Utthan Mahiti,** de Ahmedabad, amparou as mulheres kolis na defesa do seu direito à água contra os rajputs dominantes. Elas receberam o apoio dos políticos patidars locais, tradicionalmente rivais dos rajputs. Outro enfoque é o do grupo religioso hinduísta Swadhyaya Parivar,*** atuante nos estados de Gujarat e Maharastra, com dois milhões de membros, insistindo

---

* N.T.: A "revolução verde" refere-se ao modelo agrícola idealizado pelo norte-americano Norman Ernest Bourlag (1914-), Prêmio Nobel da Paz de 1970. Caracteriza-se pelo grande número de insumos agrícolas, sementes selecionadas, fertilizantes, maquinário e enorme *in put* hídrico e energético. Sendo altamente capitalizado, esse modelo atuou de modo a marginalizar a pequena agricultura camponesa e acirrar as desigualdades no meio rural, principalmente no Terceiro Mundo.

** N.T.: "Ascensão do conhecimento", em hindi.

*** N.T.: "Comunidade do autoconhecimento", em sânscrito.

numa concepção de igualdade (para os hinduístas) e no trabalho manual coletivo e voluntário para aumentar a recarga de água.

De qualquer modo, o fato é que na Índia meridional, seja a água retirada de poços ou através de canais para o regadio, de tanques ou dos reservatórios de irrigação, seu uso está condicionado pelas desigualdades de casta ou de gênero. Esse parecer é respaldado por David Mosse (1997), cujo estudo assinala que no sul da Índia, nas áreas do estado de Tamil Nadu, nas quais os tanques são responsáveis pelo fornecimento do suprimento principal da água utilizada para o regadio, existe um sistema pré-colonial de gestão reafirmado pela dominação britânica. Embora esses tanques locais sejam alimentados pelas chuvas, estão frequentemente conectados a sistemas mais vastos. Nesse sentido, existem instâncias de controle geograficamente mais amplas. Os "zamindares"* da água no período colonial consideravam os tanques ativos políticos para a tributação, intercâmbio e redistribuição, mais do que ativos econômicos para a agricultura de estilo capitalista A irrigação a partir dos tanques dependia da manutenção dos canais de água e da sua distribuição, monitorados por operadores de comportas procedentes de um grupo social "intocável", os dalits. Embora fossem explorados, esses eram ao mesmo tempo respaldados pelos zamindares. Com o término do sistema de chefes locais e com a emergência de castas camponesas senhoras das suas próprias terras, tornou-se cada vez mais comum a retirada da água dos tanques pelos próprios agricultores por intermédio de bombas e redes de tubulações. Nesse processo, os dalits, que anteriormente cuidavam das comportas, perderam seu antigo papel. Assim, ficou aberto o caminho para que os agricultores abusassem da disponibilidade de água dos reservatórios de modo similar àqueles que, em outras regiões, bombeiam água subterrânea utilizando seus próprios poços. É nesse exato sentido que Mosse nega a visão de que esteja em funcionamento na Índia meridional um sistema de regadio bem manejado, equitativo e fundamentado na religião. De fato, quando a população pobre – e em particular as mulheres pobres – sente dificuldade para satisfazer suas necessidades de água em nível local, tanto para os cultivos de subsistência quanto para suas necessidades domésticas, torna-se obrigatório recorrer ao sistema judicial ou depender da ação direta encabeçada pela própria população com o apoio das ONGs. Em síntese, o acesso das pessoas à água se converte em um desafio igualitarista contra o sistema de castas.

---

* N.T.: O sistema zamindar, também conhecido como zamindari, constitui uma forma de dominação da população rural por um preposto que representava ou estava associado ao poder tradicional de Estado no Hindustão. O sistema foi introduzido pelos persas muçulmanos por volta do ano 1000 da era cristã com o objetivo de coletar impostos dos camponeses para os imperadores. Coerentemente, a palavra *zamindar* é de origem urdu, significando "senhor da terra". Preservado pelos colonialistas ingleses, esse sistema somente foi abolido após a independência da Índia e de Bangladesh.

Entretanto, embora o sistema de castas na Índia colonial e pós-colonial tenha se estruturado e se estruture com base num acesso desigual da água e no esgotamento do recurso em algumas circunstâncias, isso não justifica o entendimento de que a agricultura capitalista implica uma boa gestão da água, seja em termos de uma igualdade social ou de gênero. Prova disso é que em algumas regiões da Índia as plantações de cana-de-açúcar precisam de mais água – tal como aconteceu em Morelos, no México, na época de Zapata –, privando as famílias pobres da quantidade de que necessitam para sobreviver. Em face do que ocorre, as mulheres no mais das vezes se colocam na vanguarda dos movimentos reivindicatórios.

Concluindo, o desenvolvimento das bacias hidrográficas foi a origem da análise custo-benefício, embora os sistemas consuetudinários de regadio tenham sido muitas vezes estudados como paradigmas de manejo comunitário e pacífico dos recursos. Observando a utilização rural da água a partir de perspectivas mais conflitivas, esta breve seção explicitou a variedade de atores nela implicados. Os poderosos – em termos do poder regional ou internacional, em termos do poder de mercado ou em termos do privilégio de casta – intensificam a apropriação desse recurso, que vem se tornando mais escasso. As reivindicações dos perdedores estão materializadas em diferentes discursos de valoração, distantes do mero reducionismo econômico.

Biopirataria internacional *versus* valor do conhecimento local

A palavra "biopirataria", introduzida em 1993 por Pat Mooney da Rafi – atualmente ETC Group –, foi popularizada por Vandana Shiva e outros autores. Eu mesmo ficaria encantado por inventá-la, pois ela é fácil, apropriada e bem-sucedida. "Biopirataria" não significa apenas o roubo de matérias-primas biológicas – os chamados recursos genéticos –, mas igualmente do conhecimento a respeito desses mesmos recursos, seja na agricultura ou na medicina. Esse tipo de conflito ecológico distributivo não é novo, mas começou a ser conhecido somente nos últimos 10 ou 15 anos.

Em junho de 1999, eu estava ministrando um curso sobre economia ecológica na cidade de Loja, situada no sul do Equador. Como foi dito por Humboldt, Loja é o jardim botânico da América. A vida nessa cidade é pacífica e lenta. Poucos forasteiros chegam a Loja: alguns ecoturistas e ecólogos se dirigem ao parque Podocarpus enquanto outros, *pós-hippies*, seguem na direção do formoso Valle de Vilcabamba, onde é muito frequente encontrarmos pessoas de idade avançada. Debate-se localmente se a longevidade é decorrente da qualidade da água, ou então de origem genética. Caso se comprove sua origem genética, talvez exista espaço para um novo tipo de contrato mercantil. Meu curso havia sido bem anunciado. A audiência era grande e sonolenta. Mas, subitamente, despertou quando mencionei um episódio da história andina ao qual tenho aludido, com muita frequência, para outros estudantes imperturbáveis. No ano de 1638, a condessa de Chinchón, esposa do vice-rei, foi temporariamente curada de um ataque de febre com o uso da casca de uma árvore enviada de Loja para Lima por funcionários locais que haviam adquirido esse conhecimento dos indígenas. O vice-rei era o conde de Chinchón, um povoado próximo de Madri. Loja pertence atualmente ao Equador. Lima era a capital do território do vice-reinado, sendo, nos dias de hoje, a capital do Estado peruano.

A árvore da quina figura no escudo da República do Peru por constituir uma exportação de grande importância desde a época da independência, ocorrida na década de 1820. Sua casca, ou a "cascarilla", foi utilizada contra a malária em todo o mundo até a Segunda Guerra Mundial. A essa árvore foi concedido o nome botânico de *Chinchona officinalis*. Assim é que a chinchona (vez por outra mal grafada como "cinchona"), não foi batizada com o nome dos seus especialistas indígenas que conheciam suas propriedades, mas com o nome de uma ilustre paciente. Essa árvore foi superexplorada na região de Loja. A Coroa Espanhola insistiu até a independência da América em manter o monopólio sobre sua exportação. A árvore passou a ser conhecida localmente a partir do seu nome castelhano, *cascarilla*. Ela é uma espécie andina que cresce em altitudes medianas, e foi intensamente explorada, com outras similares, na Bolívia, no Peru e na Colômbia. Passado um tempo, plantações dessa árvore foram feitas nas Índias Orientais (como também acabaria acontecendo com a árvore da borracha). Mais adiante ainda, em 1945, seu princípio ativo foi isolado e sintetizado, passando a ser utilizado em medicamentos para o combate à malária. Esse é um caso no qual a matéria-prima, em razão das pautas do comércio colonial e pós-colonial, foi explorada trazendo pouquíssimo benefício local, sendo seu conhecimento utilizado a custo zero e desprovido também de qualquer reconhecimento. As árvores de chinchona não eram comuns nos Andes e não existiam em qualquer outro lugar. Os farmacêuticos do Rio de Janeiro, que tinham que custosamente reimportar a chinchona da Europa, desde 1818 aceitavam a cascarilla falsa procedente de Minas Gerais enviada por um cavalheiro chamado Correa de Senna, premiado com a Ordem de Cristo e uma pensão. Verdadeiramente, a "chinchona foi um descobrimento médico memorável e historicamente decisivo, porque era uma planta nativa verdadeiramente efetiva contra uma doença introduzida" (Dean, 1995: 131). Em Loja, todos estão orgulhosos deste fato!

Também no Equador, no verão de 1998, chegou a notícia de que os Laboratórios Abbot, instalados nas proximidades de Chicago, haviam patenteado a epibatidina, com o objetivo de desenvolver um analgésico tão efetivo quanto a morfina. A epibatidina se assemelha à secreção da rã *Epipedobates tricolor*, que vive no Equador e no Peru, e possivelmente em outros países vizinhos. O interesse por essa rã surgiu porque seus efeitos fisiológicos eram conhecidos localmente. O princípio ativo foi isolado por John Daly, um cientista do Instituto Nacional de Saúde dos Estados Unidos, sendo essa informação prontamente utilizada pelos Laboratórios Abbot. Com o intuito de isolar o princípio ativo, foi obtido um grande número de rãs, exportadas do Equador aparentemente sem autorização formal. Isso aconteceu antes da entrada em vigor da Convenção do Rio de Janeiro sobre a Biodiversidade, a qual, de qualquer maneira, não chegou a ser ratificada pelos Estados Unidos.

A Convenção de 1992 outorga aos Estados a soberania sobre os recursos genéticos dos seus próprios territórios, contemplando que seja promulgada uma legislação ou normas internas autorizando o acesso mercantil aos recursos genéticos. Através dela, é atribuída a propriedade sobre tais recursos para o Estado, para as comunidades indígenas, aos proprietários privados ou para outros atores sociais. A Convenção aconselha o compartilhamento equitativo dos benefícios entre as companhias estrangeiras e os países anfitriões (e os donos dos recursos genéticos, caso não estejam identificados com o Estado) e teoricamente reconhece, no seu artigo 8J, a importância do conhecimento indígena, fazendo-se necessário conseguir o consentimento previamente estabelecido antes de os recursos genéticos serem retirados da sua área de origem. A Convenção sobre a Biodiversidade surgiu de um movimento de pinças: de um lado, o desgosto histórico do Sul diante de uma velha prática que apenas em pouco tempo foi designada como biopirataria de outro, o desejo do Norte em regular o acesso mercantil aos recursos naturais, utilizando a remuneração como um incentivo para a conservação e também incidentalmente como prova de uma aquisição legítima dos recursos para fazer frente às disputas relacionadas com as patentes entre as empresas.

Um número crescente de nações, tais como as Filipinas, os países do Pacto Andino (decisão 391 de 1996), a Índia e o Brasil, entre outros tantos, têm promulgado as normas previstas na Convenção da Biodiversidade ou então estão a ponto de decretá-las. Anteriormente à Convenção sobre a Biodiversidade, seria aplicável ao caso da rã equatoriana o estabelecido pelo convênio internacional que proibia o tráfico de espécies ameaçadas, vigente no momento em que esses anfíbios foram levados para o exterior. Argumentou-se que essas rãs estavam discriminadas nas listas do Cites.*²⁶ Entretanto, um pronunciamento dos Laboratórios Abbot afirma que nada, em absoluto, é devido ao Equador, pois seu medicamento se baseava num artigo científico sobre a composição química das secreções desta rã (Pollack, 1999). Mas, mesmo sendo essa uma afirmação verdadeira, de onde e por que foram investigadas as secreções da pele dessa mesma rã? Justamente por isso o protesto da ONG equatoriana Acción Ecológica de 1998 sobre as patentes foi intitulado *Os sapos levam as rãs*.

Desencontros como esse são interpretados, na perspectiva do Sul, como casos habituais de biopirataria a respeito dos quais seria melhor rir do que chorar. Do ponto de vista do Norte, a tendência dos países tropicais dotados de grande biodiversidade de impor restrições ao acesso dos recursos genéticos é, por sua vez, entendida como contraproducente. "Quando a mentalidade mundial entendia que os recursos naturais eram de propriedade comum, havia, pois, uma utilização fecunda desses recursos para a descoberta de medicamentos. A Conferência do Rio destruiu esse consenso".²⁷ A burocracia reguladora estatal para os países do Norte é tão ou mais incômoda que os pagamentos ou as promessas de participação nos lucros. Essa é uma das razões pelas quais o modelo costarriquenho tem recebido tantos elogios do exterior. O Instituto Nacional de Biodiversidade da Costa Rica (InBio) solicitou metodicamente uma compensação, autorizando em contrapartida o acesso a inventários realizados localmente – claramente um processo diferente do que foi entabulado pela Inefan (Instituto Ecuatoriano Forestal y de Áreas Naturales y Vida Silvestre) no Equador, cujo diretor era trocado quase anualmente na década de 1990 sem qualquer razão aparente. Ao restringir o acesso às companhias farmacêuticas, estas passaram a recortar seus programas de pesquisa para o descobrimento e desenvolvimento de medicina natural, e usam a química combinatória.** As tristes histórias da Shaman Pharmaceuticals

---

* N.T.: Sigla de *Convention on International Trade in Endangered Species of Wild Fauna and Flora*, isto é, Convenção sobre o Comércio Internacional das Espécies da Fauna e da Flora Selvagens Ameaçadas de Extinção, também conhecida como Convenção de Washington. O acordo prevê vários níveis de proteção, abrangendo atualmente cerca de trinta mil espécies da fauna e flora silvestres.

²⁶ Acción Ecológica, em *Ecología Política*, 16, 1998: 151.

²⁷ W, Fenical, diretor do Centro para a Biotecnologia Marinha e Biomedicina, Universidade da Califórnia, San Diego, citado por Pollak (1999). "Propriedade comum", equivale nesta acepção a acesso aberto, copiando Hardin [Garret James Hardin].

** N.T.: A química combinatória tem se afirmado junto a empresas químicas e farmacêuticas. Articulada com tecnologias como a de Seleção de Alto Rendimento (*High Troughput Screening*, HTS), a robótica, o software avançado e a genética, tem se habilitado a diminuir o tempo de colocação de novos produtos no mercado e de descobrir medicamentos através de processos menos custosos. Atualmente a química combinatória se estende para campos de aplicação como os produtos agroquímicos e a uma nova geração de materiais avançados.

e da patente sobre a ayahuasca parecem corroborar a falta de valor comercial do conhecimento indígena sobre plantas tradicionais.

O acordo InBio-Merck

O acordo do InBio com a Merck em 1991 tornou-se muito conhecido porque foi o primeiro do gênero, além de ter sido apregoado como um modelo a ser seguido. O InBio foi formado por biólogos acadêmicos, se convertendo em uma instituição paraestatal na Costa Rica. A instituição dispunha de amostragens classificadas que coletou nas áreas protegidas da Costa Rica, pesquisas desenvolvidas com financiamento de fundações. Ainda não existia uma legislação a respeito da propriedade dos recursos genéticos. A Costa Rica é um país pequeno, exportador de café e de banana, produtos cultivados em espaços anteriormente ocupados por florestas úmidas tropicais, contando ademais com uma diminuta população indígena. Existem matas tropicais remanescentes cobrindo a quinta parte da superfície do país, aproximadamente um milhão de hectares. O InBio utilizou "parataxónomos" para coletar amostras, uma palavra que transpareceria como um insulto em muitos outros países nos quais o conhecimento indígena é relevante, mas que, no entanto, é aceitável na Costa Rica. A Merck transferiu para o InBio pouco mais de um milhão de dólares e, além disso, a promessa de uma pequena participação sobre os potenciais benefícios nas patentes. Isso em troca do acesso a um acervo composto por milhares de amostras. O acordo da Merck com o InBio foi realizado pelo Dr. Rodrigo Gámez e pelo Dr. Daniel Janzen, com o apoio do Dr. Thomas Eisner, da Universidade Cornell, que cunhou o termo "bioprospecção", em 1989 (Gámez, 1999: 1434).

O contrato firmado pode ser criticado em função da pequena porcentagem de benefícios líquidos sobre as patentes potenciais, relegando assim para um segundo plano uma participação mais ponderável – numa ordem entre 10 e 15% – sobre os lucros brutos relacionados com essas mesmas patentes. No entanto, a crítica relacionada com o contrato de 1991 não constitui o foco principal do debate. Antes, basicamente o fato de a Costa Rica, por sua própria vontade, ter decidido preservar a quinta parte do seu território com cobertura florestal, e isso após uma longa história de desmatamentos provocados pelas plantações de banana e criação de gado, juntamente com as ameaças adicionais da mineração e do crescimento demográfico. Dessa forma, eis que na ausência de uma legislação a biodiversidade das florestas preservadas foi repassada para o InBio, que auferiu uma remuneração muito pequena ao colocar essa diversidade biológica no mercado por intermédio dos contratos firmados com a Merck e outras companhias. Um acordo, aliás, que pode ser repetido com outras empresas. São vendidas amostras e taxonomias, repassando-se, pois, informação e não matérias-primas. A decisão de manter as florestas intactas baseou-se em valores não comerciais da biodiversidade, apoiada por considerações outras como o ecoturismo, a retenção da umidade e a absorção do carbono. Tratou-se de uma boa decisão sem, em contrapartida, constituir uma decisão produzida pelo mercado. O dinheiro da Merck é mais uma gorjeta do que efetivamente uma remuneração. Posso estar enganado, mas duvido que a Merck ou qualquer outra companhia com contrato de bioprospecção firmado com o InBio obtenha uma patente baseada nas amostras disponibilizadas pelo instituto implicando repasses muito altos de dinheiro.

Ressalve-se que a decisão de conservar as florestas úmidas tropicais foi assumida *fora* dos mercados reais. Alguém poderia argumentar, evidentemente, que as matas cumprem funções de absorção e de armazenamento do carbono, para o ciclo hidrológico, como fonte sustentável e renovável de madeira, cogumelos e nozes, como atração para os ecoturistas e como um armazém de biodiversidade dotado de altos, ainda que incertos, valores de opção quanto ao futuro. Podem se encontradas afirmações de que todas essas benesses, caso *apropriadamente* valorizadas em termos monetários, redundariam em um valor mais alto do que o obtido com o desmatamento. De fato, as incertezas sobre os valores monetários das florestas tropicais ao internalizar suas externalidades positivas descontadas, agregadas à existência de outros supostos valores intrínsecos, abrem um espaço político suficiente para uma decisão favorável à conservação. A decisão em prol da conservação é assumida fora dos mercados reais. Ela está baseada em valores intrínsecos não monetários, em incertos valores utilitários potenciais, ou, então, ficticiamente monetarizados, de acordo com o desejo de alguns. Uma vez tomada a decisão, as gorjetas passam a ser bem-vindas.

O contrato de bioprospecção do InBio com a Merck, e mais tarde os demais contratos firmados com outras empresas, foram notoriamente eficazes para a continuidade do InBio, que também conta com financiamentos institucionais obtidos a partir de fundações e prêmios internacionais, e mais recentemente dos visitantes do seu jardim botânico localizado em San José. Além disso, como a maior parte da biodiversidade da Costa Rica não é endêmica, mas sim compartilhada com os países vizinhos, surge a pergunta sobre o raio de ação geográfico que tais contratos devem possuir. Joe Vogel (2000) tem proposto repetidamente a constituição de cartéis entre países vizinhos com o propósito de vender a preços mais altos o acesso à biodiversidade. Em tais transações, o componente de informação é seguramente mais importante que o componente de matéria-prima. Desse modo, dado que o conhecimento será mais útil para o comprador quanto mais bem organizado este se apresentar, existe a possibilidade de que os cartéis de biodiversidade sejam mais facilmente estabelecidos do que, digamos, os do café ou da banana, porque necessariamente os vendedores tenderão a ser mais especializados e menos numerosos. Nesse sentido, o InBio evidencia uma possibilidade na direção de mercantilizar o acesso a amostragens previamente catalogadas. Por que não articular, por exemplo, um InBio multinacional sob os auspícios das confederações indígenas dos países amazônicos?

Os contratos de "bioprospecção" são melhores para os países tropicais do que a biopirataria direta. Contudo, isso pode não significar muita coisa. Há quem diga que a bioprospecção não passaria de biopirataria camuflada. Quanto aos seus defensores, os contratos se justificariam não só com base em argumentos de equidade, mas igualmente pela justificativa de que conduzir a biodiversidade para o mercado configuraria uma poderosa alavanca beneficiando a conservação da natureza. Ao mesmo tempo, no que se refere à proposição econômica, a aquisição do acesso aos bancos genéticos seria bastante atrativa para as empresas comerciais. Em síntese, todos esses pontos permanecem em discussão.

O tão famoso acordo InBio-Merck não deve ser interpretado como uma transação comercial real. A Merck pagou um preço barato porque a Costa Rica é relativamente pobre e, além disso, porque essa companhia opera com um horizonte temporal relativamente curto. Na perspectiva dessa empresa, tratou-se de um pequeno gasto de relações públicas, ao passo que do ponto de vista do InBio o acordo foi um útil reforço de caixa, o qual, majoritariamente, provém de doações governamentais e de fundações estrangeiras, e não da apresentação dos seus inventários no mercado da bioprospecção. O InBio *não* vive do mercado. Recebe doações e prêmios pelo seu papel ideológico por postar-se em defesa de uma preservação baseada no mercado. Contudo, o que poderia transparecer como uma situação paradoxal aos olhos de muitos, apenas uma parte das finanças da instituição – não mais do que 20% – é proveniente do mercado, incluindo-se o contrato firmado com a Merck e com as demais empresas (Gámez, 1999).

De qualquer modo, o argumento do InBio é que a bioprospecção remunerada é melhor do que a biopirataria. Os contra-argumentos são que a bioprospecção é a forma moderna da biopirataria e que se a lógica da conservação sugere hoje em dia uma remuneração pelo mercado, por outro lado ela não chega a ser expressiva. Portanto, os inimigos da conservação ficam ainda mais fortalecidos. A biodiversidade tem valores que o mercado simplesmente não detecta.

Shaman Pharmaceuticals

Analisemos agora o caso da Shaman Pharmaceuticals, empresa fundada em 1989 em São Francisco por Lisa Conte, uma graduada em estudos empresariais do Darmouth College (King e Carlson, 1995; King et al., 1996).

Essa companhia floresceu durante um certo tempo com base na promessa de patentear os remédios provenientes do conhecimento dos curandeiros locais das florestas tropicais. Dentro ou fora das matas tropicais, a maioria das pessoas do mundo recorre eventualmente a alguma medicina tradicional local, tal como o sistema ayurvédico da Índia. A Shaman deu ênfase à conservação da floresta tropical. Em geral, apenas um patrimônio muito acanhado de plantas, do variadíssimo acervo encontrado nos trópicos, foi investigado quanto ao potencial uso farmacêutico. Diante disso, existem duas propostas possíveis. A das grandes empresas consiste em abandonar os produtos de origem natural, recorrendo à química combinatória ou ainda, mesmo que mantendo interesse pelos produtos naturais, realizar uma coleta ao acaso que mais tarde poderia ser analisada através de programas dotados de grande capacidade de processamento. A segunda, uma nova proposta de Shaman Pharmaceuticals, favoreceu programas de coleta tendo por foco as plantas medicinais já conhecidas pelos povos indígenas. Essa pretensão inspirou o próprio nome da companhia. As plantas não seriam meramente coletadas. Seriam investigadas com a finalidade de isolar seus princípios ativos e registrar patentes. A Shaman não estava no negócio de comercializar medicamentos caseiros, mas sim no dos remédios patenteados.

Verdadeiramente, muitos medicamentos, como a morfina e o quinino, devem a descoberta das suas virtudes às culturas indígenas. Nesse sentido, nada existiria de novo. O que realmente era inédito era a fé nos informantes e na utilização local dos remédios e, sobretudo, a promessa de reciprocidade da empresa junto às comunidades. Muito antes do acordo de 1991 Merck-InBio na Costa Rica (que de qualquer modo não envolveu qualquer grupo indígena), ou da Convenção sobre a Biodiversidade do Rio de Janeiro em 1992, a Shaman Pharmaceuticals declarou que uma forma de compensar as populações indígenas pelo seu papel na descoberta dos remédios seria fornecer-lhes parte dos benefícios monetários advindos dos medicamentos potenciais posteriormente desenvolvidos. Isso se materializaria por intermédio de uma fundação, a Healing Forest Conservancy, que por sua vez seria sustentada pelos futuros lucros. A promessa da compensação atuaria como um incentivo para que os povos indígenas mantivessem a cobertura vegetal ou, pelo menos, as práticas sustentáveis da coleta de matéria-prima substituindo a síntese química dos princípios ativos. Não obstante, todos sabiam que um largo período de tempo transcorreria entre a pesquisa de uma planta indicada por um Shaman local e a comercialização do remédio patenteado no mercado. Para ser viável, o novo remédio teria que ultrapassar todos os obstáculos exigidos pela investigação científica, assim como as provas exigidas pela Administração dos Medicamentos dos Estados Unidos, a FDA (Food and Drug Administration). Esse processo exigiria, na melhor das hipóteses, pelo menos dez anos. Por conseguinte, também seria necessário instrumentalizar uma reciprocidade em curto e médio prazo.

Na prática, a Shaman Pharmaceuticals não obteve êxito financeiro. O mais próximo que ela esteve da meta de colocar no mercado medicamentos patenteados foi em 1998 com o Provir e Virend. Contudo, mesmo nesse caso, apesar da segurança desses dois medicamentos não ter sido questionada, suas propriedades curativas (contra o herpes genital, a diarreia e outras doenças) não foram confirmadas em tempo de conservar o interesse dos investidores pela empresa por ocasião das exigentes provas solicitadas pela FDA. Ações que valiam 15 dólares em princípios da década de 1990 terminaram cotadas em poucos centavos. A Shaman Pharmaceuticals terminou expurgada do índice Nasdaq. A revista *The Economist*, na sua edição de 20-26 de fevereiro de 1999, concluiu maldosamente que fosse qual fosse a dívida referente às contribuições repassadas pelo conhecimento, seja gratuito ou remunerado, é supérflua em termos da farmacologia moderna. A etnobiologia não passaria de uma disciplina antropológica inocente e inútil.

Em 1999, a Shaman reinventou-se a si mesma como uma empresa que comercializava não remédios patenteados, mas medicamentos baseados em ervas e suplementos dietéticos. Esse cenário pressupõe um mercado diferente, com um tipo de estrutura distinta. Exemplificando, uma empresa de Austin, Texas, a raintree.com, vendia no ano 2000 o *sangue de drago* através da internet. Trata-se de um mercado totalmente aberto. A Shaman poderia ter canalizado seus sentimentos conservacionistas desde o princípio acatando um direcionamento diferente, como uma companhia californiana dedicada à venda de sedutores produtos das florestas tropicais, tais como a *ungurahua*,* a *uña de gato*** e o *sangre de drago*, agregando valor na embalagem e no rótulo e, por fim, devolvendo uma parte dos lucros brutos para povos indígenas como uma remuneração tanto pelo conhecimento quanto pela matéria-prima. Um comércio justo – não de remédios patenteados, mas de produtos –, talvez o que se estruturou nas redes de alimentação dedicadas à venda da castanha-do-pará, de algumas variedades de yuca e de outros tubérculos cultivados da Amazônia, várias das diversas frutas e hambúrguer de capivara e de anta de propriedade da OPIP, Organização dos Povos Indígenas de Pastaza, área onde esses animais são criados.

O sangue de drago (tal como o produto é denominado no Equador e eventualmente no Peru) é o látex do *Cróton lechleri*, uma árvore amazônica. Essa resina contém um princípio ativo, a taspina, descrita na literatura científica como detentora de propriedades cicatrizantes muitos anos antes da Shaman

---

* N.T.: Óleo obtido de uma palmeira sul-americana de mesmo nome, que é indicado para queda de cabelos.

** N.T.: Nome de uma planta que cresce no Peru, Bolívia e Equador utilizada para a cura de infecções.

Pharmaceuticals ser fundada. A investigação científica sobre a taspina foi realizada em decorrência da utilização local do sangue de drago, o qual, como qualquer turista pode comprovar, é vendido em todas as partes da Amazônia dos países andinos. Portanto, está muito distante de ser um produto xamânico secreto. Existem suposições de que a planta seja útil para muitas indicações. Quanto às suas propriedades cicatrizantes, essas não são colocadas em dúvida. A planta atua também como um fungicida. Isso é de conhecimento público e não pode ser patenteado. Tanto o Provir quanto o Virend são derivados do sangue de drago. Caso as patentes tivessem gerado medicamentos comercialmente viáveis e custosos, sem dúvida alguma as federações indígenas locais da Amazônia (como o exemplo citado da OPIP de Pastaza) teriam desencadeado um escândalo, e no alcance das suas possibilidades teriam questionado juridicamente as patentes. A suposta cortesia da reciprocidade da Shaman Pharmaceuticals teria soado então de um modo ainda pior do que acontecera. A inviabilidade comercial dessa empresa evitou o escândalo. De qualquer maneira, o fato é que a Shaman fez uso gratuito de um conhecimento a respeito do sangue de drago que estava amplamente disponível, sendo de obtenção muito barata. De resto, jamais a iniciativa compensou adequadamente o Equador, país que era, com o Peru, fonte dos seus suprimentos. No Equador, na província de Pastaza, a Shaman Pharmaceuticals tentou, sem obter êxito, conseguir o apoio da confederação indígena local, a OPIP, para coletar sangue de drago. Fracassando nessa iniciativa, a Shaman contatou então por sua própria conta uma comunidade evangélica dissidente, a Jatun Molino, não mencionada nas publicações da empresa. A colaboração entre a Shaman e a comunidade Jatun Molino traz à memória uma outra datada dos princípios de 1990, também no Equador, entre a companhia petrolífera Maxus e os Huaronis evangélicos dissidentes convertidos por Rachel Saint. Porém, a Maxus era somente uma companhia petrolífera.

Poderia ser assegurado que a Shaman, com seus etnobiólogos, químicos e médicos, teria interesse em proceder de modo correto. Contudo, a empresa enveredou por um atalho embalada pela premência de patentear um medicamento promissor com a finalidade de garantir a permanência dos investidores. Imaginemos por um momento que o InBio da Costa Rica fosse uma companhia privada e que tivesse de viver e crescer atraindo investidores com a promessa de inexistentes ingressos provenientes das patentes da Merck e de outras companhias nos últimos dez anos. No caso da Shaman, eles não só coletavam as plantas, como as processavam quimicamente, patenteavam e realizavam pesquisas clínicas. Portanto, um grande investimento. Foram informadas perdas da ordem de milhões de dólares a cada ano, aguardando o momento para vender as patentes dos remédios aprovados pelo FDA a uma das grandes empresas, ou ainda desenvolver e comercializar diretamente os medicamentos patenteados. A pressa em ganhar dinheiro explica a falta de paciência e de diplomacia. A compensação em curto prazo para a Jatun Molino – não houve tempo para uma compensação em médio prazo – consistiu na ampliação da pista aérea local (obra que também serviu para a Shaman em vista de que a comunidade evangélica somente pode ser alcançada de canoa ou pelo ar), a aquisição de uma vaca para a refeição ritual e o pagamento de alguns salários a preço local para a coleta de *sangre de drago*. Ainda que no Peru tenha alcançado um acordo com representantes indígenas, nenhum contrato foi firmado com a OPIP.[28] A vergonhosa lista de compensações encaminhadas para a Jatun Molino foi publicada por uma jovem antropóloga, Viki Reyes (1996a), em um artigo enfocando as atividades da Shaman Pharmaceuticals em Pastaza. A denúncia foi reforçada pela ONG Grain, na edição em inglês da sua publicação *Seedling* (março de 1996), sendo amplamente difundida na internet e na forma de material impresso. Outras versões do mesmo artigo foram publicadas no Equador. A desprezível compensação oferecida pela Shaman tornou-se conhecida nos círculos nos quais a empresa havia anteriormente gozado de boa reputação.

A organização Rafi incluiu os medicamentos Provir e Virend da Shaman em sua lista atualizada das vinte piores patentes mundiais. Outra patente que também foi citada na lista da Rafi diz respeito a uma variedade cultivada da ayahuasca, um outro sonho amazônico (patente 5.751 dos Estados Unidos, outorgada em 1986). A variedade original foi entregue no Equador para Loren Miller, o que não significa muita coisa em razão de a ayahuasca (*Banisteriopsis caapi*) ser comumente utilizada em razão dos seus efeitos alucinógenos em toda a vasta extensão da Amazônia, ainda que sob nomes diferentes. Alguns dos seus usos requerem a intervenção dos xamãs, possuindo matizes religiosos. Miller, que conseguiu cultivar uma espécie estável, fundou nos Estados Unidos uma pequena empresa, a International Plant Medicine, registrando uma patente e sondando sem êxito a possibilidade de interessar grandes companhias nas propriedades dessa planta. Alguns anos mais tarde, no final da década de 1990, a Rafi tomou conhecimento dessa patente, causando um grande alvoroço nos países amazônicos, inclusive no Brasil. Fazendo uso de um discurso revelador dos fortes sentimentos

---

[28] Documentos enviados para mim em Barcelona por S. R. King, em 11 de outubro de 2000, depois de uma primeira versão dessa seção ter sido publicada na web por ocasião de uma conferência em Harvard, esclarecem sobre o tipo de contrato que a Shaman mantinha no Peru. Um primeiro documento datado de 18 de dezembro de 1992 outorga à Shaman permissão para explorar e comercializar por oito meses plantas medicinais não especificadas; esse documento foi firmado pelo Conselho Aguaruna-Huambisa e por um grande número de representantes. Numa carta datada de 23 de novembro de 1993, a Shaman solicitou ao Conselho Aguaruna-Huambisa uma cessão eventual para "encaminhar uma patente sobre o látex do cróton do *sangue de drago*". Aparentemente, essa carta não obteve resposta.

despertados pelo assunto, a Confederação de Organizações Indígenas da Bacia Amazônica (Coica) declarou que patentear a ayahuasca seria como patentear a santa hóstia. Miller foi declarado inimigo da população indígena, uma *persona non grata*, e sua segurança não poderia estar assegurada nos territórios amazônicos. Alguns dos contribuintes da Coica nos países do Norte sentiram-se ofendidos pelo uso dessa linguagem. Como reação, a confederação manifestou que prescindia do seu dinheiro: o valor dos símbolos sagrados amazônicos não poderia ser medido em termos monetários. A Coica recebeu ajuda de advogados estadunidenses, e a patente foi inicialmente abolida em novembro de 1999 pelo Escritório de Patentes dos Estados Unidos. Entretanto, foi logo restabelecida.

Mais um outro caso amazônico: em janeiro de 2000, os wapishanas, etnia que habita a fronteira entre o Brasil e a Guiana, organizaram-se para iniciar um processo na Europa contra patentes registradas pelo químico britânico Conrad Gorinsky de substâncias isoladas do tipir, uma noz da planta *Ocotea rodiati*, utilizada localmente para estancar hemorragias e prevenir infecções, além de atuar como anticoncepcional. Gorinsky também registrou uma outra planta denominada cunami (*Clibadium silvestre*), usada para pescar. A população wapishana tem 16 mil indivíduos. O grupo pensou em entabular uma petição depois da eclosão da polêmica com a ayahuasca. A então senadora brasileira Marina Silva auxiliava o Conselho Indígena de Roraima do lado brasileiro da fronteira, enquanto organizações internacionais ajudavam os wapishanas na Guiana.[29] Muitos são os brasileiros que conhecem casos famosos de biopirataria na história do seu país.

Outro exemplo de intercâmbio desigual, dessa vez bem-sucedido, foi o relacionado com a companhia Eli Lilly, que criou dois medicamentos, a saber, Vincristina e Vinblastina, a partir de uma planta africana de nome científico *Vincapervinca rosada*. Os remédios têm sido administrados com sucesso em casos de câncer testicular e de leucemia em crianças, permitindo que a Eli Lilly conseguisse ganhar somas de milhões de dólares. Contudo, os países africanos não compartilharam dessas benesses. Outra controvérsia é o da baga "J'Oublie", utilizada como edulcorante muito antes de os franceses chegarem à África Ocidental. Uma proteína isolada dessa planta foi patenteada por cientistas da Universidade de Wisconsin. Outros exemplos de patentes nos Estados Unidos estão relacionados com substâncias asiáticas amplamente conhecidas por suas aplicações culinárias e para a saúde. Esse seria o caso do turmeric da Índia e do melão amargo da China (Pollack, 1999). Na Índia, foram assinalados casos espetaculares nos últimos anos em razão das pretensões de estrangeiros registrarem algumas propriedades de produtos obtidos da conhecida árvore nim (*Azadirachta indica*) e sobre algumas variedades de grão-de-bico e do

---

[29] Cf. Revista *Isto é*, São Paulo, 19 de janeiro de 2000, e também a página da internet da Bio IPR da Grain.

arroz basmati (pela Rice Tec). Essas questões, às quais se poderiam somar a das patentes sobre variedades híbridas da quínoa boliviana registradas por cientistas da Universidade do Colorado (Gari, 2000), transformaram a biopirataria em um fato bem conhecido. Uma consciência generalizada a respeito dos recursos genéticos, tanto os medicinais quanto os agrícolas, eclodiu junto à opinião pública. Justifica-se, assim, a reação das ONGs, das comunidades e inclusive dos Estados implicados. A Rafi publicou algumas estimativas dos valores econômicos apropriados pela biopirataria. Existem questões técnicas sobre como calcular esse componente no balanço geral da dívida ecológica que o Norte mantém com o Sul. Todavia, para além do enfoque econômico, o que constitui inovação é o sentido de ultraje moral, mesclado com um sentimento de *déjà vu*.

A irritação provocada pela biopirataria alcançou seu extremo nas modalidades relacionadas com o mapa do genoma humano. Qualquer um poderia compreender o interesse científico em coletar todas as variações genéticas da espécie humana, tanto mais interessantes quanto mais isolados os diferentes grupos humanos tenham permanecido. A Islândia, como Estado, extrapolando o que foi feito pelo InBio, firmou um acordo comercial com laboratórios estrangeiros disponibilizando a composição genética da sua população para investigação e exploração comercial potencial. Trata-se de um contexto no qual existiu consentimento prévio, uma vez que neste país ocorreu um debate a respeito desse assunto.

Entretanto, tal autorização não existiu no famoso caso envolvendo uma mulher guaymi do Panamá, cujo material genético foi parcialmente patenteado sem seu conhecimento. Tampouco se tem negociado de modo apropriado a aprovação quanto às inúmeras coletas de material genético de grupos indígenas que, em escala mundial, foram precipitadamente realizadas nos últimos anos pelo Projeto Genoma Humano. Em 1998, o governo da China suspendeu temporariamente um projeto de cientistas dos Estados Unidos que "buscavam pistas para a compreensão da longevidade estudando os genes de dez mil anciões chineses" (Pollack, 1999), até que fosse alcançado um acordo sobre quais seriam as contrapartidas das publicações e das patentes junto aos cientistas e organizações chinesas.

Os direitos dos agricultores e o econarodnismo

A indignação quanto à biopirataria na agricultura resulta do inconformismo pelo fato de que as variedades de cultivos e o conhecimento camponês são considerados de livre acesso, enquanto as chamadas "sementes melhoradas" estão cada vez mais protegidas por regimes de propriedade intelectual. Tal indignação reforça a visão da agricultura favorável à agroecologia, na segurança alimentar e na conservação ou coevolução *in situ* dos recursos fitogenéticos. Nos "centros de diversidade agrícola" como, por exemplo, os Andes para a batata e a mesoamérica para o milho, assim denominados pelo geneticista russo Nicolai Vavilov, desenvolveu-se nos últimos milhares de anos uma enorme quantidade de experimentos realizados por camponeses (mulheres e homens), com a finalidade de engendrar grande quantidade de variações adaptadas às mais diferentes condições. Vale ressalvar que tais variedades têm sido compartilhadas livremente. Como é assinalado por Ashish Kothari (1975: 51), uma única espécie de arroz da Índia (a *Oryza sativa*), coletada em estado selvagem em algum momento num passado distante, diferenciou-se, como resultado da combinação de influências evolutivas, de hábitat e das habilidades inovadoras das camponesas e camponeses, em aproximadamente cinquenta mil variedades cultivadas. Essa contribuição para a diversidade genética, que os consumidores dos países industrializados têm ignorado até bem pouco tempo, é um fato que a moderna indústria de sementes esquece porque assim lhe convém.

A biopirataria agrícola constitui um tema que a Organização das Nações Unidas para a Agricultura e Alimentação – FAO – tem colocado em discussão sob a rubrica de Direitos dos Agricultores, sem, no entanto, obter resultados convincentes. Alguns governos dos países pobres têm argumentado que se uma companhia toma uma semente do campo de um agricultor, acrescenta-lhe um gene e registra uma patente da semente resultante para colocá-la à venda, ou, então, "melhora" a semente por meio de métodos tradicionais de cruzamento e imediatamente a protege com base nas regras da União para a Proteção das Novas Variedades de Plantas, a UPOV, não existiria, nesse sentido, motivo algum para dispensar uma remuneração pela semente original. Também dizem que as patentes ignoram a contribuição dos povos indígenas agricultores – que são os verdadeiros descobridores de plantas e animais úteis – e de todos aqueles que aprimoraram as plantas ao longo de gerações.

A negociação levada a cabo pela Organização para a Agricultura e Alimentação para o quesito Direito dos Agricultores está considerando a possibilidade de compensar os agricultores tradicionais pelo seu trabalho em prol da melhoria dos cultivos e manter a diversidade agrícola. A Malásia propôs criar um fundo internacional de três bilhões de dólares, mas os Estados Unidos se opõe a ele (Pollack, 1999).

É importante destacar que três bilhões de dólares – não anuais, mas sim como um fundo – não representa mais do que dois dólares por membro das famílias camponesas atualmente existentes no mundo, um insignificante incentivo para a continuar o labor para a coevolução *in situ* das sementes. Vinte dólares por ano poderiam significar alguma coisa, desde que esse dinheiro alcance efetivamente as bases. Entretanto, quem quer que os agricultores do Terceiro Mundo continuem cultivando e compartilhando de forma gratuita suas sementes de baixos rendimentos e baixos insumos? Do ponto de vista do capitalismo internacional, substituir suas sementes por aquelas oferecidas comercialmente conduz ao crescimento econômico. Uma nova mercadoria, a semente, é definitivamente retirada da esfera da oikonomia para ingressar na da crematística. Não seria o caso de *proibir* de uma vez as sementes tradicionais por carecerem de garantias sanitárias ou de rendimento? (Kloppenburg, 1988b).

Por tudo isso, há um crescente alarme nos países do Sul que abrigam centros de biodiversidade agrícola e nos países vizinhos devido à desaparição da agricultura tradicional. Essa nova consciência, totalmente contrária às errôneas doutrinas vigentes quanto ao desenvolvimento econômico, está apoiada na distância social e cultural existente entre as companhias de sementes (geralmente multinacionais, como a Monsanto) e os camponeses locais. Os discursos da exploração social e da soberania alimentar têm sido somados aos da defesa da biodiversidade agrícola contra a erosão genética. Enquanto a conservação da biodiversidade "selvagem" em "parques nacionais" é frequentemente entendida como uma ideia do Norte (o que em certa medida não deixa de ser verdade), a conservação da biodiversidade agrícola *in situ* foi deixada de lado por muitos anos pelas grandes organizações conservacionistas dos países do Norte. Esse entendimento foi alterado por ONGs específicas como Rafi e Grain, além de cientistas e grupos do Sul que desenvolveram uma ideologia pró-camponeses. Nos países do Sul a insegurança nacional e alimentar está se aprofundando à medida que aumenta a dependência desses países quanto às sementes, tecnologias e insumos estrangeiros. Tal sentimento de insegurança se amplia mais ainda com a engenharia genética. No México, por exemplo, um novo "Movimento de Defesa do Milho" opõe-se à importação das variedades norte-americanas transgênicas desse cereal, temeroso de que estas venham "contaminar" as variedades locais.

Na Índia, surgiram iniciativas assumidas por vários grupos e por agricultores endossando a conservação e o resgate da diversidade agrícola. No Hemval Gathi do Garhwal, situado no Himalaia, vários camponeses, sob a bandeira do Beej Bachao Andolan (Movimento para Salvar as Sementes) deslocam-se através da região coletando sementes de uma grande variedade de cultivos. Muitos agricultores, ao mesmo tempo em que cultivam para o mercado variedades de alto rendimento e que reclamam altos insumos, mantêm culturas de outras variedades para suas próprias famílias. Esse movimento aponta os custos econômicos dos insumos e os impactos ecológicos e para a saúde das aplicações químicas, procurando difundir algumas variedades, como o thapachini,* caracterizado pelos bons rendimentos e por produzir maior quantidade de forragem. O que está em jogo não se restringe apenas à

---

* N.T.: Variedade de arroz típica do Garhwal.

promoção da sobrevivência de muitas variedades dos cultivos mais importantes, como o trigo e o arroz, mas também manter vivas outras culturas não sujeitas à substituição de sementes promovida pela Revolução Verde, tais como a bajra, ramdana, jowar* e as leguminosas em geral. No sul do país, a chamada "satyagraha" das sementes do estado de Karnataka, capitaneada pelo Karnataka Rajya Raitha Sangha – o KRRS (Associação dos Agricultores do Estado de Karnataka) –, tornou-se bastante conhecida durante os anos 1990.[30]

A companhia Monsanto tem instrumentalizado em seu favor as lacunas das legislações e das normatizações, introduzindo culturas transgênicas fora dos Estados Unidos. Nessa sequência, em várias partes da Índia desenvolveu-se forte repúdio quanto à introdução do algodão Bt, isto é, de sementes do algodoeiro no interior das quais foi incorporado geneticamente o Bacillus thurigiensis (Bt), permitindo que atue como inseticida, o que em princípio parece ser uma boa ideia, exceto pelo fato de poder ocorrer uma transferência de genes. Em Andra Pradesh, o movimento de agricultores APRS (Andhra Pradesh Ryuthu Sangham/União dos Agricultores do Andhra Pradesh) arrancou e queimou duas regiões de cultivo em 1998, alertando o parlamento estatal e o governo sobre a necessidade de proibir novos campos de cultura. Por sua vez, em Karnataka o líder do movimento de agricultores KRRS reivindicou que a companhia revelasse a localização exata do campo de cultura experimental de algodão transgênico Bt. A Monsanto tem obtido êxitos mais significativos em outras partes do mundo. Houve, por exemplo, fraca oposição na Argentina quando da implantação da soja transgênica (Pengue, 2000). Quanto à Ucrânia e a Bulgária, ambas têm sido descritas como o "parque de diversões europeu da Monsanto para a engenharia genética",[31] pela introdução de batatas Bt, assim como de milho e trigo transgênicos, em nações caracterizadas pela ausência de regras quanto à responsabilidade civil e compensações, além de a estrutura reguladora ser insuficiente e corrupta, inexistindo normas estritas sobre biossegurança para regular as importações de sementes geneticamente modificadas. Na Índia, em 30 de novembro de 1999, no primeiro dia da conferência da OMC em Seattle, vários milhares de camponeses aglutinaram-se em torno da estátua de Mahatma

---

* N.T.: A bajra e a ramdana constituem cereais típicos do norte da Índia. Quanto ao jowar, trata-se de uma espécie de sorgo indiano.

[30] Consultar a carta de M. D. Najundaswamy, "Farmers and Dunkel Draft", in *Economic and Political Weekly*, 26 de junho de 1993, e o informativo eletrônico do KRRS. Akhil Gupta (1998, últimos capítulos), analisa o KRRS.

[31] Iza Kruszewska, coordenadora dos Programas Internacionais da Anped, Northern Alliance for Sustainability, documento para o Tribunal permanente dos Povos sobre as Corporações e os Males Humanos, Universidade de Warwick (Escola de Direito), 23 de março de 2000.

Gandhi no parque de Bangalore. Assumiram um chamamento solicitando para a Monsanto "Sair da Índia" – *Quit India* – tal como Gandhi havia ordenado aos britânicos. Além disso, alertaram ao prestigioso Instituto Indiano de Ciências para que não colaborasse com essa empresa. Quanto à própria Monsanto, advertiram a companhia de que enfrentaria ações diretas não violentas contra suas atividades e instalações. As agroempresas já haviam sido advertidas quando, em 1993, foram destruídas instalações da Cargill em um distrito rural. Os líderes do KRRS viajaram ao redor do mundo participando de debates e de ações contra a OMC, em função de as novas regras do comércio internacional trazerem em seu bojo o fortalecimento dos direitos de propriedade intelectual sobre as sementes comerciais, injustamente ignorando a matéria-prima e o conhecimento original. Em 2001, o KRRS estava ainda planejando uma introdução massiva do algodão Bt transgênico na Índia.

Também na Índia, outras mobilizações buscam preservar o conhecimento tradicional. A Navdanya é uma rede de agricultores, ambientalistas, cientistas e outros cidadãos que está trabalhando em diferentes partes do país visando a coletar e estocar variedades de cultivos, avaliar e selecionar aqueles com bom rendimento e incentivar sua utilização nos campos (Kothari, 1998: 60-61), certamente uma estratégia mais participativa do que o frio armazenamento *ex situ*. Qual outro nome poderíamos reservar a essas iniciativas que não o de "neonarodnismo ecológico"? A realidade é contraditória. As mobilizações contra a Monsanto e a Cargill estão combinadas na Índia com os movimentos favoráveis aos fertilizantes industriais subsidiados. A questão é se o elogio à agricultura orgânica tradicional e o enfrentamento das companhias transnacionais, tal como é feito pelo KRRS, podem servir de inspiração para outros movimentos rurais de camponeses pobres e trabalhadores sem terra, na Índia e em outras regiões do mundo. Quem poderia ter pensado vinte anos atrás que o enaltecimento da agricultura orgânica nas reuniões internacionais sobre comércio conquistaria expressão não na voz de etnoecólogos, ou agroecólogos profissionais ou ambientalistas neorrurais do Norte, mas sim por intermédio de verdadeiros agricultores? Essa não é uma sabedoria oriental caseira que combate as tecnologias e as políticas do Norte, nem constitui somente uma política de identidade. Pelo contrário, deve ser interpretada como integrando uma corrente internacional em escala mundial com sólidos fundamentos na agroecologia, configurando, para utilizar uma formulação favorita de Victor Toledo, uma *modernidade alternativa*.

Passando agora para outro continente, qual seria a estratégia que o campesinato quéchua e aymara poderia colocar em jogo com o objetivo de sobreviver e prosperar contra as forças da modernização, do desenvolvimento e do despovoamento rural? Nas reformas agrárias dos últimos cinquenta anos, eles conseguiram terra lutando contra a modernização das fazendas. Os fazendeiros queriam livrar-se deles, mas eles permaneceram e ampliaram suas terras. Hoje, existem mais comunidades e mais terra comunitária (voltada para o pastoreio) do que há trinta ou quarenta. Isso incomoda os neoliberais. Apesar das migrações, o campesinato não decresceu numericamente, embora a taxa de natalidade esteja diminuindo. Sobreviverão as comunidades quéchua e aymara enquanto tais? Faz apenas quarenta anos a integração assimiladora e a aculturação eram o destino traçado para essas comunidades pelos modernizadores locais (como Galo Plaza no Equador) e pelo establishment político-antropológico dos EUA. No entanto, sua resistência contribuiria para melhorar a relação de intercâmbio para a produção das comunidades e deter as importações de produtos agrícolas subvencionados da Europa e dos Estados Unidos. As comunidades podem obter subvenções (por exemplo, na forma de remuneração pelos seus direitos de agricultores e para implantar o uso da energia solar), na hipótese de conseguirem exercer uma pressão política que não se restrinja às confederações camponesas e indígenas, mas no que tange os movimentos nacionais, tal como está sucedendo no Equador e na Bolívia antes do que no Peru. Em 1995, escutei Nina Pacari, advogada e não uma agrônoma, vice-presidente do Congresso do Equador no final da década de 1990 e chanceler durante os anos de 2002 e 2003, e também membro da Conaie (Confederación de Nacionalidades indígenas del Ecuador), relatar publicamente, com sentimento e conhecimento, passando do castelhano ao quéchua, as variedades dos diferentes cultivos que ela conheceu a partir dos ensinamentos da sua avó. Isso para explicar o conceito e a realidade da erosão genética em um congresso ambiental em Quito. Os movimentos nacionalistas revivem e inclusive inventam tradições: a linguagem, ainda que esteja disponível, toma formas específicas, como de direito civil, de algumas peculiaridades religiosas ou, explicitamente como podemos observar nos Andes e na mesoamérica, de um orgulho agroecológico que respalda as bases para um desenvolvimento alternativo, ou ainda, conforme diria Arturo Escobar, para uma alternativa ao desenvolvimento.

Se não é esse o assunto em pauta, qual seria então? Deveriam os camponeses andinos, com sua agricultura de baixo rendimento, renunciar ao cultivo da terra e à criação de gado, renunciar às suas comunidades e aos seus idiomas? Pode ser que alguns deles sejam forçados a isso devido à desertificação provocada pelas mudanças climáticas. Deverão então seus netos, quando a economia crescer, regressar subsidiados na qualidade de protetores das montanhas, tocando música e dançando para os turistas?

A biodiversidade agrícola *in situ* e a segurança alimentar local poderiam ser salvas como parte de um movimento também voltado para uma valorização mais incisiva da preservação da diversidade cultural. Exatamente isto é o que o Pratec (Proyecto Andino de Tecnologias Campesinas), no Peru, tem por meta. Organização fundada pelo agrônomo dissidente Eduardo Grillo, suas atividades se inspiram no trabalho de agrônomos provinciais como Oscar Blanco, que defendeu espécies cultivadas como a quinoa e diversos tubérculos (os chamados "cultivos perdidos dos Incas"), lutando contra a ofensiva do trigo importado subsidiado. É comum se escutar que o Pratec é romântico e extremista. Contudo, o tema que coloca na mesa é realista e pragmático. Não é culpa do Pratec que sua performance não mereça a devida atenção dos bancos multilaterais e nem das universidades (Apffel-Marglin, 1998). Claramente, o que está sob a discussão da coevolução da biodiversidade agrícola é uma grande interrogação que, entretanto, está fora da agenda econômica e política. Indo direto ao ponto, poderíamos indagar: a marcha da agricultura nos países ocidentais durante os últimos 150 anos está errada? Qual é o conselho agronômico que seria cabível, não apenas para Peru e México, mas também para Índia e China? Tais países devem preservar seu campesinato ou devem desfazer-se dele no processo de modernização, desenvolvimento e urbanização? Como deter não só a erosão genética agrícola como também a extinção de raças animais? A FAO frequentemente cita uma cifra, ainda que inexista investigação suficiente para fornecer um número mais preciso, de 75% de variedades agrícolas que estariam perdidas *in situ* (*Financial Times*, 15 de setembro de 1998). A mesma organização afirma que 30% de todas as raças de animais domésticos ou comestíveis desapareceram ou estão a ponto de desaparecer (idem). Esse foi um aspecto relevante para o desastre da avicultura do frango na Indonésia em 1998, uma falha da segurança alimentar, ocorrida em um momento em que a crise econômica, a desvalorização da rúpia e a irreversível substituição das raças locais pelas não autóctones e alimentadas com insumos importados levaram a uma enorme escassez da carne de frango nos mercados.

A explicação mais comum a respeito da diminuição da população rural ativa no processo de desenvolvimento econômico é que estando a produtividade agrícola em expansão, sua produção não pode ser ampliada *pari passu* devido a uma elasticidade-preço de demanda,* que é, no geral, muito baixa para os produtos agrícolas no seu conjunto (ainda que esse não seja o caso das flores cultivadas ou, inicialmente, da carne, contexto compensado pela elasticidade de preço negativa para as batatas e grãos de consumo humano direto). Portanto, a

---

* N.T.: Por elasticidade entende-se a medida da resposta dos compradores e vendedores quanto às variações na condição de mercado. Assim, a elasticidade-preço é a medida da variação da demanda ou da oferta quando o preço se altera. Já a elasticidade-renda constitui a medida da variação da demanda ou da oferta quando a renda se altera. Portanto, elasticidade-preço (ou renda) da demanda é uma medida da sensibilidade da quantidade demandada em relação às variações do preço de um bem ou serviço.

população rural ativa diminui não apenas em termos relativos como também em termos absolutos. E de fato, tal como ocorreu na Grã-Bretanha antes da Primeira Guerra Mundial, na Espanha a partir de 1960 – ainda não em países como a Índia – tem sido justamente essa a rota do desenvolvimento. Nesse sentido, o cálculo da produtividade agrícola está distante de ser plenamente aceito. Nada é deduzido do valor da produção com relação à contaminação química ou à erosão genética. Com relação aos insumos, estes são valorizados a um custo muito baixo, pois a energia fóssil é demasiado barata, ao passo que os solos e alguns nutrientes (como o fósforo) são utilizados de modo não sustentável. Ninguém sabe de fato quais seriam os preços ecologicamente corretos dos produtos. O importante é que a crítica ecológica à economia agrícola abre um grande espaço que conquista importância cada vez maior no mundo inteiro, inclusive na Europa, com José Bové e a Confederação Campesina da França.

Temas do ambientalismo global, como a conservação da biodiversidade, as ameaças dos praguicidas e a economia de energia, são transformados em argumentos com inserção local, legitimando a melhoria das condições de vida e a sobrevivência cultural dos camponeses, os quais estão aprendendo a não se ver mais como condenados ao desaparecimento. Essa argumentação está se difundindo amplamente no decurso de novas redes, como a formada pela Via Campesina. Esse movimento instituiu o Dia Internacional dos Camponeses, celebrado a cada 17 de abril, aniversário do massacre de 19 membros do Movimento dos Sem-Terra em 1996, em Eldorado dos Carajás, no estado do Pará (Brasil). Esse dinamismo não é propriamente um fenômeno da pós-modernidade, na qual alguns vivem (ou tratam de viver) comprando ações da Monsanto, outros consomem avidamente carne de porcos alimentados com soja transgênica, outros são macrobióticos, e outros, ainda, dedicam-se à agricultura orgânica. Mais corretamente, trata-se de um novo rumo da modernidade, distante das doutrinas de Norman Borlaug, uma modernidade baseada na agronomia científica dialogando com o conhecimento indígena; firmada na contabilidade ecológico-econômica sem esquecer as incertezas, a ignorância e a complexidade, enfim, sem perder a confiança no poder da razão.

A agricultura camponesa mexicana está ameaçada por causa das importações – principalmente de milho – que chegam a partir dos EUA sob a tutela do Tratado de Livre Comércio da América do Norte, o Nafta. No México, o ecozapatismo ficou para trás. No começo da década de 1990, o presidente Carlos Salinas deu partida à participação do México na OCDE. Guillermo Bonfil publicou seu relato comovedor sobre o fim dos indígenas no México (Bonfill Batalha, 1996). Agora, é de conhecimento geral que as culturas indígenas e a biodiversidade caminham juntas (Toledo, 1996, 2001). A biodiversidade não deixa de ser importante só pelo fato de não estar inserida no mercado. A rebelião de Chiapas veio à luz posicionando-se contra o Nafta, eclodindo no mesmo dia em que começou a vigorar. Chiapas contribuiu para tornar o campesinato indígena um sujeito político. Os camponeses mexicanos jamais pensaram em patentear ou instituir outros tipos de direitos de propriedade intelectual sobre as variedades de milho coletadas em depósitos *ex situ* públicos ou privados, posteriormente utilizadas nos EUA ou em outros países pela indústria de sementes comerciais. Também nunca passou pela cabeça dos camponeses mexicanos patentear variedades de feijão (*phaseolus vulgaris*). No entanto, uma companhia domiciliada nos Estados Unidos queixou-se, no final de 1999, dos exportadores de feijão do México, acusando-os de venderem nos EUA um produto que infringia uma patente obtida por Larry Proctor, proprietário de uma pequena firma de sementes, a Pod-Ners. A patente em questão regia uma variedade de feijão amarelo. Proctor chamou sua variedade de Enola, reconhecendo que fora desenvolvida a partir de variedades do feijão azufrado e moyocaba, originárias do estado mexicano de Sonora. Proctor selecionou feijões amarelos com um matiz peculiar, plantando-os uma e outra vez, com diversas colheitas desde 1994, ano em que o feijão original foi importado de Sonora, obtendo então uma população uniforme e estável de feijão com sua característica gama amarelada. Não existiu, portanto engenharia genética. A Rafi denominou a isso como "um caso exemplar de biopirataria", advertindo que no CIAT de Cali* – um dos centros de investigação do CGIAR e de depósitos *ex situ* – existiam dezenas de feijões amarelos mexicanos cujo germoplasma foi "cedido em confiança" com base no acordo de 1994 firmado entre o CGIAR e a FAO, não sendo, portanto, passíveis de patenteamento. Por que, então, se patenteia uma variedade da Pod-Ners, quando essa é geneticamente idêntica a várias outras variedades guardadas no CIAT de Cali? As autoridades agrícolas mexicanas declararam que lutariam contra esta patente, ainda que fosse custoso.

  Como combater a biopirataria? Deveriam os países do Sul se apressar com o objetivo de impor direitos de propriedade intelectual sobre variedades de cultivos, raças animais e conhecimento medicinal? Na Índia, Anil Gupta tem dedicado longo tempo a essas perguntas, respondendo-as com um esforço em grande escala, documentando, na forma de registros, o conhecimento das comunidades locais relativamente aos usos antigos ou inovadores dos recursos. As metas são muitas: o intercâmbio de ideias entre as comunidades, a revitalização dos sistemas de conhecimento local, o fortalecimento do orgulho local de tais sistemas e a proteção contra a "pirataria" intelectual por parte dos

---

* N.T.: Sigla de International Center for Tropical Agriculture, com sede na cidade de Cali, Colômbia, um dos quinze centros de pesquisa especializada do CGIAR, Consultative Group on International Agricultural Research.

forasteiros (Khotari, 1997: 105). A proteção se materializa porque o registro e a publicação prévios constituem obstáculos ao patenteamento. Anil Gupta tem repetido incessantemente que, se alguém pretender patentear propriedades da árvore *nim*, por que não fazemos isso nós mesmos, agricultores e cientistas da Índia? Entretanto, a linha principal do seu trabalho não tem sido patentear, mas antes fomentar o orgulho local quanto aos processos existentes de conservação e inovação, detendo desse modo a apropriação externa gratuita deste trabalho.

É possível argumentar que o registro não é suficiente e que os segredos comerciais, as patentes ou outras formas de propriedade intelectual são necessárias como incentivo para a conservação e para a inovação *in situ*. Desse modo, precisando melhor a questão, seriam as patentes e o dinheiro gerado por elas um estímulo realmente necessário para a inovação? Além disso, quais são os custos envolvidos em um patenteamento na escala global? As inovações tecnológicas criadas no CERN em Gênova que conduziram ao desenvolvimento da internet não foram patenteadas, assim como não o foram a mula e o moinho de vento. As receitas de cozinha não estão patenteadas nem sequer protegidas como segredos comerciais. As honras, as premiações e o reconhecimento social têm se configurado como poderosos incentivos para a criatividade. E mais: importantes artistas frequentemente morrem antes de serem ricos e famosos.

Finalmente, é necessário um comentário sobre o que seria selvagem e o que seria domesticado. O contínuo progresso de uma agricultura diversa depende diretamente da contínua disponibilidade de parentes silvestres dos cultivos, os quais são casualmente encontrados nas cercanias dos campos cultivados e, em alguns outros momentos, localizam-se em áreas selvagens. A diferença entre a biodiversidade domesticada e a biodiversidade "silvestre" desaparece em estudos como os desenvolvidos pelo antropólogo Phillipe Descola, centrado na floresta amazônica cultivada e incorporada à civilização (Descola, 1994).

Em resumo, a agricultura é verdadeiramente multifuncional, implicando um balanceamento de valores ambientais, econômicos, sociais e culturais em diferentes escalas geográficas e do tempo. Em algumas interpretações, a agricultura moderna caracteriza-se por uma menor eficiência energética, pela erosão genética e da terra exposta, sem contar a contaminação do solo e da água. Com base em um outro ponto de vista, mais exatamente no discurso da economia, a agricultura moderna consegue uma produtividade maior. Outra descrição não equivalente do desenvolvimento agrícola enfatizaria o desaparecimento de culturas e do conhecimento indígena. Existe um choque de perspectivas científicas e, também, um choque de valores. Como integrar os diferentes pontos de vista? Como decidir sobre uma política agrícola na presença de pontos de vista opostos e, a seu modo, legítimos?

Quem possui o poder de simplificar a complexidade?

Este é um livro de ecologia política que estuda os conflitos ecológicos distributivos. Porém também é um livro de economia ecológica pelas seguintes razões: primeiramente, porque tais conflitos nascem da contradição entre crescimento econômico e sustentabilidade ambiental. A economia ecológica examina se essa contradição realmente existe, determinando debates técnicos sobre a "desmaterialização" absoluta ou relativa da economia e sobre as "curvas ambientais de Kuznets"; em segundo lugar, a resistência popular ante a degradação ambiental frequentemente gera propostas alternativas, e, assim sendo, a indagação que surge seria: como são avaliadas tais propostas nos termos de indicadores ou de índices de sustentabilidade?; terceiro, o discurso dos conflitos ecológicos distributivos é em vários momentos o da valoração econômica, aspecto bastante evidente em questões como a determinação de um preço para a biodiversidade e para os serviços ambientais, como compensar os danos e como substituir os recursos não renováveis de modo que a soma do "capital natural" e o "capital engendrado pelos humanos" ao menos permaneça constante nos marcos de uma "sustentabilidade fraca". Desse modo, por exemplo, um conflito sobre uma represa pode ser expresso como uma disputa a respeito dos valores econômicos a serem utilizados nas análises de custo-benefício. O economista Arthur C. Pigou foi um dos primeiros a mensurar, já na década de 1920, o meio ambiente com base na "vara" ou "bastão da economia". Os economistas estão dando continuidade a essa contenda. No entanto, têm sofrido derrotas em razão das reações de "protesto" de cidadãos que se recusam a se comportar como se fossem consumidores fictícios em estudos de valoração contingente (Sagoff, 1988) e, de igual modo, pela existência do que os economistas denominam de preferências "lexicográficas" – tais como o sustento vital das pessoas ou os valores ambientais inegociáveis e impagáveis; por fim, pela falta de interesse das pessoas pobres pela determinação de valor dos impactos ambientais diante de mercados reais ou fictícios para os quais sua própria saúde e subsistência são valoradas a um custo muito baixo.

Consequentemente, apesar da "falta de vontade ou da incapacidade das autoridades para compreender as mensagens codificadas em termos diferentes daqueles do discurso econômico dominante",[32] os discursos com

---

[32] Roy Rappaport, Distinquished Lecture in General Anthropology: The Anthropology of Trouble, *American Anthropologist*, 95, 1993: 295-303.

os quais se desenvolvem as disputas nos conflitos ecológicos distributivos são frequentemente alheios ao mercado, assim como ao mercado fictício. Dentre estes, podemos citar: o valor ecológico dos ecossistemas, o respeito ao sagrado, a urgência do sustento vital, a dignidade da vida humana, a demanda pela segurança ambiental, a necessidade da segurança alimentar, os direitos dos indígenas aos seus próprios territórios, o valor estético das paisagens, o valor da própria cultura, a injustiça de apropriar o espaço ambiental de cada um, a injustiça do sistema de castas e o valor dos direitos humanos. Neste capítulo vimos o uso prático de tais linguagens nos conflitos ambientais.

Nos Estados Unidos, a expressão *bottom line* significa "linha inferior" na contabilidade dos resultados de uma empresa, evidenciando prejuízos ou benefícios. O conceito de *bottom line* constitui igualmente um ponto essencial de um argumento. A resolução dos conflitos e a política pública frequentemente solicitam uma redução ou simplificação forçada da complexidade, negando, portanto, legitimidade de alguns pontos de vista. Às vezes os conflitos ecológicos distributivos podem se mostrar como discrepâncias na valoração no interior de um único padrão de valor, como quando se pede uma compensação monetária por externalidades. A pergunta é então a seguinte: como calcular indenizações a serem pagas em dólares pelos danos ocasionados? No entanto, os conflitos ecológicos distributivos também se expressam como disputas de sistemas de valores, enquanto choques entre padrões incomensuráveis de valor.

Os valores monetários oferecidos pelos economistas para as externalidades negativas ou aos serviços ambientais são uma consequência de decisões políticas, pautas de propriedade e da distribuição da renda e do poder. Portanto, não há como propor uma unidade comum de medida que seja confiável. Porém, isso não significa que não possamos comparar alternativas sob uma base racional por intermédio de uma avaliação multicriterial. Ou, dito de outra forma, a imposição da lógica de valorização monetária, explicitado na análise de custo-benefício, na avaliação de projetos, nos argumentos do crescimento do pnb nas decisões políticas de cunho estatal, nada mais é do que um exercício do poder político. Eliminar essa lógica espúria de valoração monetária, ou melhor, relegá-la ao lugar que lhe compete simplesmente como mais um ponto de vista, abre um extenso espaço político para os movimentos ambientalistas. Ninguém deve ter o poder exclusivo de simplificar a complexidade, descartando algumas perspectivas, dando peso somente a alguns pontos de vista.

OS INDICADORES DE INSUSTENTABILIDADE URBANA COMO INDICADORES DE CONFLITO SOCIAL

A urbanização em larga escala ainda está por acontecer. No ano 2000, as maiores cidades do mundo não estavam nem na Índia e na China. Eram: Tóquio, Nova York, São Paulo e Cidade do México. Caso a hierarquia das cidades nos dois países permaneça inalterada e, simultaneamente, a população agrícola diminua em 20%, haverá conurbações entre quarenta e sessenta milhões de habitantes. E, na medida em que a humanidade se torna cada vez mais urbana, estaremos nos encaminhando na direção de economias que requisitam quantidades menores de energia e de materiais *per capita*? É evidente que não.

A urbanização cresce devido ao incremento da produtividade agrícola, junto com a baixa elasticidade-renda de demanda dos bens agrícolas em geral. Assim sendo, a agricultura expulsa população ativa dos campos. Como temos visto, a expansão da produtividade agrícola – hoje em dia dependente de insumos crescentes e da externalização dos custos ambientais – não está pautada por uma contabilidade eficiente. Isso porque variáveis como a menor eficiência energética da agricultura moderna, a erosão genética e os dejetos por ela produzidos não são incorporados na análise. Na atualidade, tanto as cidades quanto o campo tendem a deslocar os problemas ambientais para uma escala espacial mais extensa e a uma escala temporal mais ampla. No entanto, se quiséssemos poderíamos viver com base numa "agricultura orgânica" porque existem tecnologias que permitem alimentar a população mundial dispensando a utilização de combustíveis fósseis. Por outro lado, as cidades grandes e prósperas estão irremediavelmente baseadas no emprego de combustíveis fósseis e na externalização dos custos ambientais. Um mundo no qual a urbanização cresce é, por conseguinte, um mundo mais insustentável. Por definição, as cidades não são ambientalmente sustentáveis. Seu território abriga uma densidade de população demasiado alta para se autossustentar. As cidades produzem algo de valor comparável ao verificado na troca dos materiais e da energia que importam e dos dejetos que produzem? Quais são os conflitos ambientais internos das cidades? Esses conflitos são às vezes transpassados a uma escala geográfica mais ampla. Esses são os pontos de partida deste capítulo.

Século do automóvel?

Dentre as interpretações do século XX publicadas nos últimos dias de 1999, uma que parecia ser muito aceita era que esse teria sido o século do triunfo do automóvel. Primeiramente nos Estados Unidos, e logo após na Grã-Bretanha e na Europa ocidental continental, assim como no Japão, Coreia e Espanha, a indústria automobilística mantém-se como o setor impulsionador da economia. No século XX, a classe operária industrial de alguns países, submetida durante sua jornada de trabalho aos princípios tayloristas dos tempos modernos, podia adquirir automóveis e desfrutar do seu uso viajando pelas novas vias expressas que conduziam aos estacionamentos dos grandes supermercados ou para colônias de férias. Dizendo de outra forma, a modernidade do século XX foi explicitada por uma *tríade*: Ford, Taylor e Le Corbusier. No ano 2000, calculava-se que o número de automóveis era de 550 milhões de unidades. Em alguns países existia um carro para cada dois habitantes. Aparentemente, nos países ricos, a classe operária industrial havia se extinguido. Havíamos ingressado na época "pós-fordista".

Próximo do ano 2000 triunfava também um forte movimento contrário à regulação estatal. Em 2003, na Califórnia, o novo governador Arnold Schwarznegger chegava ao poder com a promessa de suprimir o imposto de registro para os automóveis. Mas simultaneamente crescia a consciência ambiental. A conciliação entre o mercado desregulamentado e a preocupação ambiental seria alcançada através da crença de que a economia poderia crescer pressupondo impactos ambientais cada vez menores, com uma maior ecoeficiência apoiada no fato de que os setores econômicos mais dinâmicos da Nova Economia eram a informática e as atividades do setor de serviços. Devido ao crescente peso desse setor no tocante aos empregos e em razão do valor econômico agregado, argumentava-se que uma economia "desmaterializada" estaria cada vez mais próxima. No entanto, um filme britânico intitulado *Ou tudo ou nada* captou o drama dos trabalhadores pós-fordistas e pós-industriais desempregados, que procuravam ganhar a vida na indústria do entretenimento na cidade de Sheffield. Seria a desmaterialização de uma realidade? Na verdade, os lucros eram cada vez mais provenientes não das fábricas, mas de serviços que requeriam baixos insumos energéticos e materiais. Lucros poderiam ser obtidos, por exemplo, negociando produtos financeiros não materiais através da internet. Há, claro está, um pequeno aumento do consumo de energia devido à utilização de computadores. Mas existia outra pergunta ainda mais relevante: para adquirir qual tipo de bens seria consumido o lucro extra, resultado do crescimento econômico? Provavelmente, esse valor seria gasto em casas espaçosas dispondo de boa calefação e refrigeração, em muitas viagens recreativas, computadores, automóveis e, inclusive, automóveis com computadores...

Existe certamente uma tendência contínua das economias ricas para uma desmaterialização relativa, isto é, a taxa de crescimento do consumo de energia e materiais é menor que a taxa de crescimento do Produto Nacional Bruto (PNB). Contudo, não existe uma desmaterialização absoluta. Mais ainda, a desmaterialização relativa é em certa medida consequência do deslocamento geográfico das fontes de energia e de materiais, assim como das áreas para descarte dos resíduos e de armazenamento das emissões de dióxido de carbono. Por outro lado, ao longo do século XIX, período no qual o carvão constituía a principal fonte de energia, tanto a Europa quanto os Estados Unidos supriam suas próprias necessidades desse minério. A energia hidrelétrica muito raramente era vendida para regiões situadas fora do país de produção. Agora, o gás e o petróleo percorrem distâncias enormes. No ano 2000, os Estados Unidos importaram mais da metade do petróleo que consumiam. Para completar, a despeito de que no transcorrer do século XX a importância do carvão comparativamente com o gás e o petróleo tenha diminuído, foi extraída uma quantidade seis vezes maior de carvão em nível global no ano 2000 do que em 1900 (McNeill, 2000: 14).

A população mundial quadruplicou durante o século XX, alcançando seis bilhões no ano 2000. Mesmo que a demografia seja um fenômeno de difícil previsão, acredita-se que a população mundial talvez atinja cerca de dez bilhões no ano de 2050. Pode-se conceber que, nessa data, um mundo próspero poderá contar com cinco bilhões de automóveis, quase dez vezes a quantidade do ano 2000? Será o século XXI o verdadeiro século do automóvel? O carro se converterá em um objeto de consumo massivo em todo o mundo ou sua expansão encontrará limites ecológicos? Seria o automóvel, não economicamente, mas ecologicamente, um bem que indica posição social, um sinal de riqueza oligárquica que não tem como se estender ilimitadamente? No ano 2000, um carro novo custava pelo menos dez vezes mais do que um computador pessoal. Sua produção e manutenção requeriam suprimentos de energia, materiais e força de trabalho bem mais elevados do que os solicitados por um computador pessoal. Por isso mesmo, o automóvel se mantém como um dos fatores mais importantes do crescimento econômico. Embora exista a promessa de novas técnicas de redução para algumas formas de contaminação (caso das pilhas de combustão de hidrogênio), o fato de a indústria automotora permanecer em nível mundial como o segmento mais proeminente da economia em crescimento leva, em si mesmo, à conclusão de que é muito difícil diminuir os suprimentos energéticos e materiais da economia. Quais seriam as implicações em termos do uso do solo, do consumo energético, da poluição do ar e das mudanças climáticas, de se vulgarizar o uso do automóvel em todo o planeta?

O automóvel é um elemento decisivo na transferência de tecnologia dos países ricos para os países pobres. Na Índia, em 2003, a indústria automobilística cresceu 20%. Como explica o jornalista ambiental Daryl D'Monte, a inversão urbana em uma metrópole como Mumbai (ex-Bombaim) acata a chamada "regra dos 9%". As vias expressas estão dedicadas aos 9% das famílias proprietárias de carros individuais.

> Na maioria das cidades, os que são responsáveis pela tomada de decisões têm fomentado a construção em larga escala de vias expressas elevadas e a ampliação das ruas, ignorando que uma maior quantidade de carros resulta em mais poluição; a menos que o crescimento do tráfico seja detido, o congestionamento e o engarrafamento do trânsito prosseguirão enquanto aspecto mais característico da Índia urbana. (Indian People's Tribunal, 2001:1)

Como resultado do crescimento populacional, o número absoluto de camponeses tradicionais e diaristas rurais sem terra no mundo era mais alto no ano 2000 do que em 1900. A desaparição desse grupo (que soma, incluindo suas famílias, quase dois bilhões de humanos), com o desaparecimento do conhecimento agroecológico do qual é portador e, para completar, da sua capacidade inovadora, é ainda mais irreversível e de maior importância do que a proliferação do automóvel. As duas tendências seguem paralelamente, uma vez que a migração da população do campo se articula com uma tendência na direção da urbanização e da utilização do automóvel, um dinamismo que ainda não se materializou plenamente, em princípios do século XXI, em países como a Índia, China ou Indonésia. Este será o século da urbanização irreversível.

Este não é um livro que examina a fundo as fontes de energia e tampouco considera o automóvel um objeto que se possa criticar isoladamente. Muitos conflitos ecológicos distributivos não têm nada a ver com carros. Quando se deixa de utilizar gás e petróleo como fontes de energia, o nuclear e a energia hidrelétrica das grandes represas são costumeiramente reapresentados como alternativa, incomodando aos ambientalistas, que são difíceis de agradar. Em pleno século XIX, antes da era do automóvel, existiam fortes movimentos ambientais contra as emissões de dióxido de enxofre. Esse problema terminou por ser resolvido em muitos lugares. Porém, surgiram conflitos novos. Hoje, a despeito dos computadores e da internet, a utilização do papel tem se expandido em nível global. Esta é uma das causas do crescente desflorestamento e das novas plantações de eucalipto e pinheiro. Os ambientalistas continuam seus protestos. Há um aumento no consumo de bens que acarretam grandes impactos ambientais como camarão cultivado ou ouro e diamante. A economia está impulsionada para o consumo.

No final do século XX, nos Estados Unidos, mais exatamente em 1999, foi superado o recorde de vendas de automóveis e caminhonetes: foram comercializadas mais de 19 milhões de unidades, muitas das quais importadas. Um ministro do governo mexicano argumentou, no princípio do ano 2000, que as exportações de petróleo para os Estados Unidos deveriam ser aumentadas, mesmo em oposição às restrições da Opep e com o risco de diminuir o preço do petróleo. Não por outra razão senão pelo fato de que a produção de automóveis para exportação e para o próprio consumo interno estava se convertendo na principal alavanca da economia do México. Vender e exportar petróleo a preços baixos, disse ele, seria útil aos melhores interesses do país. No verão do ano 2000, travou-se um debate eleitoral nos Estados Unidos a respeito do efeito estufa e da subida do preço do petróleo. Na ocasião, Al Gore se declarou contra os dois ao mesmo tempo, enquanto George W. Bush eliminou o efeito estufa da sua agenda política. No inverno de 2000-2001, os verdes europeus, contentes com o avanço dos impostos ecológicos, sentiram-se desconcertados com a revolta dos agricultores, caminhoneiros, pescadores e cidadãos em geral, inconformados com o alto preço do petróleo.

Subúrbios e periferias

O império do automóvel favoreceu uma expansão das cidades tendo por modelo o *urban sprawl*, no qual caracteristicamente os subúrbios concentram mais riqueza do que os centros das cidades. Isso é absolutamente claro nos Estados Unidos. Assinale-se que na Espanha a palavra "subúrbio" possui uma conotação de pobreza, exatamente o oposto destes territórios ricos que presentemente têm proliferado também por aqui [Espanha]. Há, portanto, que ser diferenciado claramente o conceito de subúrbio tal como é utilizado nos Estados Unidos, das periferias urbanas, rubricadas por designações como *callampas*, favelas ou *barriadas*, e que eventualmente avançam até o coração da cidade. Uma série de indicadores econômicos e físicos separa as duas situações. Nessa perspectiva, a renda média é maior nos subúrbios ricos do que no centro, e menor nas periferias. O consumo de água e de eletricidade *per capita*, assim como a geração de resíduos sólidos urbanos, segue a mesma pauta. A porcentagem de resíduos coletados será maior nos subúrbios ricos e, possivelmente, o mesmo irá ocorrer com a reciclagem. Os metros quadrados ocupados e pavimentados por habitante são maiores nos subúrbios ricos do que no centro e nas periferias.

As opiniões de Lewis Mumford

A economia ecológica aceita a existência de um conflito entre crescimento econômico e meio ambiente que não pode ser solucionado com o mero desejo do desenvolvimento sustentável ou aguardando a modernização ecológica e uma maior ecoeficiência. Um modo de enfrentar o conflito consiste na atribuição de valores monetários às externalidades negativas e positivas. Outra maneira mais completa é levar simultaneamente em consideração valores monetários e indicadores físicos e sociais da (in)sustentabilidade, no interior de um marco multicriterial. Esse caminho é o utilizado pela economia ecológica, por meio de uma coleção de referências, tais como consumo *per capita* de água, produção de dióxido de enxofre, de dióxido de carbono, de óxido de nitrogênio, de compostos orgânicos voláteis e de partículas, uso *per capita* de energia para os deslocamentos pessoais, a produção *per capita* de resíduos sólidos e a porcentagem com que são reciclados. Observamos tendências contraditórias em tais parâmetros. Estabelecemos metas para eles e implementamos o que esperamos ser a política mais em conta (ou de custo-efetiva) para alcançarmos esses objetivos. Também podemos elaborar índices que combinam vários indicadores em uma só cifra, como os indicadores compostos de qualidade do ar, ou a "pegada ecológica".

Essa visão ecológica das cidades, atualmente bem conhecida, tem suas raízes na química e na física do século XIX. Isso se torna nítido quando se sabe que o químico Justus von Liebig lamentava a perda de nutrientes na cidade que deixavam de regressar ao solo. Antes da Carta de Atenas e do auge de Le Corbusier, verificava-se uma grande influência da visão ecológica na planificação urbana, particularmente na obra de Patrick Geddes, e, mais tarde, nos Estados Unidos, nas concepções de Lewis Mumford, e na Índia, nas de Radhakamal Mukerjee, que se autodefinia como um ecólogo social. Geddes foi um biólogo e um planificador urbano. Escrevendo para Mumford de Calcutá, em 31 de agosto de 1918, apresentou uma questão relevante quanto à planificação ecológica da cidade. Na sua comunicação sobre a cidade de Indore, Geddes pretendia romper com a ideia convencional de que "tudo escoa para o esgoto" e substituí-la por "tudo segue para a terra". Shiv Visvanathan assegura que o Gandhi dos dias atuais não estaria exclusivamente interessado pelas virtudes da aldeia camponesa.

Gandhi faria [...] do "reciclador" urbano a figura paradigmática da Índia moderna de hoje [...]. Gandhi argumentaria que a ciência da cidade não analisou a contento a questão dos dejetos [...]. Antes de constituírem uma fonte de contaminação, as águas servidas se converteriam em uma fonte de vida e de trabalho. O exemplo clássico era Calcutá. Essa cidade bastante difamada utiliza suas águas servidas para criar as verduras mais refinadas [...] Ao estudar os dejetos, as ciências da cidade recuperam uma visão agrícola do mundo (Visvanathan, 1997: 234-235).

Um índice de insustentabilidade urbana é o da "pegada ecológica", de W. Rees e de Mathis Wackernagel, uma ideia que já estava implicitamente colocada na obra de H. T. Odum dos anos 60 e 70 do século passado. Esse não é meramente um índice neutro da (in)sustentabilidade de um território específico, mas que também insere um conteúdo claramente distributivo. Existe um conflito inevitável entre a cidade e o meio ambiente? Ou, pelo contrário, são as cidades a sede das instituições e a origem das tecnologias que impulsionariam a economia até a sustentabilidade? Por que o movimento da agenda 21 tem se enraizado com mais força em nível local do que em nível regional, nacional ou internacional? Quais são os agentes sociais ativos na cidade a favor ou contra a sustentabilidade? Os indicadores de (in)sustentabilidade urbana podem ser vistos como indicadores de conflitos sociais, potenciais ou reais?

Existiria um debate novo pensando a desurbanização, semelhante ao que se desenvolveu em Moscou em 1930, ao qual o stalinismo, auxiliado por Le Corbusier (conferir sua carta sarcástica endereçada a Moses Ginzburg nesse mesmo ano), colocou um ponto final? Ou, pelo contrário, a cidade seria alvo de uma louvação renovada? Efetivamente, o papel da cidade como origem das inovações tecnológicas e culturais constitui o eixo fundamental do livro *Cities in Civilization* (1998), de Peter Hall. Esse autor possui fé no crescimento econômico com base em taxas de juro composto e também acredita nos ciclos longos de investimento de Kondratieff. Seu livro contesta a visão ecológica pessimista de Lewis Mumford. É uma obra fascinante e dramática que culmina com o triunfo da "nova economia". Tal como sucedeu com o primeiro grupo de fabricantes de automóveis em Detroit, assim também ocorreu com os computadores pessoais. Uma constelação local de capacidades técnicas e empresariais de "fundo de quintal" convertem-se num setor novo e dinâmico da economia. Mas quando nos detemos na realidade concreta, observamos que cidades inovadoras, como, por exemplo, Seattle, constituem também modalidades de expansão urbana baseada no automóvel. Além do mais, muitas dessas cidades não são inovadoras em nada. Em resumo, Peter Hall apenas aborda a noção de sustentabilidade ecológica, ainda que faça menção a um "urbanismo sustentável" (Hall, 1998: 965) e até mesmo ao "desenvolvimento urbano sustentável" (ibid: 620), seja lá o que for que ele queira dizer com isso.

Os principais aspectos que obrigatoriamente discutiremos aqui são: primeiramente, o grau de urbanização da população mundial; e, em segundo lugar, as formas assumidas pela cidade, se são cidades compactas ou se se estendem descontroladamente. Existiu uma relação estreita entre o movimento pelas "cidades-jardim", que floresceu das propostas de Ebenezer Howard em 1900 almejando conter, via implantação de cinturões verdes, o crescimento das conurbações, e a planificação regional de Mumford nos anos 1920 contra o transbordamento suburbano (o termo *urban sprawl* só foi inventado por W. F. Whyte em 1956 e, portanto, ainda não era utilizado por Mumford). A ideia de Howard das "cidades jardim", ou, mais precisamente, sua terminologia, foi frequentemente utilizada no sentido contrário, a saber, para justificar as zonas residenciais suburbanas de classe média e alta. Em 9 de julho de 1926, Mumford escreveu uma carta para Geddes, tentando encontrar palavras novas para a visão de Howard: "Pretendemos descartar o termo 'cidade-jardim'. Cidade regional é nossa proposta atual para substituí-la. Ela surge associada à ideia de uma relação equilibrada com a região, além de um ambiente completo dentro da cidade para o trabalho, estudos, diversão e vida doméstica". Três décadas mais tarde, Munford prosseguia defendendo energicamente a proposta de Howard de construir comunidades relativamente equilibradas, sustentadas por uma indústria local, com uma população permanente com densidade limitada, em terrenos públicos rodeados por áreas de campo dedicadas à agricultura, ao descanso e ao trabalho rural.

> A proposta de Howard reconheceu os fundamentos biológicos e sociais, juntamente com as pressões psicológicas subjacentes na tendência atual rumo aos subúrbios [...] [ele propôs] uma nova classe de cidade a qual denominou "cidade-jardim", não muito pelos seus espaços internos abertos, os quais seriam enquadrados por uma sólida norma suburbana, mas porque estaria assentada em um entorno rural permanente [...] fazendo da área agrícola próxima uma parte integrante da forma da cidade. *Sua invenção de um... cinturão verde, imune à expansão urbana, era um instrumento de política pública para limitar o crescimento lateral, mantendo o equilíbrio urbano-rural* (Mumford, em Thomas, 1956: 395-396).

Desse modo, a cidade-jardim se baseava numa interpretação ecológica da cidade inserida no interior da sua região. O conflito ecológico associado aos cinturões verdes é também um conflito econômico relacionado com a apropriação da renda diferencial desses espaços verdes, ao serem pavimentados e consumidos pela expansão da cidade. Quando o conflito é solucionado em favor da apropriação dessas rendas, resultando num processo de edificações no interior dos cinturões verdes, surgem então impactos ambientais negativos que não estão incluídos na contabilidade crematística.

Mumford foi o autor ecologista estadunidense mais universal de sua época, porque seu tema foi a ecologia das cidades, em particular de Nova York, e, paralelamente, a crítica ecológica da tecnologia. Mumford baseou sua obra em autores como G. P.

Marsh, Patrick Geddes e Ebenezer Howard, que demarcam uma linha coerente do pensamento ecológico. Ele também gostava de reconhecer a influência de Kropotkin. Entretanto, as simpatias de Mumford pelo anarquismo e a sua precoce oposição ante a energia nuclear isolaram-no das principais correntes políticas do seu tempo.

Ainda que Mumford compartilhasse da visão ecológica de Geddes, da cidade como um centro de apropriação e de dissipação de energia – assim como da intensificação do ciclo de materiais – isso, todavia, não o induziu ainda a realizar uma análise empírica do uso de energia e de materiais pelas cidades (Bertini, 1998). Essa análise teve que aguardar a década de 1970, quando o "metabolismo urbano" foi estabelecido como um campo de estudos nas mãos de autores como S. Boyden e K. Newcombe, na sua investigação sobre Hong Kong.

Ruskin em Veneza

Mais uma vez os românticos foram mais científicos do que os racionalistas, levantando questões sobre a ecologia da cidade e também polemizando a respeito da divisão desta em zonas de trabalho, residência e diversão. Enquanto o consumo endossomático de um cidadão alcança 2.500 Kcal por dia, isto é, um pouco mais do que 10 megajoules por dia ou 3,65 gigajoules por ano, o gasto energético de uma pessoa no transporte pessoal numa cidade como Los Angeles durante um ano inteiro, caracterizada pelo *urban sprawl*, alcança por sua vez cerca de 40 gigajoules por ano. Comparativamente, nas cidades compactas, com um sistema de metrô ou de ônibus, uma pessoa consome quatro gigajoules por ano em transporte urbano (índice que inclui andar de bicicleta ou a pé, visto estarem incluídos no gasto energético dos indivíduos na sua conta endossomática).

Patrick Geddes morreu em Montpellier, em 1932, no ano da Carta de Atenas, quando o Ciam (Congresso Internacional de Arquitetura Moderna), sob a direção de Le Corbusier (que recentemente havia saído da polêmica contra a desurbanização de Moscou), assentara os princípios da planificação urbana moderna, num sentido totalmente oposto às ideias de Geddes, à cidade-jardim e ao *regional planning* de Lewis Mumford. O respeito romântico de Patrick Geddes (e também de Camilo Sitte) pelo lugar histórico das cidades, pelas ruas sinuosas, pelas pequenas praças, a exata oposição ao racionalizado modelado urbano quadriculado, foi antecipado em *Pedras de Veneza*,* de John Ruskin. Visto retrospectivamente, essa visão nostálgica, baseada na conservação cultural e na convivência social da pequena cidade, parecia rara. Na realidade, quase todas

---

* N.T.: Nessa obra, *The Stones of Venice* (1851-1853, publicada em três volumes), Ruskin sintetiza sua preocupação com a preservação do patrimônio urbanístico, insurgindo-se contra a restauração de edifícios antigos desrespeitando o traçado original. O autor foi um crítico obstinado da destruição dos espólios arquitetônicos do passado.

as cidades europeias experimentaram a destruição do velho padrão medieval das ruas. Mas em Veneza, esse padrão, como desejava Ruskin, foi preservado e, além disso, muitas casas foram restauradas.

Veneza permanece uma cidade voltada para os pedestres. As crianças caminham até a escola e brincam nas praças sem temerem por atropelamentos. Os carros são impedidos de entrar na ilha de Veneza em razão da decisão de manter os canais. Ruskin desejava que Vezena fosse um modelo a ser seguido numa época em que muitas cidades medievais europeias ainda dispunham da oportunidade de salvaguardar seu caráter urbano. Mas as cidades europeias mudaram de padrão graças à planificação racionalista durante o próprio século XIX e, posteriormente, por causa do automóvel, das bombas da Segunda Guerra Mundial e da fúria corbusiana. Veneza constitui uma notória exceção na Europa. Contudo, ao invés de se tornar um modelo a ser restaurado e copiado, hoje parece tão curiosa quanto um parque temático europeu, onde no lugar de Mickey Mouse encontramos músicos vestidos ao estilo de Vivaldi entre a multidão de turistas.

A escala e as pegadas

Quando as conurbações se convertem em grandes regiões metropolitanas por conta da expansão urbana e se acelera o fluxo de energia e de materiais, os indicadores e índices ambientais em nível municipal e regional podem evidenciar tendências distintas. Tal discrepância constitui um fenômeno bastante europeu,

FIGURA 2: O DESLOCAMENTO DOS CONFLITOS ECOLÓGICOS NAS CIDADES EUROPEIAS

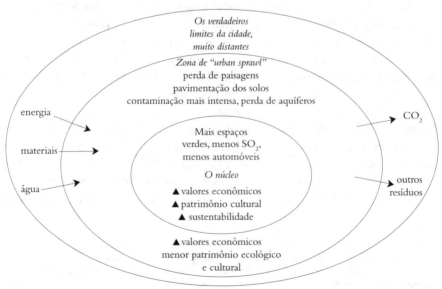

de onde o núcleo central aprimora sua qualidade ambiental (com exceções como Palermo), ao mesmo tempo em que a cidade exporta contaminação e importa energia e materiais (figura 2). Existem muitos outros casos no mundo, Lima, por exemplo, nos quais se verificam tendências negativas em todas as escalas. Tais fenômenos são similares em nível global: os países metropolitanos deslocam a pressão ambiental para a periferia mundial (ver capítulo "A dívida ecológica").

Trazendo para a discussão o caso de Barcelona, chama a atenção o fato de estarmos diante de uma agradável cidade, que ocupa, no sentido administrativo estrito, apenas 100 km², com uma população de 1,5 milhão de habitantes. Barcelona está repleta de valores culturais e econômicos. Durante os últimos vinte anos sua população tem diminuído levemente no interior do território municipal, permitindo um processo de renovação dentro dos bairros antigos. O consumo de água declinou, os espaços verdes aumentaram (novas praias na vila olímpica, novos parques) e a visitação turística aumentou. Poderíamos agora afirmar que Barcelona é mais sustentável, mais bem adaptada à escassez de energia e de materiais? Quem detém o poder de privilegiar um ponto de vista analítico, seja o econômico, o social ou o ambiental, em uma determinada escala do espaço-tempo?

A Grande Barcelona é um semicírculo com um raio de uns 30 km, aglutinando uma população de aproximadamente quatro milhões de pessoas. Esse território constitui um mercado único de trabalho com deslocamentos diários. A rede de transporte público e a particular facilitam estes deslocamentos. De fato, o maior investimento olímpico em 1992 foi a construção de uma via expressa circular que agiliza a entrada e a saída da cidade de automóvel. Esse apanhado refere-se a uma pauta conhecida como *urban sprawl*. No interior da cidade, alguns indicadores ambientais têm explicitado melhorias. Mas ocorre uma maior emissão de dióxido de carbono na conurbação como um todo. O cinturão verde deixou de existir. Nos últimos trinta anos, a pavimentação do solo nos arredores de Barcelona alcançou uma área de cerca de 200 km². O consumo de água cresceu. Há em Barcelona quem defenda o projeto de importar água do rio Ebro ou do Ródano. A conurbação se alimenta do gás e do petróleo extraído da Argélia e de outras regiões, da hidroeletricidade dos Montes Pireneus e da energia nuclear produzida em três grandes centrais situadas a aproximadamente 160 km ao sudoeste de Barcelona. Em fevereiro de 2001, uma mobilização de grandes proporções, independente de partidos políticos, bloqueou os planos de construção de uma nova planta energética na região de Ribera d'Ebre, dessa vez uma central de gás de ciclo combinado de 1.600 MW que seria construída pela Enron.

Através de quais escalas geográficas e temporais deveríamos avaliar a (in)sustentabilidade? Diferentemente da deterioração dos centros de algumas cidades norte-americanas pelo processo do *urban sprawl*, em Barcelona, tal como em outras cidades europeias, a expansão urbana é compatível com a ampliação dos valores culturais e econômicos no centro da conurbação. O turismo certamente ajuda a reforçar essa tendência. Mas, ainda assim, como relacionar o "perfil metabólico" urbano com os principais conflitos ambientais? Em qual escala geográfica? Deveríamos viajar até a paisagem nuclear do sul da Catalunha? Deveríamos ir até a Argélia e ao Marrocos para ver o gasoduto? Deveríamos traçar a rota das emissões de CO_2 da conurbação de Barcelona enquanto essas decantam nos oceanos ou permanecem temporariamente na atmosfera? Deveríamos viajar até fora da conurbação para escutar queixas devido ao ruído das vias expressas ou dos centros de triagem e de incineração de lixo?

O termo coevolução, tal como é utilizado por Richard Norgaard no âmbito da economia ecológica, designa um processo que marca a evolução da cultura humana, sendo inventada a agricultura, com novas variedades de plantas e novos sistemas agrícolas, tudo em um contexto de sustentabilidade e por uma maior complexidade. Todavia, não existem exemplos de mudanças tecnológicas nas cidades com base nos quais se poderia construir uma teoria sobre uma mudança tecnológica endógena *sustentável*. Não há uma tendência interna espontânea no sentido de uma utilização sustentável da energia ou de uma menor geração de resíduos sólidos, até porque os protestos contrários às "externalidades" nas cidades muitas vezes foram deslocados a outros lugares justamente pela mudança de escala. Assim, o *smog* londrino já não existe em Londres, e os peixes nadam novamente no rio Tâmisa. Entretanto, numa escala geográfica mais ampla, outros indicadores ambientais demonstram que a pressão ambiental é ainda maior do que antes.

Por outro lado, em oposição à tese central deste capítulo, é possível argumentar que o próprio crescimento da cidade contribui para a sustentabilidade ecológica, não pelas inovações tecnológicas, mas porque a vida da cidade permite a liberdade do controle da natalidade. Não quero polemizar com esse ponto de vista. Ele tem sua dose de verdade. Em termos históricos existem diferenças entre o comportamento demográfico rural e o urbano. Porém, também existem casos de populações rurais neomalthusianas.

Energia e evolução

Na década de 1880, a suposta contradição entre a evolução biológica e a termodinâmica (o progresso ou, pelo menos, uma maior complexidade contrapondo-se à entropia termodinâmica) foi resolvida através do conhecido aforismo de Boltzmann, pelo qual "a luta pela existência é uma luta pela energia disponível". Alfred Lotka retomou esse tema em seu livro de 1925 sobre a física da biologia e, ao abordar temáticas humanas em algumas passagens, sustentou que a ideia de Boltzman se aplicava às nações que poderiam obter vantagens competitivas com a utilização de uma quantidade maior de energia e, ainda que também tenha escrito que um uso mais eficiente da energia poderia ser vantajoso. O estudo dos fluxos energéticos (e de materiais), levando em consideração as qualidades dos diversos insumos energéticos, é sem dúvida alguma relevante para o estudo da história humana, tanto a rural quanto a urbana. Mas em qual momento seria possível certificar-se de que a importância político-econômica crescente de uma cidade se deve aos amplos fluxos líquidos de energia direcionados para ela? Caso as duas coisas aconteçam simultaneamente, qual delas seria a causa e qual o efeito?

 A análise das causas sociais e econômicas do crescimento ou da sua ausência deve estar articulada com a análise física dos insumos de energia e de materiais, aliada com a análise física da excreção, para entender o metabolismo social das cidades. Observamos como as cidades e os centros das cidades concentram os fluxos energéticos. Tais concentrações são uma consequência, não uma causa, do crescimento das cidades, e dependem da riqueza dos seus cidadãos, dos sistemas de transporte etc. As cidades não crescem ou superam outras cidades simplesmente porque dispõem de mais energia. As cidades crescem em tamanho e em poder político por se tornarem capazes de atrair mais energia. Caso não consigam fazer isso, não crescerão.

 A interpretação de Lotka em termos do chamado "princípio da potência máxima" (um princípio da evolução) é de duvidosa importância para uma história das nações e das cidades, assim como para uma análise prescritiva da ecologia urbana. Se o fluxo de energia em um sistema (uma nação, uma cidade) é maior do que num outro sistema, poderíamos afirmar que o primeiro está mais bem adaptado? Ou está mais mal adaptado? É melhor Nova York do que em Calcutá ou vice-versa, a partir de um ponto de vista evolutivo? Sabemos que nós humanos somos capazes de usar quantidades bem diferentes de energia exomaticamente e, por isso, a ecologia humana é uma história de conflitos intra-humanos. Isso pode ser expresso em termos de adaptabilidade e evolução?

 Pode a informação criada a partir de tais fluxos de energia (possivelmente a um custo alto de "emergia" ou de energia incorporada, como demonstram as "transformidades" de H. T. Odum) compensar um maior gasto energético, reforçando-se assim o sistema? Estamos utilizando metáforas ou explicações históricas? O conteúdo da informação é importante? A informação contida na biodiversidade é de qualidade semelhante à informação produzida nas cidades, na sua significação para as funções e a complexidade do sistema? São reais os *cyborgs*?*

 Afirmamos que, se uma cidade cresce nos nossos dias por intermédio de inovações tecnológicas ou culturais competitivas, provavelmente irá consumir mais energia e materiais. O mesmo irá ocorrer na hipótese de esse crescimento estar

---

* N.T.: Híbridos de máquina e orgânico.

apenas condicionado ao poder político. No entanto, isso difere do que acontecia no passado distante, quando as tecnologias de consumo de energia e de materiais eram diferentes nos diferentes lugares, o que fica claro quando nos detemos, por exemplo, nos estudos da ecologia da antiga cidade de Edo, no Japão.

Não existe, pois uma tendência evolutiva espontânea na direção de uma sustentabilidade ecológica ligada ao crescimento das cidades. Muito pelo contrário. No entanto, os movimentos sociais que se opõem às injustiças ambientais urbanas não passíveis de serem transferidas para outros lugares podem ajudar a efetivar mudanças em prol da sustentabilidade. A seção seguinte e final fornece alguns exemplos referentes à Índia.

Lutas contra a contaminação na Índia e a hipótese de Brimblecombe

Dado que constituem uma minoria, os ativistas ambientais não são capazes de dar conta de todos os problemas. É interessante notar que inexiste no mundo um movimento de destaque voltado contra os automóveis. O fato de os ecologistas serem uma minoria poderia justificar esta lacuna? O químico ambiental e historiador Peter Brimblecombe argumenta (Brimblecombe e Pfister, 1990) que as emissões de dióxido de enxofre normalmente provocam reações sociais porque são originárias de fontes *visíveis* (centrais elétricas a carvão, fundições etc.), ao passo que outros elementos responsáveis pela contaminação do ar (o NOx e o COV – compostos orgânicos voláteis – emitidos pelos carros, precursores do ozônio troposférico*) são mais difusos e por isso mesmo aceitos pacificamente. Por que a reação contra o *smog* de Londres é normalmente mais forte do que a do *smog* de Los Angeles? Uma resposta é que o *smog* londrino, composto principalmente de dióxido de enxofre, era emitido por fontes facilmente identificáveis. Isso permite compreender, por exemplo, "as guerras contra as chaminés" ocorridas no século XIX na Alemanha. Por sua vez, o *smog* de Los Angeles é gerado principalmente por automóveis que circulam ao longo de toda a conurbação. Numa única palavra, ele é difuso. A hipótese de Brimblecombe é muito útil para explicar a razão que inspira os movimentos contrários ao dióxido de enxofre. Porém, forneceria uma explicação plausível justificando a razão de inexistir um movimento ambiental espontâneo contra os automóveis onde quer que seja, mesmo nas cidades do Sul

---

*N.T.: O ozônio *troposférico* não pode ser confundido com o ozônio *estratosférico*. O primeiro é produzido em especial por reações fotoquímicas complexas associadas à emissão de gases pelo homem, frequentemente a partir das grandes cidades. Contrariamente ao ozônio estratosférico, que atua como um filtro de radiação ultravioleta proveniente do Sol e possui sua concentração máxima entre 30 a 40 km de altura (região essa denominada de camada de ozônio), o troposférico concentra-se nas partes mais superficiais do planeta, sendo prejudicial à vida humana.

(incluindo neste conjunto a China), onde a maioria da população não tem carro? Essa lacuna não representa uma oportunidade perdida para o ecologismo dos pobres? Estaria essa situação se alterando em decorrência da expansão dos casos de asma infantil nas cidades e dos movimentos contra o chumbo na gasolina?

Na Índia, as autoridades coloniais tinham regulado a contaminação do ar em Mumbai e em Calcutá em 1860. Em Calcutá, o problema era mais intenso que em Mumbai, pois nessa primeira cidade a falta de ventos era comum durante boa parte do ano. Porém, a partir do momento em que Calcutá passou a desfrutar do acesso ao carvão de Raniganj, a cidade experimentou uma alteração repentina na qualidade do ar. Para M. R. Anderson (1996), a hipótese de Brimblecombe poderia ser aplicada para Calcutá. Nessa cidade, à fumaça do carvão se agregava a que resultava da queima de lenha e do esterco.* Os protestos foram motivados não tanto pelo aumento da quantidade de fumaça, mas contra as novas fontes de emissão, todas muito visíveis: as chaminés das fábricas de juta e também os barcos a vapor. Tal visibilidade explica a nova legislação, promovida pela autoridade colonial com apoio generalizado da população. No entanto, não se pode considerar definitivo esse apoio geral contra a contaminação industrial. Uma melhoria ambiental, quando se efetiva ao custo de uma piora da situação econômica, se desdobra no descontentamento da população pobre. Foi exatamente o que aconteceu nas lutas contra a contaminação em Delhi (Visvanathan, 1999).

Em Delhi os trabalhadores resistiram, a partir de 1985, ao fechamento de unidades industriais ou à sua transferência em cumprimento de uma sentença judicial da Corte Suprema, sob responsabilidade do juiz "verde", Kuldip Singh, com base em uma demanda entabulada por M. C. Metha contra os curtumes que contaminavam o rio. Fundições, fábricas de fertilizantes, siderúrgicas, fábricas de papel e até indústrias têxteis foram fechadas pela Corte. Todas essas instalações eram visíveis. Foi acertado que a força de trabalho dispensada receberia indenizações da indústria. Entretanto, dezenas de milhares de trabalhadores subcontratados foram prejudicados, pois não constavam dos registros oficiais.

Nesse contexto, um empregado da fábrica de têxteis Swantantra Bharat se queixou a respeito da transferência dessas indústrias para além dos limites da Região da Capital Nacional, a chamada NCR,** da forma como segue:

> Neste mundo a divisão é entre ricos e pobres, e são os pobres que devem morrer porque são baratos! Teremos que nos mudar para Tonk [a nova localização da

---

* N.T.: A queima do esterco bovino constitui uma importante fonte de energia residencial na Índia.

** N.T.: Sigla de National Capital Region. Vale ressalvar que essa denominação constitui uma *nomenclatura informal* para a conurbação que inclui por inteiro o Território da Capital Federal de Delhi, assim como cidades satélites das redondezas, tais como Faridabad e Gurgaon, no estado de Haryana, e Noida, Grande Noida e Ghaziabad, em Uttar Pradesh.

indústria], porque a lei é dos ricos [...]. A empresa é poderosa, o governo é dos ricos. Eles pretendem confinar os pobres na cidade. A poluição da cidade é provocada pelos veículos. Ela não é industrial. Como o governo pensa que um homem pobre irá alimentar sua esposa e seu filho? Esses sábios homens da lei, Kuldip Singh e Saghir Ahmad, têm nos trazido desgraça [...]. Ao fazer o que fez, Kuldip Singh não pensou nos setores pobres da sociedade. Por que é necessário sair de NCR e ir até Tonk, onde ainda não existe nada? De uma canetada esse juiz sentenciou milhares de pessoas a viverem tempos muito difíceis. (Visvanathan, 1999:17)

Para esse empregado ou outros como ele em Delhi, ao contrário da hipótese de Brimblecombe, a contaminação difusa provocada pelos automóveis particulares torna-se agora mais visível do que a poluição industrial. Pela mesma razão, o debate sobre a asma tornou-se politicamente mais relevante que o referente ao dióxido de enxofre ou à contaminação da água.

As cifras de uma estatística agrupando diversas fontes de contaminação revelam que, na cidade de Delhi, mais de 75% da contaminação do ar procede do transporte privado e público, somando mais de três milhões de veículos, incluindo os de duas rodas; a contaminação de origem doméstica atende a 12% do total e, por fim, 10% é de origem industrial, sendo a maior parte correspondente a duas centrais termoelétricas (Visvanathan, 1999: 5). As ações oficiais se dirigiram às instalações industriais visíveis. Todavia, a nova visibilidade social conquistada pela contaminação dos veículos, alimentada pelo desalocamento das indústrias e por uma forte campanha por parte do Centro de Ciência e Meio Ambiente (Centre for Science and Environment), determinou uma decisão da Corte Suprema, datada de 28 de julho de 1998, de que a totalidade dos ônibus da cidade e todos os *autorikshaws** fossem convertidos ao uso do gás natural comprimido (GNC) a partir de 31 de março de 2001. Chegado esse dia, aconteceu um caos em Delhi, pois a maioria dos ônibus ainda não tinha sido convertido deixando de circular durante alguns dias. Por sinal, existe um debate sobre a eficácia econômica de converter veículos ao GNC ao invés de utilizar o DAUB (diesel com níveis superbaixos de enxofre), ou ainda o GLP (gás liquefeito de petróleo). Seja como for, a contaminação produzida pelos ônibus e pelos *autorikshaws* aparentemente irá diminuir.[1]

---

* N.T.: O *autorickshaw*, também popularmente conhecido como *auto*, *rickshaw*, *tempo* ou *tuk-tuk*, é um veículo de pequeno porte geralmente dotado de três rodas voltado para locação. Como o próprio nome sugere, os *autorikshaw* são uma versão motorizada dos antigos riquixás das cidades do Extremo Oriente. Constitui um dos principais meios de transporte na Índia, Paquistão, Nepal, Bangladesh, Tailândia, Indonésia, Laos, Camboja e Sri Lanka.

[1] Informe publicado em *India Today*, edição de 16 de abril de 2001, pp. 52-7.

Alguém poderia perguntar, seguindo a linha principal de exposição deste livro, por que inexistem movimentos de ciclistas e de pedestres contra os automóveis particulares, não só devido à contaminação, mas igualmente pelo uso desproporcional do espaço urbano? Recorde-se de que essa ausência de contestação se verifica inclusive nas cidades onde a maioria da população é pobre, que não possui e que nunca será proprietária de um automóvel. Além disso, enquanto a utilização da bicicleta representa um luxo "pós-materialista" nas cidades ricas, ou melhor, um prazer domingueiro para famílias donas de um automóvel, ou então um meio de transporte para meias distâncias conveniente e saudável em cidades bem reguladas, nas cidades indianas, pedalar todos os dias para o local de trabalho entre a fumaça e a ameaça representada pelos ônibus e carros particulares significa uma arriscada obrigação para aqueles que não têm com que pagar o transporte público.

No capítulo seguinte, nos Estados Unidos, em um contexto cultural e econômico diferente do que caracteriza a Índia, diversos outros tipos de conflitos ecológicos urbanos estão inseridos na apaixonante rubrica da "justiça ambiental". Existem conflitos locais nos Estados Unidos em relação à localização dos incineradores urbanos. Também há reclamações contra o armazenamento de dejetos nucleares em Yucca Mountain, em Nevada, transportados para lá a partir das usinas nucleares que produzem eletricidade para as cidades. Tais questões pertencem a sistemas diferentes de compreensão da realidade? As queixas dos ogonis e dos ijaws no Delta do rio Níger contra a extração de petróleo conviveriam num mesmo padrão de compreensão que as cidades dos países ricos para onde o petróleo exportado pela Shell abastece os automóveis e nas quais a Shell mantém seus principais escritórios? Quais são afinal os limites da cidade?

Cabe estabelecer o seguinte princípio: quanto mais próspera é uma cidade, tanto mais capacitada ela estará para apaziguar os conflitos ecológicos distributivos locais, transferindo-os para outras escalas mais ampliadas no espaço e no tempo. Existem exceções a essa regra: cidades grandes e prósperas que conservam no seu interior guetos internos ou periferias pobres.

A JUSTIÇA AMBIENTAL NOS ESTADOS UNIDOS E NA ÁFRICA DO SUL

Desde a década de 1980 e princípio dos anos 1990, a luta pela "justiça ambiental" tem se convertido em um movimento organizado contra o "racismo ambiental". Inicialmente, tal descrição de justiça ambiental se aplicaria somente aos Estados Unidos, embora, como veremos neste capítulo, pode também ser identificada na África do Sul, no Brasil e no resto do mundo.

Existem livros sobre ética que, sob o título de "justiça ambiental" (Wenz, 1998), discutem normas para a atribuição de benefícios e das cargas ambientais entre as pessoas e outros seres vivos. Outra discussão é a que remete à extensão dos princípios de justiça de John Rawls às futuras gerações humanas (sob a suposição, um pouco irreal, de que nos encontramos encobertos por um véu de ignorância no que se refere a qual geração pertencemos) e a atribuição de "direitos" aos animais. Entretanto, "justiça ambiental" é uma expressão que possui maior proximidade com a sociologia ambiental e o estudo das relações étnicas do que com a ética ambiental ou a filosofia. Por exemplo, o catálogo da biblioteca da Universidade de Yale (1992-2000) inclui sob a rubrica de justiça ambiental as obras relacionadas com a igualdade da proteção para todos diante de ameaças de cunho ambiental e à saúde, sem discriminar raça, nível de renda, cultura ou classe social. As obras sobre os direitos dos animais estão catalogadas sob outras rubricas. Os bibliotecários não são propriamente seguidores de modismos. Por definição, reconhecem realidades classificatórias permanentes. A justiça ambiental é, pois, o movimento organizado contra o "racismo ambiental", isto é, a distribuição desproporcional de resíduos tóxicos junto às comunidades latinas ou afro-americanas em situações urbano-industriais, no interior dos Estados Unidos. Também se aplica às áreas das reservas dos povos indígenas dos Estados Unidos, particularmente no contexto dos resíduos nucleares e da mineração do urânio. Na realidade, a terminologia "justiça ambiental" poderia ser aplicada aos conflitos históricos associados ao dióxido de enxofre, aos casos do Chipko e de Chico Mendes, à utilização dos reservatórios e dos depósitos temporários de dióxido de carbono, aos conflitos relacionados aos atingidos por barragens, à luta pela preservação dos mangues e muitos outros casos ao redor do mundo, que às vezes possuem ligação com a questão racial e eventualmente não.

Os conflitos ecológicos distributivos, tal como são analisados neste livro, correspondem aos conflitos sobre os princípios de justiça aplicáveis às cargas de contaminação e ao acesso aos recursos e serviços ambientais. Por exemplo, existem obrigações morais e legais quanto às emissões de gases geradores de efeito estufa, no mesmo sentido de que existem obrigações a respeito do limite de 200 milhas para as zonas de pesca ou quanto às emissões de CFC? Pensando essa questão, a atribuição de licenças de CO_2 no interior da União Europeia, permitindo que Portugal, Espanha, Grécia e Irlanda expandam suas emissões, poderia ser avaliada como uma aplicação de um princípio de justiça distributiva ambiental. Por outro lado, a cota de CO_2 da União Europeia no Protocolo de Quioto representa uma injustiça internacional porque todos os países da União já estão muito acima da média mundial *per capita* de emissões de dióxido de carbono. Tais obrigações emergem apenas de tratados ratificados, isto é, da lei positiva, ou existiriam princípios gerais de justiça ambiental internacional? Esses poderiam ser aplicados a empresas como a Unocal e a Texaco? Sem dúvida, o conceito sociológico de "justiça ambiental" abre um amplo espaço de debate filosófico sobre os princípios da justiça ambiental. Nesta publicação, detive-me nos marcos do terreno sociológico.

Lutando contra o racismo ambiental

O movimento pela justiça ambiental nos Estados Unidos (Bullard, 1990 e 1993; Pulido, 1991 e 1996; Bryant e Mohai, 1992;, Bryant, 1995; Sachs, 1995; Gottlieb, 1993; Szasz, 1994; Schwab, 1994; Westra e Wenz, 1995; Dorsey, 1997; Faber, 1998; Dichiro, 1998; Camacho, 1998, e Taylor, 2000) é muito diferente das duas outras correntes anteriores que marcaram o ambientalismo nesse país, a saber, a do uso sustentável e eficiente dos recursos naturais (Gifford Pinchot) e o culto ao silvestre (John Muir). Como um movimento consciente de si mesmo, a justiça ambiental luta contra a distribuição desproporcional de dejetos tóxicos ou a exposição diante de diferentes formas de risco ambiental em áreas predominantemente povoadas por populações afro-americanas, latinas ou indígenas. O discurso empregado por esse movimento não é o das externalidades ambientais não compensadas, mas sim o referente à discriminação racial, cuja repercussão política é muito poderosa nos Estados Unidos devido à larga tradição das lutas pelos direitos civis. Objetivamente, o movimento organizado pela justiça ambiental se enraíza antes nas mobilizações referentes aos direitos civis do que nas lutas ambientais propriamente ditas. Recorde-se, nesse sentido, de que a última viagem de Martin Luther King para Memphis, Tennessee, em abril de 1968, tinha por meta conquistar melhores condições de trabalho para os coletores de lixo, cuja saúde estava exposta a sérios perigos.

Aliás, alguns dos colaboradores diretos de Martin Luther King estavam entre as quinhentas pessoas conduzidas para a prisão no episódio que deu início ao movimento pela justiça ambiental, ocorrido em 1982 em Afton, no Condado de Warren, na Carolina do Norte (Bullard, 1993). Nessa localidade, o governador Hump decidiu implantar um depósito para resíduos de policlorobifenilos, o PCB.* Sua população era de 16 mil habitantes, dos quais 60% era composta por afro-americanos, a maioria dos quais vivendo abaixo da linha de pobreza. Uma luta local, NIMBY – um acrônimo de *not in my backyard*** –, converteu-se, assim que chegaram os primeiros caminhões em 1982, em um massivo protesto não violento apoiado nacionalmente. No entanto, a mobilização não triunfou. De qualquer modo, foi nessa ocasião que nasceu o movimento pela justiça ambiental. Fato evidente, ele tem suas origens no movimento pelos direitos civis dos anos 1960, assim como no movimento sindical encabeçado pelo United Farm Workers (Trabalhadores Agrícolas Unidos), fundado por César Chávez e Dolores Huerta, atuante na greve contra os viticultores da Califórnia (os quais faziam uso de praguicidas proibidos), e que temporariamente se aliou em 1968 ao Environment Defense Fund (EDF), pela proibição do DDT para proteger a saúde dos pássaros e dos humanos.

No Terceiro Mundo, a questão socioambiental mais instigante durante a década de 1980 era a que polemizava sobre a existência de um ambientalismo indígena em paralelo a um ecologismo dos pobres. Essa indagação foi formulada pela primeira vez na Índia e no Sudeste Asiático e posteriormente na América

---

* N.T.: Os policlorobifenilos integram um grupo de produtos químicos largamente utilizados em equipamentos elétricos como transformadores e condensadores. No entanto, suas características de periculosidade para a saúde humana e para o ambiente os incluem entre os Poluentes Orgânicos Persistentes (POP) listados no Protocolo de Estocolmo em maio de 2001, implicando a necessidade de uma estratégia de descarte adequado protegendo o meio natural e a saúde humana.

** N.T.: Literalmente "não no meu quintal".

Latina, no contexto do episódio da defesa dos recursos comunitários contra o Estado ou em oposição ao mercado. Nos Estados Unidos, a interrogação era se a vigorosa corrente ambientalista principal se dignaria a reconhecer a existência do "racismo ambiental" e se aceitaria trabalhar com minorias cuja preocupação principal estava centrada na contaminação urbana. Por que, no final das contas, existia uma ausência quase total de cidadãos negros nos corpos diretivos do Sierra Club e de outras organizações ambientais coletivamente reconhecidas como "as dez maiores"? O movimento pela justiça ambiental das "pessoas de cor",* farto do ambientalismo "branco", insistindo nos problemas urbanos e ignorando o fato de que muitas das florestas pluviais dos trópicos constituem matas povoadas e civilizadas, manifestou-se contrariamente a palavras de ordem do tipo "salvemos as florestas tropicais úmidas". Apenas algumas das organizações mais importantes, como o Greenpeace e o Earth Island Institute (esta última fundada por David Brower em São Francisco) responderam rápida e favoravelmente ao desafio enunciado pelo movimento pela justiça ambiental.

Em 1987, a Comissão para a Justiça Racial da Igreja Unida de Cristo publicou um estudo sobre as características raciais e socioeconômicas das comunidades que abrigavam depósitos de resíduos tóxicos. Outros estudos confirmaram ser mais provável que afro-estadunidenses, nativos estadunidenses, asiáticos estadunidenses e latinos habitassem, numa proporção maior do que outros grupos étnicos, locais próximos das instalações de lixo tóxico. Concluíram também que as multas impostas por violações às normas ambientais em áreas habitadas por população de baixa renda ou por gente de cor eram significativamente menores do que as aplicadas nos bairros de população branca. Sob a bandeira da luta contra o "racismo ambiental" (termo introduzido pela primeira vez pelo reverendo Benjamin Chavis), segmentos de baixa renda, membros da classe trabalhadora e grupos de pessoas de cor fundaram o movimento pela justiça ambiental, conectando os problemas ecológicos com a iniquidade racial e de gênero e também com a pobreza.

Existem muitos outros casos de ativismo ambiental local nos Estados Unidos com base em grupos de cidadãos e de trabalhadores fora do movimento de justiça ambiental (Gould et al., 1996), alguns dos quais agremiando mais de cem anos de história em diversas lutas pela saúde e segurança nas minas e nas fábricas, quiçá igualmente nas denúncias contra a utilização de praguicidas nas plantações de algodão no sul desse país. Uma dessas lutas foi a conhecida

---

* N.T.: Recorde-se de que essa expressão, apesar de largamente difundida em passado recente em países como os EUA e o Brasil, tem sido questionada por setores do movimento negro. Mesmo endossada por entidades negras, há uma forte tendência de substituir essa terminologia por conceitos que conotam a origem geográfica e/ou cultural. Por exemplo: afro-americano, afro-peruano, afro-brasileiro etc.

mobilização contra os dejetos tóxicos em Love Canal, no estado de Nova York, liderada por Lois Gibbs (Gibbs, 1981, 1995), que posteriormente esteve à frente de um movimento nacional de "lutas contra os tóxicos", deixando claro que as comunidades pobres não mais aceitavam ser transformadas em depósitos de lixo (Gottlieb, 1993 e Hofrichter, 1993). Na história do movimento "oficial" pela justiça ambiental constam episódios memoráveis de ação coletiva liderados por mulheres contra os incineradores (devido aos perigos incertos das dioxinas), particularmente em Los Angeles. Um trabalho de consultoria da Cerrel Associates trouxe à luz em 1984 um estudo enfocando as dificuldades políticas para alocar incineradores de resíduos sólidos domésticos na Califórnia, recomendando áreas com baixa consciência ambiental e pequena capacidade de mobilização social para abrigar tais instalações. Foi surpreendente constatar o surgimento de oposição em locais inesperados, como a do Concerned Citizens of South Central Los Angeles (Cidadãos Preocupados do Centro Sul de Los Angeles), ocorrido em 1985. Também na década de 1980 surgiram grupos como o People for Community Recovery (Pessoas para a Recuperação Comunitária), no sul de Chicago (Altgeld Gardens), liderado por Hazel Jonson, e a West Harlem Environmental Action, WHEACT (Ação Ambiental do Oeste do Harlem), em Nova York, liderado por Vernice Miller. Além disso, foi formada a South West Network for Economic and Environmental Justice, SNEEJ (Rede do Sudoeste para a Justiça Econômica e Ambiental), formada por mexicanos e norte-americanos nativos sob a liderança de Richard Moore, com sede em Albuquerque, Novo México. A assinatura de Moore foi a primeira a constar da famosa carta enviada em janeiro de 1990 às "dez grandes" organizações ambientalistas dos Estados Unidos pelos líderes de organizações que representavam os afro e os hispano-estadunidenses. Essa carta alertava que as organizações "brancas" não seriam capazes de construir um movimento ambiental forte na eventualidade de não enfrentarem o problema das áreas de descarte de resíduos tóxicos e dos incineradores nas "comunidades do Terceiro Mundo" situadas no interior dos Estados Unidos. Também sublinhou a ausência de "pessoas de cor" nas principais organizações ambientais.

Em outubro de 1991, a Primeira Conferência Nacional de Lideranças Ambientais das Pessoas de Cor foi realizada em Washington D.C., sendo proclamados os Princípios da Justiça Ambiental. O movimento pela justiça ambiental começou então a ser reconhecido. Nos Estados Unidos, os ativistas da justiça ambiental desenvolveram investigações estatísticas para provar que a raça é um bom indicador geográfico de carga ambiental. A Ordem Executiva n. 12.898, de 1994, sobre justiça ambiental emitida pelo presidente Bill Clinton representou um triunfo para o movimento. Por meio desse instrumento legal, determinou-se que todas as agências federais – ainda que não as empresas privadas e os cidadãos especificamente – atuassem de maneira tal que não recaíssem cargas desproporcionais de contaminação sobre populações minoritárias e de baixa renda em todos os territórios e possessões dos EUA. Desse modo, tanto a pobreza quanto a raça são assumidos enquanto referência. Por outro lado, nada foi colocado a respeito de impactos transcorridos fora dos Estados Unidos. Feliz é o país no qual "indivíduos de baixa renda" são entendidos como uma minoria, ao lado das "minorias raciais" ou coincidindo com elas.[1]

A justiça ambiental tem se convertido em uma forma reconhecida de representar os problemas de contaminação urbana nos Estados Unidos. Isso se deve à mobilização social. Fora dos Estados Unidos, o "racismo ambiental" normalmente não tem se configurado como parte do vocabulário explícito dos protestos contrários à contaminação, privatização ou estatização de recursos comunitários. O racismo não constitui um discurso universal. Assim, Ken Saro-Wiwa não utilizava o discurso do "racismo ambiental" contra o governo militar da Nigéria. Fazia uso da terminologia dos direitos territoriais indígenas e dos direitos humanos. A despeito disso, poderia seguramente ter utilizado a linguagem do racismo ambiental contra a Shell. Na realidade, os atores dos conflitos ambientais distributivos utilizam diversos vocabulários. O discurso do "racismo ambiental" é poderoso. Ele pode ser utilizado em muitos casos de injustiça ambiental, mas não em todos. Por exemplo, a luta no vale do rio Narmada não faz uso desse tipo de discurso.

A insistência no "racismo ambiental" às vezes surpreende os analistas de fora dos EUA. De fato, vários acadêmicos estrangeiros se negam a reconhecer o elemento racial, proclamando claramente que "se lhes for pedido nomear uma data para o início do movimento pela justiça ambiental nos Estados Unidos, essa bem que poderia ser 2 de agosto de 1978, dia em que as redes de televisão CBS e ABC difundiram pela primeira vez a notícia sobre o impacto dos resíduos tóxicos para a saúde das pessoas em um local chamado Love Canal" (Dobson, 1998: 18). No entanto, a população de Love Canal, liderada por Lois Gibbs, não era formada por pessoas de cor. Eram brancos, tal como são entendidas as categorias raciais nos Estados Unidos. Portanto, eram vítimas de um "racismo ambiental" antes metafórico do que real. Afinal, o cerne da queixa se relacionava com o descarte do PCB. Mas, por outro lado, há acadêmicos não estadunidenses que estão de acordo com a interpretação de que a luta por justiça ambiental nos Estados Unidos é

---

[1] Uma reunião pública em 20 de junho de 2000 do fórum Comitê da Asma realizada a poucas quadras do local em que estava escrevendo este livro, indagava: "Por que a asma nas crianças de New Haven é três vezes maior do que a média nacional?". Informação adicional viria a ser proporcionada pela Rede de Justiça Ambiental de New Haven (Connecticut).

verdadeiramente um movimento contra o "racismo ambiental". Eu pessoalmente também estou de acordo. Considera-se que o episódio inicial (Low y Geeson, 1998:108) aconteceu em 1982 no Condado de Warren, na Carolina do Norte. Em princípio, alguém poderia argumentar que o movimento pela justiça ambiental se iniciou faz muito tempo em centenas de outros momentos, em lugares situados em toda a extensão do globo. Poderia ser, por exemplo, o caso da Andaluzia no dia 4 de fevereiro de 1888, quando em Rio Tinto mineiros e camponeses foram massacrados pelo exército; ou quando, há cem anos, Tanaka Shozo se lançou diante do carro do imperador com uma petição em suas mãos; ou nos Estados Unidos, no Wisconsin e não na Carolina do Norte, nas lutas contra empresas mineradoras protagonizadas por povos nativos e ambientalistas nos anos 1970 e 1980 (Gedicks, 1993); de resto, em muitos outros enfrentamentos de resistência dos nativos americanos, desde o Canadá até a Terra do Fogo. Qual evento poderá ser considerado o Primeiro de Maio ou o Oito de Março da justiça ambiental ou do ecologismo dos pobres? O dia do assassinato de Chico Mendes? Ou seria o de Ken Saro-Wiva? O dia do desastre de Bhopal em 1984? Ou então o dia em que agentes franceses afundaram o barco do Greenpeace, o Rainbow Warrior, na Nova Zelândia, provocando a morte do seu cozinheiro português? Ou quando morreu Karunamoi Sardar defendendo sua aldeia em Horinkhola, Khulna, Bangladesh, no dia 7 de novembro de 1990?

Robert Bullard escreveu em 1994:

> O movimento pela justiça ambiental tem avançado muito desde o dia de seu nascimento, há uma década no Condado de Warren, uma área rural habitada principalmente por afro-estadunidenses. [...] Ainda que os manifestantes não tenham conseguido impedir o despejo de PCB, chamaram a atenção nacional para as desigualdades da distribuição dos resíduos tóxicos, impulsionando os líderes das igrejas afro-estadunidenses e dos movimentos de direitos civis em apoio à justiça ambiental.

Na realidade, este movimento inventou uma potente combinação de palavras, "justiça ambiental" (ou ecojustiça: Sachs, 1995), desviando no cenário americano o debate ecológico da preservação e conservação da natureza para a justiça social, desmantelando a imagem dos protestos ambientais do tipo "não no meu quintal" (ou seja, NIMBY), convertendo-os para lutas do tipo "em nenhum quintal" (isto é, NIABY*), ampliando o círculo de pessoas implicadas na política ambiental.

Enfatizando o "racismo", a justiça ambiental prioriza a incomensurabilidade dos valores. Essa é sua conquista mais importante. Se eu sou responsável pela contaminação de um bairro pobre, posso, ao aplicar o Princípio

---

* N.T.: *Not in anybody's backyard*.

do Poluidor Pagador, de algum modo compensar pelo dano provocado. Entretanto, isso resulta mais fácil de ser escrito do que ser implementado, pois quanto vale a saúde humana? No entanto, o Princípio do Poluidor Pagador implica que, ao menos em tese, uma má distribuição ecológica pode ser compensada por uma melhor distribuição econômica. O objetivo, certamente, é tornar a contaminação tão onerosa que seus patamares sejam diminuídos com o concurso das mudanças tecnológicas ou por um nível mais baixo de produção poluidora. Seja qual for o objetivo, o Princípio implica uma única escala de valores. Já o mesmo problema, explicitado em termos de um "racismo ambiental", conquista uma natureza diferente. Posso infligir a dignidade humana ao lançar mão de uma agressão configurada através da discriminação racial. Pagar uma multa não me dá o direito de repetir tal comportamento. Isso porque inexiste uma compensação real. Simplesmente em razão de que dinheiro e dignidade humana não são equiparáveis.

Robert Bullard, acadêmico e ativista, notou anos atrás o potencial do movimento pela justiça ambiental ultrapassando os marcos das populações "minoritárias" dos Estados Unidos. Em 1994, Bullard afirmou que:

> Após décadas de enfrentamentos, os grupos de base converteram-se no centro do movimento de justiça ambiental, explicitando-se de modo multifacetado, multirracial e multirregional. Diversos grupos comunitários começaram a se organizar e a vincular suas lutas com o temário dos direitos humanos e civis, com os direitos sobre a terra e a soberania, sobrevivência cultural, justiça racial e social, assim como associá-los ao desenvolvimento sustentável... Fossem oriundos de bairros ou de guetos urbanos, "focos" rurais de pobreza, reservas indígenas estadunidenses, ou das *comunidades de Terceiro Mundo*, os grupos de base estão exigindo o fim das políticas ambientais e de desenvolvimento injustas e insustentáveis.[2]

Por conseguinte, o que Robert Bullard afirma é que a justiça ambiental é funcional com a sustentabilidade, fazendo sentido para os pobres de todas as partes, incluindo, é óbvio, as comunidades do Terceiro Mundo. Essa apreciação tem por pressuposto milhões de pessoas. Pregando com base nessa perspectiva, o próprio Bullard contribuiu para que no Brasil fosse constituída uma nova Rede Brasileira de Justiça Ambiental em 2001. Essa rede aglutina sindicalistas, movimentos urbanos e rurais, assim como ativistas ecológicos (www.justicaambiental.org.br).

Além de Bullard, a importância do vínculo entre a crescente globalização da economia com a degradação ambiental sofrida por muitos povos foi assinalada

---

[2] R. Bullard, *Directory, People of Colour, Environmental Groups, 1994-1995*, Environmental Justice Resource Centre, Universidad de Clark, Atlanta, Geórgia.

por muitos outros atores do movimento pela Justiça Ambiental dos Estados Unidos. Um laço une estreitamente a degradação ambiental e os direitos humanos e civis:

> Em muitos espaços habitados por negros, por pessoas pertencentes a minorias e ocupados por pobres ou indígenas, se extrai petróleo, madeira e minerais, com isso devastando-se os ecossistemas, destruindo-se as culturas e as fontes de subsistência. Os resíduos das indústrias de alta e baixa tecnologia – muitos dos quais são tóxicos – têm contaminado a água subterrânea, os solos e a atmosfera. Tal degradação do meio ambiente, seus impactos para a saúde e o bem-estar humanos são observados com intensidade cada vez maior como uma violação dos direitos humanos.

Enquanto os projetos de mineração, silvicultura, perfuração de petróleo e disposição final de dejetos se estendam até os últimos rincões, os direitos básicos das pessoas de todo o mundo são violados, perdem suas fontes de sustento, suas culturas e até mesmo suas vidas. "A degradação ambiental em nível global, e o que denominamos nos Estados Unidos de 'racismo ambiental', constituem violações dos direitos humanos, ocorrendo por razões semelhantes."[3]

Nos Estados Unidos, o estado da Luisiana é um dos lugares onde o "racismo ambiental" é mais recorrente. No seu território, entre Nova Orleans e Baton Rouge, é encontrado o "Cancer Alley", isto é, o beco do câncer. Comunidades como Sunrise, Reveilletown e Morrisonville, praticamente coladas nas grades de empresas como a Placid Refinery, Georgia Gulf e a Dow Chemical, "foram literalmente apagadas do mapa, e seus habitantes sofreram com a perda em caráter definitivo dos seus lares depois de anos de lutas".[4] No entanto, registram-se vitórias em outros contextos, como por exemplo a de maio de 1997 contra a Louisiania Energy Services Inc., ocasião em que a Comissão Nuclear Reguladora dos Estados Unidos negou permissão para essa empresa instalar uma planta de enriquecimento de urânio entre duas comunidades de afro-estadunidenses, Forest Grove e Center Springs; e no caso da Shintech, datado de setembro de 1997, quando uma empresa japonesa pretendia construir, em uma pequena comunidade rural afro-americana chamada Convent, uma unidade de grandes dimensões para fabricar cloreto de polivinila.* As comunidades lutaram durante anos (nove em um caso, três no outro) para frear esses planos, incorporando a Ordem Executiva n. 12.898 de 1994 entre

---

[3] Deborah Robinson, diretora da International Possibilities Unlimited, Washington D.C., "Environmental Destruction at Home and Abroad: The importance of Understanding the Link", 1999 (www.preamble.org/environmental-justice).

[4] Kathryn Ka Fluwellen e Damu Smith, "Globalisation: reversing the global spiral", 1999 (www.preamble.org/environmental-justice).

* N.T.: Material utilizado para fabricar tubos e conexões, materiais de uso médico, embalagens, brinquedos etc., sendo mais conhecido pela sigla PVC. Concentrações inadequadas de substâncias presentes no PVC podem trazer complicações para a saúde humana e para o meio ambiente em geral.

suas estratégias legais. Essa portaria não pode se fazer cumprir diretamente como lei, mas determina que as agências reguladoras a levem em conta nas suas decisões a respeito da construção de instalações. A persistência do racismo ambiental – pelo qual o direito a um entorno ambientalmente saudável é afetado por conta de decisões públicas que permitem novas instalações industriais perigosas e reservando dejetos tóxicos para comunidades predominantemente habitadas por afro-estadunidenses, assim como indígenas ou latinas – tem induzido à sugestão, por parte de alguns advogados, da aplicação de tratados internacionais de direitos humanos nos Estados Unidos.[5]

Não obstante, sem negar a crescente internacionalização do movimento de Justiça Ambiental dos Estados Unidos, e sua consciência de que as injustiças ambientais não estão dirigidas exclusivamente contra os afro-americanos, por que então não se reconhece Lois Gibbs como fundadora desse movimento na década de 1970 em Love Canal? Por que o nascimento oficial do movimento é identificado na Carolina do Norte em 1982? A resposta está na questão da raça, um princípio importante na constituição social estadunidense.[6] Contudo, nos Estados Unidos, ao mesmo tempo em que há racismo, há também uma forte corrente antirracismo. A raça é uma referência de importância prática para explicar, além da controvertida geografia dos depósitos de lixo tóxico e as taxas carcerárias, os padrões residenciais e escolares. Estabelecer um vínculo entre o movimento não violento pelos direitos civis dos anos 1970 e a crescente consciência ambiental das décadas de 1970 e 1980 resultou atraente por razões instrumentais. A legislação proíbe a discriminação racial (de acordo com o Título VI da Lei Federal dos Direitos Civis de 1964). Entretanto, para explicitar a manifestação de racismo, não é suficiente comprovar que o impacto ambiental é diferente (por exemplo, que o nível de chumbo no sangue das crianças varia de acordo com a raça), mas igualmente que existiu uma intenção de provocar comprometimentos em um grupo minoritário.

Em razão das incertezas relacionadas com os perigos ambientais mencionados no capítulo "Índices de (in)sustentabilidade e neomalthusianismo" sob a rubrica de ciência "pós-normal", e devido às dificuldades estatísticas para separar fatores raciais e econômicos nas decisões sobre a plotagem de resíduos tóxicos – diferenciando estatisticamente racismo ambiental do princípio de Lawrence Summers* –, a determinação em evidenciar o racismo ambiental

---

[5] Monique Harden, Nancy Abudu e Jaribu Hill, "International Law: A remedy for US environmental racism, 1999 (www.preamble.org/environmental-justice).

[6] Por exemplo, ao obter um carnê de seguridade social nos Estados Unidos, é solicitada a classificação como parte de um grupo racial, e, não fosse isso suficiente, apenas em um deles.

* N.T.: O economista norte-americano Lawrence Summers (1954), PhD em economia por Harvard e membro da mais alta hierarquia do Banco Mundial, propôs, em 1991, num documento para uso interno da instituição, com base numa argumentação estritamente econômica, estimular a transferência das indústrias contaminantes e o envio de lixo tóxico para os países pobres.

engendrou a rica prática da "epidemiologia popular" (Novotny, 1998). A "epidemiologia popular" constitui um rol de iniciativas nas quais a população coleta os dados científicos e demais informações de interesse e, além disso, faz levantamentos dos resultados fornecidos pelos especialistas oficiais, para posteriormente desafiá-los em petições judiciais relacionadas com a contaminação tóxica. Trata-se de casos de avaliação levados adiante por "não especialistas". Pode bem ser que seja notória a dificuldade em comprovar estatisticamente que a raça mais do que a pobreza contribui para explicar a localização dos dejetos tóxicos. Entretanto, na hipótese da demonstração ser convincente, então as possibilidades de obter justiça serão maiores.

O movimento pela justiça ambiental é, pois, um produto específico dos Estados Unidos. Nesse país, ele tem promovido o deslocamento do debate ambiental, com ênfase no "mundo selvagem" e na "ecoeficiência" para o patamar da justiça social (Gottlieb, 1993). Ainda que esse tenha se estruturado em torno de um grupo de ativistas de cor, o movimento abarca também conflitos sobre riscos ambientais que afetam os pobres em geral, independentemente da sua cor. Em nível internacional, lentamente está se vinculando ao Terceiro Mundo (Hofrichter, 1993). Tenho, entretanto, uma queixa sobre o movimento "oficial" pela justiça ambiental dos Estados Unidos, centrada na sua insistência nas "minorias". O movimento trabalhou com a administração Clinton-Gore para diminuir as ameaças ambientais para os grupos minoritários dos Estados Unidos. Entretanto, ao enredar-se nas comissões governamentais, deixou de lado sua participação em um movimento global pela justiça ambiental. O movimento não foi um ator de destaque nas grandes celebrações ambientalistas dos anos 1990 como a do Rio de Janeiro em 1992, de Madri em 1995 (campanha "50 Anos Basta", contra o FMI e o Banco Mundial), ou Seattle, sequer marcando uma presença de destaque no Encontro Rio+10 em Johannesburgo, em 2002. O movimento ainda não se pronuncia com força a respeito das mudanças climáticas globais ou sobre a *Raubwirtschaft* globalizada. A defesa das "minorias" possui em nível mundial uma eficácia menor, a menos que decidamos observar o mundo através de um prisma estadunidense, aplicando o linguajar racial dos EUA em nível universal, classificando, nessa ordem de preocupações, a maioria da humanidade como "minorias".

Existem conflitos ambientais distributivos no mundo – como, por exemplo, o conflito europeu a respeito dos riscos nucleares explicitado nos famosos enfrentamentos de Gorleben ou de Creys-Malville, a polêmica europeia contra a "carne com hormônios" procedente dos EUA, o conflito sobre a represa das Três Gargantas, na China – para cuja análise e resolução a metáfora do "racismo ambiental" faria pouco sentido. Por outro lado, poderíamos retrospectivamente aplicar o qualificativo de "racismo ambiental" para a atitude dos espanhóis na América, os quais impuseram uma terrível carga de envenenamento com mercúrio aos trabalhadores das minas de prata (Dore, 2000) e que, em algumas áreas, destruíram a agricultura indígena com "a praga das ovelhas" (Melville, 1994). É possível desenvolver investigações sobre diversos casos do ambientalismo indiano cujos protagonistas foram grupos tribais ou Dalits, enquanto na América Latina o racismo ambiental poderia constituir uma linguagem compatível para os conflitos até o presente momento classificados sob a bandeira dos direitos territoriais indígenas.

Os ativistas e advogados que apoiaram a "ação de classe" contra a Texaco acusaram essa empresa de "racismo ambiental" em anúncios publicados nos jornais norte-americanos em 1999. É preciso levar em conta que essa linguagem, tão efetiva nos Estados Unidos, não foi utilizada quando o caso foi desencadeado em 1993. Além disso, seria problemático, ainda que não impossível, aplicar a terminologia para a sucessora da Texaco, a Petroecuador, que utiliza tecnologia semelhante provocando danos não só para povos indígenas como também para colonos mestiços do Equador. Quiçá poderíamos aplicar contra a Petroecuador, assim como para as autoridades nigerianas, a terminologia "colonialismo interno" (Adeola, 2000). Ao mesmo tempo, reservaríamos o termo "racismo" para a Texaco no Equador e para a Shell na Nigéria. Aproveitando a publicidade negativa contra a Texaco resultante de uma sentença por racismo interno em razão de reclamatória encaminhada por empregados negros dessa empresa nos Estados Unidos (finalizando numa negociação que acordou o pagamento de 176 milhões de dólares), alguns simpatizantes, juntamente com os demandantes equatorianos, publicaram um anúncio no *New York Times* (23 de setembro de 1999), no qual se ponderava:

> O veredicto alega que a Texaco, no Equador, derramou água envenenada produzida pela perfuração dos poços petrolíferos diretamente no solo, em rios próximos, vertentes e poços. A companhia destruiu conscientemente o meio ambiente e colocou em perigo a vida da população indígena que ali havia vivido e pescado durante anos. Essa gente é de cor, cuja saúde e bem-estar têm sido tratados com despreocupada indiferença pela Texaco [...]. Chegou a hora de a Texaco aprender que desvalorizar a vida e o bem-estar das pessoas devido à cor da sua pele já não é aceitável para qualquer companhia estadunidense.

Um país sem campesinato

Os Estados Unidos abrigam as companhias transnacionais mais contaminantes, contam com a mais alta produção *per capita* de dióxido de carbono, com o movimento de preservação da vida selvagem mais influente do mundo e, provavelmente, com o mais forte movimento pela ecoeficiência, competindo nesse quesito inclusive com a Europa. Por que então essa nação não teria o movimento pela justiça ambiental mais forte? Tudo nos Estados Unidos é melhor. Ali estão os melhores capitalistas e os melhores anarquistas. Não obstante, esse país carece de alguns atrativos naturais, tais como elefantes, tigres e leões selvagens. Também estão ausentes alguns atrativos culturais e, mais relevantes para o nosso tema, faz-lhe falta um movimento *camponês* para controle e manejo sustentável dos recursos comunitários ameaçados pela apropriação privada ou estatal. O movimento pela justiça ambiental nos Estados Unidos tem incorporado denúncias sobre a exposição de trabalhadores agrícolas imigrantes a praguicidas. Porém, não tem incentivado a agroecologia nem nos EUA, e tampouco no resto do mundo. A maioria dos agricultores "orgânicos" dos Estados Unidos é constituída por neorrurais brancos. Wencell Berry, Wes Jackson, entre outros autores, têm engrossado o coro em favor do regresso à agricultura e pelo renascimento das comunidades rurais. Paralelamente, sem dúvida existe uma longa tradição de crítica às "fábricas nos campos".

> A maioria dos escritores que condenaram as vastas monoculturas do Oeste era consciente do vínculo entre a espoliação do solo e o roubo da mão de obra rural. Contudo, talvez ninguém melhor do que Carey McWilliams expressou tão clara e poderosamente este fato (1939, 1942) [...]. A agricultura intensiva diminuía as fontes de água e esgotava os solos. Os diaristas morriam de desidratação e por conta da inalação de praguicidas. McWilliams lutou pelo direito dos trabalhadores à organização e negociação coletiva, defendendo assentamentos utópicos radicais como o de Kaweah, cujos membros deram início a hortas cooperativas e métodos de silvicultura sustentável. Vinte e cinco anos mais tarde, César Chávez e Dolores Huerta se inspirariam no radicalismo de McWilliams na sua luta contra os viticultores.[7]

Mesmo sem esquecer as lutas desenvolvidas nas últimas décadas, os Estados Unidos carecem de um campesinato. Na Califórnia e na Flórida, a agricultura dependia dos trabalhadores imigrantes. No sul do país, depois da guerra civil, não foi implementada uma reforma agrária radical, ocorrendo exatamente o contrário: a Reconstrução. De qualquer modo, os camponeses sulistas retiraram-se do campo há muito tempo. Em contraste, na América Latina, não somente no México, Guatemala e nos Andes, mas igualmente num país como o Brasil (que não conta com a profunda tradição de agricultura indígena desses outros países), encontramos agora o Movimento dos Trabalhadores Rurais Sem-Terra, o MST, um movimento que até pouco tempo atrás defendia um

---

[7] Aaron Sachs, "The Routes of Environmental Justice", rascunho, dezembro, 1999: 24-25. Dolores Huerta foi recentemente nomeada membro dos Regentes da Universidade da Califórnia (Berkeley).

programa produtivista contra o latifúndio, e que atualmente adota uma visão mais ambiental (ver capítulo "A dívida ecológica"). Os Estados Unidos são uma nação sem camponeses, ainda que algumas das lutas dos indígenas estadunidenses contra a mineração e os resíduos tóxicos – como a dos navajos e dos shoshones contra a mineração do urânio e o lixo nuclear –, ou pelo controle da água e dos pastos comunitários por parte da população hispanófona do Oeste americano, sejam próximas do "narodnismo ecológico".

Aldo Leopold, em sua obra póstuma *Land Ethic* (Ética da Terra), de 1949, indagava se a agricultura dos Estados Unidos permitia visualizar uma brecha entre as visões econômica e ecológica, semelhante à que existia na gestão do silvestre e na gestão florestal. Patrick Geddes e Lewis Mumford haviam colocado de manifesto uma brecha semelhante entre economia e meio ambiente na planificação urbana, mas a ecologia urbana não interessava a Leopold. Mesmo não compreendendo o tema, escreveu Leopold que na agricultura aparentemente se evidenciava uma brecha parecida à que existia na silvicultura entre o econômico e o ambiental. Leopold foi criado no estado do Iowa, passando grande parte de sua vida profissional em Wisconsin, combinando sua devoção pelo silvestre com o conhecimento ecológico científico da biogeografia e também da nova energética ecológica. Ele viveu durante certo tempo no Novo México, mas não soube observar exemplos de manejo ecológico. Possivelmente se referindo aos seguidores de Rudolph Steiner[*] mais do que aos agricultores agroecológicos, escreveu: "o mal-estar que se rotula a si mesmo como 'agricultura orgânica' ainda possuindo as características de um culto, é, no entanto, biótico na sua lógica, em particular devido à sua insistência em exaltar a flora e a fauna do solo". Do outro lado da fronteira, no México, talvez igualmente entre os povoados do Novo México, a maioria dos agricultores e dos silvicultores "orgânicos" eram e são camponeses pertencentes a grupos indígenas, incluindo os atuais cultivadores de café "orgânico"(Moguel e Toledo, 1999). Em contrapartida, nos Estados Unidos até existem alguns neorrurais ecológicos, mas não verificamos um campesinato ecológico simplesmente porque o próprio campesinato enquanto tal não existe.

Por outro lado, o ecoagrarismo do Terceiro Mundo, o ecozapatismo, o ecologismo dos pobres e a ecologia política nascida da antropologia e da geografia têm ignorado o movimento pela justiça ambiental urbano dos Estados

---

[*] N.T.: Rudolf Steiner (1861-1925) foi um pensador austríaco, autor de una prolixa obra conhecida como antroposofia. Na agricultura, o método biodinâmico foi desenvolvido a partir da aplicação dos princípios da antroposofia.

Unidos, de interesse evidente em um mundo repleto de populações urbanas pobres. Existe, portanto, uma complementaridade não só Norte-Sul, mas também rural-urbana entre as duas correntes. Elas conseguirão se unir em um movimento global de justiça ambiental contra a contaminação provocada pelas empresas mineradoras na Papua ocidental ou no sul do Peru? Em movimentos urbanos do Terceiro Mundo contra a contaminação e a desproporcional ocupação do espaço pelos automóveis? Em denúncias contra a biopirataria dos recursos genéticos "silvestres", agrícolas ou medicinais, contra os perigos ambientais para a saúde suscitados pelos transgênicos, pelos praguicidas e os dejetos nucleares, contra os danos provocados pela extração de petróleo na Louisiana ou na Nigéria e nas tentativas de estancar a desmesurada utilização dos sumidouros e das áreas de absorção de carbono por parte dos ricos?

África do Sul: culto da vida silvestre ou ecologismo dos pobres?

Na República Sul-Africana, a raça assume uma importância social ainda maior do que nos Estados Unidos. O país também conta com um forte movimento em favor da vida selvagem. Essas são duas tendências comuns aos dois países. Contudo, a África do Sul é muito diferente dos Estados Unidos, pois contrariamente a esse país, na República Sul-Africana a justiça ambiental não constitui movimento defensor de populações "minoritárias". Trata-se exatamente do oposto, pois a maioria da população sul-africana está potencialmente implicada com essa temática. O Fórum da Rede de Justiça Ambiental na África do Sul, com organizações urbanas e rurais (Bond, 2000: 60), procura mobilizar a população quanto aos problemas urbanos, de saúde ambiental, de contaminação, assim como para os problemas de gestão da água e da terra, marginalizados pelas ONGs do campo "do silvestre". A partir desse ponto de vista, um bom manejo ambiental implica proteger tanto as pessoas quanto as plantas e os animais.

Está claro que até bem pouco tempo aplicava-se na África do Sul uma imposição autoritária da conservação das áreas silvestres e de espécies específicas de plantas e animais. A partir desse enfoque, a superpopulação humana foi muitas vezes identificada como sendo o principal problema ambiental (Cock e Koch, 1991). Contudo, na África do Sul como em muitas outras partes do mundo, começou a ser descartada a ideia colonial e pós-colonial de que não se pode preservar a natureza sem retirar a população indígena. No lugar dessa concepção, passou a ser incentivada a participação da população local no manejo das reservas, oferecendo-lhes incentivos econômicos na forma do usufruto de uma parte das rendas provenientes do ecoturismo (ou da caça controlada). Além disso, emergiu na nova África do Sul um movimento ambiental que vincula a luta contra o racismo, a injustiça social e a exploração da população com a luta contra a depredação do meio ambiente. Exemplificando, a erosão dos solos é interpretada como uma consequência da má distribuição da propriedade da terra, quando as populações africanas foram amontoadas em *homelands* pelo regime do *apartheid*. A expansão das florestas cultivadas para a produção de papel e de polpa de papel desdobrou-se em "desertos verdes", isso em um país no qual parte significativa da sua população depende da lenha para cozinhar (Cock e Koch, 1991: 176, 186).

Alguns conflitos ambientais na República Sul-Africana são descritos com base no discurso da justiça ambiental (Bond, 2000; McDonald, 2001). Em concordância com essa afirmação, um enfrentamento ocorrido no final dos anos 1990 uniu ambientalistas e populações locais em oposição a um projeto próximo a Port Elizabeth, programado para desenvolver uma zona industrial, uma nova região portuária e uma fundição de zinco voltada para exportação. Essa iniciativa era encabeçada pela Billinton, firma britânica que utilizaria água e eletricidade a preços baixos ao passo que os pobres pagariam, em conformidade com as atuais políticas econômicas, preços bem mais altos. O projeto Billinton repercutiria em ônus para as rendas turísticas, pois ameaçava um parque nacional das proximidades que como atração reunia elefantes, praias, estuários, ilhas e baleias (Bond, 2000:47). Além disso, redundaria em custos relacionados com o deslocamento da população da localidade de Coega. Esse ponto foi mencionado em uma carta remetida pela *South Africa Environment Project* (Projeto Ambiental da África do Sul) para o então Secretário da Indústria e do Comércio da Grã-Bretanha, Peter Mandelson: "Estamos lhe escrevendo representando aqueles que historicamente não têm usufruído da capacidade de reivindicar seus direitos e proteger seus próprios interesses, mas que agora procuram ser escutados e chamar a atenção da comunidade internacional a respeito da injustiça que recai sobre eles". A vida das pessoas de Coega estava repleta de recordações das expulsões tuteladas pelo regime do *apartheid*. Contudo, num momento em que a Billinton já não tinha condições de amparar-se no *apartheid*, a empresa procurava agora "aproveitar a necessidade desesperada de emprego na região, com o objetivo de facilitar a construção de uma instalação altamente contaminante que jamais seria permitida junto a um importante centro povoado no Reino Unido ou em qualquer outro país europeu".[8] Uma pequena melhoria na situação econômica da população seria obtida a um elevado custo social e ambiental, resultante do deslocamento das pessoas, como também da elevação dos níveis de dióxido de enxofre, metais pesados, partículas e efluentes líquidos. Apelaram para o ministro

---

[8] Carta de Norton Tennille e Boyce W. Papu enviada a Peter Mandelson, 7 de setembro de 1998 (www.saep.org).

britânico para que tomasse em consideração as diretrizes da OECD para empresas multinacionais, que desde 1991 incluem um capítulo a respeito da proteção ambiental, embora na realidade nada mais sejam do que recomendações que as autoridades de fato não podem fazer cumprir de forma direta. Estava prevista para o ano de 2002 a construção, pela Pechiney, de uma grande unidade de produção de alumínio para exportação em Coega.

As responsabilidades e os passivos ambientais deixados no rastro do regime do *apartheid* começam a emergir. Conhece-se o escândalo do amianto ou do asbesto em um litígio internacional envolvendo empresas britânicas, em particular a companhia Cape. Milhares de pessoas receberam indenização por danos pessoais sofridos como resultado da negligência da Cape na produção e distribuição de produtos fabricados com o asbesto. Os advogados argumentaram que a Cape tinha consciência dos perigos do asbesto desde pelo menos 1931, quando foram introduzidos regulamentos a respeito do seu uso na Grã-Bretanha. Entretanto, deu-se continuidade à sua produção na África do Sul com normas fracas de segurança até final da década de 1970. Investigações médicas concluíram que 80% dos mineiros negros da mineradora de Penge que morreram entre 1959 e 1964, na Província do Norte, padeciam de asbestose. A idade das vítimas beirava os 48 anos. Durante 34 anos a Cape operou uma instalação em Prieska, na Província do Norte, constatando-se a ocorrência de mesotelioma, um câncer relacionado com o asbesto, em 13% das mulheres dos trabalhadores. Em 1948, o nível de asbesto nessa instalação alcançava quase 30 vezes o máximo permitido no Reino Unido. Na África do Sul, existem outros casos de contaminação por asbesto constatados em empresas como Msauli e GEFCO, e em lugares como Mafefe, Pomfret, Barbeton e Badplass (Felix, em Cock e Koch, 1991).

Atualmente, os governos sul-africanos posteriores ao regime do *apartheid* pretendem reabilitar minas contaminadas e abandonadas, assim como as lixeiras de asbestos. Simultaneamente, transcorreram julgamentos contra a Cape no Reino Unido; a Câmara dos Lordes, no escopo de sua capacidade legal, decidiu celebrar tais julgamentos em Londres. No final de 1999 (*Financial Times*, 6 de dezembro de 1999), a Corte de Apelação negou a três mil sul-africanos vítimas do asbesto prosseguirem na sua reclamação judicial contra a Cape. Citando como precedente o desastre ocorrido em 2 de dezembro de 1984 em Bhopal, no qual as cortes norte-americanas negaram jurisdição a tal caso argumentando que os litigantes eram residentes na Índia, a corte britânica disse que o interesse público radicava em que o julgamento contra a Cape acontecesse na República Sul-Africana. Estava prevista outra apelação judicial. Finalmente, em 2002, as indenizações foram pagas.

Contrariamente à doutrina da OMC, as demandas quanto ao asbesto e outras polêmicas semelhantes, caso venham a obter êxito, demonstram a necessidade de uma regulamentação internacional que não se restrinja à segurança ou à salubridade dos produtos finais, mas que também se atenha aos processos de produção e a seus impactos colaterais. Se a regulação fracassou ou, como na África do Sul, não existiu, e se os protestos efetivos eram impossíveis em decorrência da repressão política, então existem responsabilidades legais e passivos ambientais que podem ser exigidos. Quiçá os tribunais instituam pouco a pouco uma categoria de *Superfund* internacional que responsabilize as empresas nacionais por sua atuação.

Uma aliança possível

Em vários momentos, os entusiastas da vida silvestre proclamam que o crescimento econômico, a agricultura moderna e a industrialização não representam ameaças inevitáveis ao meio ambiente, e isso graças ao progresso tecnológico, às curvas ambientais de Kuznets e a uma economia pós-industrial baseada no setor de serviços. Acatando esse ponto de vista, os principais perigos ambientais não residiriam nas cidades ou na indústria. Antes de tudo, esses são provenientes da expansão populacional e das atividades humanas que rondam as áreas naturais. Dessa perspectiva decorre uma aliança possível entre as correntes do ambientalismo descritas neste livro como "culto ao silvestre" e o "credo da ecoeficiência": poder-se-ia desfrutar do crescimento econômico na sociedade urbano-industrial ao mesmo tempo em que alguns espaços silvestres seriam assegurados vedando-se aos humanos o acesso a essas áreas.

Existe a possibilidade de uma outra aliança. Pode ser que os entusiastas da vida silvestre cheguem a compreender que o crescimento econômico implique impactos materiais cada vez mais fortes, e nessa sequência uma apropriação desproporcional de recursos e sumidouros ambientais, provocando danos aos pobres e aos povos indígenas, cuja luta pelas fontes de sustento é às vezes apoiada em discursos – como o da sacralidade da natureza –, que deveriam seduzir os próprios admiradores da vida selvagem. Semelhante aliança nem sempre é obtida de modo fácil, porque frequentemente o crescimento da população, a pobreza e, possivelmente, algumas tradições culturais induzem a invasão das grandes reservas da vida selvagem cuja preservação foi obtida pela civilização "branca", notadamente no Leste da África e na África do Sul. Efetivamente, "a preocupação de alguns brancos pela preservação dos animais silvestres às expensas, por exemplo, de comunidades rurais carentes, é de um ponto de vista histórico perfeitamente demonstrável. Contudo, isso não nega o fato de que a África do Sul conta hoje com um sistema de áreas protegidas mais eficiente do que qualquer outra parte do mundo. Esse é um tesouro nacional do qual todos os futuros sul-africanos usufruirão" (Ledger, em Cock e Koch, 1991: 240).

Embora nos Estados Unidos os ativistas dos grupos minoritários que fazem campanha contra a contaminação acusem as grandes organizações ambientais de uma obsessão por objetivos "elitistas", tais como a preservação da vida selvagem, na África do Sul, "uma brecha semelhante foi aberta recentemente pelo fato de ativistas radicais influenciados pelo movimento pela justiça ambiental estadunidense terem redescoberto os problemas ambientais" (Beinart e Coates, 1995:107), como os perigos relacionados ao asbesto e aos pesticidas agrícolas, as condições de saúde em vigor nas minas e a escassez de água nos assentamentos negros urbanos. Portanto, a terceira corrente ambientalista – justiça ambiental, ecologismo dos pobres – está conscientemente presente tanto nos Estados Unidos quanto na África do Sul, no Primeiro e no Terceiro Mundo, dois países cuja tradição ambiental dominante está centrada no "culto do mundo selvagem", mas onde o antirracismo e o ambientalismo caminham agora de mãos dadas. Entretanto, a terceira corrente ainda não conseguiu estabelecer uma aliança com o "culto da vida silvestre".

Uma história gêmea

Em Johannesburgo, nos grandes bairros periféricos como Soweto (acrônimo de *southwest township*), o movimento cívico vem reivindicando que não seja cortado o abastecimento de água da população pobre quando ela fica impossibilitada de pagar as tarifas. O que se solicita é uma *free lifeline*, isto é, uma quantidade gratuita de somente 50 litros de água pessoa/dia e de um kWh família/dia. Esse movimento protesta contra as subvenções de energia e água para as grandes empresas mineradoras, colocando assim em questão o modelo exportador da República Sul-Africana. Uma necessidade urbana local determina a reorganização econômico-ecológica do país como um todo (Bond, 2002).

Em setembro de 2003 aconteceu em Cartagena, Colômbia, uma grande reunião sobre direitos ambientais e direitos humanos, um encontro prévio da Assembleia dos Amigos da Terra. Duduzile Mphenyeke, ativista de Soweto, local em que cotidianamente ocorrem manifestações contra as empresas que cortam a luz e a água daqueles que não pagam as taxas, foi convidada para participar. Não passou despercebido para a imprensa colombiana o paralelismo da situação de Soweto com a realidade local.[9] Em Soweto, da mesma forma como acontece nos bairros empobrecidos de Cartagena, batizados com os nomes de Nelson Mandela, El Pozón, Olaya Herrera e La Boquilla, os moradores ganham as ruas para protestar. Em Cartagena, a companhia responsável pelo fornecimento de

[9] *El Tiempo* (Caribe), 18 de setembro de 2003.

eletricidade é a empresa espanhola Unión Fenosa (chamada na América Latina de Unión Penosa). Na África do Sul, é a empresa estatal Exkom. No mesmo dia em que Duduzile Mphenyeke explicava em Cartagena suas histórias em Soweto, entusiasmada com a população local e com um bairro da cidade que homenageava Nelson Mandela, essa Cartagena extramuros que os turistas deixavam de ver estava convulsionada por múltiplos protestos pelos cortes de luz. Panfletos distribuídos pelos ativistas de Nelson Mandela explicavam que esse bairro de 55 mil pessoas, localizado na zona sudoeste de Cartagena, tinha surgido na esteira dos deslocamentos da população rural provocados pela guerra. Seu principal problema era o da energia elétrica, sem contar outros como a presença de "depósitos de lixo" e a proximidade com o antigo aterro sanitário, aos quais se somava a violência política: o líder local, Libardo Hernéndez, havia sido assassinado em maio de 2003. Na própria Cartagena "formal", os serviços de água – atualmente administrados pela empresa Águas de Barcelona – passaram a ser monitorados por um novo modelo de registro, apelidado de "Montoya" devido à rapidez com que giravam seus mostradores.

    A ativista sul-africana havia exposto em Cartagena a tese de que as comunidades empobrecidas do mundo têm direito a uma quantidade gratuita de eletricidade e de água que possibilite razoável condições de vida. Criticou a política sul-africana, que igualmente a muitos outros países do Sul busca fomentar as exportações que usam energia e água subvencionadas. Um exemplo é o alumínio, que utiliza enorme quantidade de eletricidade em seu processamento. Os ativistas não propunham o fornecimento gratuito de água e de eletricidade, mas sim uma estrutura de tarifas diferenciada que leve em consideração as necessidades vitais dos pobres, incluindo o abastecimento sem encargos de pequenas quantidades por moradia.

O Convênio de Basileia

    O Estado sul-africano dos tempos do *apartheid* tinha feito vista grossa quanto aos prejuízos ocasionados aos trabalhadores negros. É provável que as companhias mineradoras tenham cumprido as leis internas da África do Sul no que se refere à segurança, aos salários e aos impostos. Mas deveriam prestar contas a respeito dos passivos ambientais e das "externalidades" deixadas para trás. Caso tivessem oportunidade, os trabalhadores e as suas famílias teriam se queixado. Não por serem ambientalistas, mas em vista de que a sua saúde estava ameaçada. O escritório de advogados que representou as vítimas do asbesto (Leigh, Day) também entabulou demandas judiciais em dois outros casos. Um deles estava relacionado com danos sofridos pelos trabalhadores da *Thor Chemicals* no

KwaZulu-Natal,* vítimas de envenenamento por mercúrio, e um segundo, com as vítimas de câncer da mina de urânio de Rossing, da Rio Tinto, na Namíbia.[10]

Em abril de 1990, foram detectadas concentrações maciças de mercúrio no rio Umgeweni, próximo da fábrica de Cato Ridge, de propriedade da Thor Chemicals. O fato foi veiculado pela imprensa nacional e internacional. A Thor Chemicals transportou resíduos de mercúrio para a África do Sul, parte deles provenientes da Cyanamid, uma companhia estadunidense. Grupos ambientalistas sul-africanos, principalmente o Earth-Life, sob a liderança de Chris Albertyn, aliaram-se ao Sindicato Industrial dos Trabalhadores Químicos, com os residentes locais africanos sob as ordens do seu chefe e também com os agricultores brancos do vale de Tala, que já haviam sofrido com a pulverização de pesticidas por parte de uma indústria açucareira das proximidades. Foi formada uma verdadeira aliança "arco-íris", incluindo também militantes dos Estados Unidos mobilizados em combate às mencionadas instalações da Cyanamid. Protestavam contra tal "imperialismo do lixo" ou "colonialismo tóxico", indagando: por que a Thor, uma empresa britânica, decidiu construir a maior planta de reciclagem de resíduos de mercúrio do mundo na fronteira do KwaZulu, numa parte remota da África? Por que não foi construída num local mais próximo das fontes de geração de resíduos de mercúrio, como nos Estados Unidos ou na Europa? (Crompton e Erwin, em Coch e Koch, 1991: 82-84).

A prática de exportar resíduos tóxicos para outros países tem sido descrita como injustiça ambiental ou racismo ambiental em escala global (Lipmanm, 1998). O Convênio de Basileia de 1989 proíbe a exportação dos países ricos para os países pobres exceto para a recuperação de materiais ou para a reciclagem. Essa normatização internacional foi complementada em 25 de março de 1994 com uma interdição completa da exportação de resíduos tóxicos dos 24 países integrantes da OECD. O acordo foi alcançado a despeito da oposição dos países ricos, os quais nessa ocasião foram denominados pelo Greenpeace como "Os Sete Sinistros". Algumas deserções no interior da União Europeia (Dinamarca e, logo após, a Itália) ajudaram na formação de uma aliança entre a China, os países da Europa Oriental e, em geral, do conjunto dos países pobres do Sul, visando a colocar um ponto final na brecha da reciclagem existente no Convênio de

---

* N.T.: KwaZulu é o nome de um antigo bantustão, que significa "Terra dos Zulus". Esse território foi reincorporado à província do Natal com a constituição sul-africana de 1993, cujo nome passou a ser KwaZulu-Natal, conhecida também pela sigla KZN. Trata-se da única província do país que inclui no seu nome o grupo étnico dominante, no caso, os zulus.

[10] Ronnie Morris "UK court demolishes double standards", *Businees Report*, 4 de março de 1999, e informação da página da internet www.saep.org. Um relatório da ONU afirmou em 1990 que a mina de urânio de Rossing era "um furto amparado legalmente, pelo qual deve existir uma prestação de contas quando a Namíbia se tornar independente".

1989, através da qual fluíam 90% dos dejetos. Assim sendo, ficando pendentes a ratificação e a aplicação doméstica desse acordo, e também supondo que não se abuse do artigo 11 do Convênio de Basileia – que permite acordos bilaterais ou multilaterais para a exportação de dejetos tóxicos sempre que estes se ajustem ao "bom monitoramento ambiental" –, chegará ao seu epílogo um triste capítulo da industrialização. Os países ricos não poderão mais explorar em proveito próprio as normas mais débeis dos países pobres com o objetivo de evitar sua própria responsabilidade na minimização dos resíduos.

Embora o Convênio de Basileia tenha repercutido positivamente, a pressão para a exportação de dejetos tóxicos continua firme. À nossa disposição, temos um par de exemplos. Em novembro de 1998, foi revelado que quase três mil toneladas de dejetos tóxicos do grupo taiwanês Formosa Plastics foram depositados num lugar próximo do porto de Sihanoukville, no Camboja. Taiwan não é signatária do Convênio de Basileia. Os resíduos foram revolvidos pelos moradores pobres da região, muitos dos quais, em consequência, se queixaram de mal-estar; um deles morreu em seguida. O pânico tomou conta da população local. Milhares abandonaram a cidade. Eclodiram manifestações. Mim Sem e Meas Minear, membros do Licadho, grupo cambojano de defesa dos direitos humanos, foram presos. As detenções preocuparam os ativistas ambientais e dos direitos humanos. Ao mesmo tempo, o governo ordenou a retirada dos resíduos tóxicos, emitindo uma ordem em abril de 1999 que proibia sua importação (Human Rights Watch, 1999b).

Outro exemplo: Delta & Pine é uma empresa estadunidense dona da patente sobre a tecnologia "Terminator", que inibe a reprodução das sementes. Nisso reside a principal razão da sua fama. Mas não a única. Sua pretensão em acertar uma fusão com a Monsanto causou profunda preocupação. Tal iniciativa fracassou no final de 1999 e a Monsanto teve que encaminhar-lhe o pagamento de US$ 81 milhões. Delta & Pine é o principal fornecedor de sementes de algodão no mercado dos EUA. Em 1998-1999, essa empresa esteve envolvida num notório caso de exportação de resíduos para o Paraguai, onde próximo de Ybicuí, em Rincón-i, e em Santa Águeda, foi encontrado um depósito de seiscentas toneladas de sementes de algodão vencidas, tratadas com tóxicos. Com o apoio de organizações ambientais e trabalhistas, como a Alter-Vida e a UITA (um sindicato de trabalhadores da indústria alimentícia), veio a público um escândalo nacional e internacional impulsionado pela morte de Augustin Ruiz Aranda, em dezembro de 1998, quando centenas de pessoas adoeceram na região do descarte (Amorin, 2000).

Mais outro exemplo. Alang, situada na costa do Gujarat, na Índia, é um local aonde chegam barcos para o desmanche, realizado nas próprias praias por uma famélica legião de trabalhadores que sofrem com os riscos de manipular metais pesados e outros materiais tóxicos.

A lógica do princípio de Lawrence Summers segue adiante:

> A medida dos custos da contaminação prejudicial à saúde depende das rendas perdidas em razão da maior morbidade e motalidade. A partir desse ponto de vista [estritamente econômico], uma dada quantidade de contaminação prejudicial à saúde deveria ser gerada no país com o menor custo, isto é, o país com salários menores. Penso que a lógica econômica que sustenta o envio e descarga de dejetos tóxicos no país com os salários mais baixos é impecável [...]. Sempre tenho pensado que os países subpovoados da África estão muito contaminados, sendo provável que sua qualidade do ar seja muito ineficientemente baixa [*sic*, o que quis dizer é "alta"], comparada com a de Los Angeles ou México D.F. Apenas é lamentável o fato de que tanta contaminação seja produzida por indústrias não negociáveis (transporte, geração de eletricidade), e que o custo por unidade de transporte dos resíduos sólidos seja tão alto que cria obstáculos para o comércio de resíduos e da contaminação do ar, que tanto aumentaria o bem-estar.[11]

Podem surgir também novas oportunidades de se desvencilhar do lixo nos oceanos ainda subcontaminados.[12]

Poderia suceder que, como resultado da proibição da exportação de resíduos tóxicos, as indústrias se transfiram para países pobres onde a resistência é menor devido à falta de poder da sociedade, apoiadas por governos corruptos.

> Os produtos depois são enviados aos países de origem onde os consumidores usufruem benefícios destes enquanto transferem os custos ambientais para os países em desenvolvimento. O Greenpeace está investigando o deslocamento das indústrias relacionadas com organoclorados de países desenvolvidos para países em desenvolvimento e já identificou pelo menos cinquenta instalações novas no Brasil, na Índia, na Indonésia e na Tailândia. (Lipman, 1998)

Os riscos incertos e os passivos ambientais: o *Superfund*

Quando existe informação suficiente sobre a probabilidade de risco e quando se alcança um acordo sobre os valores econômicos que são atribuídos aos danos – o que não é em absoluto uma questão trivial –, as externalidades podem ser internalizadas no sistema de preços através dos seguros. Assim sendo,

---

[11] Memorando interno do Banco Mundial, registrado em *The Economist*, edição de 8 de fevereiro de 1992, sob o título "Let them eat pollution". Esse texto foi convertido em um material canônico pelo movimento pela justiça ambiental.

[12] As fontes utilizadas são a página da internet da Basel Action Network e relatórios do Greenpeace; quanto à descarga nos oceanos, *Journal of Marine Systems*, n. 20, 1998, número monográfico sobre "Abissal Seafloor Waste Isolation: a technical economic and environmental assessment of a waste management option" (devo esta referência a Ramón Margalef e a J. M. Naredo).

em muitos países os custos econômicos dos acidentes de trânsito são incluídos indiretamente no preço da viagem por meio de um sistema de seguro obrigatório que tem por base um levantamento estatístico adequado. Em outros países, como a Índia, os proprietários dos veículos pagam diretamente pelos acidentes quando esses ocorrem. Em razão do baixo valor médio da vida, normalmente o desembolso é pequeno. De qualquer modo, outros impactos dos automóveis, como a alteração no uso da terra, a contaminação do ar e o aumento do efeito estufa global não estão internalizados.

Quando os riscos são desconhecidos, e não podem ser estimados subjetivamente (tal como acontece com as novas tecnologias), outros instrumentos têm sido apresentados visando a implementar o "Princípio de Precaução". Seria esse o caso, por exemplo, da obrigação de uma garantia (Costanza e Perrings, 1990) cobrindo o custo máximo no caso de acidente, a ser devolvida sem prejuízo na eventualidade de não ocorrer nenhum problema durante o período do projeto. Esse é um sistema apropriado para as plantas nucleares e para biotecnologias novas, embora requisite uma estimação de custo máximo (aliás, o custo de Chernobyl poderia ser antecipado?) e também um cronograma financeiro de difícil aplicação (pois requer centenas ou talvez milhares de anos).

É possível aplicar diversos instrumentos de política ambiental em situações diferentes, dependendo de ser conhecida ou não a distribuição da probabilidade dos riscos. Um certo nível de risco pode ser considerado aceitável e então a discussão se concentra na relação custo-eficiência. Naturalmente, uma discussão relacionada com um nível aceitável de risco é polêmica em si mesma.[13] Nos Estados Unidos, a legislação *Superfund* foi aprovada no final da década de 1970, no fim do mandato do presidente Carter. Sua denominação oficial é Comprehensive Environmental Response Compensation and Liability Act, originando a sigla Cercla. Como aconteceu na Europa posteriormente ao susto de Seveso – acidente provocado pela emissão de dioxinas por uma empresa química das redondezas de Milão –, nos Estados Unidos, após o escândalo de Love Canal, no estado de Nova York, sentiu-se a necessidade de se fazer alguma coisa para remediar o dano, subindo-se o custo dos prejuízos através da imposição de normas de responsabilidade pública ou privada. O *Superfund* também pode ser interpretado como uma resposta governamental aos primeiros passos do movimento pela justiça ambiental. Na hipótese de os locais se tornarem "órfãos", impostos especiais sobre as indústrias químicas e de petróleo financiam as operações de limpeza bancadas pelo *Superfund*. Quando se

---

[13] Em 1997, alegava-se que a EPA dos Estados Unidos "pretendia assegurar que uma pessoa próxima de um local *Superfund* possuía um risco de morte por câncer menor do que o risco de morte de uma pessoa em terra devido à queda de um avião" (Stroup, 1997:134).

conhece ou permanecem ativas as companhias responsáveis pelos danos, então estas é que são obrigadas a pagar pela limpeza. A Agência de Proteção Ambiental, a EPA, está impedida de atuar de modo "arbitrário ou caprichoso". Mas ao mesmo tempo não tem a obrigação de comprovar danos reais, sendo suficiente apontar que esse risco existe. Os críticos assinalam que os custos, incluindo as despesas administrativas, são altos quando comparados com os benefícios. Além disso, as comunidades próximas dos locais transformados em cenário de operações de limpeza ficam estigmatizadas, nem sempre se beneficiando economicamente pela melhora da situação ambiental.

As operações de limpeza executadas pelo *Superfund*, mesmo que os custos sejam elevados, ainda assim valem a pena, pois os riscos são estimados como muito altos. Contudo, numa outra perspectiva (Stroup, 1997), a incerteza, o fato de que "a relação de perigos como o câncer provocado pela contaminação ambiental ser incerto", torna-se um argumento para *não* se fazer nada ou relegar os custos da limpeza para a legislação privada ou configurar litígio sob a lei civil, externamente à legislação do *Superfund*. Assim, quando a incerteza prevalece, deixa de ser apropriado um enfoque do tipo custo-benefício, assim como um enfoque custo-eficiência. De fato, em alguns contextos, o risco assume tamanha proporção que ele sequer é percebido. É difícil que exista um acordo entre as pessoas sobre a realidade do dano ambiental em casos como a perda da biodiversidade agrícola, as consequências da proliferação do automóvel e a aceleração do efeito estufa. Por outro lado, existe um acordo a respeito do perigo representado pela utilização do DDT e de outros praguicidas (como o DBCT), que durante algum tempo acreditava-se serem relativamente inócuos para os seres humanos e a vida silvestre. Entretanto, são utilizadas maiores quantidades de praguicidas na agricultura do Norte, a despeito de climas mais frios, do que na agricultura tropical tradicional. Do mesmo modo, poucas décadas atrás as autoridades reguladoras acreditavam que o uso do asbesto, a pintura com chumbo nos edifícios e o chumbo na gasolina não apresentavam qualquer tipo de risco sério. Riscos não são percebidos ou então são percebidos tardiamente.[14] Em muitos contextos, a demora na percepção dos riscos é atribuída às incertezas científicas ou à legislação deficiente, que coloca o peso da prova dos prejuízos sobre os usuários dos produtos ou nos órgãos reguladores governamentais, e não sobre os produtores. Entretanto, ressalve-se que a eliminação da incerteza científica não é um objetivo realista. A percepção do risco se altera ao longo do tempo, às vezes porque a investigação científica

---

[14] A Agência Ambiental Europeia publicou em 2002 um livro intitulado *Late lessons from early warnings* (Lições tardias sobre advertências prévias), dedicado a casos "negativos falsos", nos quais não se implementou o princípio de precaução, traçando a história da negação do risco mais adiante do momento em que se deu pela primeira vez o alarma.

produz resultados evidentes, outras vezes, justamente ao contrário, não se pode dissipar a incerteza científica, nascendo então um sentimento de perigo. Assim sendo, seria cabível indagar: de quem é a responsabilidade por limpar o que estiver contaminado, de pagar indenizações ou assumir reparações compatíveis? Como repartir a responsabilidade ambiental tendo-se em conta que a restauração ambiental é impossível na hipótese de ocorrerem mortes ou danos irreversíveis?

Assim, se presume que a legislação *Superfund* dos Estados Unidos consiga efetivar a limpeza dos locais de descarte de resíduos perigosos (sumidouros químicos, águas de flotação da extração de minérios etc.). O peso da prova recai com maior intensidade sobre as empresas contaminadoras do que nos cidadãos contaminados ou sobre a agência reguladora. As companhias são obrigadas a refutar as alegações da EPA provando que o risco de danos é inexistente. Entretanto, note-se que o lixo nuclear não está incluído na legislação *Superfund*.

Por que a percepção dos riscos demora a ocorrer? Determinados grupos afetados pelos impactos ambientais, como as futuras gerações, necessitam ser representados por outros. Como argumenta John Wargo, alguns riscos podem recair sobre as crianças de um modo absolutamente desproporcional, como é o caso de resíduos dos praguicidas nos alimentos (Wargo, 1996). As organizações defensoras da vida selvagem às vezes intervêm em nome das espécies não humanas, porque acreditam no seu direito de existência ou simplesmente por apoiarem o direito dos humanos de desfrutar da vida silvestre. Eventualmente, grupos sociais afetados ou ameaçados podem responder por intermédio de manifestações sociais coletivas ou por ação judicial, mas tais iniciativas demandam condições políticas e sociais favoráveis. Os riscos podem sobrecarregar desproporcionalmente os pobres, algumas minorias étnicas ou as mulheres. O aumento do efeito estufa terá um impacto nas áreas relativamente secas e nas áreas povoadas das orlas marítimas, principalmente nos países pobres. As regiões e países que experimentarão os prejuízos não são poderosos em nível internacional. Como será discutido no capítulo "A dívida ecológica", até hoje esses países têm sido incapazes de cobrar a responsabilidade ambiental ou a dívida ecológica dos países ricos. Há que ser notada a ausência de um *Superfund internacional* para o qual seja possível recorrer caso não se chegue a um bom termo nos julgamentos contra a Texaco, Freeport McRoRan, Dow Chemical, Cape, Shell, Southern Peru Copper Corporation, Union Carbide, Rio Tinto, Smurfit, Unocal, Elf e a Repsol, entre outros.

A ofensiva contra a ATCA

A ameaça representada para as empresas multinacionais norte-americanas pela Alien Tort Claims Act (ATCA), de 1789, está provocando uma reação organizada que visa a desembaraçar-se dela. Nos últimos dez anos, têm ocorrido diversas tentativas de levar empresas a julgamento com base nesta lei. Quase todos os casos judiciais baseados na ATCA têm emperrado na primeira etapa, justamente aquela na qual se solicita jurisdição numa corte. De um ponto de vista exclusivamente jurídico, existem muitos pontos favoráveis ao ajuizamento de questões relacionadas aos locais onde a destruição ou o comprometimento ambiental têm ocorrido e onde residem ou residiam as vítimas e muitas das testemunhas diretas, ao invés de realizá-lo ali onde se planejou ou se decidiu tolerar os danos. Nesse contexto, apela-se repetidamente para a doutrina de *forum non conveniens*. No entanto, os casos apresentados antes às cortes dos Estados Unidos – ou respaldados, também, em outros corpos jurídicos, na Europa ou no Japão – atrairiam muito mais a opinião pública a respeito das injustiças ambientais e sociais do que seria obtido com as mesmas petições caso fossem encaminhadas para as cortes dos países do Terceiro Mundo. Ademais, a evidência documental das decisões tomadas pela Texaco, Unocal, Total, Elf e a Shell está locada nos seus escritórios centrais. As vantagens de um julgamento nas cortes do "Norte" aplicam-se inclusive aos países como a Índia, que gozam de um sistema judicial independente e de uma imprensa livre de destaque. Nesse particular, no capítulo "A dívida ecológica", analisaremos o caso contra a Union Carbide na tragédia de Bhopal.

Em agosto de 2003, a Corte de Apelação do Segundo Circuito de Nova York, uma vez mais indeferiu com todas as letras o caso "Flores *vs* Southern Peru Copper Corporation".[15] Contra a empresa estadunidense era argumentado que em Ilo, no Peru, foi perpetrado um ataque que não se restringiu ao meio ambiente, englobando também os direitos humanos, devido à incidência de doenças respiratórias e à contaminação. Entretanto, o tribunal rechaçou a possibilidade de contar com a jurisdição estadunidense. É possível que o Congresso dos Estados Unidos chegue a revogar a ATCA ou que a Corte Suprema venha amputar ainda mais sua aplicabilidade. Isso seria uma vitória para as multinacionais contra a justiça ambiental. Desse modo, em lugar de avançar no rumo de uma *corporate accountability* (a exigência de responsabilidade das empresas, conforme reivindicado em 2002, em Johannesburgo), estamos concretamente retrocedendo. Na Europa, onde nem mesmo existe um instrumento jurídico como a ATCA, a situação é ainda mais favorável às empresas do que nos Estados Unidos, mesmo com todas as iniciativas em sentido contrário assumidas pelo Parlamento Europeu. No ano de 2001, a Comissão Europeia ridiculamente "insta às empresas europeias a demonstrar e difundir em todo o mundo sua observância às diretrizes da OECD para as empresas

---

[15] P. Waldemeier, Imperialism and the US Courts: The counter-revolution. *Financial Times*, 22 de setembro de 2003.

multinacionais, ou outras diretrizes comparáveis". Isso, ao invés de impor regras legalmente obrigatórias de contabilidade e responsabilidade ambiental, não só na Europa como também no exterior.[16]

Yucca Mountain

As instalações nucleares de todo o mundo estão esgotando o espaço de que necessitam para encaminhar os resíduos que geram, inexistindo locais seguros para proceder sua armazenagem (Kuletz, 1998: 81). Os problemas de risco e de responsabilidade têm sido discutidos desde as décadas de 1950 e 1960, quando a indústria nuclear começou a funcionar nos Estados Unidos, Grã-Bretanha, França e Japão. Até essa data, a armazenagem do lixo nuclear altamente radioativo era feita no local das próprias instalações. Existe também um pequeno fluxo comercial de resíduos atômicos para extrair o plutônio, tal como sucedeu com as instalações Magnox da Grã-Bretanha, cujos resíduos foram enviados aos Estados Unidos, como agora acontece com a Grã-Bretanha e a França. Nos EUA, dada a história da energia nuclear, que se desenvolve mediante estreitos laços civil-militares, não surpreende que os estados ocidentais (Novo México, Nevada, Washington) sejam atualmente locais de conflitos. Essa região igualmente padeceu dos riscos da mineração de urânio, particularmente o povo navajo. No Novo México, em 16 de julho de 1979, próximo de Church Rock, no rio Puerco, aconteceu o maior derramamento de resíduos radioativos de baixa intensidade dos Estados Unidos quando se rompeu a represa da mina de urânio da United Nuclear. O rio Puerco era uma importante fonte de água para o povo navajo e para os seus rebanhos. O movimento pela justiça ambiental dos Estados Unidos se envolveu desde o início na exposição pública desse e de outros problemas de "racismo ambiental" contra os indígenas daquele país.[17] Desde o final da década de 1940 até a década de 1970, em pleno auge da mineração de urânio, acredita-se que até três mil navajos chegaram a ser contratados, tanto para cumprir finalidades militares quanto as de cunho civil. Em 1990, o Congresso dos Estados Unidos aprovou a Lei de Compensação por Exposição à Radiação, autorizando pagamentos em dinheiro para os trabalhadores e as famílias atingidas por doenças e mortes ocasionadas pela mineração de urânio e a chuva radioativa dos testes nucleares. Todavia, muitas reclamações permanecem sem solução devido à falta de documentação, que demonstre a existência de laços

---

[16] Comissão das Comunidades Europeias, "A Sustainable Europe for a Better World: A European Union Strategy for Sustainable Development", Bruxelas, 15 de maio de 2001, COM (2001), 264 final.

[17] W. Paul Robinson, "Uranium Production and its Effects on Navajo Communities along the Rio Puerco in Western New Mexico, em Bryant e Paul Mohai (eds.). *Proceedings of the Michigan Conference on Race and the Incidence of Environmental Hazards*, Ann Arbor: Faculdade de Recursos Naturais da Universidade de Michigan, 1990.

familiares com os mortos, ou, então, ausência de prova estatística de causalidade. De qualquer maneira, dinheiro não possui a qualidade de desfazer o sofrimento e nem tampouco as mortes.

A chuva radioativa gerada pelas provas nucleares e pelas instalações de produção de bombas afetou particularmente a população de Nevada, Novo México e do estado de Washington.

> Por exemplo, entre 1944 e 1956, na Reserva Nuclear Handford, situada no estado de Washington, e vizinha à nação indígena yakima, foram emitidos no ar aproximadamente 530 mil curies do elemento radioativo Iodo-131, a maior exposição pública à radiação da história dos Estados Unidos. (Erickson e Chapman, 1993: 5)

Com toda certeza, não existiu "o consentimento prévio informado" das vítimas.

É importante observar que se existisse um *Superfund* nuclear, este deveria fazer frente nos Estados Unidos a uma conta de limpeza orçada em cerca de US$ 500 bilhões (Kuletz, 1998: 82). Os custos incluem a descontaminação dos locais radioativos, mas não incorporam os custos de um armazenamento "seguro" dos resíduos. Uma parte desses resíduos é de origem militar, mas a maioria é civil, proveniente dos reatores de energia nuclear, aproximadamente cem, que são mantidos em funcionamento em vinte estados do país. Mesmo que nenhum reator nuclear tenha sido construído após o acidente de Three Mile Island em 1979, a quantidade de resíduos permanece em expansão. As companhias perguntam sobre o que fazer com os resíduos depois do período de armazenamento provisório no interior das instalações nucleares. Seria possível indagar: as companhias passarão a ser responsáveis pelo depósito "seguro" dos resíduos? De fato, no caso de um acidente a responsabilidade da indústria nuclear nos Estados Unidos está limitada pela Lei Price-Anderson.* Ainda assim, as empresas não possuem planos para armazenar o lixo nuclear em longo prazo.

Essas empresas entregaram uma garantia que cobriria estes custos? É óbvio que a resposta é não. O que fizeram foi cobrar dos consumidores um décimo de centavo de dólar por cada kWh, o que atualmente deve financiar o armazenamento "seguro". Contudo, quais são os custos reais quando a "segurança" refere-se a um período de milhares de anos? O futuro deve ser descontado, ser subvalorizado?

> Os cientistas vinham buscando um espaço final para os resíduos nucleares desde 1954, quando a Lei de Energia Atômica permitiu que os reatores nucleares

---

* N.T.: A Lei de Garantia Nuclear Price-Anderson (1957) foi estabelecida pelo congresso norte-americano, retirando da iniciativa privada grande parte da responsabilidade por indenizações no caso de acidentes nucleares.

comerciais gerassem eletricidade. O governo federal assumiu a responsabilidade da disposição final do combustível atômico utilizado. Desde então, os resíduos nucleares foram acumulados em tanques de armazenamento dos reatores nucleares por todo o país. (Alvarez, 2000)

O atual armazenamento *in situ* dos resíduos em grandes piscinas de água ou a seco, em barris, evita a necessidade de transportar o combustível nuclear utilizado, e não há razão para se pensar que esse método seja menos seguro do que concentrar todos esses volumes num só local (Erickson et al., 1994). Uma vez que o combustível nuclear gasto tenha sido suficientemente esfriado na água (durante uns cinco anos), o armazenamento a seco supõe o acondicionamento dos grupos de barras em contendores de aço inoxidável e posteriormente numa câmara de cimento (Erickson et al., 1994:97). Porque então investir na implantação de estações provisórias de armazenamento recuperável monitorado (*monitored retrievable storage*, MRS) em território indígena ou em um armazenamento final em Yucca Mountain? A resposta é óbvia: para a indústria nuclear interessa livrar-se do custo do armazenamento *in situ*, além de estar muito "interessada em eliminar sua responsabilidade legal sobre o combustível nuclear utilizado. Uma instalação MRS em território indígena ou um lugar final em Yucca Mountain deixaria os geradores dos resíduos isentos das responsabilidades legais relacionadas com os danos que ocasionalmente poderiam ser provocados. O horizonte temporal de responsabilidade legal é avaliado entre 250 mil e 500 mil anos" (Erickson e Chapman, 1963: 6).

O Departamento de Energia dos Estados Unidos – não a EPA nem mesmo o Departamento do Interior – responsabilizou-se por encontrar uma alternativa para armazenar o lixo atômico. Nos países europeus e no Japão, o problema é semelhante. A solução para o conflito, quando não para o próprio problema, deveria ser mais fácil nos Estados Unidos por esse país estar dotado de um vasto território. Entretanto, várias áreas do oeste, inclusive as desérticas, pertencem ou são habitadas por grupos indígenas. Mesmo que originalmente os povos indígenas não habitassem esses territórios desérticos, foram obrigados e viver lá pelo governo dos Estados Unidos ou pelos colonos brancos (Kuletz, 1998:114). Algumas dessas terras pertencem ao Estado, não como parques nacionais, mas na qualidade de instalações militares, caso do local de provas nucleares de Nevada.

Para o armazenamento temporário do combustível nuclear utilizado (ficando pendente a disposição final em Yucca Mountain), a proposta inicial da MRS em meados dos anos 1980 voltou-se para Clinch River, localizado próximo de Oak Ridge, no Tennessee. Essa área, além da experiência local no manejo de

---

* N.T.: Essa região abriga o Oak Ridge National Laboratory (ORNL), criado como parte do Projeto Manhattan em 1943, estabelecido durante a Segunda Guerra Mundial para desenvolver a bomba atômica.

materiais nucleares,* estava também proposta para abrigar um reator de plutônio como combustível (como em Creys-Malville, na França), um projeto que, foi abandonado mais tarde. A pressão exercida pelo Tennessee e pela comunidade de Oak Ridge, assim como a ameaça de veto por parte do governador desse estado, forçaram uma mudança de opinião. Em 1987 o Congresso dos Estados Unidos revogou os planos da MRS para esse e outros locais propostos para o Tennessee (Erickson et al., 1994: 78). Em agosto de 1990, o governo federal estabeleceu em Boise, Idaho, o escritório do Negociador para Resíduos Nucleares como uma agência independente do Departamento de Energia, prestando contas ao presidente e ao Congresso. Na década de 1990, foram tentados acordos com os povos indígenas, como os mescalero-apache, que aceitaram discutir a proposta, mas a rechaçaram em virtude do ativismo de mulheres como Rufina Laws (Kuletz, 1998: 107). Outras áreas "voluntárias" merecedoras das atenções do MRS – aplicando-se o princípio de Lawrence Summers para o interior dos Estados Unidos – constituem patrimônio territorial dos povos goshutes de Skull Valley, no estado de Utah, e dos paiute-shoshones de Fort McDermitt, no estado de Nevada.

Nos diversos conflitos ambientais ocorridos ao redor do mundo, as reivindicações associadas ao acesso aos recursos naturais e à contaminação se expressam com base na linguagem dos direitos territoriais indígenas. Nos Estados Unidos, o direcionamento desses direitos em benefício do meio ambiente tem sido notório nos conflitos mineiros (Gedicks, 1993). A utilização dos direitos territoriais indígenas como um baluarte contra a indústria petrolífera na Nigéria e na Colômbia é conhecida em âmbito mundial. No caso dos MRS, a indústria nuclear, juntamente com o governo, pretendeu, pelo contrário, manipular a soberania indígena para receber o lixo atômico. Recorde-se de que nos EUA, apoiados nessa soberania, os povos indígenas operam cassinos em estados nos quais o jogo está proibido. Trata-se, no entanto, de algo bem mais melancólico. Existiu também uma cínica manipulação do sentido da temporalidade indígena, nessa conjuntura convertidos em cuidadosos guardiões dos resíduos nucleares: "Com instalações nucleares desenhadas para armazenar com segurança materiais radioativos com uma vida média de milhares de anos, a cultura indígena é adequada para considerar e apreciar corretamente os benefícios e encargos destas propostas".[18]

Entretanto, a aceitação indígena do armazenamento temporário resultou em algo bem mais difícil do que originariamente previsto. Os poucos indígenas que aceitaram subsídios financeiros para estudos de factibilidade do MRS logo em seguida enfrentaram dissensões no plano interno dos seus grupos (Erickson e Chapman, 1993; Erickson et al., 1994). Quase todas as instalações

---

[18] David H. Leroy, negociador nuclear estadunidense ante o Congresso Nacional de Indígenas Estadunidenses, em 4 de dezembro de 1994, citado por Erickson e Chapman (1993: 3).

nucleares localizavam-se no leste do território norte-americano, ao passo que os depósitos voltados para abrigar os resíduos localizavam-se no oeste. Transferir os resíduos nucleares para depósitos no oeste pressupõe cruzar fronteiras interestaduais, pelo que os estados teriam algo a dizer a esse respeito. Valery Kuletz (1998: 110) conclui:

> O movimento de justiça ambiental emergiu para combater a carga desigual de degradação ambiental que recai sobre as comunidades pobres e de cor. A indicação dos territórios indígenas para o armazenamento temporário de resíduos nucleares pode ser vista como uma forma de racismo ambiental e, nesse sentido, os povos indígenas a definem como colonialismo nuclear.

Quando tais palavras são utilizadas, a compensação monetária deixa de ser o tema principal.

O lugar eleito para a armazenagem final dos resíduos nucleares foi Yucca Mountain, situado bem próximo da Área de Provas Nucleares de Nevada e do Death Valley (Vale da Morte), uma área natural protegida amplamente conhecida. O que se pretende é realizar um aterro geológico profundo dos resíduos. Em razão da longevidade e da natureza letal dos resíduos nucleares, o procedimento literalmente configuraria um sepultamento da incerteza (Kuletz, 1998: 97). O Estado se vê dotado de faculdades de planificação e de previsão extraordinários, ao mesmo tempo em que o fracasso do mercado em precificar a eletricidade de origem nuclear torna-se evidente. Caso Yucca Mountain seja transformado no depósito nacional de resíduos atômicos, a transferência do lixo radioativo das usinas nucleares até esse local requereria mais de 15 mil carregamentos por caminhão e ferrovia, os quais atravessariam 43 estados durante um período de 30 anos (Kuletz, 1998: 116). Há também a possibilidade de recepção de lixo nuclear do exterior, revertendo nesse caso o fluxo normal de resíduos. Com isso seria evitada uma utilização militar do lixo atômico, tornando factível a política de algumas nações europeias de favorecer a energia nuclear ao mesmo tempo em que desestimulam sua utilização bélica.

No dia 25 de abril de 2000, o presidente Clinton vetou uma lei aprovada pelo Congresso requerendo que o Departamento de Energia transladasse os resíduos nucleares para Yucca Mountain num prazo de 18 meses contados a partir da emissão da licença, elencando datas limites para os passos seguintes. Com base nos contratos comerciais atualmente existentes entre as empresas de energia nuclear e o governo norte-americano, previa-se que em janeiro de 1998 o Departamento de Energia teria iniciado a recepção dos resíduos nucleares para armazenamento. Os planos atuais postergam a data de início das operações até 2010. Mas esse depósito de Yucca Mountain, localizado a 145 quilômetros a noroeste de Las Vegas, "possui um cronograma e um custo incertos."[19] Há um movimento local de protesto contra o uso de Yucca Mountain, liderado pelo povo shoshone ocidental, auxiliado por grupos de base da luta antinuclear (Kuletz, 1998: 147).

Por sua vez, os indígenas não observam Yucca Mountain e seus arredores como se fosse um deserto ou uma terra vaga. Existe água em algumas fontes; as rotas de acesso na direção da montanha foram utilizadas pelo povo shoshone e outras etnias em migrações sazonais; constata-se a presença de cemitérios humanos. Não está de todo claro se o estado de Nevada manterá sua incisiva oposição ao uso de Yucca Mountain como um depósito de resíduos nucleares. No ano 2000, esse inconformismo esteve personificado no Senador Richard H. Bryan, acompanhado de outros legisladores de Nevada e vários estados vizinhos, que resistiram em permitir a passagem do lixo nuclear pelo seu território: um "Chernobyl ambulante" (Alvarez, 2000). Corin Harney, líder espiritual do povo shoshone ocidental, estava de acordo: os resíduos devem permanecer no local onde foram gerados, visto que o transporte colocará cinquenta milhões de pessoas em perigo de entrar em contato com esse veneno altamente tóxico. Veremos se no final das contas o governo central irá impor sua vontade sobre os grupos indígenas e o estado de Nevada. Entretanto, Raymond Yowell, chefe do Conselho Nacional dos shoshones ocidentais, reiterou que Yucca Mountain é um local sagrado. A questão não se reduziria ao fato de os shoshones possuírem título legal sobre a terra, mas que ela em si mesmo é sagrada, sendo os shoshones os "guardiões da terra". O sagrado pode contribuir para mobilizar os "ecologistas profundos" brancos. Contudo, a resistência tem sido débil:

> Ainda que como nação os shoshones ocidentais estejam na vanguarda dos protestos ativos, nem todos os shoshones ocidentais se interessam pela política nuclear; muitos estão absorvidos em outras lutas de soberania sobre a terra. Alguns estão se lixando para o assunto e muitos possuem receio quanto a qualquer tipo de aliança com os brancos, mesmo com aqueles que os apoiam. (Kuletz, 1998: 147)

O governo argumenta que os shoshones ocidentais perderam a terra devido às invasões do século XIX, e que na década de 1950 lhes foi oferecida uma compensação de 15 centavos de dólar por acre, para um total de 24 milhões de acres, por intermédio da Comissão de Reclamação Indígena de Terras. Os shoshones ocidentais rechaçaram essa compensação monetária e a continuam

---

[19] Mathew L. Wald. "President vetoes mesure to send nuclear waste to Nevada". New York Times, 26 de abril de 2000.

recusando até hoje, reivindicando em troca a titularidade da terra, que inclui muitas minas de ouro. O título sobre a terra foi negado por uma decisão da Corte Suprema de Justiça em 1985, que respaldou o pagamento em dinheiro.[20]

Dinheiro, sacralidade, direitos territoriais indígenas, perigos ambientais incertos e de saúde no futuro, segurança nacional e normas internacionais que favoreçam os grupos indígenas (caso da Convenção 169 da OIT) são linguagens disponíveis nessa luta. De qualquer modo, a resolução do conflito social não resolverá o problema dos resíduos nucleares.[21]

---

[20] Evelyn Nieves, "A Land's Caretakers Oppose Nuclear-Dump Plan", *New York Times*, 23 de abril de 2000, p. 12.

[21] No mandato do presidente Bush, posteriormente aos eventos do 11 de setembro de 2001, pode ser que o armazenamento de resíduos nucleares torne-se ainda mais vinculado aos interesses da segurança nacional e menos aberto ao debate social.

O ESTADO E OUTROS ATORES

Podemos encontrar também em outros países um modelo injusto de distribuição dos riscos ambientais similar àquele que, tal como foi descrito no capítulo "A justiça ambiental nos Estados Unidos e na África do Sul", existe nos Estados Unidos. Exemplificando, as provas nucleares francesas em Mururoa são comparáveis com as dos EUA em outras ilhas do Pacífico ou em territórios indígenas situados no interior desse mesmo país. Histórias horrendas de contaminação radioativa, originárias tanto de atividades militares quanto civis, têm vindo à luz na antiga União Soviética. Ainda que se possa argumentar que o acidente de Chernobyl de 1986 colocou sob suspeita a fé no progresso técnico da ex-URSS, desempenhando, portanto, um papel expressivo na queda do sistema ditatorial, um estado "nuclear", tal como assinalado por Robert Jungk há trinta anos, tende à ditadura.

Na Índia, como na França, uma aliança entre cientistas e tecnocratas tem apoiado a indústria nuclear. Em 2001, sem que fossem registrados maiores protestos (com exceção do Movimento dos Trabalhadores da Pesca), o governo indiano anunciou que construiria um reator nuclear alimentado com plutônio na costa do estado de Tamil Nadu. Desde 1960, no outro extremo do ciclo de "vida" nuclear, a empresa estatal Uranium Corporation of India foi responsável pela contaminação de mineiros e das suas famílias em algumas partes de Jharkhand. Contudo, apenas agora é que a controvérsia conquistou maior expressão (Bathia, 2001: 129-135, Wielenga, 1999: 93-96).

Em todas as partes, os Estados têm obtido um papel decisivo no desenvolvimento da energia nuclear, em razão dos vínculos mantidos com o poder militar e por prestar apoio a uma legislação que diminui a responsabilidade das empresas de energia nuclear. Sem respaldo estatal, não existiria energia nuclear, assim como também seriam inexistentes grandes empresas, oleodutos e gasodutos internacionais. Hoje, parece claro que os Estados poderosos sentem-se instados a garantir o fornecimento de petróleo e de gás, lançando mão, caso seja necessário, até mesmo da força militar. Nesse sentido, ameaças nucleares fariam sentir esse empenho em todas as suas cores. Tendo por base o que foi exposto, concluiríamos, portanto, que o Estado seria normalmente um ator antiambiental? Pessoalmente tendo a adotar esse ponto de vista. Objeções a esse respeito serão discutidas neste capítulo, no qual os Estados serão analisados nos seus distintos componentes, explicitando-se o jogo existente entre os atores estatais e outros atores dos conflitos ambientais. Às vezes, a resistência popular contra a degradação ambiental atua contra o Estado e, eventualmente, conta com aliados no interior do Estado.

No geral, existe no Sul uma pauta de cooperação entre as altas posições estatais e as empresas privadas estrangeiras quanto à utilização dos recursos naturais no interior do território nacional. Esse fato encontra resistência por parte de grupos que procuram vincular-se internacionalmente à bandeira dos direitos indígenas, dos direitos humanos e do ambientalismo. Na Bolívia, em 2003, o governo promoveu um acordo com a Repsol-YPF para exportar gás a preço baixo para a Califórnia. Por ora, uma insurreição popular apoiada por alguns líderes políticos, sindicatos e movimentos indígenas conseguiu paralisá-lo. Estados como Nauru têm cooperado com entusiasmo na espoliação do seu próprio território, voltado para a exportação de fosfato (McDaniel e Gowdy, 2000). Outros casos, como Bougainville, evidenciam que a oposição ao Estado caminha de mãos dadas com a defesa dos recursos naturais. Nos Estados que dispõem de vastos territórios, como o Brasil, a Índia e a China, os principais choques ambientais, mais do que com as transnacionais, ocorrem contra os próprios governos e as empresas estatais. Nessa linha de argumentação, na Índia, apesar das agudas recordações da exploração colonial e dos movimentos ocorridos nos últimos anos contra a Cargill, Monsanto ou Enron, não se constata, tal como se observa na Indonésia, Nigéria ou Peru, um sentimento geral de exploração estrangeira dos recursos naturais.

A governabilidade e a política ambiental

Depois de Seattle no final de 1999, numa década que presenciou a festiva concorrência de ONGs à ECO-92 no Rio de Janeiro e também a negociação de diversos "tratados" ambientais alternativos sensatos, já não é possível crer que a política ambiental global dependa sobretudo das políticas internas dos Estados e das normatizações instituídas através de acordos internacionais (Wapner, 1996: 152). O êxito dos grupos ambientalistas transnacionais explicita que os Estados não monopolizam a política ambiental, pelo contrário, compartilham o cenário internacional com outros atores. Eventualmente, os Estados discordam entre si (mesmo dentro do G7, mesmo dentro da União Europeia), assim como diferentes segmentos do Estado entram em antagonismo umas com as outras. Desse modo, surgem oportunidades de atuação para o movimento ambiental transnacional, tal como aconteceu para o caso da Convenção de Basileia (ver o capítulo "A justiça ambiental nos Estados Unidos e na África do Sul"), e também com o Protocolo de Biossegurança do ano 2000, negociado em Cartagena e Montreal.

Na formulação de políticas ambientais, existem outros atores além do Estado e das organizações ambientais transnacionais e nenhum é mais importante que as empresas transnacionais, como concluirá qualquer pesquisa nos setores da mineração, do gás e do petróleo, dos ramos farmacêutico, agrícola e florestal. Em tese as empresas não gozam de nenhum poder político, operando exclusivamente na esfera econômica. No entanto, ninguém poderia deixar de escandalizar-se ao observar quanto a realidade contradiz essa assertiva (exemplificado na cúpula de Johannesburgo de 2002). Numa outra perspectiva, seria possível frisar o fato de que as empresas operam em nações distantes do seu país de origem e têm dificuldades para exercer seu poder. Muitas vezes a corrupção e as propinas nascem da falta de controle político direto.

As empresas transnacionais têm buscado organizar uma posição comum ante o conflito entre economia e meio ambiente, promovendo a concepção de que a ecoeficiência resolverá todos os problemas, como, de resto, o *Business Council for Sustainable Development* propôs em 1992 no Rio. Mesmo que algumas empresas assumam um papel ativo na defesa de novas políticas a respeito do aumento do efeito estufa, outras, como a Exxon, continuam ignorando sua existência. Apesar das suas campanhas publicitárias, companhias como a Shell apresentam grandes dificuldades para conquistar uma imagem verde.

As regras sobre responsabilidade ambiental das empresas (*corporate accountability*) variam de país para país. Em alguns aspectos, como os relacionados com detritos e águas de flotação, gases de efeito estufa e os resíduos nucleares, as empresas conseguem se esquivar inteiramente das suas responsabilidades. Ao mesmo tempo, existe uma tendência de as grandes empresas realizarem informes ambientais reconhecendo moralmente sua responsabilidade em relatórios apresentados para a opinião pública e para os seus acionistas. Paralelamente, empresas locais, como as que atuam nos setores de exportação de camarão ou na indústria extrativa de madeira de países como Equador ou Indonésia, normalmente operam sob restrições ambientais menores do que as transnacionais. Mesmo nesses casos, existe a possibilidade de movimentos dos consumidores no estrangeiro bloquearem a degradação do meio ambiente.

Ainda que à primeira vista a ecoeficiência dependa das decisões das empresas, na realidade os Estados e as normatizações internacionais acordadas na sua órbita de atuação constituem peças cruciais para determinar direitos de propriedade sobre os recursos e os sumidouros ambientais, assim como para organizar o mercado das licenças de emissão ou introduzir ecoimpostos. A auditoria ambiental das empresas e a regulação dos passivos ambientais também requerem a intervenção do Estado. Apenas em caráter excepcional a qualidade ambiental de um processo de produção ou de um produto permanece exclusivamente nas mãos das Câmaras da Indústria ou dos institutos que certificam as normas ISO 14.000. Mas, afinal, quem certifica os certificadores? A qualidade é construída socialmente. De um modo ou de outro se requer uma sansão internacional ou do Estado visando a separar a pura "maquiagem verde" da genuína melhoria ambiental.

Apesar de não serem tão poderosas quanto os Estados ou as empresas (aqui consideradas como um todo), as redes de grupos ambientais como as formadas pelos Amigos da Terra, por organizações conservacionistas de grande porte (por exemplo, a WWF, The Nature Conservancy e a IUCN), entidades ambientais transnacionais como o Greenpeace e redes específicas (caso da International Rivers Network e da OilWatch) participam consideravelmente na governabilidade ambiental internacional. Esses grupos não enfrentam diretamente o mundo capitalista em geral. Também não contam com um grande plano ou esquema para o futuro da humanidade e da natureza. Mais precisamente, voltam-se para aspectos particulares, mobilizando-se contra aquelas empresas cujo comportamento é singularmente ofensivo ao meio ambiente. Procuram minar o apoio prestado pelo Banco Mundial e pelos bancos regionais a ele associados no tocante a projetos de represamentos, de gás, petróleo e mineração. Nos dias de hoje, exercem um papel proeminente na definição da agenda da política ambiental mundial. Suas atividades vão muito além de organizar *lobbies*. Nos *lobbies*, os Estados ainda permanecem como atores de ponta. Mas as redes internacionais também exercem diretamente o poder ao mobilizar coletividades e indivíduos, recrutando membros (na escala dos milhões), arrecadando fundos e lançando mão do poder da mídia. Entretanto, nem sempre os grupos internacionais estão de acordo quanto à posição a ser tomada, tendendo a impor sua agenda sobre os grupos de base do Sul ao invés de procurar aprender com eles. Um bom exemplo que analisamos com certo detalhamento no capítulo "A defesa dos manguezais contra a carcinicultura" foi o fracassado boicote aos camarões cultivados. Outro exemplo é que em lugar de priorizar os comprometimentos provocados pela extração do carvão, gás e petróleo nos países pobres, as entidades ambientalistas do Norte terminam enfatizando os ecoimpostos domésticos.

Na política do "efeito estufa", uma nova instituição científica internacional, o Painel Internacional de Mudanças Climáticas* – IPCC em inglês – se converteu num ator importante ao recomendar que as emissões de gases de efeito estufa fossem cortadas pela metade em um período de tempo razoável. Contudo, os Estados do Sul, com a notável exceção da Aliança dos Pequenos Estados Insulares (Aosis**), tem se negado a liderar o movimento contra as mudanças climáticas. Essa é uma verdade até mesmo para países como o Brasil e a Índia, cujos recursos diplomáticos lhes permitiriam exercer um papel internacional mais influente. Em geral, os Estados do Sul mantêm a crença na velha doutrina do crescimento econômico a qualquer custo. Nessa perspectiva, o ambientalismo termina entendido como um luxo dos ricos, mais do que como uma necessidade dos pobres. Consequentemente, são desperdiçadas as oportunidades apresentadas nos conflitos ambientais. Mais do que quaisquer outros, os países exportadores de petróleo (como a Venezuela) negam-se a discutir a respeito do aprofundamento do efeito estufa, estabelecendo as mais estranhas alianças. Foi isso que aconteceu com o chamado "eixo do carbono", formado em Johannesburgo em 2002, reunindo Venezuela, Arábia Saudita e Estados Unidos.

Em alguns momentos, os grupos ambientais da sociedade civil se enredam em detalhes dos acordos ambientais internacionais (como o Protocolo de Quioto), deixando de lado a dívida do carbono. Surpreendentemente, não existe um movimento social organizado (ainda que existam vozes intelectualmente competentes) em favor dos "direitos iguais para os sumidouros e para os depósitos temporários de carbono".

---

* N.T.: O Painel Internacional de Mudanças Climáticas, ou *Intergovernmental Panel on Climate Change* (IPCC), foi criado em 1988 pelo Programa das Nações Unidas para o Meio Ambiente (PNUMA) em conjunto com a Organização Mundial de Meteorologia (OMM), com o objetivo de concentrar e promover informações científicas sobre as mudanças climáticas. Dois anos depois da sua criação, foi publicado o documento *Primeiro Relatório de Avaliação do IPCC – 1990*. Atualmente o IPCC prepara seu quarto relatório, a ser publicado em 2007.

** N.T.: A *Aliança dos Pequenos Estados Insulares* (Apei), ou *Alliance of Small Island States* (Aosis), é uma organização formada em 1990, reunindo cinquenta Estados e territórios. Inclui países como Aruba, Cuba, Haiti, Fiji, Maldivas e Maurício. Quatro países de língua portuguesa, Cabo Verde, São Tomé e Príncipe, Guiné-Bissau e o Timor-Leste integram a Apei. Esses países, além de questões sociais, econômicas e políticas comuns, compartilham preocupações relativas ao meio ambiente, particularmente uma forte vulnerabilidade em face das mudanças climáticas globais. Fatalmente, os países desse grupo serão as primeiras vítimas da elevação do nível dos oceanos.

Quanto ao IPCC, é possível observá-lo de dois modos. Um deles reporta à velha concepção de um corpo de cientistas certificando corretamente os dados de maneira a permitir que os políticos (isto é, os que tomam as decisões) endossem uma resolução com pleno conhecimento de causa. O outro, como um corpo negociador para a governabilidade internacional que ouvirá muitos especialistas. Esta teria por finalidade alcançar determinado consenso político integrando análises de todos os tipos (científicas, econômicas e sociais), em escalas espaço-temporais relevantes. Nesse sentido, não se trata simplesmente de avaliar fatos e aconselhar os decisores. Particularmente, o que está em jogo é a contribuição para com um processo coletivo de tomada de decisões. Ademais, por acaso os políticos renunciaram, em nome da governabilidade, ao poder que possuem sobre a tomada de decisões? Muitos problemas ambientais são complexos, dispondo de facetas científicas, econômicas e sociais contraditórias. Tal contextualização fornece oportunidade para colocar abertamente pontos de vista distintos, eventualmente encontrando aliados inesperados. Por outro lado, escolher procedimentos para a integração de diferentes pontos de vista é muito mais uma questão de poder do que de consenso. Contudo, o poder de Estado nem sempre consegue simplificar a complexidade e impor uma perspectiva dominante nos problemas surgidos das contradições entre economia e meio ambiente.

Nesse sentido, indagaríamos: quão importantes são esses problemas ambientais para os Estado? Muito antes do meio ambiente se converter numa questão política, as administrações estatais já contavam com muitos ministérios e departamentos. Agora, os Estados contam com ministros para o meio ambiente. Mas caso estivesse ao seu alcance, os Estados gostariam de enquadrar a política ambiental como uma ramificação particularizada da política. Na esfera do poder, o meio ambiente foi um recém-chegado entre os anos 1980 e 1990, como também assim o foi para as universidades. Claro está que o meio ambiente não pode ser dissociado da agricultura, do transporte, da indústria, da planificação urbana e, em razão dos ecoimpostos, das finanças públicas. Nesse sentido, se justificaria o chamado da Comissão Europeia, que se fez sentir desde o Processo de Cardiff em 1998* até Gotenburg em 2001,** em prol da integração da

---

* N.T.: A integração ambiental é reconhecida no artigo 6.º do Tratado da Comunidade Europeia, que estipula que "as exigências em matéria de proteção do ambiente devem ser integradas na definição e execução das políticas comunitárias [...], em especial com o objetivo de promover um desenvolvimento sustentável". Nesse sentido, o chamado "Processo de Cardiff", de 1998, incumbiu as diferentes formações do Conselho de desenvolver estratégias tendo em vista justamente essa finalidade.

**N.T.: Em 2001, em Gotenburg, foi adotada a *Estratégia de Desenvolvimento Sustentável* (EDS) da União Europeia (UE), colocando como prioritárias a persecução dos objetivos ambientais e a integração ambiental em paralelo com os objetivos econômicos e sociais.

política ambiental nas demais políticas setoriais, de tal modo que, por exemplo, a política de transporte ou a política agrícola levem em consideração o meio ambiente, configurando uma iniciativa na qual todas as partes saiam ganhando. De qualquer modo, entender que as soluções *win-win* sejam a regra ou a exceção irá depender da prática empírica e igualmente de por quanto tempo estaremos dispostos a prorrogar essas políticas. As ONGs ambientais não acreditam que as soluções nas quais "todos ganham" sejam lá muito frequentes, e afirmar ser urgente a implantação de políticas ambientais. Ressalve-se que mesmo sendo a integração setorial das políticas ambientais um princípio reconhecido, não existe no mundo atual – pelo menos assim me parece – um só caso de ministério conjunto que reuniu atribuições da economia e do meio ambiente, por intermédio do qual um ministro ou ministra venha a público anunciar para a imprensa que o PIB cresceu tantos por cento, a Apropriação Humana da Produção Primária Líquida e o Fluxo de Materiais também tenham crescido e que, paralelamente, a qualidade do ar tenha melhorado. Poderiam os jornalistas fazer suas próprias contas a este respeito?

Os Estados tropeçam com uma agenda ambiental que eles não dominam plenamente e que não os apetece nem um pouco. Veja-se, por exemplo, o governo espanhol de José Maria Aznar, favorável ao presidente Bush e à indústria petrolífera, mas que simultaneamente não podia ocultar o espetacular descumprimento dos compromissos espanhóis diante do Protocolo de Quioto e da "bolha" europeia, responsável pela atribuição em nível interno de cotas quanto à emissão de dióxido de carbono para cada país-membro. Nesse contexto, torna-se impossível para o aparato de Estado ignorar a questão ambiental. Em alguns países e em determinados períodos, as políticas são implementadas de modo ditatorial, frequentemente inspiradas por uma doutrina de crescimento econômico, tal como a que justifica os represamentos a qualquer custo. Em passado recente, agradava aos políticos dos países democráticos basear suas decisões numa ciência confiável, escolhendo de modo racional a melhor opção disponível. Não as grandes represas a qualquer custo, mas sim as grandes represas após passarem pelo crivo da análise custo-benefício com todas as externalidades incluídas. Em alguns momentos, diante das incertezas e das urgências, a estrutura do Estado tem nos dias de hoje se distanciado da estratégia de legitimação da tomada de decisões na qual a ciência servia à política, para adotar uma estratégia diferente, uma convocatória na direção da *gobernanza* ou da governabilidade, definida como a capacidade de aproveitar ampla gama de opiniões de especialistas e setores afetados, de modo tal que as decisões sejam mais bem referendadas, repousando sobre uma base confortável de consenso. Ao invés de soluções ótimas, aceitemos decisões acordadas. Os discursos de valoração são mais diversos. O Estado se torna mais permeável.

Os movimentos ambientais e o Estado

Como vimos, tanto a reivindicação dos direitos aos recursos naturais por parte das comunidades pobres quanto as críticas relacionadas com a contaminação constituem parte indissociável do movimento de justiça ambiental. Entretanto, com toda razão tem sido afirmado que nos Estados Unidos

> a maioria dos ativistas contrários às substâncias tóxicas evita questionar a compatibilidade entre o capitalismo e os objetivos ambientais, preferindo explorar o caminho das tecnologias "limpas", argumentando que os processos de produção podem ser alterados de modo a se adequarem com as prioridades ambientais, sem maiores consequências econômicas nem para as empresas nem para a sociedade em seu conjunto. (Epstein, 2000)

O movimento pela justiça ambiental dos Estados Unidos tem mantido proximidade com o Estado. A EPA conta com um escritório (pequeno) de justiça ambiental. O movimento contra a contaminação tóxica solicita um aparelho de Estado que disponha de maior poder de controle sobre as empresas, de um Estado que responda ao interesse público, correspondendo a uma tradição que se afirmou nos tempos do "New Deal", da década de 1930, quanto aos problemas econômicos (Epstein, 2000). O movimento pela justiça ambiental é, sem dúvida, a corrente mais radical do ambientalismo estadunidense. Todavia, não se trata de um movimento anti-Estado. Ele reivindica que o país regulamente, no interior dos Estados Unidos, os conflitos ecológicos distributivos. Por outro lado, quase nunca se manifesta fora dos EUA. Comparemos essa situação com, por exemplo, a vivida pelos ogonis e pelos ijaws no delta do rio Níger, que se defendem do Estado nigeriano e da Shell, que aprenderam a articular reivindicações locais com a política internacional do efeito estufa, vinculando-se com outros grupos, combinando os direitos territoriais indígenas com as demandas por um Estado federal descentralizado e organizado com base nas nacionalidades nigerianas (ver o capítulo "Ouro, petróleo, florestas, rios, biopiratotia: o ecologismo dos pobres"). O cenário evidenciado pelos Estados Unidos é mais conservador e de amplitude doméstica.

Os Estados contam com exércitos. O Greenpeace, uma organização ecopacifista, foi fundado em Vancouver em 1972. Dedicou-se à preservação dos grandes mamíferos marinhos. Mas também se voltou para outros tipos de atuação. Sua preocupação imediata, porém, não foram as baleias. Foram os testes nucleares. Um grupo local de Vancouver, em 1969, teve uma ideia que já havia sido posta em prática por outros grupos. Tratava-se de navegar até a zona das provas atômicas, situada na Ilha Amchitka, nas Aleútas. O barco, o *Phyllis Cormack*, não conseguiu chegar em Amchitka devido ao mau tempo, além de ter sido acossado pela guarda costeira dos Estados Unidos. Regressando a Vancouver, a tripulação foi surpreendida por milhares de pessoas que celebravam sua chegada.

Em 1972, esses ativistas antinucleares passaram a formar a Fundação Greenpeace (Wapner, 1996: 44-45). Os Estados possuem exércitos e alguns deles – do Norte, mas também a China, a Índia e o Paquistão – contam com armas atômicas. Em tempos de paz, mesmo na ausência de armamento nuclear, os exércitos contaminam severa e diretamente o ambiente devido aos equipamentos que utilizam. Essa questão tem sido destacada por ecologistas como Matthias Finger. Contudo, no universo das ONGs existe uma divisão de trabalho entre os pacifistas e os ambientalistas. De maneira indireta, as forças armadas dos países do Norte também provocam agressões ao meio ambiente em vista de estarem mobilizadas para assegurar um fluxo barato de energia e de matérias-primas do Sul para o Norte, enquanto as forças armadas do Sul muitas vezes tem sido arregimentadas para reprimir movimentos sociais que lutam contra a extração de recursos e a contaminação ambiental: desde 1888, em Rio Tinto, na Espanha, até mais recentemente na Guatemala, Indonésia, Nigéria, Bolívia..., os militares têm sido diretamente beneficiados pela extração de matérias-primas, ou então por intermédio de dotações no orçamento estatal (no Equador e no Chile, através de porcentagens fixas das rendas petrolíferas ou do cobre, asseguradas para o orçamento militar).

Os Estados são os principais empresários militares e, a despeito das privatizações, são também empresários industriais e de construção de obras públicas. Por todo o mundo os movimentos sociais se opõem às represas, oleodutos, gasodutos e minas construídas pelos próprios Estados ou por empresas aliadas a eles. Assim, na Índia, o enfrentamento que opõe a Kudremukh Iron Ore Company (Empresa Mineira de Ferro Kudremukh), de propriedade estatal, contra ambientalistas locais e a população tribal, ambos postados em defesa das florestas e dos rios Tunga e Bhada na cadeia montanhosa dos Ghats ocidentais, se agudizou nesses anos. Os atores silenciosos desse conflito são os importadores do minério de ferro. Os opositores ao fechamento das minas são os sindicatos dos trabalhadores. A exploração do minério de ferro nesse microcosmo de biodiversidade foi implementada com base no estado de emergência decretado por Indira Gandhi, quando quase não se podia protestar. Atualmente se questiona a ampliação do prazo da concessão, que findou no dia 24 de julho de 2001. "Tanto o Centro (isto é, o governo de Nova Delhi), como nós (o governo de Karnataka), estamos esperando o veredicto da Corte Suprema sobre julgamento de interesse público (levado adiante pelos grupos ecologistas), exigindo o fim da mineração na área." "O KRRS e outros grupos lideram os protestos."[1]

---

[1] Sownya Aji Mahu, em *The Times of Índia*, 27 de julho de 2001, e "Dharna contra a mineração nos Ghats ocidentais", *The Hindu*, 10 de agosto de 2001.

Outro caso no sul da Índia também mostra o Estado sob uma luz desfavorável. A *Plantation Corporation* vem cultivando caju (*cashew*) em 4.500 hectares no distrito de Kasargod, utilizando um praguicida organoclorado chamado endosulfan, que está proibido em muitos países. Nas Filipinas, a Hoescht Chemical encaminhou um requerimento por difamação contra Romy Quijano, toxicóloga e ativista dos direitos humanos, por ter advertido através da imprensa e da Pesticide Action Network (Rede de Ação sobre os Praguicidas) para a Ásia e Região do Pacífico a respeito dos perigos do endosulfan. A petição contra Quejano foi rechaçada em junho de 1994. Em Kerala, a população local de Kasargod (incluindo um médico) assinalou uma incidência desproporcional de casos de câncer e más-formações nessa região. Foi formado um Comitê de Protesto Contra o Uso do Endosulfan. A passividade demonstrada pelo governo de Kerala induziu o movimento a buscar aliados externos, dentre os quais o Centro para a Ciência e Meio Ambiente de Delhi (dirigido por Anil Agarwal), que coletou amostras de concentrações de endosulfan na água, no leite e no tecido das vacas, no sangue e no leite humano, assim como no solo, todos evidenciando altas concentrações (*Down to Earth*, 23 de fevereiro de 2001). No entanto, mesmo se tratando de uma democracia como a da Índia, a população pobre local foi incapaz de fazer cessar a fumigação aérea; e mais, o governo lhes solicita a comprovação dos danos. A determinação do procedimento para a avaliação dos riscos permanece nas mãos do Estado.[2]

Não é possível confiar que os países do Sul melhorem o ambiente pelo fato de terem exércitos, porque eles mesmos contaminam o ambiente através das suas empresas ou apoiam companhias contaminadoras. A despeito disso, alguns Estados latino-americanos tiveram um peso fundamental na conquista da aprovação da lei internacional sobre os recursos do mar, baseada numa zona econômica exclusiva de 200 milhas. Nesse caso o conflito ecológico distributivo foi explicitado com o concurso do discurso do direito público internacional. Já em 1945, Bustamante y Rivero, presidente do Peru, em ação conjunta com governos vizinhos, defendeu essa medida para evitar a sobrepesca por parte dos estrangeiros. Mais tarde, no final da década de 1960, a superexploração dos bancos pesqueiros no Peru foi obra de empresários locais. Na Namíbia, sob administração da África do Sul, as reservas de sardinhas foram arruinadas entre 1960 e 1970; ocorreu uma superexploração sem que o então inexistente Estado da Namíbia tivesse poder político habilitado para neutralizar essa ação.

Recentemente, verifica-se uma intervenção dos Estados contestando patentes consideradas "biopirataria". Por exemplo, há o caso que contesta o

---

[2] *The Hindu* (revista), 22 de julho de 2001; *Down to Earth*, 15 de agosto de 2001.

patenteamento do feijão amarelo do México e a patente da companhia Agracetus sobre o algodão transgênico, refutada pelo governo indiano. Porém, a conclusão seria, apesar disso, que os Estados do Sul não constituem atores ambientais relevantes. Por exemplo, em um assunto de notória importância para o Sul, esses Estados têm se mostrado inaptos para impulsionar as negociações sobre os direitos dos agricultores, boicotadas pela maioria dos governos do Norte. Nesse conflito ainda sem solução à vista e quase esquecido, irrompem agora atores novos, tais como a Via Campesina, propondo uma nova política agrícola mundial. Um espaço de atuação aberto pela negligência e pela incapacidade dos Estados.

Internamente, para que existam ou atuem grupos ambientalistas, torna-se necessário um mínimo de democracia ou então um momento político de transição na direção da democracia. São em momentos como esses que grupos ecologistas como o WALHI* da Indonésia prosperam ao exercerem simultaneamente diversas atuações. Na Europa do Leste, esse ativismo político verde alcançou o seu auge durante as transições políticas ocorridas por volta de 1990.

Nas democracias, é possível que alguns órgãos de governo sejam permeáveis aos movimentos ambientais ou possam atuar na cobertura das suas atividades. Pode ser necessária a simpatia ou ao menos a neutralidade ou não ingerência do Estado para que se torne viável a conquista de melhorias ambientais em nível local. Discutimos no capítulo "Ouro, petróleo, florestas, rios, biopirataria: o ecologismo dos pobres" a abertura do Estado costa-riquense, sob a pressão local e internacional, para rever os planos iniciais de exportação de madeira da Stone Container em 1994. Do mesmo modo, em Bengala ocidental como em outros pontos da Índia surgiram várias reservas florestais comunitárias novas (Poffenberg, 1996), viabilizadas pela liderança de base que foi bem-sucedida na mobilização das comunidades, visando à proteção dos bosques. Os líderes tribais e de casta inferior eram muito conscientes acerca do esgotamento das matas de *Sal*** (*Shorea Robusta*), provocada pela obtenção de lenha para consumo dos próprios camponeses ou visando à obtenção de renda através da sua comercialização. Esses líderes conseguiram criar reservas florestais de várias centenas de hectares em cada aldeia. A fiscalização contra o roubo de madeira por parte de forasteiros foi encabeçada informalmente pelos próprios moradores. Mas tudo isso se tornou possível não só em razão da ação local, mas em decorrência da situação

---

* N.T.: Sigla de Wahana Lingkungan Hidup Indonesia em bahasa, isto é, Amigos da Terra da Indonésia. O WALHI está representado em 25 províncias da Indonésia, reunindo até junho de 2004 cerca de 438 organizações-membro.

** N.T.: O Sal é uma árvore de grande porte que fornece madeira de boa qualidade. Nas línguas locais é conhecida como salwa, sakhu, sakher, shal, kandar e ainda sakwa. É a espécie dominante nas florestas nas quais ocorre. As florestas de Sal, cuja origem ou perpetuação decorre em muitos casos da ação antropogênica, cobrem cerca de 11 milhões de hectares na Índia, Nepal, Myanmar e Bangladesh.

concreta de Bengala ocidental, estado indiano governado pelo Partido Comunista (Poffenberg o classificava como um "governo populista"). As reservas florestais têm o respaldo dos funcionários do Departamento Florestal de Bengala (que, aliás, quando atuavam sozinhos, foram incapazes de proteger as matas). Nesse sentido, nasceram novas instituições de manejo comunitário das florestas contando com a cumplicidade de setores do Estado. Todavia, alguns poderão queixar-se de que este Manejo Florestal Conjunto exclui as mulheres (Sundar, 1998). Outros ainda poderão sentir nostalgia das formas de proteção comunitárias da biodiversidade, tal como acontecia na antiga Índia e se vê na Índia atual, quanto aos arvoredos e os bosques sagrados. Costuma-se dizer que até mesmo Buda nasceu sob uma árvore sagrada de *Sal*, onde hoje é o Nepal. Contudo, não resta qualquer dúvida quanto ao papel desempenhado por alguns órgãos do país em auxiliar esses movimentos comunitários que vieram à luz em data recente.

No geral, o movimento que temos denominado de culto à vida selvagem depende do Estado em quase todas as partes do mundo para a demarcação dos parques naturais, vez por outra em oposição aos desejos das populações locais. Ao mesmo tempo, os ambientalistas populares atuam *contra* o Estado nas questões relacionadas com a extração de petróleo, mineração e construção de barragens, sem contar que também operam fora da esfera estatal nos movimentos agroecológicos camponeses. Existem outros exemplos, alguns reunidos neste livro, nos quais o ambientalismo popular procura utilizar o poder judiciário dos Estados, recorrendo aos tribunais internos ou, então, aos tribunais dos países do Norte. Na Índia, como vimos nos capítulos "A defesa dos manguezais contra a carcinicultura" e "Os indicadores de insustentabilidade urbana como indicadores de conflito social", o poder judiciário assumiu uma posição favorável ao meio ambiente e aos pobres no enfrentamento à indústria camaroneira; também atuou em favor do meio ambiente – ainda que não dos pobres – na polêmica relacionada com a contaminação atmosférica em Delhi. Por outro lado, o judiciário foi antiecologista no episódio do rio Narmada e, além disso, teve um desempenho demasiadamente tímido no acidente de Bhopal, o qual será analisado no capítulo seguinte. No Brasil, o poder judiciário e os governos regionais foram decisivos no movimento contra as exportações de soja transgênica da Monsanto, que também será analisado no próximo capítulo.

O meio ambiente e os direitos humanos

O movimento pela justiça ambiental tem enfatizado a desproporcionalidade com que o peso da contaminação recai sobre grupos humanos específicos. Portanto, explicitamente incorpora uma noção distributiva da justiça. Poderia ser argumentado que a justiça ambiental potencialmente intui um aspecto existencial, qual seja, o de que todos os seres humanos necessitam de determinados recursos naturais e uma certa qualidade do meio ambiente para assegurarem sua sobrevivência. Nessa perspectiva, o meio ambiente converte-se em um direito humano. Assim, na África do Sul é evocada uma *free lifeline* e na América do Sul, uma "linha de dignidade", isto é, itens de consumo e condições ambientais indispensáveis para a existência de todos os seres humanos.

O discurso da defesa dos direitos humanos é utilizado com muita frequência pelos movimentos ambientais do Sul, que fizeram alianças pragmáticas com organizações como a Anistia Internacional (Sachs, 1995). No tocante ao culto à vida selvagem, o Sierra Club, acatando o mesmo prisma, tem trabalhado nos últimos anos com a Anistia, pretendendo, ao expor uma noção de conflito ambiental explicitado na trajetória de determinadas vítimas muito conhecidas – caso de Chico Mendes e de Ken Saro Wiwa, retratados como heróis –, alcançar um público mais amplo no cenário dos Estados Unidos. O discurso dos direitos humanos implica uma interpelação direta ao Estado porque supõe que o Estado respeita e dá garantia ao direito humano à vida e às liberdades.

As violações dos direitos humanos são eventos excepcionais? A essa indagação, poderíamos responder: ainda que devessem sê-lo, no entanto, não o são. Contudo, podemos acreditar que hoje o índice de desrespeito quanto aos direitos humanos seja menor, ou era, assim parecia em 2001. Ressalve-se que vez por outra as estatísticas acusam uma melhoria devido a uma cobertura dos incidentes mais eficiente, até porque a possibilidade de uma vigilância externa mais estrita é maior. Além disso, com toda certeza existem hoje menos governos ditatoriais do que existiam alguns anos atrás. Entretanto, devido ao crescimento econômico, mesmo estando os governos nos dias de hoje sinceramente se esforçando por criar um quadro mais favorável quanto aos direitos humanos, podemos esperar pelo aprofundamento dos impactos ambientais e, consequentemente, por mais agressões aos direitos humanos do que antes. Existem, pois, duas tendências opostas: uma na direção de um maior respeito quanto aos direitos humanos por parte dos países e, simultaneamente, uma outra de expansão dos ataques aos direitos humanos, em razão do incremento dos impactos ambientais sobre a vida das pessoas.

Em relação aos direitos humanos, os Estados têm praticado políticas demográficas que às vezes proibiam e que ainda proíbem os movimentos neomalthusianos e o aborto (ver capítulo "Índices de (in)sustentabilidade e neomalthusianismo"). Em outros momentos, voltam-se para o estancamento do crescimento populacional. Finalmente, o que é muito importante, os Estados são essenciais na regulação e/ou proibição das migrações internacionais, contribuindo, desse modo, para a manutenção das desigualdades internacionais. Uma peculiaridade da ecologia humana é que, nas fronteiras dos países ricos, existe uma espécie de Demônios de Maxwell uniformizados, impedindo a entrada de pessoas originárias dos países pobres, o que garante, desse modo, médias extremamente diferentes de consumo *per capita* de energia e dos recursos naturais em territórios fronteiriços. Essa é a razão que explica as muitas mortes que ocorrem ano a ano vitimando aqueles que procuram penetrar nos Estados Unidos ou na Europa, saindo dos países do Sul. Ao mesmo tempo em que o gás e o petróleo baratos fluem do Sul para o Norte, proíbe-se a emigração das pessoas, precisamente motivada pela enorme diferença de nível de vida que é possível por essa corrente de energia barata importada.

A resistência como caminho para a sustentabilidade

Seja lá qual for o discurso utilizado, dentre esses os "custos externos", "direitos humanos", "direitos territoriais" ou "o valor do sagrado", os movimentos ambientais do Sul tendem a confrontar o Estado opondo-se às leis e políticas consideradas destrutivas ou injustas, desconfiando da mediação do Estado nos seus conflitos com os interesses estrangeiros (Guha, 2000). Os grupos do Norte, em toda a sua diversidade, incluindo o movimento pela justiça ambiental dos Estados Unidos, trabalham mais com os governos. A sistemática da "resolução dos conflitos" é bem mais apreciada no Norte do que no Sul, onde para todos é óbvio que, em face de situações socialmente assimétricas, solucionar um conflito não corresponde exatamente a resolver um problema.

Tanto no Norte como no Sul, foi acumulada muita reflexão complementar à ação direta. Nos países pobres, a reflexão intelectual está, em larga medida, impulsionada ou acompanha o desenrolar da resistência local. No Brasil, a concepção de "reservas extrativistas" foi inspirada na prática dos seringueiros. Com base nessa proposta, o movimento social impôs ao Estado uma nova forma de propriedade comunitária nos anos de transição rumo à democracia, momento em que o aparato estatal tornou-se mais permeável do que antes. Na Índia, país que constitui o berço da noção de "ecologismo dos pobres", os inúmeros casos de resistência por parte de movimentos locais contra a espoliação de recursos (inclusive o movimento Chipko) foram teorizados de 1973 em diante. Na América Latina – no México e nos Andes – surgiu, a partir dos anos 1960 e 1970, uma nova percepção intelectual da riqueza da agroecologia tradicional indígena, motivando vários agrônomos a mudarem de lado. A cada ano que passa, ocorrem milhares de conflitos ambientais nos países do Sul sobre os quais nada é informado, ou então se procede a uma classificação que os encarcera sob outros rótulos. A invisibilidade é uma característica que o ecologismo dos pobres compartilha com o feminismo.

No Norte, a linha que separa a prática da teoria talvez se mova num sentido oposto. Nesses países, livros como *Silent Spring* (A primavera silenciosa, 1962), de Rachel Carson até se poderia dizer que fizeram nascer no final dos anos 1960 o movimento ambientalista, ao mesmo tempo em que textos como os de Thoreau, Muir, Leopold e G. P. Marsh inspiraram muitos seguidores. Já os intelectuais do Sul são menos conhecidos, mesmo no contexto dos seus próprios países. Qual é a razão que explica o fato de Anil Agarwal e Sunita Narain (ambientalistas do movimento Chipko) não terem se tornado assessores das ONGs e dos Estados do Sul sobre a política do efeito estufa? Por que a economia da permanência de Kumarappa* é menos conhecida do que a economia do pequeno e do belo de Schumacher?** Certo é que os conflitos cotidianos a respeito dos impactos da contaminação na saúde constituem uma variável comum ao ambientalismo, tanto no Norte quanto no Sul. Porém, apenas no Sul verificamos grandes massas de pessoas participando por si mesmas dos conflitos ambientais, sem mobilizar, em princípio, os recursos do movimento ambiental em oposição ao Estado e às empresas. Como explica Ramachandra Guha (2000: 106), as plantações florestais comerciais, a extração de petróleo, a mineração de ouro, de cobre, de ferro e de carvão, as grandes represas, constituem no seu conjunto atividades responsáveis por agressões ambientais; e, no que se configura como o efeito mais doloroso para as suas vítimas, materializam uma ameaça para a sua fonte de sustento vital. Desse modo, a oposição a essas intervenções concretiza tanto uma defesa da vida humana como um movimento "ambiental" no sentido mais essencial da palavra. Existe um direito prévio sobre o recurso em questão – qual seja, a terra, as áreas úmidas, a floresta, a pesca, a água, o ar limpo –, que é extirpado pela ação do Estado ou pelo setor empresarial em aliança com o Estado, que outorga a forasteiros concessões petrolíferas, mineiras, madeireiras ou de acesso à água. A sociedade civil existia antes do Estado, portanto se percebe uma traição: o Estado trai os pobres para tomar partido dos ricos, sejam eles nacionais ou estrangeiros. Note-se que num primeiro momento existe a esperança de que o governo reconheça seus erros. Por isso mesmo, essas lutas, pressupondo que o mero conhecimento da injustiça

---

* N.T.: Conceito criado por um discípulo de Gandhi, J. C. Kumarappa (1892-1960), economista tamil de convicção cristã. Na Economia de Permanência, a satisfação das necessidades humanas é limitada por princípios que evitam a obsessão pelo ter, desenvolvendo-se em conformidade com a conservação dos recursos naturais e do benefício do conjunto das pessoas.

** N.T.: Referência ao filósofo e economista alemão Ernest Friedrich "Fritz" Schumacher (1911-1977), autor de uma das "bíblias" do desenvolvimento sustentável: *Small is Beautiful: Economics as if People Mattered* (1973). A obra é uma denúncia da crescente desumanização promovida pela sociedade moderna.

seja suficiente em si mesmo para remediá-la, são reiteradamente iniciadas com cartas e reclamatórias dirigidas para as autoridades representativas da administração estatal, colocando-se em ação organizações influentes (caso da Igreja Católica na América Latina). A distância geográfica e social dos centros do exercício do poder dificulta o acesso e a organização de grupos de pressão diretos. Quando as petições deixam de ser respondidas, os manifestantes recorrem a outras formas de enfrentamento, ao mesmo tempo em que apelam para uma audiência mais ampla, nacional e internacional. As ONGs traduzem o vocabulário das petições para um discurso ambiental, dos direitos humanos e territoriais, conectando-as com organizações e redes internacionais. Algumas dessas redes ambientais, nascidas no Sul ou cujas atividades estão majoritariamente dirigidas para o Sul, frequentemente são mencionadas neste livro, uma Internacional imperfeita sem politburo.*

A prática dos protestos sociais pode assumir as mais diversas formas. Na Índia, são identificadas sete formas diferentes: *Dharma*, ou a paralisação sensata; *Pradarshan*, ou marcha massiva; *Hartal*, ou greve geral obrigando as lojas a abaixarem suas portas; *Rasta Roko*, ou bloqueio do transporte (sentando-se em cima dos trilhos da estrada de ferro ou nas estradas); *Bhook Hartal*, ou greve de fome, colocada em ação em um local estratégico, tal como em frente ao escritório do engenheiro da represa, comumente feita por um líder reconhecido do movimento; *Gherao*, que consiste em rodear um funcionário ou escritório durante dias; e, finalmente, o *Jail Bharo Andolan*, um movimento cujo objetivo é lotar as prisões de modo a envergonhar o Estado, exercendo a desobediência coletiva contra uma lei considerada injusta (Gadgil e Guha, 1995). Tais métodos foram aperfeiçoados por Mahatma Ghandi na sua batalha contra o colonialismo britânico. Contudo, existem similaridades nas culturas indígenas e camponesas. Chico Mendes inventou o *empate*. Na Amazônia equatoriana e peruana, foi colocado em prática o sequestro não agressivo do pessoal administrativo da indústria petrolífera que penetra nos territórios indígenas, prática que se tornou comum durante os últimos anos, com o objetivo de alcançar uma saída negociada. Na Bolívia, o bloqueio das estradas é uma conhecida estratégia de protesto.

Gandhi forneceu ao ambientalismo da Índia suas técnicas de protesto e um vocabulário moral com o qual se torna possível opor-se à destruição da economia rural. Os camponeses tailandeses contam com o budismo para lembrar seus governantes, os quais publicamente professam a mesma religião, que suas políticas configuram uma clara violação dos seus compromissos com a justiça,

---

* N.T.: *Politburo* é uma contração de *political bureau* do inglês, de *Politisches Büro* do alemão e de *Politìchesckij Bjurò*, do russo, que significa "escritório político", isto é, o núcleo executivo de uma organização partidária, especialmente dos antigos partidos comunistas.

moderação e harmonia com a natureza. A luta antieucalipto foi liderada por monges budistas, conhecidos como *Phra Nakanuraksa*, ou "monges da ecologia". Na América Latina não indígena, e mesmo na indígena, uma ideologia com esse alcance seria o catolicismo popular e sua variante contemporânea, a teologia da libertação, orientada para os pobres. Por essa via, Leonardo Boff, teólogo da libertação, um ex-membro da ordem franciscana, escreveu livros direcionados para a ecologia e aos pobres (Boff, 1998). As igrejas cristãs participantes da campanha do Jubileu 2000 pregavam contra o pagamento da dívida externa: "A Vida tem que existir antes da Morte". Nos Estados Unidos, o movimento organizado pela justiça ambiental esteve estreitamente vinculado a várias igrejas cristãs desde a sua gênese nos anos 80 do século passado.

Tais discursos religiosos de justiça social também têm por pressuposto um respeito não instrumental por outras formas de vida, que não a humana? A religião se pronuncia de alguma forma sobre a AHPPL? Talvez o budismo mais que o cristianismo. Porém, de qualquer modo, poderíamos indagar: Quem defende a natureza quando o vínculo dessa com o sustento dos seres humanos não é direto? Qual dos discursos do ecologismo dos pobres se aproxima do culto à vida selvagem? Na verdade, esses discursos religiosos estão frequentemente articulados tanto com a agricultura sustentável quanto com a vida silvestre, caso, por exemplo, do culto andino a Pachamama, a "Mãe Terra", ao passo que em outras ocasiões o ecologismo dos pobres não faz uso de qualquer linguagem religiosa (Gosling, 2001).

Alternativas ao desenvolvimento

Tal como é convencionalmente entendido, o desenvolvimento tem sido objeto de ataques no plano teórico (Escobar, 1995; Latouche, 1991; Norgarrd, 1994; Sachs, 1992). Os críticos também têm defendido propostas práticas e específicas para determinados setores. No referente às águas, têm apresentado como alternativas às grandes represas, a "colheita" da chuva através de pequenas represas e/ou a utilização de métodos tradicionais de irrigação baseados em tanques. Na área florestal, têm se perguntado se o controle comunitário das matas não seria uma opção mais justa e sustentável do que a entrega destes terrenos para as plantações comerciais. Na pesca, têm se indignado quanto à política favorável aos barcos de arrasto, em desprezo da pesca artesanal (Guha, 2000). As alternativas têm sido não só técnicas como também institucionais, reforçando e criando sistemas comunitários de gestão dos recursos (Berkes e Folke, 1998).

Os movimentos ambientalistas de resistência incorporam no seu interior programas alternativos. Pensamos em desenvolvimento apenas em termos econômicos (como na sustentabilidade "fraca"), ou, mais aprofundadamente, nas suas acepções físicas e sociais (como na sustentabilidade "forte")? Por exemplo, a agroecologia nos países industrializados é um movimento neorrural que se desenvolve num mundo no qual os experimentos sociais pós-modernos não apenas são permitidos como também são positivamente estimulados. Nesse caso estaria enquadrado o uso da bicicleta nas cidades do Norte, a menos que essa se transforme numa ameaça à indústria automotriz e à expansão urbana. Por sua vez, a luta nos países do Sul pela agroecologia tradicional e contra as empresas transnacionais de sementes não é – ao menos por enquanto – minoritária, sendo potencialmente relevante para centenas de milhões de famílias camponesas. A racionalidade ecológico-econômica dos sistemas camponeses proporciona um ponto de partida prático para uma modernização alternativa. Na América Latina, o pensamento ambiental está marcado pela consciência da exploração estrangeira e do intercâmbio ecologicamente desigual, remontando à mineração da prata em Potosí e do ouro em Minas Gerais. Essas referências aparecem em obras literárias e em ensaios, desde José Bonifácio e do protoecologista Alberto Torres no Brasil (Pádua, 1996, 2000), até *Todas las Sangres*, de José María Arguedas, e *As veias abertas da América Latina*, de Eduardo Galeano, passando pela corrida da borracha e pelos metais do demônio. O pensamento ecológico recente da América Latina também se caracteriza por um tremendo respeito (semelhante ao devotado por Alexander von Humboldt) pela riqueza de um continente tão pouco explorado quanto ao seu potencial ecológico, tão rico em energia solar, biodiversidade e água, relativamente pouco povoado. Tais características contribuíram para a elaboração do Informe de Bariloche, publicado como uma resposta ao relatório do Clube de Roma, datado de 1972 (Gallopin, 1995). Esse cenário também justifica as promessas de uma "racionalidade produtiva ecológica alternativa", evidente em vários sistemas de manejo comunitário indígenas existentes (Leff e Carabias, 1992; Leff, 1995). É perceptível que tal forma de pensar está ausente nos movimentos ambientais da Europa, Japão e Estados Unidos.

    Assistimos a uma onda do ecologismo popular. No entanto, os especialistas regionais das universidades do Norte – latino-americanistas, peritos em sul e sudeste da Ásia, africanistas – ainda não conseguiram percebê-la no horizonte. Nessa ótica, atente-se para a grosseira tentativa de classificar o trabalho de Ramachandra Guha e de Madhav Gadgil não como uma interpretação relevante e influente para a África, América e para a história europeia, mas sim como um discurso puramente local pró-comunidade, antiestado e pós-colonial, desdenhosamente definido como uma "narrativa ambiental modelo" da Índia ou, como é conhecido em língua inglesa, Standard Environmental Narrative (SEN):

Nos dias de outrora, vibrantes comunidades viviam em equilíbrio com a natureza, manejando com prudência recursos de propriedade comum visando a satisfazer as necessidades da comunidade. Os britânicos, entretanto, expropriaram os recursos comunais sem compensar os afetados, para desse modo explorar esses recursos comercialmente, minando assim a base provedora de recursos das comunidades locais. Isentas por conta disso de qualquer culpa, essas comunidades foram obrigadas a explorar insustentavelmente quaisquer recursos que estivessem ao alcance das suas mãos. Após a independência, o Estado e seu principal agente, o Departamento Florestal, foram cada vez mais corrompidos pelos políticos, pelos empresários e pelas máfias florestais. De acordo com a SEN, essa é a origem da atual crise ambiental. Por conseguinte, os habitantes devem voltar a assumir o controle dos recursos comuns para gerenciá-los em conformidade com seu conhecimento indígena e em cooperação com as ONGs. (Madsen, 1999: 2-3)

A SEN também tem papel relevante em contextos nos quais o mercado, mais do que o Estado, configura-se como o principal agente de desmatamento. Esse cenário respalda a comparação entre o Chipko e o movimento de Chico Mendes, entre as comunidades antigas e as novas instituições comunitárias, entre a propriedade estatal e as concessões num primeiro momento, e os cercamentos num segundo momento, despojando os seringueiros do acesso às matas. O trabalho de Gadgil sobre as "florestas sagradas" e sua insistência no valor do conhecimento nativo local encontram paralelos em outros continentes, ao passo que a inspiração teórica principal de Ramachandra Guha tem origem no historiador social inglês E. P. Thompson. Existem igualmente outros óbvios paralelos entre a SEN e as narrativas de defesa dos manguezais por parte das comunidades da América Latina e em outras partes do mundo, assim como com os enfrentamentos contra as empresas petrolíferas ou de mineração. Na maioria dos sistemas legais, o petróleo e os minerais pertencem ao Estado. Com base nesses sistemas outorgam-se concessões para empresas locais e estrangeiras. A água também pertence ao Estado, que se incumbe de "desenvolver" os rios construindo represas. Em outras situações, a água é apropriada de modo privado. Nada diferente nem nos princípios e nem na prática dos conflitos florestais estudados detalhadamente por Ramachandra Guha. Em síntese: não é possível restringir o ecologismo dos pobres a uma mata situada no sul da Ásia. Tal concepção nasceu exatamente nessa região nos anos 1970 e 1980. Porém, difundiu-se em todos os países do Sul. É também distintiva para a história europeia e agora, por intermédio do vínculo com o movimento pela justiça ambiental, de igual modo para os Estados Unidos da América.

Nos dias de hoje, é profissionalmente proveitoso no campo da sociologia, da antropologia e da história, nas universidades e institutos de investigação do Atlântico Norte, evitar interpretações gerais, substituindo-as preferencialmente por pequenas narrativas que insistem no que haveria de específico no lugar e na identidade local. Encontrar em diferentes espaços e culturas uma mesma estrutura de conflitos ambientais gerados pelo crescente choque entre a economia e o meio ambiente – tal como é realizado neste livro –, destacando simultaneamente o crescente movimento de resistência que encontra expressão em diferentes discursos em toda a extensão do globo, indubitavelmente relega a um segundo plano a deslumbrante variedade de culturas e de atores representados em tais conflitos. Assim seja. Que outros autores se ocupem a fundo desses detalhes locais.

Gênero e meio ambiente

A noção de um ecologismo dos pobres surgiu pela primeira vez nos finais da década de 1980. Durante muitos anos havia triunfado uma ideia contrária: a de que os pobres seriam "demasiado pobres para serem verdes". "Se você observar os países preocupados com o ambientalismo ou as pessoas que o apoiam no interior de cada país, você se surpreenderá pela extensão assumida pelo ambientalismo como assunto que interessa unicamente à classe média alta. Os países pobres e as pessoas pobres simplesmente não possuem interesse por esse tema" (Thurow, 1980:1045). "Não é casual", escreveu Eric Hobsbawn (1994: 570), "que o principal apoio para as políticas ecológicas proceda, com exceção dos empresários que esperam ganhar dinheiro com atividades contaminantes, dos países ricos e das classes rica e média abastadas. Os pobres, multiplicando-se e subempregados, desejam mais desenvolvimento, e não menos".

Faz muitos anos que desafiamos essa ideia de que as sociedades do Terceiro Mundo são pobres demais para serem verdes, uma mudança de perspectiva similar à do movimento pela justiça ambiental estadunidense. E mais, após tantas publicações enfocando a ecologia política, tem sido hoje argumentado (Rochelau et al., 1996) que a ideia convencional seria justamente a teoria do ecologismo dos pobres. O que existiria de efetivamente novo seria uma "ecologia política feminista". Bem poderia ser assim, em conformidade com o que será discutido.

O argumento a favor da produção camponesa referente à conservação da biodiversidade e à utilização da energia solar se encaixa com o ambientalismo contemporâneo: "o pequeno é belo", "a agricultura orgânica". Entretanto, as sociedades camponesas são lastimavelmente patriarcais. O conflito entre uma posição ecológica pró-campesina (como a que é respaldada por mim) e o ponto de vista feminista foi assinalado por autoras como Bina Agarwal (1998), além de Mukta e Hardiman (2000). Para a criação de uma sociedade ecofeminista, não podemos mirar nem o passado, nem o presente da vida camponesa. Devemos mirar na direção do futuro ou, quem sabe, a um irrelevante passado subpovoado de caçadores-coletores.

As mulheres são portadoras de um papel socialmente construído como provedoras do *oikos*. Portanto, protestam quando a escassez e a contaminação da água, do ar e do solo ameaçam a sobrevivência das famílias. De resto, as mulheres pobres com frequência dependem dos recursos de propriedade comum (lenha, pastagens e água) numa proporção muito maior do que os homens, mais integrados no mercado. As mulheres reagem contra aqueles que privatizam esses bens. As mulheres dependem dos recursos de propriedade comum mais do que os homens, pois em muitas culturas elas dispõem de um acesso mais estrito à propriedade privada (Agarwal, 1992). Efetivamente, o ativismo das mulheres no movimento pela justiça ambiental e no ecologismo dos pobres tem sido de mote significativo e com frequência determinante. As mulheres têm assumido papéis de liderança. Elas têm sido acossadas, golpeadas, encarceradas e assassinadas, tanto nas lutas contra a incineração de lixo urbano em Los Angeles quanto nas lutas contra as piscinas camaroneiras do Bangladesh.

Entre as mulheres do campo, existe muitas vezes uma profunda consciência da dependência da sociedade humana de um meio ambiente limpo e abundante. Uma mulher tribal do distrito de Bastar, localizado na Índia Central, ativista de uma campanha pelas florestas, manifestou-se da forma como segue: "O que acontecerá se as matas deixarem de existir? *Bhagwan Mahaprabhu* (Deus) e *Dharti Maata* (Mãe Terra) nos deixariam morrer. É justamente pelo fato de a terra existir que estamos conversando neste exato momento" (Guha, 2000: 108, apud Sundar, 1998). É a partir de crenças como essas que algumas feministas postulam uma empatia biológica intrínseca entre as mulheres e a natureza, empatia essa negada aos homens. Esse entendimento tem sido referendado como *ecofeminismo essencialista*. Muitas feministas se ofendem com essa posição, compreendendo que implicitamente coloca as mulheres próximas da natureza e os homens, próximos da cultura, da política e da economia. De fato, goste-se disso ou não, tanto os homens quanto as mulheres somos parte da natureza. Utilizando as palavras de Descartes, pode ser que nas culturas científicas ocidentais os homens tenham, mais do que as mulheres, se sentido donos da natureza. Nem os homens nem as mulheres devem alienar-se dessa maneira com as realidades materiais (Salleh, 1997), crendo-se seres angelicais "desmaterializados".

De qualquer modo, as ecofeministas não essencialistas (Agarwal, 1992; Rochelau et al., 1996) têm argumentado que a participação das mulheres nos movimentos ecológicos é resultante do seu compromisso cotidiano mais estreito com a utilização da natureza e o cuidado com um meio ambiente saudável.

Além disso, constitui fruto da sua maior consciência e respeito pela coesão e solidariedade comunitária. Na divisão de trabalho típica da maioria das famílias coletoras camponesas e pastoris, cabe às mulheres e às crianças colher a lenha e a água, cozinhar as plantas e as nozes comestíveis e medicinais, assim como cuidar do gado. Em face desse contexto, torna-se mais fácil para as mulheres notar e responder rapidamente ao esgotamento das fontes de água ou à desaparição das matas e dos pastos.

As economistas ecofeministas (Warring, 1998; Mellor, 1997 e Pietila, 1997) assinalam que, na contabilidade macroeconômica das economias industrializadas de mercado, a destruição dos recursos naturais é contada como produção, enquanto a reprodução ambiental e social não é contabilizada. Isso se explica pela história social e não pela biologia. A economia monetária constitui uma pequena ilha rodeada por um oceano de trabalhos, cuidados domésticos e serviços ambientais gratuitos. Certo também é que as mulheres, mais do que os homens, se inclinam por uma visão de longo prazo, ao sentir, por exemplo, que a mineração, as plantações florestais e a carcinicultura podem com certeza se desdobrar em dinheiro rápido, mas, implicando a erosão da segurança econômica do amanhã. Assim, o ecofeminismo é um movimento social de resistência contra a degradação do meio ambiente.

Bina Agarwal (1992) evita por completo a terminologia "ecofeminismo" devido às suas conotações essencialistas, optando em substituí-la por "feminismo ambiental". Bina Agarwal rechaça a concepção de um ecofeminismo essencialista – exposta no imaginativo livro de Vandana Shiva sobre o movimento Chipko (Shiva, 1988) – e também a ideia de que existia no passado uma época em que reinava a igualdade entre homens e mulheres e na qual não existia uma dominação dos humanos sobre a natureza, mas antes uma relação harmoniosa para com ela. Na Índia, particularmente devido ao sistema de castas, impera a subordinação das mulheres com a finalidade de controlar os matrimônios.

> Basicamente, para transformar a relação entre homens e mulheres e entre os humanos e a natureza, precisamos fortalecer a posição negociadora das mulheres diante dos homens, e daqueles que se postam na proteção ao meio ambiente diante dos que causam sua destruição (Agarwal, 1998: 85).

A ênfase nos antigos sistemas comunitários de gestão dos recursos naturais, contra o Estado ou o mercado, é perigosa para as mulheres porque as comunidades tradicionais são internamente desiguais. O que se necessita são novas instituições comunitárias baseadas numa economia ecológica e nos valores ecofeministas, e não retroceder para tradições que discriminam as mulheres. Seria difícil não estar de acordo com isso.

A noção de "dívida ecológica" que o capítulo seguinte irá examinar, tendo por pano de fundo o contexto internacional Norte-Sul, e que representa um eixo principal deste livro, foi proposta pela primeira vez em 1985 em um contexto ecofeminista. Eva Quistorp, uma fundadora do Partido Verde da Alemanha, escreveu nesse ínterim para seus colegas:

> As mulheres são as credoras das dívidas econômicas resultantes do trabalho não pago; por outro lado, possuem direito de serem compensadas pela submissão política e social que têm sofrido, também lhes dizendo respeito as dívidas ecológicas provocadas pelos saques, contaminação e destruição irreversível dos nossos recursos naturais, tornando cada vez mais difícil que as mulheres assegurem as condições de sua existência e a dos seus filhos.[3]

---

[3] Mulheres no Partido Verde (FRG), "Mulheres em Movimento – Alemanha Ocidental. Situação e atividades atuais, perspectivas sobre a solidariedade internacional" (1985).

A DÍVIDA ECOLÓGICA

No plano internacional, a dívida ecológica surge a partir de dois conflitos distributivos diferentes. Primeiro, como veremos, as exportações de matérias-primas e outros produtos de países relativamente pobres são vendidas a preços que não incluem a compensação pelas externalidades locais ou globais. Segundo, os países ricos utilizam desproporcionalmente o espaço e os serviços ambientais sem pagar por eles, inclusive ignorando os direitos dos demais a tais serviços, tais como os reservatórios naturais e os depósitos temporários de dióxido de carbono.

A dívida ecológica abarca muitos conflitos relacionados ao ecologismo dos pobres, também colocando sobre a mesa a questão dos discursos com os quais estes conflitos conquistam expressão; ela é um conceito econômico. As primeiras discussões sobre a dívida ecológica ocorreram por volta de 1990, sendo em grande parte um mérito de uma ONG latino-americana, o Instituto de Ecologia Política do Chile. Um dos "tratados" internacionais alternativos da Cúpula da Terra realizada no Rio de Janeiro em 1992 versava sobre a questão da Dívida e introduziu a noção de uma dívida ecológica contraposta com a dívida externa. Ativistas latino-americanos persuadiram Fidel Castro a introduzir esse conceito em seu discurso na conferência oficial.[1] Virgílio Barco, então presidente em exercício da Colômbia, já havia utilizado este termo em um discurso numa cerimônia de conclusão de curso ocorrida no Massachusetts Institute

---

[1] Informação prestada em nível pessoal por Manuel Baquedano, diretor do IEP, Chile.

of Technology em 4 de junho de 1990. Uma década mais tarde, o Amigos da Terra fez da dívida ecológica uma das suas campanhas para os anos seguintes.[2] A noção de dívida ecológica não é muito radical. Tomemos por base as dívidas das empresas sob a legislação *Superfund* dos Estados Unidos, a chamada "ecologia da restauração" ou as propostas do governo sueco dos inícios da década de 1990 com o objetivo de calcular a dívida ambiental do país.[3]

O intercâmbio ecologicamente desigual[4]

A teoria ricardiana das vantagens comparativas demonstrou que, se todos os países se especializassem em produzir aquilo que internamente fosse mais barato, todos seriam beneficiados pelo comércio. Nessa lógica, se os países se especializassem na produção de itens dependentes dos fatores internamente mais abundantes, como, por exemplo, recursos naturais em vez de mão de obra qualificada ou capital manufatureiro, todos podem ganhar através do comércio. Os críticos assinalaram que a vantagem comparativa significaria, em alguns casos, permanecer atado a um padrão de produção que excluía os aumentos de produtividade resultantes das economias de escala. O reconhecimento atual de que a produção também implica destruição e degradação do meio ambiente orienta para uma nova perspectiva no estudo do comércio entre países e regiões. Não se trata de argumentar em favor da autarquia a partir de uma posição estritamente "biorregional", até porque de um prisma puramente ecológico existem argumentos que justificam uma importação de bens cuja ausência, acatando-se a Lei do Mínimo de Leibig, constituiria fator limitante para a produção. Não obstante, a visão ecológica da economia como um sistema aberto que necessariamente depende da natureza para dispor de recursos e de sumidouros alavancou uma nova teoria do intercâmbio ecologicamente desigual, contrária ao livre-cambismo, aliás, antecipada por concepções como a da *Raubwirtschaft* – ou economia de rapina – cunhada por geógrafos esquecidos (Raumoulin, 1984).

O intercâmbio desigual foi discutido anteriormente como causa da subvalorização da mão de obra e da saúde dos pobres. Da mesma forma, seria a raiz da deterioração da relação de intercâmbio explicitada nos preços. Ao incorporar o meio ambiente, a noção de intercâmbio desigual pode ser

---

[2] Foi realizada uma reunião sobre a dívida ecológica em novembro de 2001 em Benin, África, auspiciada pelos Amigos da Terra, com a participação do Conselho Mundial de Igrejas. Ocorreram outras reuniões em Praga, no ano 2000, em Porto Alegre, nos anos 2002 e 2003, e em Paris (Fórum Social Europeu), em 2003.

[3] Ver a página da internet da campanha sobre a dívida ecológica (www.deudaecologica.org). Quanto à Suécia, ver relatórios de Arne Jernelov publicados pelo Conselho Consultivo Ambiental da Suécia.

[4] Cabeza Gutés e Martínez Alier (2001).

ampliada de modo a incluir externalidades locais não contabilizadas e que, nesse exato sentido, não são ressarcidas, assim como inscrever diferentes tempos de produção intercambiados para quando tivermos produtos extraídos que se reporiam apenas no longo prazo (se é que efetivamente isso é possível), e que são trocados por bens e serviços produzidos de um modo bem mais rápido. Nesse sentido, a noção de "intercâmbio ecologicamente desigual" significa a exportação de produtos oriundos de países ou de regiões pobres desconsiderando as externalidades envolvidas na sua produção e o esgotamento dos recursos naturais, trocados por bens e serviços das regiões mais ricas. O conceito destaca a pobreza e a debilidade do poder político das regiões exportadoras, sua falta de opções no referente à exportação de bens com menor impacto local; insiste na não internalização das externalidades nos preços das exportações e na falta de aplicação do princípio da precaução quando os produtos de exportação são elaborados com tecnologias carentes de comprovação.

Podemos descrever como *"dumping* ecológico" a venda de bens cuja precificação deixa de incluir a compensação pelas externalidades ou o esgotamento dos recursos naturais. Ressalve-se que tal acontece não apenas no comércio direcionado do Sul para o Norte, mas às vezes do Norte para o Sul, como é o caso das exportações agrícolas dos Estados Unidos e da Europa para o resto do mundo, direta ou indiretamente subvencionadas com base na energia barata, descartando a compensação decorrente da contaminação da água e dos solos com praguicidas, assim como da simplificação da biodiversidade. Descrevemos a primeira forma como *"dumping* ecológico" (do Sul em benefício do Norte), configurando um intercâmbio ecologicamente desigual, exaltando o fato de que a maioria das economias extrativas são, em larga medida, pobres e carentes de poder. Portanto, são incapazes de frear a taxa de extração dos recursos, de impor "retenções ambientais" ou de cobrar "impostos ante o esgotamento do capital natural". Enfim, são incapazes em si mesmas de internalizar as externalidades nos preços ou de diversificar suas exportações. O *dumping* implica uma decisão voluntária de exportar a preços menores que o custo de produção, procedimento verificado nas exportações dos excedentes agrícolas da Europa e dos EUA. Por outro lado, quando o que está em questão é o petróleo exportado do delta do Níger, as relações de poder e de mercado são tais que inexiste qualquer possibilidade de incluir no preço do produto os custos sociais, culturais e ambientais da extração do petróleo cru. De um mesmo modo, os diamantes da África implicam mochilas ecológicas e sociais não contabilizadas. Quando um país como o Peru exporta ouro e cobre, sofrendo internamente muitos danos sociais e ambientais, não é apropriado concluir que os valores sociais dos peruanos fazem com que eles não se importem nem com a saúde nem com o meio ambiente. Mais precisamente, poderia ser dito que os peruanos não estão capacitados a defender seus interesses quanto a um meio ambiente e a uma saúde de qualidade, em vista de serem relativamente pobres e carentes de poder. Em um modelo econômico, quaisquer que sejam suas causas, o resultado será sempre o mesmo. As externalidades, na medida em que são conhecidas, não estão incluídas nos preços. Na matemática dos modelos não importa se isso se deve a preferências inescrutáveis ou é uma decisão imposta por estruturas sociais injustas.

O estudo dos grandes projetos patrocinados pelo Estado durante os anos 1970 na região amazônica do norte do Brasil, voltados principalmente para a exportação de ferro e de alumínio, inspirou certos autores (dentre eles Bunker, 1985, Altvaver, 1987 e 1993) quanto à concepção de um intercâmbio ecologicamente desigual. Stephen Bunker destacou a falta de poder político na região. Os diferentes "tempos de produção", juntamente com a valoração – *mise-en-valeur* – dos novos territórios, constituem noções introduzidas por Altvaver (ver capítulo "Índices de (in)sustentabilidade e neomalthusianismo"), em uma elaboração ecológica da teoria de Rosa Luxemburgo sobre o imperialismo e a acumulação de capital. Visando a extrair recursos naturais, o capitalismo necessariamente inclui novos espaços através de novos meios de transporte. Mas, ao serem modificadas as relações espaciais, as relações temporais também se alteram, dado que os espaços recém-incorporados deixam de ser governados pelo tempo de reprodução da natureza. O capitalismo solicita novos territórios, acelerando os tempos da produção. O antagonismo, notado faz muito tempo por Frederick Soddy, entre um tempo econômico que se comporta segundo uma ordenação temporal calcada na rapidez imposta pela circulação de capital, assim como por meio de uma taxa de juros, e um tempo geoquímico e biológico controlado pelos ritmos da natureza expressa-se então na destruição irreparável da natureza e das culturas que valoravam de um modo diferente seus recursos naturais. A natureza é um sistema aberto e alguns dos seus organismos crescem sustentavelmente em níveis muito rápidos. Contudo, não é este o caso das matérias-primas e dos produtos exportados pelo Terceiro Mundo. Ao atribuir preços de mercado à produção de novos espaços, os tempos da produção também são transformados. Nessa equação, ao menos aparentemente, o tempo econômico triunfa sobre o tempo ecológico.

A superexploração dos recursos naturais se intensifica quando a relação de intercâmbio se deteriora para as economias extrativas, que têm ao seu encargo o pagamento da dívida externa e o financiamento das importações de que necessitam. Concretamente é essa a tendência que se verifica para muitos países exportadores de recursos. As exportações, medidas em toneladas, crescem mais rapidamente do que seu valor econômico. Quando o carvão constituía a principal fonte comercial de energia, sua produção e seu consumo, centrados na Europa e nos Estados Unidos, não eram geograficamente distantes. Atualmente, a despeito da existência de certa extração de gás e de petróleo na Europa e nos Estados Unidos, grandes quantidades de energia viajam através de longas distâncias, predominantemente tomando a direção Sul-Norte. Do mesmo modo, constatamos crescentes fluxos líquidos de ferro, cobre e alumínio direcionados do Sul para o Norte (Barham et al., 1994; Mikesell, 1988). Inserido no contexto do incremento generalizado do fluxo de materiais, nota-se um deslocamento da produção de materiais do Norte para o Sul (Muradian e Martínez Alier, 2001).

A impossibilidade de incluir todas as externalidades e a deterioração dos recursos naturais em uma mensuração monetária torna difícil produzir uma medida de intercâmbio ecologicamente desigual na forma que a economia ortodoxa está habituada. A indagação mais geral é se a teoria econômica resolveu de forma adequada a problemática das externalidades relacionadas com as exportações. A teoria dos mercados incompletos procura fornecer explicações do porquê surgem externalidades. Para explicar o motivo do comércio não necessariamente melhorar o bem-estar do país exportador, a aplicação desse marco teórico ao estudo do comércio e do meio ambiente destaca a ausência de direitos de propriedade completos sobre os recursos e os serviços naturais. O cultivo do camarão destrói os mangues, mas não importa: a teoria econômica informa que tal perda pode ser monetarizada através de direitos adequados de propriedade e de preços que surjam de mercados nos quais se negociam as funções ecológicas e de sustento humano dos manguezais, e que então conheceríamos o balanço exato. Outro modo de explicar essa situação é a que segue: as externalidades ambientais negativas resultantes das atividades de exportação podem ser introduzidas na teoria econômica convencional realizando-se a distinção entre o custo social marginal e o privado referente à produção ou extração. No entanto, a valoração econômica dependerá das rendas relativas e das relações de poder. O problema torna-se ainda mais difícil quando consideramos que as externalidades podem alcançar também o futuro. Nesse caso, o problema seria não só traduzir ou transmutar as externalidades atuais com base em valores monetários, mas igualmente as que vigorariam no futuro, algo que nos obrigaria a selecionar uma taxa de desconto e, portanto, escolher um padrão de distribuição atemporal de custos e de benefícios.

A teoria econômica neoclássica convencional adverte, pois, sobre a necessidade de internalizar as externalidades, algo desejável por contribuir para aproximar os custos de extração e de exportação dos recursos naturais dos seus custos sociais "reais". A aplicação destes arrazoado econômico necessariamente implica incorporar as externalidades, em valores de hoje, numa escala numérica única. De fato, são precisamente as limitações políticas e sociais para se alcançar essa meta as que empurram a análise para fora do âmbito da economia neoclássica, na direção da incomensurabilidade dos valores (significando a ausência de uma unidade comum de medida uma vez que existem valores plurais). Em conformidade com o que foi explicado no capítulo "Economia ecológica:'levando em consideração a natureza'", a incomensurabilidade de valores implica a recusa não somente do reducionismo monetário como também de qualquer reducionismo físico.

Os teóricos do comércio internacional estudam as relações de intercâmbio nominais, reais ou fatoriais, ou ainda a relação de intercâmbio em unidades de trabalho incorporado, tal como é tratado pela teoria do intercâmbio desigual de trabalho (Emmanuel, 1972). Para essa explicação, podemos também apelar para as unidades físicas. A teoria do intercâmbio desigual de H. T. Odum nos marcos da "emergia" constitui um exemplo. A emergia é definida como a energia incorporada. É semelhante ao conceito de Marx do valor do trabalho, contudo, apresentada em termos energéticos. Odum mostra o intercâmbio desigual de energia entre países ou regiões, discutindo o comércio com base numa argumentação energética. A periferia é mal remunerada pela "emergia" contida nos seus recursos naturais, dado que essa não é adequadamente valorada no mercado. O problema, como assinala Alf Hornborg (1998), é se Odum pretende fornecer um enfoque normativo ou positivo: ou seja, se o conteúdo de "emergia" é algo que se deva utilizar para calcular como serão pagas as exportações e, para isso, deveríamos buscar um intercâmbio equitativo em "emergia", ou se trata apenas de um indicador para aferir desequilíbrios comerciais como também as assimetrias quanto à proporção de materiais em toneladas ou em valores monetários.

Alf Hornborg recorre ao conceito de exergia para respaldar uma visão diferente sobre o relacionamento entre energia e comércio. Exergia significa a energia disponível. Hornborg argumenta que os preços de mercado constituem um mecanismo pelo qual os centros do sistema mundial extraem exergia das periferias e exportam entropia para elas. Seria impossível entender a acumulação de capital, o "desenvolvimento" ou mesmo a tecnologia moderna sem referir-se à forma pela qual as instituições de mercado organizam a transferência de energia e materiais para os centros globais (Hornborg, 1998). Podemos agregar que a produção de dejetos, como as emissões de dióxido de carbono com custo zero para o mercado, é também um elemento-chave para a compreensão do crescimento econômico do Norte. A ideia de Hornborg é crucial porque procura entender o mecanismo pelo qual ocorre o intercâmbio desigual. Precisamente isso é o que uma teoria sobre o intercâmbio ecologicamente desigual tem que fornecer, ou seja, uma explicação sobre a razão de os preços e dos mecanismos de mercado não permitem uma troca justa e recíproca. O cálculo da exergia (ou do volume de toneladas encaminhadas do Sul para o Norte) apoia a concepção do intercâmbio desigual. Contudo, os economistas ortodoxos podem replicar que os fluxos fixos são irrelevantes. O ponto essencial, como se argumentou anteriormente, é que a incomensurabilidade aplica-se tanto para o valor monetário quanto ao reducionismo físico.

A despeito das dificuldades de cálculo, as medidas físicas são imprescindíveis para estabelecer uma teoria do comércio ecologicamente desigual. Todavia, não devem converter-se no núcleo de uma nova fé reducionista similar à dos economistas, ainda que com sinal contrário. Por exemplo: a biopirataria pode ser medida convincentemente como fluxo de energia e materiais? Creio que não.

Passivos ambientais

Uma teoria do intercâmbio desigual tem que incluir um marco claro a partir do qual se possa descrever como surge essa categoria de intercâmbio. As teorias mais próximas da economia ortodoxa assinalaram a existência de mercados incompletos. Essa literatura ingênua sublinha a necessidade de estabelecer direitos à propriedade e negociações nos mercados reais – ou ao menos nos fictícios – para evitar os problemas ambientais. Em lugar disso, na economia ecológica e na ecologia política a ênfase se volta para a falta de poder daqueles que sofrem as externalidades. Nesse sentido, é significativo que o conceito de "passivo ambiental" tenha surgido na América Latina com base em casos concretos de contaminação provocados pela atividade mineradora e pela extração de petróleo. Depois de mencionar diversos casos nos Estados Unidos nos quais empresas como a Exxon pagaram indenizações, um jornalista venezuelano escreveu: sendo a Venezuela um país dominado pela indústria mineradora e pela do petróleo, a pergunta a ser feita seria "Qual é o passivo ambiental de toda a atividade mineradora e petrolífera no nosso país?".[5]

É fascinante observar a difusão da terminologia *passivo ambiental* na América Latina. Héctor Sejenovich, de Buenos Aires, foi talvez o primeiro economista a utilizar esse vocábulo, e lançou mão dele quando calculou os passivos ambientais da extração de petróleo na província de Neuquén, Argentina, herdados agora pela Repsol-YPF. O ministro do Meio Ambiente da Argentina declarou em 6 de fevereiro de 2000 (Rio Negro) que não daria às empresas petrolíferas quaisquer incentivos que induzissem a fragilização das normas ambientais. O ministro acrescentou ainda, de forma ameaçadora, que estava

---

[5] Orlando Ochoa Terán, *Quinto Día*, 18 de janeiro de 2000, enviado por J. C. Centeno através de lista de discussão, Meio Ambiente na América Latina (ELAN em CSF).

de posse de um estudo desenvolvido pelo PNUD (Programa das Nações Unidas para o Desenvolvimento), que avaliava os passivos ambientais decorrentes da extração de petróleo na província de Neuquén, orçando-os em US$ 1 bilhão. No Peru, foi apresentado em 1999 um projeto de lei ao Congresso (Projeto n. 786), para a criação de um Fundo Nacional Ambiental, pensado como uma modalidade do Fundo Ambiental Global, o GEF (Global Environment Facility) ou, conforme foi definido por alguns congressistas, como uma espécie de Fundo Ambiental Global Interno (o GEF é financiado pelo Banco Mundial). Esse Fundo financiaria a investigação ambiental, restauraria o meio ambiente e promoveria a agricultura ecológica. Seus recursos econômicos seriam garantidos por uma porcentagem dos lucros da privatização das empresas estatais. Depois de lamentar a deterioração ambiental causada pelas minas e pela pesca indiscriminada, depois de, ainda, comentar a crescente desertificação e desmatamento do país, o deputado Alfonso Cerrate ponderou que os passivos ambientais haviam sido um fator para a falta de compradores no leilão da privatização da Centromin, empresa estatal sucessora da Cerro de Pasco Cooper Corporation. A pergunta foi: quem pagará a dívida ecológica? Quem assumirá os passivos ambientais acumulados ao longo dos anos pela Centromin e por outras empresas estatais?

No Chile, tem sido discutida uma nova legislação versando sobre as responsabilidades após o fim das atividades das minas. A Sociedade Nacional de Mineração, consciente do perigo de ser acusada em nível internacional de *dumping* ecológico, mostrou-se favorável à aplicação de normas ambientais internacionais adaptadas, em princípio, à realidade do país. Enquanto as discussões relativas aos passivos ambientais prosseguiam, o sentimento generalizado da indústria era de que o Estado deveria assumir esse ônus.[6] O vice-ministro de Minas da Bolívia, Adán Zamora, ao referir-se à contaminação do rio Pilcomayo (cujas águas escoam desde Potosí até Tarija e finalmente entram no território argentino), agravada pela ruptura da represa de águas de flotação em Porco, mina de propriedade da Comsur (Compania Minera del Sur),* disse em 1998 que "a nova política estatal minerometalúrgica tem a responsabilidade de remediar os passivos ambientais originários da atividade mineira do passado" (*Presencia*, 16 de junho de 1998). Objetivamente, alguns passivos ambientais de Potosí remontam à época colonial, bem antes do nascimento do Estado boliviano.

---

[6] Danilo Torres Ferrari, "Los avances de la norminativa sobre Cierre de Faenas Mineras". Boletín Minero (Chile), 1122, junho de 1999.

* N.T.: Em 2004, cerca de vinte comunidades da região de Potosí manifestaram-se contra os impactos provocados pelas atividades dessa empresa.

O intercâmbio ecológico desigual nasce, portanto, de duas causas. Em primeiro lugar, muitas vezes falta ao Sul a força necessária para incorporar as externalidades negativas locais no preço das suas exportações. Mesmo não significando ausência de consciência ambiental, mas antes simplesmente debilidade econômica e social, a pobreza e a falta de poder fazem com que se abra mão ou se venda a baixo preço tanto o meio ambiente quanto a saúde local, falhando na sua defesa. Em segundo lugar, o tempo ecológico para gerar os bens exportados pelos países do Sul é frequentemente muito menor do que o tempo necessário para a produção dos bens manufaturados ou dos serviços importados por essas nações. Dado que o Norte tem usufruído o intercâmbio ecologicamente desigual, ocupa agora a posição de devedor.

Memórias do guano e do quebracho

A superoferta de bens primários, forçada pela doutrina do crescimento embasado nas exportações e pela obrigação de proceder ao pagamento da dívida externa, causa o rebaixamento dos preços dessas mercadorias. Isso não pode ser confundido com uma tendência na direção da "desmaterialização" das economias importadoras. Um conhecido autor africano argumentou a esse respeito: "as dificuldades atuais de países como Costa do Marfim e o meu próprio, Camarões, que até bem pouco tempo eram considerados modelo de desenvolvimento na África, pode, em larga medida, ser explicado pela [...] queda dos preços dos bens primários africanos no mercado internacional". Concordamos com o que foi exposto, mas por que acontece dessa forma?

> A principal razão é que a quantidade de materiais que hoje se requer para uma unidade de produção industrial é somente duas quintas partes do que se necessitava em 1990, e esse declínio na demanda de bens primários está se acelerando. A experiência japonesa é, nesse aspecto, particularmente ilustrativa. Em 1984, o Japão utilizou para cada unidade de produção industrial 60% dos materiais utilizados em 1973 para o mesmo volume de produção. O exemplo de algumas indústrias também seria bastante ilustrativo. Dessa forma, é possível enviar a mesma quantidade de mensagens telefônicas através de 22 a 44 quilos de fibra de vidro do que através de uma tonelada de cobre. Não obstante, a produção de 44 quilos de fibra de vidro requer somente 5% da energia necessária para a produção de uma tonelada de fiação de cobre. Do mesmo modo, o plástico, que cada vez mais substitui o aço na fabricação dos automóveis, custa somente a metade do preço do aço, aí incluídas a energia e as matérias-primas. A dependência das matérias-primas como fonte de divisas não constitui uma política sábia de longo prazo por parte dos governos africanos; trata-se exatamente do oposto (Doo Kingue, 1996: 41).

Concordo com essa conclusão, ou seja, que a dependência das exportações relativamente às matérias-primas é uma política econômica equivocada. Discordo, porém, com a premissa da "desmaterialização". Para tanto, basta observar nessa região o novo oleoduto Chad-Camarões voltado para a exportação de petróleo. A tonelagem de materiais exportados do Sul para o Norte, que é muito mais alta do que dos bens importados, não diminui em termos absolutos. Certo é que algumas matérias-primas tornaram-se tecnologicamente obsoletas. Foi o que aconteceu com as exportações chilenas de nitrato, alvo da contenda bélica que opôs o Chile, o Peru e a Bolívia na guerra de 1879, e que por intermédio do processo Birkeland-Eyde, e mais tarde pelo processo Haber (durante a Primeira Guerra Mundial), terminou artificialmente substituído mediante elevado custo energético. Em outros casos, ocorreu o esgotamento ou pelo menos uma diminuição substancial dos recursos antes da substituição, isto, a despeito de se tratarem, tais como a *chinchona officinalis*, o guano ou o quebracho vermelho, de recursos renováveis.

Guano é uma palavra quéchua incorporada não só pelo castelhano como também pelo inglês. É o excremento seco das aves marinhas, sendo utilizado como fertilizante. Na terceira década do século XIX, Charles Darwin referiu-se ao guano no seu diário de viajem do *Beagle*, comentando suas virtudes, reconhecidas desde o período pré-incaico. Existiam enormes quantidades de guano nas ilhas e nos recantos do litoral peruano, região na qual nunca chove. O guano não precisava ser produzido. Suas jazidas eram encontradas em pequenas ilhas e promontórios acessíveis para barcos de carga. A exploração comercial em grande escala foi contemporânea ao nascimento da química agrícola em 1840, com as publicações de Liebig e Boussingault. Uma análise química do seu conteúdo foi realizada por Fourcroy e Vauquelin, no momento em que nascia da ciência dos nutrientes das plantas. Em 1840, o novo conhecimento da química agrícola e a necessidade de incrementar as colheitas europeias e norte-americanas entraram em jogo. Numa perspectiva de "sustentabilidade fraca", se for possível utilizar esse termo, uns poucos peruanos propuseram então trocar o guano por ferrovias. Um deles foi o químico Mariano de Rivero, um colega de Boussingault nascido em Arequipa e formado em Paris. No início dos anos 1820, Rivero foi enviado para a América por Humboldt em companhia de Bossuingault, de posse de uma carta de recomendação endereçada a Simon Bolívar com o objetivo de descobrir novos recursos. Entre 1840 e 1880, foram exportados cerca de 11 milhões de toneladas de guano peruano (Gootenberg, 1993; Martínez Alier e Schlüpmann, 1987). O guano é um produto similar à farinha de peixe (ainda que situado numa etapa posterior da cadeia trófica), também exportada pelo Peru durante a década de 1960 e nos primeiros anos da década posterior com base em taxas não sustentáveis. Periodicamente, as águas cálidas de El Niño surgem por volta da época natalina (sendo esta a razão do seu nome), provocando chuvas intensas que se abatem no litoral do Equador e no deserto de Piura, no norte do Peru. Também expulsam ou destroem os bancos de anchova (*Engraulis ringens*) e de outras espécies, provocando a morte de muitas aves. Esse fenômeno, largamente conhecido em nível local, é nos dias de hoje famoso em todo o mundo, sendo seu alcance global bem compreendido desde 1972-1973. O El Niño ajuda a explicar o anunciado colapso ocorrido nesses anos da captura da anchova. Mas não do guano em 1880. O guano é um tema favorito da historiografia peruana. Foram escritas boas monografias sobre o guano (Maiguashca, 1967; Bonilha, 1984; Mathew, 1981), contudo muito mais a partir de uma ótica financeira e política do que da ecológica.

No final da época do guano no Peru, A. J. Duffield estimou as quantidades de guano que ainda existiam nesse país. Transcreveu um relatório otimista enviado para os credores estrangeiros dois anos antes do começo da guerra de 1879, de autoria de Juan Ignácio Elguera, ministro das Finanças do Peru:

> Qualquer que seja a duração dos depósitos de guano, o Peru sempre terá a disposição os depósitos de nitrato de Tarapacá para substituí-los. Prevendo a possibilidade de esgotamento do guano, o governo adotou medidas com as quais pode assegurar uma nova fonte de lucros, de modo tal que, acabando o guano, a República poderá continuar saldando suas obrigações para com seus credores estrangeiros. (Duffield, 1877: 102)

Na linguagem da economia ecológica de hoje, efetivamente a situação materializava uma sustentabilidade fraca às vésperas da ocupação chilena dos campos de nitratos.[7]

A economia do guano do Peru, atualmente um tema habitual da história ecológica-econômica, forneceu nos anos 1960 um modelo para a teoria de Jonathan Levin a respeito das economias de "enclaves", definidas como economias nas quais não existem laços entre o setor exportador e a economia doméstica. O guano do Peru foi minerado por assalariados peruanos e por trabalhadores chineses endividados. Não foi resultado de uma produção, senão de uma rápida extração seguida da venda por mercadores europeus de Londres e de Paris. Os Estados Unidos chegaram tarde na "hora do apogeu" do guano (Skaggs, 1994). Nesse caso, os EUA descartaram a aplicação da Doutrina Monroe. O congresso estadunidense procurou recuperar o tempo perdido aprovando uma lei datada de 1856 (que aparentemente continua vigente), "para autorizar a proteção aos cidadãos dos Estados Unidos que descubram depósitos de guano" em ilhas pequenas, rochas

---

[7] O nitrato chileno não é guano, não é excremento "orgânico".

ou recifes nas costas da África, do Caribe, Pacífico e onde quer que seja, sempre e quando esses territórios nem pertencessem a outros países nem tivessem sido ocupados por cidadãos de outros Estados. Pouco valor comercial resultou desta iniciativa para gozar do acesso aberto ao guano através de novos e bem definidos direitos de propriedade (Skaggs, 1994).

O comércio do quebracho (*Schinopsis balansae*) da Argentina é uma história do século XX.[8] Foi extraído de maneira não sustentável para fornecer dormentes para as estradas de ferro, para postes e para a obtenção de tanino para exportação. Existem dois tipos de quebracho: o vermelho e o branco. O extrato do quebracho vermelho foi utilizado desde os finais do século XIX para curtir couro. O quebracho, árvore de madeira dura, nasce em pequenas franjas isoladas do terreno. Essas árvores de crescimento lento eram encontradas no Chaco e em Santa Fé. Posteriormente a uma tentativa inicial por parte de empresários locais procurando promover uma indústria de extratos, o Barão Emile Beaumont d'Erlanger, de Londres, estabeleceu uma empresa em 1906, conhecida como La Florestal, para adquirir e desenvolver o negócio. Em 1911, a nova companhia já possuía 1,5 milhão de acres e arrendava metade de outro milhão. Em 1913, a companhia havia crescido até 5 e 0,6 milhões de acres respectivamente (Hicks, 1956: 7, 16). Entre 1920 e 1921 ocorreram distúrbios trabalhistas, e as fábricas de tanino declararam um *lock-out** contra os grevistas. A década de 1920 foi marcada pela expansão de La Florestal e outras empresas menores, e a capacidade produtiva anual de quebracho alcançou a soma de 430 mil toneladas (1928). A empresa vendeu as terras esgotadas de quebracho para a criação de gado e em menor proporção para colonos agrícolas. A história oficial da companhia assegura que, "dos materiais vegetais de uso comum nos curtumes nos finais da Primeira Guerra Mundial – carvalho, castanheiro, abeto vermelho, quebracho etc –, o quebracho era de longe o mais barato, sendo até hoje o agente curtidor que mais rapidamente penetra no couro" (Hicks, 1956: 22). Apesar de tais vantagens, La Florestal diversificou suas fontes, desenvolvendo plantações de mimosa na África do Sul e África oriental como fonte de tanino.

A Argentina proibiu a exportação de quebracho em toras em 1928, buscando fomentar a produção de extrato de tanino em seu próprio território. Mais para frente, durante o governo de Juan Perón, de 1946 em diante, a exportação do extrato de quebracho foi regulamentada por meio de um controle estatal, cobrando impostos sobre a exportação do produto da mesma maneira que as expor-

---

[8] Agradeço a Elsa Marcelo Guerrero pela informação e pelas referências.

* N.T.: Paralisação unilateral das empresas por parte de seus proprietários, geralmente como represália às mobilizações dos trabalhadores.

tações agrícolas em geral. Segundo a história oficial de La Florestal, essa tentativa de incrementar os preços das exportações converteu o extrato de quebracho argentino em uma mercadoria pouco competitiva em nível internacional. Entretanto, no começo da década de 1950, registrou-se uma recuperação das vendas. Mais de duzentas mil toneladas de extrato foram vendidas anualmente durante a Guerra da Coreia (1950-1953). A maioria das instalações industriais de La Florestal estava localizada em Santa Fé, onde, diferentemente do Chaco, "o fornecimento de árvores de quebracho no entorno das fábricas estava se esgotando" (Hicks, 1956: 68). Essas fábricas foram obrigadas a fechar suas portas. Para as populações locais, esses assentamentos abandonados recordam os vilarejos fantasmas do mundo da mineração. Grandes reservas de quebracho, de propriedade estatal, podiam, contudo ser localizadas no Chaco, possibilitando a abertura de novas fábricas. Isso apesar da ameaça representada pelas plantações africanas e por uma de caráter inédito: "o impacto dos substitutos do couro (tais como a borracha artificial) sobre as vendas do produto podendo influenciar a demanda dos materiais curtidores ainda que isso não fosse sentido na época em sua plenitude" (Hicks, 1956: 70).

O reflorestamento do quebracho nunca se realizou. Tampouco os passivos ambientais decorrentes do desflorestamento. O esgotamento do recurso foi limitado pelo custo do transporte do campo para a fábrica, e igualmente por eventuais quedas da procura. Postular que o quebracho foi utilizado de um modo demasiado rápido ou, se os benefícios auferidos pela Argentina foram consideráveis, são temas que ainda constituem objeto de discussão acalorada. O que certamente não se coloca em dúvida é que as decisões não foram tomadas nem em Santa Fé, assim como não o foram no Chaco (Acevedo, 1983; García Pulido, 1975; Gori, 1999), mas, antes, em Londres e em Buenos Aires. Queixas contra La Florestal são escutadas ainda hoje nessas regiões da Argentina.

Um outro caso memorável na América Latina foi a exportação da madeira da caoba* proveniente da Selva Lacandona do sul do México, de 1870 em diante (de Vos, 1988). Embora hoje em dia essa região seja famosa devido à insurreição de Chiapas de 1994, no século XIX era quase inacessível. Ali, como na Argentina, a exportação de madeira em estado bruto foi proibida em 1949, data em que muitas agressões à floresta primária já haviam ocorrido, às quais várias outras seriam agregadas nas décadas seguintes como desdobramento da atividade agrícola e da criação de gado. Há cem anos, a caoba originária de vastas concessões florestais – uma das quais registrada com o nome de Marques de Comillas, da Espanha – era extraída com o trabalho de peões endividados e despachada para Liverpool e para outros destinos. A madeira às vezes era perdida

---

* N.T.: Subespécie do mogno, assemelhada à que ocorre no Brasil. Atualmente, todas as espécies do gênero *Swietenia*, à qual pertence o mogno, estão listadas pela Cites como espécies protegidas.

em meio à floresta, pela dificuldade de ser arrastada pelos bois. As toras desciam pelo curso de rios de pequeno porte e, finalmente, através do rio Esumacinta, chegavam ao porto de Tabasco. Porém, em algumas ocasiões as chuvas eram mais fortes do que o esperado e a madeira acumulada se perdia antes que fosse possível organizar seu carregamento. De qualquer modo, a ninguém ocorreu fazer o replantio da caoba. Nem tampouco existiu preocupação com a destruição de grandes extensões de floresta motivada pela extração e transporte de árvores isoladas de caoba.

Nesse ponto, farei uso das situações analisadas para apresentar uma tipologia compatível tanto para os recursos *renováveis* quanto para os *não renováveis*:

- Recursos que são explorados em locais específicos e exportados a uma taxa tal que (quase) se esgotam, sejam esses renováveis ou não (guano, petróleo e certamente muitos metais, cujos custos de extração crescem numa razão inversamente proporcional à sua concentração, fazendo com que deixem de ser explorados).
- Recursos exportados a uma taxa tão lenta que acabam se tornando economicamente obsoletos, sendo substituídos antes de terem sido esgotados (os nitratos chilenos, substituídos por fertilizantes industriais).
- Recursos explorados num ritmo mais intenso que o de sua renovação, cujas reservas se esgotam localmente (como o quebracho vermelho), mas a respeito dos quais seria possível argumentar que uma taxa de exploração mais lenta teria sido ineficaz em face da ameaça da substituição por outro produto.

A realidade de muitos casos concretos de substituição de matérias-primas não permite argumentar que o crescimento da economia sempre proporcionará endogenamente tecnologias de substituição. O que existe é uma outra situação, marcada pelos crescentes fluxos de materiais e de energia que ingressam na economia mundial – especificamente os fluxos que escoam do Sul para o Norte – e também a crescente produção de resíduos.

O que foi dito pela Cepal*

Sabe-se que quantidades cada vez expressivas de matérias-primas são exportadas a partir do Sul, voltadas numa proporção significativa para o pagamento da dívida externa. Esta tem alcançado tamanha magnitude que a importância da dívida passou a ser insistentemente enunciada com base numa mensuração comparando o serviço da dívida com a renda das

---

* N.T.: Sigla de Comissão Econômica para a América Latina e o Caribe. A Cepal foi criada em 1948 pelo Conselho Econômico e Social da ONU com o objetivo de incentivar a cooperação econômica entre seus membros, dentre os quais 43 estados independentes e oito territórios não autônomos. Além dos países caribenhos e latino-americanos, integram a Cepal Canadá, França, Holanda, Portugal, Espanha, Reino Unido e EUA.

exportações, concluindo-se, a partir dessa equação, que a dívida externa perde importância na medida em que o quociente diminui. Depois da onda neoliberal das décadas de 1980 e 1990, que trazem à memória outras épocas da história republicana da América Latina, o velho problema do comércio desigual reaparece. Como conseguir um desenvolvimento alternativo ou uma alternativa ao desenvolvimento que não se baseie num comércio insustentável? Certo é que a participação latino-americana nas exportações mundiais, pensando-a a partir de um balanço monetário, tem decrescido. Também seria correto entender que, com relação ao crescimento econômico global, a participação do continente africano aparentemente seria supérflua. Mas *as cifras monetárias enganam muitíssimo*. Mais acertadamente, precisamos acompanhar as cifras dos fluxos de energia e de materiais. Além disso, existem igualmente impactos indiretos. Exemplificando, para exportar uma tonelada de alumínio, são necessários grandes carregamentos de minério de bauxita, sendo que para extrair e transportar a bauxita, um volume ponderável de solo e de vegetação acaba sendo devastado. Por definição, o enorme fornecimento de eletricidade imprescindível para fundir o alumínio também envolve sua própria mochila ecológica. A cultura cafeeira, tem sido em vários momentos realizada às custas da floresta primária, provocando a erosão do solo, tal como aconteceu no Brasil. Para exportar a cocaína, cultiva-se a folha da coca em condições precárias, mediante o aproveitamento das vertentes e de outras declividades do terreno. Assim, muito solo acaba sendo erodido. Quanto aos rios, são contaminados pelos insumos de produção, incluindo substâncias como o querosene e o ácido sulfúrico. Portanto, até mesmo os produtos com preço alto e pequeno volume implicam grandes impactos ambientais.

Essas são repetições de histórias antigas. Desse modo, na América Latina, o petróleo – o "ouro negro" – tem sido exportado sem que se pense no seu esgotamento ou em outros impactos ambientais locais, ou ainda no acirramento do efeito estufa. O "ouro verde" tem sido roubado e, agora, tornou-se objeto de novos contratos de bioprospecção que dissimulam a biopirataria. O "ouro branco" das plantas hidrelétricas, responsáveis pela destruição da biodiversidade e das florestas, tem como destino a produção de alumínio para exportação. O "ouro amarelo" é um produto que atende diretamente ao consumo direto, solicitando o revolvimento de quantidades gigantescas de materiais para que sejam resgatadas tão-somente alguns parcos gramas. Finalmente, temos o "ouro rosado", qual seja, o camarão, que destrói fontes de subsistência e os manguezais. Trata-se de uma longa história de espoliação da natureza, que certamente não se deve à pressão da população sobre os recursos naturais da América Latina e da África, mas basicamente motivada pela pressão das exportações.

Pode aparentar que a exportação de produtos agrícolas representa uma atividade sustentável, visto estar apoiada na fotossíntese. Ou seja, usa uma energia que é resultado da energia solar atual e não utiliza combustíveis fósseis. Entretanto, as exportações agrícolas carregam consigo nutrientes (como o potássio na banana), e muitas vezes uma "mochila" materializada nas florestas primárias destruídas em prol da sua produção (podemos nos referir ao açúcar cubano e ao café brasileiro). Na sequência dessa argumentação, produz-se o paradoxo da Argentina parear com o Haiti como o país latino-americano com menor utilização de fertilizantes por hectare, uma vez aproveita a fertilidade natural dos Pampas (Pengue, 2000). As economias da América Latina dependem largamente das exportações de petróleo e de gás, de minerais como o ferro, cobre e o ouro, do mesmo modo que da madeira e de alimentos como a soja e a farinha de peixe; algumas exportações "não tradicionais", como flores e a produção camaroneira, são exportações primárias com algum nível de processamento. É correto entender que algumas partes da América Latina, como São Paulo, estão se esquivando da tendência de reprimarização da economia. Contrariando esse movimento, essa é uma área que se distingue como importadores de energia e de materiais, tendo por contrapartida a exportação de bens industrializados, como automóveis. Outra área industrial é a fronteira entre o México e os Estados Unidos, que importa insumos intermediários para a *industria de la maquila*.* De modo diverso, uma outra porção de um país como o Brasil – nos referimos à sua região Norte – constitui área de projetos de extração de minerais numa vasta escala, contando com entroncamentos ferroviários que, em obediência aos velhos esquemas de "enclaves" extrativistas, unem esses projetos com a costa oceânica. O território de Mato Grosso, situado no sudoeste brasileiro, está sendo convertido em uma região agroexportadora, incluindo partes do Paraguai e do leste da Bolívia, espaços arregimentados para exportar milhões de toneladas de soja transgênica.** O crescimento econômico do Chile tem se baseado em exportações primárias como a do cobre, dos produtos do mar e da madeira das suas florestas primárias, como as do lariço,*** convertidas em lascas para serem exportadas para o Japão. Exatamente por essa razão, e inteiramente cobertos de

---

* N.T.: A *industria de la maquila* ou *indústria maquiladora* é aquela que importa materiais e equipamentos geralmente livres de impostos ou inserindo taxação baixa, especializando-se na montagem dos produtos e reexportando sua produção em geral para os mercados externos, aproveitando, por exemplo, fatores como a mão de obra barata e a proximidade geográfica.

** N.T.: Note-se que a região fronteiriça do Paraguai e da Bolívia com o Brasil tem sido crescentemente requisitada pelo processo de territorialização capitaneado pelo *agrobusiness* brasileiro, gerando evidente polarização com algumas vertentes nacionalistas dos países vizinhos.

*** N.T.: Tipo de araucária que medra nos contrafortes sul-americanos dos Andes.

justificativas, Rayén Quiroga e seus colaboradores do Instituto de Ecologia Política em Santiago do Chile desencadearam um debate sobre as consequências ambientais desse comércio, descrevendo a economia chilena como sendo um "tigre sem selva" (Quiroga, 1994).

A teoria latino-americana da deterioração dos termos de troca, tal como proposta nos anos 40 do século passado pelo economista argentino Raul Prebisch, continua sendo relevante. Essa teorização constituiu a coluna vertebral das propostas da Cepal, para os anos 1950-1973, da "substituição das importações" (1973 foi o ano da queda de Salvador Allende no Chile e o início do neoliberalismo econômico sob a ditadura capitalista de Pinochet). A teoria de Prebish, que possui precedentes na Europa do período entre guerras, explica que a expansão da produtividade no setor das exportações primárias (isto é, maior produção por trabalhador graças ao progresso tecnológico) desdobra-se em preços mais baixos por duas razões. Primeiro, porque apesar da pretensão em formar cartéis, existem muitos competidores em nível internacional; segundo, porque os trabalhadores são pobres, frequentemente dessindicalizados, existindo ao lado disso um amplo mercado de mão de obra desempregada. A despeito disso, os preços dos bens manufaturados não diminuem na mesma proporção dos incrementos de produtividade porque a estrutura de mercado é mais oligopólica, sendo que os trabalhadores, sindicalizados e já bem pagos, encontram-se em uma posição forte nas negociações, permitindo-lhes obter aumentos de salários ao menos na mesma proporção dos progressos da produtividade. Disso decorre a explicação da tendência de piorar a relação de intercâmbio para os países produtores de bens primários.

A teoria se mantém aberta a objeções. Por exemplo, em alguns períodos as economias crescem com base na exportação de bens primários, sendo que essas economias abertas podem criar bases urbanas e industriais significativas. A isso se chama *staple theory*, isto é, a teoria do crescimento econômico baseado na expansão da exportação de bens primários, seguindo o historiador canadense Harold Innis, que era um crítico desse modelo, que possui aplicação para várias épocas das histórias econômicas do Canadá, Nova Zelândia, Austrália e dos países escandinavos, assim como para Buenos Aires e São Paulo. Outro reparo é que os produtos e os serviços industrializados estão de igual modo sujeitos a pressões comerciais competitivas que rebaixam seus preços, tal como acontece com os automóveis e a tecnologia informática. A teoria da deterioração dos termos de troca mantém sua validade. Por outro lado, tal como explicado por economistas marxistas como Arghiri Emmanuel, muitas horas de trabalho mal pagas são "exportadas" em troca de umas poucas horas bem pagas. De resto, existe um intercâmbio ecologicamente desigual em termos dos riscos e dos danos à saúde ou ao meio ambiente, assim como em termos do esgotamento dos recursos naturais.

Quantificando a dívida ecológica

O intercâmbio ecologicamente desigual é um dos motivos que sustentam a reivindicação da dívida ecológica. O segundo é a utilização desproporcional do espaço ambiental por parte dos países ricos. Unindo as duas razões, e expressando a dívida ecológica com base em parâmetros monetários, seus principais componentes são os que seguem arrolados abaixo.

Na sequência, teríamos, quanto ao Intercâmbio Ecologicamente Desigual:

• Custos (não remunerados) da reprodução, manutenção ou gestão sustentável dos recursos naturais exportados, como os nutrientes incorporados nas exportações agrícolas.
• Custos da futura falta de disponibilidade de recursos naturais depredados, como o petróleo, minerais que não mais estão disponíveis e a biodiversidade destruída. Isso corresponde a uma cifra difícil de calcular por diversas razões. No caso do petróleo e dos minerais, necessitam-se de cifras sobre as reservas, estimativas da possível obsolescência resultante da substituição e uma decisão quanto à taxa de desconto. No caso da biodiversidade seria preciso um conhecimento do que está sendo destruído.
• Compensação ou custos de reparação (não pagos) dos danos provocados pelas exportações (caso do dióxido de enxofre das unidades de fundição do cobre, das águas de flotação das minas, dos comprometimentos da saúde provocados pela exportação de flores, da contaminação da água pela mineração do ouro) ou o valor atual de estragos irreversíveis.
• A quantidade (não paga) correspondente ao uso comercial da informação e do conhecimento sobre os recursos genéticos, quando esses são apropriados gratuitamente (vide capítulo "Ouro, petróleo, florestas, rios, biopirataria: o ecologismo dos pobres"). Para os recursos genéticos agrícolas, a base para a reivindicação e cálculo já existe sob a denominação de direitos dos agricultores.

Quanto à Falta de Pagamento por Serviços Ambientais ou pelo Uso Desproporcional do Espaço Ambiental, consideramos:

• Custos (não pagos) de reparação ou compensação pelos impactos ocasionados pela importação de resíduos tóxicos líquidos ou sólidos;
• Custos (não pagos) da produção gratuita dos resíduos gasosos (dióxido de carbono, CFC).

Uma objeção ao conceito da dívida ecológica é que as dívidas são obrigações que surgem a partir de contratos, como caracteriza uma venda ou uma hipoteca. Acatando-se esse ponto de vista, uma dívida não reconhecida simplesmente não existe. Entretanto, ressalvemos que existem casos de dívidas surgidas sem contrato. Por exemplo, recordemos a obrigação de um Estado pagar reparações depois de uma guerra perdida, como foi o caso da Alemanha depois da Primeira Guerra Mundial ou, como aconteceu com esse mesmo país, de pagar pela violação dos direitos humanos após a Segunda Guerra Mundial, neste último caso com a aprovação da maioria dos seus cidadãos.

Uma outra objeção ao conceito de dívida ecológica é que ele nos remete à monetarização da natureza. *Mea culpa*, eu confessaria. Minha justificativa é que a linguagem crematística é compreendida com maior facilidade nos países do Norte. Sabemos que o movimento tailandês de oposição às plantações de eucalipto, muitas vezes, utilizava um discurso religioso para proteger as árvores ameaçadas pelas florestas artificiais, tendo seus adeptos vestido a roupa amarela dos monges budistas e convocado reuniões, proferindo o ritual *pha pha ba*, utilizado em geral para a consagração dos templos. Porém, isso não impressionaria o FMI em nada. As petições da dívida externa da campanha das igrejas cristãs (Jubileu, 2000) foram feitas com base numa linguagem bíblica. Mas os bancos poderiam perguntar: quantos bônus "Brady" tem o Vaticano à sua disposição? Talvez uma certa quantidade, mas não o suficiente para convencer os fiadores.

Há outros discursos disponíveis? Como já foi visto (capítulo "A justiça ambiental nos Estados Unidos e na África do Sul"), a expressão *justiça ambiental* tem sido utilizada nos Estados Unidos na luta contra a contaminação desproporcional que se abate nas zonas urbanas ocupadas por minorias e por pessoas de baixa renda. As emissões assimétricas de dióxido de carbono constituem um exemplo de injustiça ambiental em nível internacional. Outro discurso poderia ser o da segurança ambiental, não na acepção militarizada do termo, mas num sentido parecido com o da segurança alimentar, ilustrada por uma política agrária voltada para ratificar a disponibilidade de alimentos através da utilização de recursos humanos e do solo em nível local. Numa outra perspectiva, a segurança ambiental poderia significar o uso de força militar para impor uma solução para os conflitos ambientais, mas também encarna algo muito distinto: manter o acesso aos serviços e aos recursos naturais – tais como a água – para o conjunto da população, e não apenas para os ricos e poderosos. A segurança ambiental acontece quando os bens e os serviços ambientais são utilizados de forma sustentável, quando há acesso universal a esses recursos e, finalmente, ao contar-se com instituições competentes para monitorar conflitos associados com a escassez e a degradação do meio ambiente (Mathew, 1999: 13). Nessa medida, o Sul poderia argumentar que o Norte produziu e prossegue na geração de uma cota desigual de contaminação, e que usa um volume injusto dos recursos naturais disponíveis. Essa somatória de problemas, além de entrar em contradição com a justiça ambiental e de provocar passivos ambientais, também coloca em risco a segurança ambiental do Sul ou, no mínimo, de partes do Sul.[9]

---

[9] Entre os autores que têm se debruçado sobre a segurança ambiental contam-se Thomas Homer-Dixon, Peter Gleick e Norman Myers. Vir Deudney e Mathew (1999).

A dívida do carbono: retração, convergência e compensação

Como podem ser decididos os limites das emissões dos gases responsáveis pelo efeito estufa? As aspirações em utilizar a análise custo-benefício com relação ao aumento do efeito estufa não são convincentes em razão da arbitrariedade da taxa de desconto (Azar e Sterner, 1996). Além disso, muitos aspectos não podem ser mensurados facilmente em termos físicos e, menos ainda, valorados numa base monetária (Funtowicz e Ravetz, 1994). Para começar, o próprio padrão de preços da economia seria diferente caso postulássemos pelo fim do acesso gratuito aos sumidouros de carbono. Quando foi sugerido no processo do IPCC de 1995 que a decisão sobre essas emissões deveria ser direcionada através de um cálculo dos custos econômicos das mudanças climáticas – incluindo uma estimativa do valor econômico das vidas humanas que seriam perdidas nos países pobres –, houve muitas queixas. Algumas vozes pronunciaram-se declarando que a vida humana não poderia ser tão barata assim. Entretanto, se a distribuição existente da propriedade e da renda é aceita como um dado da realidade, seria então possível defender que o valor de uma vida humana média pode ser multiplicado 15 vezes, comparando-se a Europa ou os Estados Unidos com o Bangladesh. Em caso de dúvida, caberia consultar as empresas de seguro. Os economistas estavam certos: os pobres são baratos. No entanto, poderíamos indagar: daqui cinquenta anos o Bangladesh continuará pobre? Considerações com esse mote devem ser incluídas na análise custo-benefício do aumento do efeito estufa.

Existe uma outra vertente de opinião, bem mais substancial, questionando se o cálculo econômico constituiria a chave para uma avaliação integral dessa questão. Não o é. As incertezas e as complexidades tornam impossível efetivar uma análise custo-benefício honesta. Além disso, uma análise custo-benefício depõe contra aos pobres, cujo valor no mercado de seguros de vida é baixo ou cuja disponibilidade financeira é necessariamente limitada. Daí ser plausível apelar para valores não econômicos. Exemplificando, é possível afirmar que a despeito de os seres humanos serem precificados diferentemente, todos, numa outra perspectiva, dispõem do mesmo valor na escala da dignidade humana.

Retornando ao argumento econômico, existem duas formas distintas de calcular a "dívida do carbono". A primeira decorre do cálculo referente aos danos que irá provocar. Na segunda, calcula-se o custo da diminuição (*abatement cost*), que não se realiza. Consideremos o custo do serviço ambiental proporcionado pelos sumidouros permanentes de carbono – os oceanos, vegetação nova e os solos – e pela atmosfera como um depósito temporário, no qual o carbono se acumula enquanto aguarda por um reservatório permanente. Desse modo, a concentração de dióxido de carbono na atmosfera tem aumentado na ordem de 280 ppm para 370 ppm. A decisão da União Europeia, discutida em Quioto em dezembro de 1997, foi permitir que a concentração subisse até ao nível de 550 ppm, provavelmente implicando a elevação da temperatura global em dois graus Celsius, existindo muita incerteza a respeito das margens de erro e mais ainda quanto aos impactos localizados. Tem sido fortemente questionado se esse patamar representa um limite "seguro" (Azar e Rodhe, 1997). As emissões anuais por pessoa nos Estados Unidos chegam a seis toneladas de carbono, contra três na Europa e 0,4 na Índia. Quando nós respiramos, exalamos mais ou menos a mesma quantidade, sendo pouco prático reduzir as emissões deixando de respirar. Existem emissões vitais e emissões de luxo. Aqui nos defrontamos com o fundamento da ecologia humana: a extrema diferença no uso exossomático dos combustíveis fósseis, diferença que é bem maior do que o revelado pelas médias nacionais. A emissão média supera uma tonelada/pessoa/ano, pensando-se um total de emissões globais que atingem mais de seis bilhões de toneladas. Esse total, que hoje seria considerado excessivo, tenderá a aumentar ainda mais devido ao crescimento econômico e demográfico. A redução requerida para evitar o aumento da concentração de carbono na atmosfera é estimada em torno da metade no nível das emissões atuais, isto é, mais de três bilhões de toneladas/ano. Embora a dinâmica da absorção de carbono pelos oceanos, pela vegetação nova e pelos solos dependa em alguma medida dos volumes gerados – a isso se denomina "fertilização com CO_2" do crescimento da vegetação – ninguém coloca em discussão que tem aumentado o uso da atmosfera como um depósito de livre acesso. Os oceanos também são utilizados para essa finalidade sem pagamento. Em Quioto, em 1997, a União Europeia propôs uma leve redução das emissões. Os Estados Unidos não mostraram disposição em aceitar essa proposta (em parte porque sua população está crescendo), rechaçando o próprio Protocolo de Quioto na gestão do presidente Bush em 2001. Lembre-se que uma vez ratificado o Protocolo de Quioto outorgará direitos adquiridos aos Estados Unidos, Europa e Japão equivalentes ao nível das suas emissões no ano de 1990, com base na promessa de reduzir, em 2010, em 5,2% o total das emissões contabilizadas em 1990.

    Existem contextos nos quais há benefícios genuínos – por meio de mudanças da tecnologia industrial, avanço da conservação de florestas ameaçadas ou da vegetação nova – na implementação conjunta dos objetivos da redução das emissões de carbono. Contudo, como serão repartidos esses benefícios? Qual será o preço da redução das emissões de carbono ou o preço do aumento da sua absorção? Se os donos dos sumidouros de carbono são pobres, logo o preço total da venda da absorção será baixo; nesse caso, intermediários entrarão em cena, talvez os governos dos países do Sul ou mesmo as instituições financeiras do Hemisfério Norte. Dado que o compromisso em prol da redução das emissões é – tal como notamos atualmente – pouco consistente, então o preço por tonelada de carbono em projetos de implementação conjunta necessariamente será baixo, em razão da procura pelos sumidouros ser igualmente muito pequena. Outro aspecto é que a remuneração permanecerá num patamar baixo se as externalidades negativas locais dos próprios projetos não estiverem contempladas no preço. Constatando-se, na comparação com a demanda, um fluxo intenso de projetos no Sul (sumidouros adicionais, particularmente quando for acordada a conservação de florestas primárias ameaçadas, ou inovações das técnicas permitindo a diminuição das emissões de carbono, obtida pela substituição, por exemplo, do carvão pelo gás natural), a situação também não apresentará mudanças. Entretanto, na hipótese de o compromisso de redução ser acima de três bilhões de toneladas de carbono/ano – como, aliás, deveria ser –, o preço se elevaria drasticamente. Em síntese, quanto mais incisivo e rápido for o compromisso da redução, mais elevado será o custo marginal da empreitada. Por outro lado, caso não ocorra essa redução, isso implica o uso persistente e desproporcionado da atmosfera e dos sumidouros do carbono (oceanos, vegetação nova e solos) como propriedade *de facto* dos ricos. Portanto, ano pós ano a dívida ecológica seria maximizada, chegando a um topo de, digamos, US$ 60 bilhões anuais (soma referente a três bilhões de toneladas de carbono que deveriam ser resgatadas, pensando-se um custo de US$ 20 a tonelada). A dívida ecológica aparece nesse caso porque, ao não ser efetivada a redução necessária, os países ricos economizam um montante que seria mais ou menos em torno desse valor. Seria fácil argumentar que o custo apropriado por tonelada poderia alcançar US$ 100 por tonelada ou mais.

Um cálculo similar foi publicado em 1995 por Jyoti Parikh, um economista hindu membro do IPCC, apresentando na essência o mesmo argumento. Levando-se em consideração o nível atual das emissões, a média seria uma tonelada de carbono pessoa/ano. Contudo, os países industrializados, embora concentrando a quarta parte da humanidade, geram em contrapartida três quartas partes do total mundial do carbono. A diferença existente quanto ao volume de emissões pelo Norte relativamente ao Sul corresponderia a 50% do total mundial, isto é, cerca de três bilhões de toneladas. Aqui se observa novamente o crescente custo marginal de redução: o primeiro bilhão pode ser diminuído, digamos, na base de US$ 15 por tonelada, mas logo o custo aumenta bastante. Se tomarmos uma média de US$ 25, teremos um subsídio anual total de US$ 75 bilhões do Sul ao Norte.

Tais cálculos são hoje utilizados e trabalhados detalhadamente por ONGs preocupadas com a dívida externa. É assim que a Christian Aid* publicou um documento em 1999 a respeito das mudanças climáticas, dívida, equidade e sobrevivência, sob o título *Quem deve a quem?*, com imagens de meninas do Bangladesh com água até o pescoço. Nele argumenta-se que para suavizar os impactos das alterações climáticas:

> Todos nós teremos de viver dentro do nosso orçamento ambiental. A atmosfera só possui a capacidade de absorver uma certa quantidade de gases de efeito estufa antes que se iniciem os transtornos. Por isso mesmo é necessário controlar a emissão. Assim, cada dia que os países industrializados postergam a tomada de decisões ante a necessidade de redução entre 60-80% das suas emissões, ultrapassam o orçamento ambiental e acumulam uma dívida ambiental ou "de carbono". Ironicamente, são esses países que hoje se atrevem a dar lições de sensatez a outros muito mais pobres e que são detentores de dívidas financeiras convencionais, comparativamente insignificantes.

O cálculo realizado pela Christian Aid a respeito da "dívida do carbono" foi o seguinte: a intensidade do carbono do PNB foi entendido (erroneamente) como constante, supõe-se uma redução das emissões de carbono nos países ricos entre 60 e 80%, e calculando, então, a correspondente redução do PNB. A enorme diminuição do PNB não acontece: esse é o custo evitado, ou seja, a dívida. As cifras da Christian Aid são muito altas, pois é possível realizar pequenas diminuições das emissões de carbono com pequenos custos marginais (talvez incluindo oportunidades do tipo *win-win*), incrementando-se o custo marginal com o volume e a urgência das reduções. É preciso levar em consideração as mudanças tecnológicas e a composição da produção. Na minha estimativa utilizei o preço de US$ 20 por tonelada de carbono. O argumento de que se acumula uma dívida ecológica substancial ano após ano seria válida inclusive a um preço de US$ 10 a tonelada.

Outros grupos cristãos, como o Conselho Ecumênico Canadense para a Justiça Econômica, estimaram no ano 2000 a "dívida do carbono" no contexto da crescente discussão sobre a dívida ecológica. Existem muitas incertezas quanto a como se desenvolverão os sistemas energéticos futuros. São discutidos métodos para reinjetar dióxido de carbono no solo ou nos aquíferos. A energia fotovoltaica poderia tornar-se mais barata. O número de moinhos de vento está se expandindo em muitos locais. Se voltarmos os nossos olhares para o passado, veremos que, em nível mundial, foram criados novos sistemas energéticos que se somam aos já existentes, sem substituí-los. A base da economia global, particularmente para os

---

* N.T.: Entidade evangélica fundada em 1953, com forte ação missionária no Terceiro Mundo.

países ricos, estará fundamentado, durante pelo menos mais 30 ou 40 anos, nos combustíveis fósseis. Depois dessa data, não sabemos o que virá. O hidrogênio, utilizado nas células de combustível deve ser visto como um vetor ou um depósito de energia, mas não como uma fonte energética, pois se necessita de energia para obter o hidrogênio. Enquanto isso, a dívida do carbono mantém-se em expansão.

Em síntese, os países que exercem a condição de credores ecológicos alavancariam as negociações sobre as mudanças climáticas – assim como de outros assuntos, dentre estes os direitos dos agricultores – caso reivindicassem a dívida ecológica, ainda que essa enfrente obstáculos de um ponto de vista crematístico para sua quantificação. Talvez as nações da Aliança dos Países de Pequenas Ilhas(AOSIS) e outros países consigam promover uma política sobre o efeito estufa baseada na diminuição das emissões, confluindo até o índice de 0,5 tonelada/*per capita*/ano paralelamente ao pagamento de uma importante compensação meritória, tanto quanto se desdobrando no discurso de sua segurança ambiental ameaçada. Outro ponto passível de discussão é a própria possibilidade de reclamação judicial contra os países ricos, em razão das evidências do retrocesso das geleiras em nível mundial e da elevação do nível dos mares provocada pelo aumento das temperaturas.

A reivindicação da dívida ecológica, na medida em que se converte em um tema importante na agenda política internacional (talvez poderiam auxiliar os ministros verdes alemães), contribuirá para o "ajuste ecológico" que o Norte está instado a realizar. O tema não é trocar a dívida externa por proteção ao meio ambiente, tal como tem sido esboçado em vários casos.[10] Pelo contrário, é considerar que a dívida externa do Sul para com o Norte já foi paga devido à própria dívida ecológica que o Norte mantém em relação ao Sul, e, além disso, conseguir que a dívida ecológica pare de crescer.

Os governos do Sul não têm, até o presente momento, defendido com firmeza nem a questão da "dívida do carbono" e nem a dívida ecológica no seu sentido mais amplo. É necessário animar esse debate. Qualquer audiência latino-americana fica facilmente impressionada com a quantidade em dólares que um bebê desse continente deve aos estrangeiros ao nascer. Contudo, resulta numa tarefa bem mais difícil chamar a atenção quanto à condição teórica de credora usufruída por essa mesma criança na contabilidade da dívida ecológica.

Absorvendo carbono?

Pode-se argumentar que, antes de comprometer-se a efetuar no Norte custosas reduções das emissões do carbono, é necessário reduzir os demais

---

[10] Acatando a proposta de Thomas Lovejoy, "Aid Debtor Nations Ecology", *The New York Times*, 4 de outubro de 1984.

gases que provocam efeito estufa. Exemplificando, os CFC, que foram lançados na atmosfera principalmente pelos países ricos, mas devido ao seu impacto na camada de ozônio estão atualmente proibidos. O gás metano, ao menos os volumes emitidos pelos depósitos de lixo, poderiam ser reciclados através da combustão, diminuindo assim de modo significativo o efeito estufa direto que desencadeia. Nos casos experimentais de implementação conjunta (ou Mecanismo de Desenvolvimento Limpo), planejados para reduzir as emissões ou para gerar absorção adicional do carbono, os custos por tonelada de carbono são estimados em uns poucos dólares. Casualmente, existem custos marginais negativos, oportunidades que articulam ganhos econômicos e emissões negativas. A Costa Rica disponibilizou, mais como uma novidade do que como uma operação financeira, alguns bônus de absorção de dióxido de carbono por meio de remuneração de US$ 10 por tonelada (resultando na prática em menos de US$ 3 por tonelada de carbono, pois a relação entre dióxido de carbono e o carbono propriamente dito é de 3,7 para 1).

De maneira absurda, também existem situações nas quais todos perdem. Este é o caso do Projeto Profafor da Fundação Face, ou simplesmente Profafor-Face, planejado para ser implantado no Equador. Consistia na semeadura de 75 mil hectares de pinheiros nos páramos, como são conhecidas as regiões alpinas dos Andes, visando a absorver o dióxido de carbono que seria produzido por uma termoelétrica de 650MW situada nos Países Baixos. Saliente-se que o grupo de investigação Ecopar, financiado pelo mesmo projeto da Face, concluiu que, alterando-se o rico solo orgânico do páramo com as plantações de pinheiros, seria liberado mais carbono do que absorvido.[11] O presidente da Face era Ed Nijpels, um ex-ministro do meio ambiente da Holanda. O Projeto Face foi estabelecido por um consórcio de empresas de geração de eletricidade. A sigla significa "Absorção Florestal das Emissões de Dióxido de Carbono" (Forest Absorbing Carbon Dioxide Emissions). Tem atuado com uma ignorância arrogante, afirmando no seu relatório de 1995 (página 18) que no Equador, nas altitudes entre 2.400 e 3.500 metros acima do nível do mar, "deixa de ser possível a agricultura e a criação de animais é menos rentável". Ora, a cidade de Quito situa-se a 2.800 metros; Cuzco, mais ao sul da linha equatorial, está a 3.400 metros acima do nível do mar; finalmente, o Vale Sagrado, considerado um santuário da agricultura andina, localiza-se a uns 3.000 metros. A Face tem preconceito contra as práticas agropastoris andinas e contra os

---

[11] Verónica Vidal, "Impactos de la aplicación de políticas de cambio climatico en la forestación del páramo del Ecuador", *Ecología Política*, 18, 1999, pp. 49-54, cita a fonte original desta conclusão: G. Medina e P. Mena, "El páramo como espacio de mitigacion de carbono atmosférico", Serie Páramo, 1. GTP, Abya Yala, Quito, 1999. Ver também *El Comércio* (Quito), 3 de novembro de 1999.

habitantes indígenas, possivelmente uma manifestação de "racismo ambiental". As externalidades sociais e ambientais provocadas pelas plantações do projeto foram desde o princípio ignoradas pela Fundação Face. Não fosse suficiente, a Face repetidamente afirmou que "o conhecimento das árvores nativas tinha sido perdido e que a população local preferia reflorestar com espécies exóticas tais como eucalipto e pínus" (*Relatório Anual*, 1998, Arnhem, junho de 1999:17).

O objetivo da Face em semear 75 mil hectares de pínus nos páramos do Equador não se cumprirá. Foram plantados somente 18.958 hectares até 1998 (*Relatório Anual*, 1998). Anos depois, em 2004, algumas comunidades estavam a ponto de romper os contratos firmados com a Profafor-Face, que as obrigava a trabalhar gratuitamente nas barreiras de contenção de incêndios, na capinagem, nas podas e ressemeaduras para a manutenção das florestas de pínus. Além disso, os contratos advertiam que a companhia ficaria com 30% do valor da venda dos pínus caso não fossem plantadas outras árvores. Nijpels, o presidente, deixou o cargo em 1999. Sua nota de despedida foi incrivelmente otimista. Em maio de 1999 ele escreveu:

> Desde a sua criação em 1990, a Face tem financiado a plantação de novas florestas em benefício das empresas produtoras de eletricidade que podem, a qualquer momento, reduzir suas emissões de dióxido de carbono, sequestrado através desses bosques. Entretanto, a despeito de as perspectivas serem boas, o debate internacional sobre o clima ainda não alcançou uma etapa na qual se possa acreditar na prática dessa absorção [na conta de carbono das empresas de eletricidade].

Depois de 1999, o SEP (Conselho de Geração Elétrica da Holanda), que dera início à Face com a meta de compensar as emissões de dióxido de carbono do país, deixou de apoiar financeiramente a instituição. A partir desse momento, a Face deveria se sustentar com suas próprias forças e ampliar sua esfera de atuação. Não se notou nenhuma suspeita de colapso iminente no discurso de despedida de Nijpels. Pelo contrário, ele sustentou que a Face colocaria no mercado um produto concreto com o qual conquistaria a condição de autofinanciamento, qualquer que fosse o resultado das negociações a respeito da implementação conjunta e do Mecanismo de Desenvolvimento Limpo. Exatamente com base nessa pretensão, a Face desenvolveria um novo projeto de "certificados de CO_2 fixado em florestas. Isso implicaria uma certificação tutelada por uma instituição certificadora independente, explicitando a quantidade de CO_2 que um determinado bosque poderia absorver em um ano" (*Relatório Anual*, 1998). As empresas comprariam os ditos certificados para "colocar no mercado produtos com compensação climática". Nijpels concluiu seu discurso de maio de 1999 informando que "se iniciou para a Face um período novo e fascinante". De fato: o problema é que possivelmente um dos produtos da Face era a produção líquida de dióxido de carbono nos milhares de hectares de plantações de pínus nos páramos equatorianos, ampliando assim bastante a dívida ecológica que diz respeito aos Países Baixos.

Os projetos de sequestro de carbono não eram novos no Equador por ocasião da chegada da Face no início dos anos 1990, quando estabeleceu o Profafor com seus parceiros em nível local. Na realidade, a primeira tentativa de vender absorção de carbono foi promovida pela BOTROSA (Bosques Tropicales S.A), empresa de propriedade de uma notória família de desmatadores. Manuel Durini Terán, um dos seus membros, exerceu o cargo de Ministro do Comércio Exterior no ano 2000. A intenção da BOTROSA era utilizar financiamento do Fundo Ambiental Global (GEF), gerido pelo Banco Mundial, em um controvertido projeto de plantação florestal, foco de polêmicas catalisadas não propriamente pelo efeito estufa, mas porque resultou na expulsão de camponeses. Em 10 de setembro de 1992, Philip Fearnside, na qualidade de consultor, escreveu para o Banco Mundial argumentando contrariamente ao projeto. Disse ele:

> A ideia de semear árvores para sequestrar o carbono é perfeitamente válida e deve ser colocada à prova. Ainda assim, seria necessário que precauções fossem tomadas. Haveremos de dar prioridade para essa proposta e diminuir os esforços em frear o desflorestamento, maneira muito mais barata de evitar as emissões líquidas e que, ao mesmo tempo, oferece outros benefícios?[12]

No Equador, uma ideia mais promissora do que as plantações homogêneas de árvores de uma mesma espécie seria a preservação das matas da Amazônia, ameaçadas por colonos e pela indústria petrolífera, e, além dessas, das formações litorâneas dos mangues, mesmo que ambas não sejam sumidouros propriamente novos.

Condicionalidade ecológica: uma cegueira seletiva

Muitas vezes os governos do Sul não levam a sério a política ambiental. A prática do ecologismo dos pobres é velha, mas a teoria é nova e no geral ainda não é aceita nem no Norte tampouco no Sul. O ecologismo é frequentemente observado – tanto nos países do Norte quanto nos do Sul – como um luxo dos ricos antes de constituir uma necessidade dos pobres. Essa assertiva se reveste de veracidade mesmo no ano de 2003, quando o governo brasileiro passa a ser

---

[12] Memo em *Acción Ecológica*, Quito, arquivos da campanha das florestas.

exercido pelo presidente Lula, deixando claro que a esquerda tradicional joga de lado ou deprecia o ecologismo.

O Sul tem permitido que o Norte assuma uma posição eticamente superior no campo ambiental, credenciando países cujo estilo de vida não pode ser imitado pelo resto do mundo, visto serem esbanjadores, antiecológicos e aos quais enfim não se poderia permitir dar lições sobre como alcançar a sustentabilidade ecológica. Por exemplo, os pescadores latino-americanos foram repreendidos por terem provocado a morte de golfinhos enquanto pescavam atum para exportação. O fim do embargo contra a Venezuela, México, Colômbia e outros países da América Latina joga luz sobre este interessante caso de condicionalidade ambiental das exportações. Como foi visto no capítulo "A defesa dos manguezais contra a carcinicultura", um argumento semelhante foi defendido nos Estados Unidos por conta das importações de camarão pescado em alto mar que colocavam em risco a vida das tartarugas marinhas.

Levando-se em consideração as regras do GATT e da OMC, a questão envolvendo os golfinhos deveria ser anulada, visto estarem os atuns perfeitamente sãos, e desgraçadamente as restrições comerciais apenas poderiam ser justificadas pela qualidade do produto, e não por problemas detectados no processo de produção. O argumento mais comum do GATT/OMC relacionado com o comércio e o meio ambiente é que o primeiro produz crescimento econômico, e o crescimento econômico produzirá uma melhoria nas condições sociais e ambientais, portanto deter as importações por danos ambientais, trabalho infantil, desrespeito aos direitos humanos no local de produção, em geral é, com exceção das questões envolvendo trabalho escravo ou de prisioneiros, contraproducente. Entretanto, o protesto foi tão grande que os Estados Unidos impuseram um embargo sobre os métodos de pesca do atum que causavam a morte dos golfinhos. Para que fosse levantado o embargo às frotas pesqueiras, foi necessária a inspeção por parte do Serviço Nacional de Pesca da Marinha dos Estados Unidos, uma obrigação que indiscutivelmente cheirava a "ecocolonialismo". A indústria pesqueira dos países submetidos ao embargo do atum sustentou que essa atitude tinha a ver com um "protecionismo verde", a favor da indústria pesqueira dos Estados Unidos e dos seus sócios asiáticos.[13]

A matança dos golfinhos é cruel e desnecessária, denunciada por organizações ambientais do Sul e do Norte. Porém, o que realmente surpreende é a cegueira seletiva por parte da opinião pública e das organizações ambientalistas do Norte, que se omitem de protestar em muitos outros casos de importações responsáveis pelos mais graves danos ambientais. Por que, por exemplo, ficar

---

[13] *El Nacional*, Caracas, 1º de agosto de 1997.

obcecado com o atum, mas não com o petróleo do México, Venezuela ou da Nigéria? Quando a Áustria pretendeu em 1992 impor um certificado verde obrigatório incidindo sobre madeiras tropicais com o objetivo de garantir a procedência de florestas manejadas de modo sustentável, o país enfrentou um protesto encabeçado pelos governos da Malásia e da Indonésia no GATT e, aparentemente, não foi capaz de encontrar aliados influentes no interior dos países reclamantes. Em compensação, existem casos de cooperação harmônica entre ONGs do Sul e do Norte para frear exportação de produtos baratos do Sul. Um desses refere-se à vitória provisória contra a empresa madeireira Trillium, do Chile, cuja concessão foi anulada, em 1997, para grande satisfação dos ambientalistas chilenos e irritação do governo de Eduardo Frei. Seria engraçado dizer aos chilenos que se opunham à Trillium: primeiro, permitam que a empresa corte e exporte as florestas primárias na forma de lascas, sendo que dessa forma vocês se tornarão ricos; finalmente, quando isso acontecer, vocês serão tão ricos que poderão converterem-se em ecologistas. Talvez fosse demasiado tarde para os chilenos se tornarem verdes.[14]

As normas ambientais ligadas ao comércio são vistas pelos governos e pelos empresários dos países do Sul (embora não pelos ecologistas desses países) como mecanismos neoprotecionistas criados para a anular a vantagem competitiva dos países pobres. Contudo, longe de ver as restrições comerciais não tarifárias do Norte como uma manifestação de protecionismo dos países desse grupo contra os produtores do Sul, notamos demandas com origem nos países pobres que alertavam os consumidores do Norte para boicotarem as exportações do Sul em razão dos impactos sociais e ambientais promovidos. Até agora, tais vozes do Sul são desconhecidas ou escamoteadas. Porém, anunciam um mundo novo no qual os consumidores contarão com informação sobre os processos de produção dos artigos que consomem. Por isso, em vez de lamentar a proibição da importação do atum ou da madeira tropical insustentável, em lugar de indignar-se com o "protecionismo verde" do Norte (que na realidade é praticamente inexistente), seria mais coerente com os interesses do Sul enfocar os danos ambientais locais e globais gerados pela expansão do comércio internacional de petróleo, gás, cobre, alumínio, ouro, diamantes, madeira e pasta de papel, pesca e produtos de aquicultura, assim como os benefícios gozados pelos importadores ao não pagar por esses danos,

---

[14] Jonathan Friedland, "Chile leads the region with new environment movement", the *Wall Streeet Journal*, Américas, 26 de março de 1997. Esse artigo descreve a tríplice aliança entre grupos ambientais radicais do Chile como Renace (liderado por Sara Larraín), Douglas Tompkins, cidadão estadunidense fundador da rede de roupas Espirit de Corps, o qual vive no sul do Chile praticando sua fé na "ecologia profunda" através da aquisição e da proteção que concedeu a uma grande extensão de matas, e grupos de base dos Estados Unidos com suas próprias demandas contra a Trillium devido às ações da empresa nesse país.

benesses que, aliás, integram sua dívida ecológica. Dois exemplos: na década de 1970 no estado do Espírito Santo, no Brasil, o ambientalista Augusto Ruschi lutou, sem obter êxito, contra a empresa exportadora de celulose Aracruz, que implantou vastas plantações de eucalipto neste estado e que despejava seu efluente no oceano (Dean, 1995: 304-313). Mais ao sul, em Porto Alegre, a luta contra a fábrica de celulose constituiu um marco importante para o nascimento do ambientalismo brasileiro. Os aliados externos já eram bem recebidos na década de 1970.

O fato é, porém, que a condicionalidade – seja ela a financeira, ambiental ou relacionada com os direitos humanos – é sempre imposta pelos Estados hegemônicos. Os países mais fracos se sentem constrangidos por essas condicionalidades, ainda que eventualmente, quando a cooperação internacional está relacionada com a defesa dos direitos humanos, possa acontecer que a sociedade civil dos países sujeitos à condicionalidade, apesar da assimetria política, posicione-se pragmaticamente de modo favorável para se defender do seu próprio governo; e isso sem esquecer que os Estados que impõem as condicionalidades, talvez igualmente violem os direitos humanos internamente ou no estrangeiro.

O conceito de condicionalidade não se associa tanto ao meio ambiente nem aos direitos humanos, e sim às condições impostas pelo Banco Mundial ou pelo FMI antes de conceder um empréstimo ou renegociar uma dívida. Aceitemos que nas décadas de 1980 e 1990 muitos países do Sul necessitaram de lições baseadas no "Consenso de Washington" para deter a inflação, e suponhamos igualmente que poderiam ser evitados os custos sociais e econômicos desses "ajustes". Deveriam os países do Sul também aceitar a condicionalidade ambiental? Existiriam duas formas de rechaçar semelhante condicionalidade que poderiam assim conquistar expressão na linguagem coloquial latino-americana.

A primeira delas seria:

> Lá estão os gringos de novo se metendo nos nossos assuntos, impedindo que as nossas bananas, o nosso atum, flores, madeiras tropicais, morangos e abacates entrem no mercado deles, porque dizem que são antiambientais, e, como sobremesa, ainda falam que não irão dar empréstimos ou renegociar a dívida externa a menos que cada investimento financiado por eles seja acompanhado de algum estúpido estudo de impacto ambiental.

A segunda forma de rejeição da condicionalidade ambiental está baseada no fato de que existe um ecologismo dos pobres que frequentemente se expressa em idiomas não ambientais. Deve ser entendido que para o Sul a maior ameaça ao meio ambiente é o consumo excessivo do Norte. Portanto, antes de impor unilateralmente suas condicionalidades, o Norte deve pagar sua dívida ecológica e ajustar sua economia ao seu próprio espaço ambiental. Contudo, fica a pergunta: quem colocará o guizo da "condicionalidade ambiental" no gato das economias ricas? Um modo de impor um ajuste ecológico ao Norte seria por intermédio de uma cooperação Sul-Sul muito mais forte, na tentativa de aumentar o preço do petróleo e outros bens, por meio de "retenções ambientais" (como seriam denominadas na Argentina), ou impostos taxando o esgotamento do "capital natural" além de outros tributos para as exportações visando a compensar as externalidades locais e globais.

Os ecoimpostos e o conflito Norte-Sul

Os Estados Unidos importam mais da metade do petróleo que consomem, cifra que continua a crescer. Para cumprir com as vagas promessas feitas no Rio de Janeiro em junho de 1992, Bill Clinton e Al Gore propuseram no seu primeiro mandato a introdução de um imposto sobre os combustíveis fósseis, induzindo uma pequena elevação dos seus preços para que assim a demanda retroagisse e as emissões de dióxido de carbono, por tabela, também diminuíssem. Esse tributo, tal como no caso do ecoimposto europeu discutido em 1992 (que havia suscitado aumento nos preços, atingindo US$ 10 por barril), mesmo lembrando a existência de uma leve tendência no sistema fiscal de algumas nações europeias em prol de maiores taxações incidindo sobre a energia, não foi aplicado. Para cada país individualmente, a introdução de um ecoimposto pode gerar uma perda de competitividade. Isso significa que a competitividade estava baseada parcialmente na externalização dos custos ambientais como aqueles que derivam do aquecimento global e, portanto, na expansão da dívida ecológica já contraída pelos países ricos e competitivos. De qualquer modo, analisemos a questão do ecoimposto na ótica dos países exportadores de gás, petróleo e carvão, muitos dos quais mais pobres que os Estados Unidos, países da União Europeia ou o Japão. Esses impostos são vistos de uma forma negativa em razão do seu impacto distributivo. Quando o preço sobe devido ao ecoimposto, a demanda interna retrocede. Portanto, os exportadores se veem obrigados a exportar a mesma quantidade a um preço menor ou exportar menos para manter os preços. Mas qualquer que seja o cenário, as rendas caem. Seria possível estabelecer um sistema internacional de maneira tal que os impostos ecológicos retornassem aos países exportadores de gás, petróleo e carvão, visando a melhorar a situação social daqueles que são pobres, aprimorando a eficiência energética e a substituição em favor de outras fontes energéticas. Ou é possível propor algo bem mais radical: que as mesmas nações exportadoras de carvão, de gás e de petróleo, em vez de boicotarem as negociações sobre o efeito estufa, como acontece até hoje, cobrem um imposto ecológico na fonte, o que aumentaria seu preço – ou seja, exportariam menos a um preço mais alto –, contribuindo assim com uma redução do efeito estufa (ressalvando-se que deva ser mantido um subsídio para o gás de cozinha, impedindo o esgotamento da lenha). Naturalmente, para aplicar semelhante tributo (que poderia incluir um componente relacionado com o "esgotamento do capital natural" e um outro relativo à compensação das externalidades locais e globais), seria necessário um acordo coletivo no interior da Opep ou de um outro cartel semelhante sob a égide da ONU. Entretanto, para os governos e talvez para a opinião pública dos países exportadores de gás, petróleo e carvão, poderia ser mais cômodo não confrontar o Norte, ignorar o efeito estufa e lamentavelmente dividir os países do Sul, facilitando assim a falta de ações concretas por parte dos países do Norte.

O comércio justo

As recentes tentativas de organizar redes de comércio justo com base na cooperação Norte-Sul, como a formada, por exemplo, por consumidores dispostos a pagar um preço mais alto pelo café "orgânico" importado, têm por pressuposto uma crença muito realista de que o consumo impulsiona a economia, expressando a disposição em incorporar determinados custos ambientais e sociais nos preços.[15] Num sentido inverso, esses custos não são internalizados na precificação de muitos outros produtos, podendo chamar atenção dos importadores conscientes. Deve-se a James K. Boyce uma análise da questão das exportações de juta de Bangladesh, que, do mesmo modo que o algodão, a madeira, o sisal e a borracha, têm perdido mercado diante dos substitutos sintéticos. O prolipropileno é o principal substituto da juta. Entretanto, estudos do ciclo de vida dos dois produtos evidenciam a excelência ambiental da juta comparativamente ao prolipropileno, que não está incluída nos preços (Boyce, 1995, 1996). Uma conclusão parecida poderia ser aplicada para as exportações argentinas de carne, até agora produzida sem hormônio (em contraste com as exportações estadunidenses) e em campo aberto. Mas em vez de jogar uma cartada "orgânica", o governo argentino se uniu, como veremos adiante, ao "Grupo de Miami", tendo à sua frente os Estados Unidos.

O movimento para o comércio justo explicita que, na prática, para permitir a exportação de produtos elaborados com processos ecológicos e socialmente sustentáveis, os importadores terão que estar dispostos a pagar um preço mais alto. A socialdemocracia keynesiana das décadas de 1940 e 1950 havia proposto acordos internacionais a respeito dos preços dos produtos primários. As redes de comércio justo constituem uma versão moderna dessa mesma

---

[15] Ver Patrícia Miguel e Victor Toledo (1999) para uma descrição cuidadosa de cinco sistemas distintos de cultivo de café no contexto de uma avaliação multicriterial.

concepção, com objetivos simultaneamente sociais e ambientais, incidindo sobre mercadorias específicas. Esta é uma tradição que deve ser atualizada quando a onda neoliberal de nossos dias estiver desgastada. Nesse sentido, uma proposta sobre os Acordos Ambientais Internacionais Relacionados com os Bens Primários foi defendida por Henry Kox (Kox, 1991, 1997). Ela reconhece a existência atual de uma troca ecologicamente desigual e oferece um incentivo para um melhor manejo ambiental, talvez sem levar suficientemente em conta que, para começar, as normas ambientais dos países pobres exportadores são débeis devido à falta de poder de negociação. De uma maneira semelhante ao comércio justo para o café orgânico, seria estabelecido um fundo internacional para se oferecer uma remuneração mais alta aos produtores que respeitassem as normas ambientais e produzissem bens primários "verdes". Assim, em um mundo imaginário, as empresas petrolíferas produziriam o ouro negro verde e orgânico, que, ao ser queimado, seguramente continuaria a emitir dióxido de carbono.

As redes de comércio justo, a proibição da destruição dos manguezais sacrificados para a exportação do camarão, a implementação dos direitos dos agricultores para assegurar a conservação e a coevolução *in situ* da biodiversidade agrícola, as "retenções ambientais", os "impostos referentes ao esgotamento do capital natural" nos países exportadores, a conservação das florestas com base nas "reservas extrativistas", assim como a reivindicação vitoriosa do pagamento da dívida ecológica e a sua utilização para a promoção de tecnologias sustentáveis constituem políticas que poderiam melhorar a posição ambiental mundial e simultaneamente melhorar a situação econômica dos pobres do Sul.

Rio Grande do Sul: o breve sonho de uma zona livre de transgênicos

Durante muito tempo, o Brasil tem sido um grande exportador de café. Mas não existe uma produção significativa de café orgânico arborizado. Esse país não é uma terra de tradições camponesas agroecológicas, mas de *plantations* de café e de cana-de-açúcar, escravidão e destruição quase total da Mata Atlântica. O Brasil não é um lugar reservado para os agroecólogos românticos, como é o caso das terras andinas ou dos territórios maias. No Brasil, a batata é conhecida como *batata inglesa*. Mas existem grupos indígenas no Brasil com conhecimento da biodiversidade medicinal. Existe conhecimento útil sobre insetos comestíveis. A questão dos direitos indígenas de propriedade intelectual está ligada estreitamente com a antropologia brasileira com base em Darrel Posey. Existem histórias de biopirataria no Brasil bastante conhecidas (o *ipecac*[*] nos tempos coloniais e o *jaborandi* para o glaucoma em tempos atuais, e isso sem esquecer a borracha). Não obstante, inexiste no Brasil um grande campesinato agroecológico; assim como não há um orgulho agroecológico indígena, ainda que o país possua muitas variedades interessantes de milho e, evidentemente, de mandioca, um insumo básico na dieta alimentar dos grupos indígenas e dos brasileiros da atualidade, sem contar os africanos, que também adotaram essa planta de origem americana na sua dieta.

Embora inexista um grande campesinato tradicional agroecológico, é no Brasil que ocorre o mais forte movimento pela reforma agrária do mundo, o MST (Movimento dos Sem-Terra), cujas origens sociais repousam no Rio Grande do Sul (RS), mesmo não sendo este o estado com maior incidência de conflitos pela terra. De fato, o Rio Grande do Sul tem servido como uma base relativamente pacífica do MST. Em 1999, o movimento se declarou contra os cultivos transgênicos e, em janeiro de 2001, juntamente com Rafael Alegria, outros líderes da Via Campesina e com José Bové da *Confederátion Paysanne* da França, converteram-se em estrelas midiáticas do Primeiro Fórum Social Mundial em Porto Alegre, quando destruíram simbolicamente alguns campos experimentais da Monsanto na aldeia de Não-me-toques. A reivindicação implícita era a proibição, no Rio Grande do Sul, da soja transgênica por parte do governo estadual. Ainda que o governo e o poder judiciário gaúchos tenham tomado atitude corajosa contrária aos cultivos transgênicos, essa medida fracassou em nível federal. O fato serviu para direcionar MST rumo a uma orientação ecologista. Esse movimento foi iniciado por filhos e filhas de pequenos agricultores de ascendência italiana e alemã, terminando por se estender ao conjunto do território brasileiro. O MST suportou repressão violenta no Paraná, Pará e em outros estados. Suas táticas são a ocupação, o assentamento e o cultivo imediato das grandes propriedades ociosas.** As invasões de terras*** são levadas a cabo fazendo uso de ação direta pacífica, com ênfase na produção de alimentos para subsistência, mas igualmente com um enfoque tecnológico produtivista, contra os latifundios abandonados e os grileiros (especuladores que ilegalmente se apropriam de grandes extensões de terra), cuja opulência os leva a abrir mão da produção de alimentos. Muitos dos líderes do MST também integram o Partido dos Trabalhadores (PT), embora o movimento se posicione mais à esquerda do que este último. O assunto dos transgênicos desencadeou um debate sobre a

---

* N.T.: O *ipecac* (Cephaelis ipecacuanha), conhecido popularmente por ipeca, ipeca-verdadeira, poaia e poaia-cinzenta, dentre outras denominações, é reconhecido mundialmente como planta medicinal. É utilizado no tratamento antidiarreico, amebicida, expectorante e antiinflamatório.

** N.T.: Referência às três etapas da estratégia do MST, expressadas no bordão do movimento: "Ocupar, resistir, produzir".

*** N.T.: Ressalve-se que o jargão do MST não se refere a "invasões", mas sim a "ocupações" das propriedades ociosas.

tecnologia agrícola no interior do MST, que fazia falta num país como o Brasil, cuja população felizmente diminui seu crescimento demográfico e a respeito do qual Ignacy Sachs ponderou certa ocasião que "ao contrário de ser um paraíso rural, como poderia ser, converte-se num inferno urbano" (Pádua, 1996). O MST tem auspiciado migrações de retorno da população dos bairros urbanos periféricos rumo aos novos assentamentos rurais.

A preocupação europeia com os alimentos transgênicos é bem conhecida nas Américas. Esse movimento é liderado por consumidores preocupados com os perigos representados por esses produtos para a saúde. Ao mesmo tempo, é apoiado por alguns grupos de agricultores franceses que creem que uma maneira de defender a agricultura europeia seria com a produção de alimentos inserindo normas diferentes de qualidade. O mesmo princípio se aplicaria à política europeia contrária à carne produzida com hormônios procedente dos Estados Unidos, fundamentada, além dos riscos para a saúde, pelo interesse dos agricultores em abrigar-se atrás de barreiras protecionistas não tarifárias. Também, a União Europeia tem coletado evidências científicas a respeito do fato de que uma dose alta de alguns dos hormônios administrados ao gado nos Estados Unidos se desdobra em efeitos cancerígenos e, além disso, que outros hormônios poderiam afetar (como parece lógico) o desenvolvimento dos órgãos sexuais (*New York Times*, 25 de maio de 2000, C4). Os EUA responderam a essa afirmação impondo tarifas alfandegárias sobre algumas exportações europeias, como a do queijo roquefort, e assim a disputa acabou parando na OMC. Esses dois casos – o da carne com hormônios e o dos alimentos transgênicos, ambos muito distintos entre si, ainda que semelhantes em razão de esses dois contextos se referirem a importações e supostos perigos à saúde humana na Europa – constituem disputas clássicas da "ciência pós-normal". Numa prestigiosa revista ambiental dos EUA, Robert Paarlberg adicionou mais algumas razões para a atitude europeia. Para esse autor, dado que não existem evidências críveis de um perigo associado a qualquer alimento transgênico atualmente disponível no mercado europeu, o problema decorreria do *stress* pós-traumático provocado pela enfermidade da encefalopatia espongiforme bovina ("vaca louca"). Nesse sentido, tratar-se-ia de mais uma tentativa de fazer valer a "soberania culinária" ante não só os alimentos transgênicos como também a oposição ao McDonald's e à Coca-Cola. "Tudo isso seria de se esperar a partir de consumidores pertencentes a economias de mercado ricas e pós-materialistas (sic)" (Paarlberg, 2000: 21). Entretanto, é evidente que devem existir justificativas melhores para o entendimento das atitudes relativas às culturas transgênicas e à carne com hormônios do que o "pós-materialismo" numa Europa assoberbada com tantas toneladas de materiais.

O conflito sobre a segurança dos cultivos transgênicos importados ou produzidos internamente poderia à primeira vista ser resolvido obrigando companhias como a Monsanto a contratar seguros ou depositar uma quantia financeira objetivando uma compensação quanto aos possíveis danos que ocorreriam no futuro. Entretanto, enquanto as consequências da introdução dos transgênicos são objeto de polêmicas científicas, a decisão a respeito do tema é urgente. Isso ajuda a reforçar a legitimidade social de uma pluralidade de perspectivas e de interesses sociais. "Seriam maiores os benefícios da introdução dos transgênicos do que seus hipotéticos custos? Temos conhecimento de como atribuir um valor atualizado diante dos custos futuros para a saúde humana e do meio ambiente? Deveria ser aplicado o princípio da precaução a essa nova tecnologia, e como deve ser aplicado? Deveria a produção agrícola avançar (ou retroceder) na direção de um ideal "orgânico"? E, enfim, quais seriam as forças sociais extremamente diferentes nos diferentes países que as apoiariam? Quem irá pagar pelos custos resultantes?

Menos conhecida que a resistência na Europa Ocidental contra as importações de transgênicos foi a resistência local desde 1998 no Rio Grande do Sul contra a soja transgênica. O governo estadual proibiu a semeadura da soja transgênica da Monsanto, que demonstra resistência a uma aplicação maximizada do herbicida Roundup,* um glifosato que pode originar uma resistência maior das ervas daninhas. A oposição aos cultivos transgênicos no Rio Grande do Sul constitui um caso similar ao da resistência ao desmatamento, à mineração, à exportação de camarão ou à exploração e exportação de petróleo e de gás em outros países exportadores do Sul. *Não se refere a uma forma de protecionismo verde, mas seu oposto*, uma resistência às exportações devido aos danos ou perigos ambientais. Nessa questão, existiu apoio não apenas de parte das ONGs, como também do poder judicial e do governo local. Era um fato de grande importância que um estado brasileiro, um dos principais produtores de soja para exportação, proibisse as culturas transgênicas. Foi aberta, dessa forma, uma oportunidade comercial para exportar soja não transgênica certificada. Além disso, foram fornecidos argumentos para uma atitude de índole idêntica quanto ao milho transgênico, até porque o milho é originário do Novo Mundo e, consequentemente, com muitas espécies silvestres aparentadas. O milho e a soja constituem insumos básicos do regime alimentar global baseado num maior consumo de carne.

O chamado "Grupo de Miami", composto por países exportadores agrícolas, é semelhante ao Grupo Cairns,** que atua contra o denominado

---

* N.T.: Herbicida também fabricado pela Monsanto. A Associação Nacional de Vigilância Sanitária (Anvisa) tem seguidamente se pronunciado contrariamente à utilização do Roundup na agricultura.

** N.T.: O nome desse agrupamento de países decorre de reunião inicial ocorrida na cidade australiana de Cairns, situada no Queensland, em 1986. É composto atualmente pela África do Sul, Argentina, Austrália, Bolívia, Brasil, Canadá, Chile, Colômbia, Costa Rica, Fiji, Filipinas, Guatemala, Indonésia, Malásia, Nova Zelândia, Paraguai, Tailândia e Uruguai. Esses países detêm cerca de um terço das exportações agrícolas mundiais e apresentam uma atuação ativa nas questões sobre liberalização internacional dos mercados agrícolas.

"protecionismo verde". Encabeçado pelos Estados Unidos, o grupo também reúne Argentina, Austrália, Canadá, Chile e Uruguai. Esse sexteto transgênico conta com nações apoiadoras da teoria do crescimento baseado em exportações de matérias-primas (*staple theory of growth*), as "Neo-Europas" de Alfred Crosby ou "estados de agricultura de colonos europeus", de Harriet Freidmann. No caso do Chile, as exportações de soja e milho transgênicos pesam pouco, o que lhe interessa potencialmente é a madeira transgênica. De todo modo, o país age por princípios neoliberais e com fidelidade neocolonialista. O Grupo de Miami tem apresentado coerência na sua atuação, opondo-se consistentemente às negociações de um Protocolo Internacional de Biossegurança incorporado ao Convênio sobre Diversidade Biológica de 1992. Em troca, insiste na livre exportação dos produtos transgênicos. Esse grupo não inclui o Brasil. Depois dos Estados Unidos, a Argentina tem se posicionado como o segundo grande produtor de soja transgênica. O desacordo acerca do Protocolo de Biossegurança relaciona-se com o consentimento prévio informado para o consumo de produtos transgênicos. O artigo 19(3) da Convenção sobre a Biodiversidade de 1992 diz que

> as Partes devem considerar a necessidade e as modalidades de um protocolo que estabeleça procedimentos apropriados, incluindo, em particular, o consentimento informado prévio, no campo da transferência, manejo e utilização segura de qualquer organismo resultante da biotecnologia que possa ter um impacto adverso na conservação e no uso sustentável da diversidade biológica.

Ressalve-se que o procedimento do "consentimento informado prévio" obrigaria os países a assegurar que seus exportadores entreguem uma notificação prévia aos países importadores permitindo a realização de uma análise de risco de um produto transgênico antes de aprovar sua importação. Claramente, isso facilitaria pelo menos a rotulação e o desenvolvimento espontâneo no mercado de uma estrutura compreendendo dois níveis para a soja e para o milho: um para os produtos de origem transgênica e outro para os não transgênicos, algo que empresas como a Monsanto temem muitíssimo.

Em janeiro de 2000, numa reunião em Montreal, os Estados Unidos (país que não ratificou a Convenção de Diversidade Biológica de 1992) impediram através do Grupo de Miami, do mesmo modo como procederam um ano antes em Cartagena, as tentativas de regulamentar as exportações dos alimentos transgênicos. O argumento utilizado era o de que a preocupação relativa aos riscos ambientais e sobre a saúde em face dos cultivos transgênicos não poderia imperar sobre os direitos e as obrigações dos países compromissados com outros acordos internacionais da OMC, cujas regras impedem que se freiem a importação de alimentos, a menos que haja razões muito claras associadas à saúde. Entretanto, invocar as regras da OMC pouco após o fiasco de Seattle em 1999 não possuía muita força, salvo para os mais fervorosos paroquianos do neoliberalismo. Finalmente, foi adotado o Protocolo de Biossegurança, no mesmo patamar das regras da OMC.

No mês de maio de 1999, o ministério da Agricultura do Brasil autorizou a utilização da soja Roundup Ready da Monsanto. Todavia, um tribunal federal emitiu um parecer pelo qual a Monsanto e a Monsoy (sua subsidiária brasileira) estavam proibidas de comercializarem as sementes até que o governo publicasse normas relacionadas com a biossegurança e da rotulação dos transgênicos. Esse veredicto se deu como uma resposta a uma demanda encaminhada pelo Instituto Brasileiro de Defesa do Consumidor e pelo Greenpeace, que argumentou que a Constituição exigia a realização de Estudos de Impacto Ambiental (EIA) para qualquer inovação que pudesse desencadear um impacto no meio ambiente. O juiz Antonio Prudente – assim se chamava – declarou que "o irresponsável apuro em introduzir os avanços da engenharia genética se inspira na cobiça da globalização econômica". Isso posto, a situação no Brasil, no final de 2001, seguia no sentido de manter proibida a soja transgênica.*

O PT tem exercido o poder em Porto Alegre, a capital do Rio Grande do Sul, por muitos anos. Tem praticado um famoso experimento social denominado "orçamento participativo", no nível municipal. Em janeiro de 1999, conquistou o governo estadual por uma estreita margem, contando com uma minoria da Assembleia Legislativa. O Rio Grande do Sul é um estado marcado por um forte sentido identitário; seus habitantes se autodenominam e são conhecidos no Brasil afora como gaúchos. Porto Alegre conta com uma larga tradição de ambientalismo datada do início dos anos 1970 com a atuação de José Lutzemberg. As ONGs locais, Centro Ecológico e outras, incluindo a cooperativa de consumidores e agricultores (Coolmeia), convenceram o

---

* N.T.: Considere-se que a soja RR contou durante a segunda gestão Fernando Henrique Cardoso com o apoio explícito do então ministro da agricultura Pratini de Morais. A Comissão Técnica Nacional de Biossegurança (CTNbio), concedeu à soja RR um parecer favorável à sua liberação no país (24 de setembro de 1998) seguida do registro de cinco variedades (17 de maio de 1999). Em 2003, no início da gestão do presidente Luiz Inácio Lula da Silva, o novo ministro da Agricultura, Roberto Rodrigues, contando com o apoio do então chefe da Casa Civil, ministro José Dirceu – e a despeito da ausência de normatização sobre a soja transgênica –, acompanhou as medidas defendidas por seu antecessor Pratini de Moraes, contribuindo para que fosse editada a Medida Provisória n. 113 (aprovada na Câmara dos Deputados em 15 de maio de 2003) permitindo a comercialização da soja transgênica até o início de abril de 2004. O cultivo da soja transgênica foi mantido por mais duas outras medidas provisórias, ainda sendo objeto de profundos debates e de desgaste político, tendo por pano de fundo a ausência de uma política de biossegurança catalisada num momento em que os consumidores do Norte se posicionam claramente pelo fim da utilização da soja transgênica na alimentação.

** N.T.: Referência a Olívio Dutra, governador do Rio Grande do Sul entre 1999-2002.

novo governador,** e antes dele o Secretário da Agricultura, de que os riscos ambientais e de saúde pela introdução dos cultivos transgênicos provocaria a perda de soberania sobre a produção de sementes. As ONGs foram apoiadas por especialistas da Emater (Empresa de Assistência Técnica e Extensão Rural do Estado), o serviço oficial de extensão agrícola, tais como Ângela Cordeiro. Organizações internacionais como a Rafi (Fundação para o Progresso Internacional) e a Grain (Ação Internacional sobre os Recursos Genéticos) intervieram, fornecendo informações sobre os riscos ambientais. Por sua vez, a Monsanto prosseguia na aquisição de empresas brasileiras de sementes, que utilizavam o conhecimento desenvolvido pela Embrapa (Empresa Brasileira de Pesquisa Agropecuária), uma empresa pública que há pouco foi privatizada parcialmente. A Monsanto pretendia paralisar a produção de sementes no Brasil, sendo o Rio Grande do Sul o mais proeminente produtor do país. O governo estadual também se preocupava com as sementes industriais patenteadas, primeiramente as de soja e posteriormente as de milho, que não poderiam ser utilizadas livremente pelos pequenos e médios agricultores que dominam o cenário agrícola do Rio Grande do Sul. A chefe do programa de inspeção do Rio Grande do Sul, Marta Elena Ângelo Levien, que já na temporada de semeadura de 1999 pretendia impedir que alguns agricultores semeassem soja transgênica importada ilegalmente da Argentina, pronunciou-se no sentido de assegurar que a semeadura de soja não transgênica fosse tratada como um assunto de segurança nacional, recordando que a tecnologia transgênica era "dominada por algumas poucas grandes empresas que formam um cartel. Ao adotar os cultivos transgênicos, o Brasil passaria a ser dependente de uma oligarquia da tecnologia de alimentos".[16]

A corrente de sementes transgênicas de soja que entrava de contrabando a partir da Argentina cresceu. Os inimigos brasileiros dos cultivos transgênicos ficaram temporariamente animados no final de 1999 pela "ação de classe" entabulada contra a Monsanto na Corte do Distrito de Colúmbia (Estados Unidos), no dia 14 de dezembro de 1999, em nome de demandantes formados por agricultores dos estados de Iowa e Indiana, mas também da França e potencialmente em nome de produtores do Canadá e da Argentina. Os demandantes buscavam uma proibição solicitando que a Monsanto paralisasse seus procedimentos e também requisitando compensação por danos e prejuízos. Na petição, as principais acusações contra a Monsanto foram as de monopolizar ou pretender monopolizar as sementes de soja ou de milho; não provar adequadamente que as sementes transgênicas eram inócuas à saúde humana e ao

---

[16] As fontes principais dessa seção são *Seedling* (GRAIN), 16(3) e 16 (4), 1999, o relatório de Silvia Ribeiro em *Ecología Política*, 18, 1999, e o artigo escrito por Steve Stecklow e Matt Moffet, *Wall Street Journal*, 20 de dezembro, 1999. Também agradeço o convite da Emater para conceder um curso em Porto Alegre em julho de 2001.

ambiente; e de não ter explicado adequadamente a falta de provas. O presidente da Fundação sobre Tendências Econômicas, Jeremy Rifem, que juntamente com a National Farm Coalition (Coalizão Nacional de Agricultores) ajudou a apresentar a reclamação judicial assinalando que além dos aspectos consoantes à regulamentação das sementes e os perigos para a saúde e o meio ambiente, pontuava, para completar, o problema mais amplo da concentração do poder das empresas sobre a agricultura global "no emergente século da biotecnologia".[17] A biotecnologia agrícola não está morta de forma alguma. Mas uma declaração no *Wall Street Jornal* reconheceu, na sua edição de 7 de janeiro de 2000, que "enquanto a controvérsia sobre os alimentos geneticamente modificados se estende para todas as partes do mundo, afetando negativamente as ações das companhias agrobiotecnológicas, resulta difícil observar estas empresas como um bom investimento, inclusive a longo prazo.[18]

Os valores de mercado estão imersos na percepção social das realidades físicas, das instituições e das lutas sociais. Diante de uma oposição mais débil, as ações revelariam um movimento de alta apesar de todas as externalidades futuras impregnadas de incertezas. A sociedade civil se adiantou ao governo na aplicação do princípio da precaução. Entretanto, o fluxo ilegal de soja transgênica da Monsanto em 2000 e 2001 demonstrou-se incontrolável. O governo do Rio Grande do Sul não recebeu apoio dos demais estados. Jaime Lerner, governador do Paraná e ex-prefeito de Curitiba, com reputação ambientalista, pouco fez contra os cultivos transgênicos. Em meados de 2001, parecia que a Monsanto conseguira ganhar a guerra para impor a soja transgênica no Brasil, parecendo também estar preparando-se para comerciaçlizar o milho Bt. Em 2003, inclusive sob o governo do presidente Lula e com Marina Silva à frente de um ministério, a Monsanto parecia ter sido vitoriosa na batalha pela soja transgênica no Brasil.

O diretor fugitivo da Union Carbide

Um acidente ambiental de grandes proporções foi o da Union Carbide na Índia, ocorrido em 1984. O problema da responsabilidade pelos danos prossegue após vinte anos. Na comparação com o derramamento de petróleo do *Exxon Valdez* no Alasca, em 1989, o caso da Union Carbide constituiu um fracasso do ambientalismo.

Na tragédia de Bhopal, muitos problemas foram varridos para debaixo do tapete. Os indicadores ambientais de insustentabilidade evidenciam

---

[17] Monsanto Sued. Multinational Monitor, janeiro/fevereiro de 2000, p. 6.

[18] Cf. *Rachel's Health and Environment Weekly*, 685, 3 de fevereiro de 2000, "Trouble in the Garden".

tendências, mas existem também *surpresas* na relação entre a economia e o meio ambiente. Quais eram as normas de segurança vigentes nas instalações de Bhopal e nas de Virgínia Ocidental, da Union Carbide, que igualmente fazia uso do isocianato de metilo (ICM) como insumo básico de produção? Como é regulamentada a responsabilidade empresarial em diferentes partes do mundo? Como o caso foi tratado numa democracia como a Índia, dispondo de uma sólida tradição de independência jurídica, em comparação com casos localizados na Nigéria, Indonésia ou África do Sul? Por que uma democracia como a indiana primeiramente aprovou uma norma através da qual o Estado se converteu no único representante das vítimas no litígio, depois solicitando que o caso regressasse dos Estados Unidos para a Índia, para finalmente concordar em 1989 com uma compensação menor do que possivelmente poderia ter obtido? Por que Warren Anderson não foi preso quando visitou a Índia pouco tempo após o acidente? Quais foram os conflitos existentes entre o executivo e o poder judiciário, e quais havia dentro do poder judiciário, que em 1989 conduziram ao abandono da via penal e seu restabelecimento em 1991? Por que o Estado indiano assumiu a responsabilidade pelos prejuízos que excediam US$ 470 milhões referentes à compensação acordada? Warren Anderson poderia ser extraditado para a Índia, do mesmo modo que alguns cidadãos da Colômbia e do Panamá são extraditados para os EUA? Por que é tão difícil conseguir estatísticas precisas sobre o número de mortos e incapacitados? Quando é que interessa aos organismos estatais produzir estatísticas precisas e quando é que preferem números imprecisos? Qual é o valor da vida humana, e em qual medida esta é mensurada?

A ausência de serviços governamentais para cuidar das famílias dos mortos e atender os feridos em Bhopal abriu um espaço para que os grupos locais de vítimas apresentassem seus próprios pontos de vista e suas próprias práticas. Comentaristas independentes lamentaram a falta de um vigoroso movimento de "epidemiologia comunitária" que pudesse gerar seus próprios levantamentos estatísticos, identificando, além do número de pessoas feridas, os tipos de danos ocorridos. Uma Comissão Médica Internacional se queixou em 1994 da ausência de uma epidemiologia orientada para a comunidade (Bertell e Tognoni, 1996: 89). Há, no entanto, que ser reconhecido o mérito, após vinte anos, das associações locais e seus aliados no exterior, que mantiveram viva a questão da responsabilidade empresarial, não só nos tribunais como também na mídia, obrigando assim que Warren Anderson, o ex-diretor geral da Union Carbide, se ocultasse da opinião pública.

Em 1984, como consequência do vazamento de mais de quarenta toneladas de isocianato de metilo (ICM) e de outros gases da planta de praguicidas da Union Carbide em Bhopal, no estado indiano de Madhya Pradesh, levantamentos realizados por diversas fontes sinalizam que entre duas mil e oito mil pessoas morreram imediatamente, número ao qual podemos somar outras dez mil que faleceram após o acidente, existindo ainda outras 120 mil requerendo atenção médica.[19] Muitos animais também morreram. Numa demanda judicial apresentada na Índia em fevereiro de 1989, exigindo uma compensação em dinheiro, a corte fixou a soma de US$ 470 milhões como indenização. A demanda inicial de "ação de classe" em Nova York foi recusada com base no argumento *forum non conveniens*. Em razão disso, com o consentimento das autoridades indianas e sem escutar os protestos dos representantes das vítimas, o caso regressou para a Índia, e provisoriamente tira de cena a oferta de US$ 470 milhões feita em 1989. Entretanto, permanecem pendentes acusações penais na Índia, e nessa sequência também foi apresentada em 15 de novembro de 1999 uma nova "ação de classe" na corte federal de Nova York, sob a tutela da ATCA, contra a Union Carbide.[20] A oferta de indenização de 1989 outorgou aos funcionários da Union Carbide imunidade contra a via penal. Contudo, a Corte Suprema da Índia anulou essa imunidade em outubro de 1991. A partir dessa data, os funcionários da Union Carbide recusam-se a seguir para a Índia para responder processos. Warren Anderson seria, na terminologia legal da Índia, um "fugitivo notificado", isto é, um foragido da justiça. Portanto, além da indenização de US$ 470 milhões de 1989, existiam dois casos pendentes em 1999: o caso penal na Índia e a nova "ação de classe" de Nova York pela via civil.

A Union Carbide, devido à natureza do seu negócio, assim como pela sua gestão negligente, conta com uma história espetacular: antes de Bhopal os casos mais importantes foram o túnel "Hawks Nest" em Virgínia Ocidental na década de 1930, local onde muitos trabalhadores negros morreram de silicose, e os acidentes envolvendo radiação nuclear e contaminação massiva de mercúrio em Oak Ridge, Tennessee, a partir da década de 1950 (Morehouse e Subramanian, 1986; Dembo et al., 1990). Com exceção de Chernobyl, Bhopal tem sido descrito como o acidente industrial de maiores proporções da história. Quando Rachel Carson se queixou, em 1962, dos efeitos dos praguicidas no

---

[19] "Mais de 3 mil pessoas morreram e 200 mil foram feridas em Bhopal em 3 de dezembro de 1984, quando 40 toneladas do gás isocianato de metilo, hidrogencianuro, monometilamina, monóxido de carbono e possivelmente mais 20 outras substâncias químicas foram liberadas da planta de praguicidas da Union Carbide depois de uma explosão. Muitas outras pessoas morreram posteriormente, com enfermidades provocadas pelos gases. É um dos piores acidentes industriais" ("Where is Warren?", *The New York Times*, 5 de março, 2000).

[20] Consultar a página da internet www.bhopal.net ou www.bhopal.org.

* N.T.: Produto também em uso no Brasil.

campo, não previu o que um dia poderia acontecer dentro de uma cidade. O ICM era o principal componente para a fabricação de um praguicida cujo nome comercial era Sevin.* O ICM reagiu violentamente com a água. Em princípio, a água não poderia ter alcançado o tanque de ICM. O gás escapou para a atmosfera e atingiu áreas muito povoadas de Bhopal.

Com relação às indenizações, cifras começaram a ser discutidas após a primeira petição de "ação de classe" (mais tarde rechaçada) ter dado entrada em Nova York. Qual seria o valor de uma vida humana em países tão diferentes quanto a Índia e os EUA? "As estimativas de uma possível compensação variam bastante, dependendo em parte de os critérios utilizados serem os da Índia ou dos Estados Unidos" (Morehouse e Subramanian, 1986: 57). Isso é óbvio para as companhias seguradoras. O problema permanece no tocante às deliberações do IPCC a respeito da política para frear o "efeito estufa". O valor de uma vida humana estaria bem representado pela compensação paga pela Empresa Nacional Ferroviária da Índia para o caso de morte por acidente? Todos os passageiros mortos, independentemente da classe em que viajam, possuem o mesmo preço? Qual valor tem sido estipulado para os passageiros indianos que morrem nos acidentes internacionais de aviação? Como foi debatido no capítulo "Economia ecológica: 'levando em consideração a natureza'", quando argumentamos que algo ou alguém é "tão valioso", ou "mais valioso" do que outra coisa ou pessoa, a resposta lógica imediata teria que ser: segundo qual escala de valores? Em termos de dinheiro? Em termos do carinho perdido ao longo dos anos? Em termos da dignidade humana? Em quilos de gordura humana? Perguntas e respostas apaixonadas.

> Quando se tem que calcular a quantidade de dinheiro para fenômenos tais como a perda de vidas humanas, assim como a angústia e a privação do carinho de que padecem os sobreviventes, na eventualidade de compartilharmos a doutrina segundo a qual uma vida humana possui o mesmo valor no subcontinente indiano e na América do Norte, estamos impossibilitados de utilizar um padrão duplo de aferição. De fato, dada a natureza da família extensa na Índia, bem poderia ser argumentado que a perda da vida conduz a uma maior privação de carinho do que na família nuclear estadunidense e que, portanto, seria apropriada compensação maior para os sobreviventes das vítimas de Bhopal (Morehouse e Subramanian, 1986: 59).

Meio ano após o desastre de Bhopal, um artigo assinado por Douglas J. Besajrov e Peter Reuter, publicado no *Wall Street Journal*, na edição de 16 de maio de 1985, discutia a questão da compensação monetária (Morehouse e Subramanian, 1986: 58). Nesse ínterim, a renda anual *per capita* da Índia rondava os US$ 250, enquanto a dos Estados Unidos era de US$ 15.000. O valor estatístico de uma vida humana nos EUA atingia meio milhão de dólares. Foi essa a soma oferecida pelos tribunais para o caso de envenenamento por plutônio que contaminou Karen Silkwood,* uma mártir do ecologismo. Na Índia, esse valor seria proporcionalmente de US$ 8.300. Por conta de enfermidades, os Estados Unidos pagavam uma compensação média de US$ 64.000 para as vítimas da contaminação por amianto ou asbesto. Na Índia, proporcionalmente o total seria de US$ 1.070. Tomando por base os valores expostos, e supondo algo como 16.000 mortos num período de 10 anos (estimativa jamais admitida pela Union Carbide) e cerca de 200.000 feridos, alcançaríamos um valor de US$ 328 milhões, cifra inferior à oferecida em 1989.

No entanto, existem várias formas de discutir esses valores. Por exemplo, o poder de compra de um dólar na Índia é maior do que nos Estados Unidos. Outra exemplificação é que o custo de uma pessoa incapacitada incorpora tanto um custo-oportunidade em termos de rendas perdidas quanto um custo para que ela receba cuidados. Seja como for, as pessoas incapacitadas implicam custos maiores que os mortos. Sabe-se que muitas vítimas perderam o sistema imunológico, falecendo de tuberculose ou de outras enfermidades comuns. Toda a cidade de Bhopal deixou de funcionar durante várias semanas. Isso representa uma perda econômica a ser levada em consideração. Outro dado é que embora grande parte dos mortos e doentes crônicos fossem muito pobres, pode-se supor que a média de renda em uma cidade como Bhopal é mais elevada do que a média do país em geral. Também seria possível incluir a expectativa de rendas mais elevadas no futuro devido ao crescimento econômico, um fator relevante para estimar o valor de tantas crianças mortas ou incapacitadas na Índia. Recorde-se de que a taxa de crescimento da economia indiana tem sido ultimamente mais alta dos que as taxas internacionais de desconto que presumivelmente seriam utilizadas para atribuir valores atuais para rendas futuras. Por fim, teríamos custos incertos futuros, tais como os relacionados com doenças genéticas herdadas, que deveriam estar incluídos nessa contabilidade. Morehouse e Subramanian (1986) estimaram em US$ 4 bilhões o total mínimo da compensação econômica. A esse respeito, concluíram: "ainda que não se possa escapar dos cálculos dos danos monetários, não é o pagamento em dinheiro o que importa, mas muito mais os esforços realizados para recuperar, na medida do possível, a vida das vítimas no mesmo nível que antes e de pronto procurar compensar-lhes pelas perdas e pelo sofrimento que, na realidade, não poderiam ser plenamente compensados através de dinheiro". Complementando, ambos previam que:

> A atribuição da responsabilidade à Union Carbide pelos danos e prejuízos, alcançando uma porção significativa dos seus ativos, seria uma mensagem clara

---

* N.T.: Karen Silkwood (1946-1974) foi uma ativista sindical norte-americana. Atuava como técnica química na Usina de Kerr-McGee, Oklahoma, local em que se tornou vítima de um acidente radioativo. Conquistou notoriedade após uma série de enfrentamentos da indústria nuclear. Sua morte, muito controvertida, foi denunciada por vários setores como um complô urdido para silenciá-la.

às indústrias perigosas em todo o mundo de que já não se pode conceder prioridade à rentabilidade ante a vida humana. Por outro lado, caso se permita à Union Carbide chegar a um acordo pagando uma pequena fração do valor que um tribunal (dos Estados Unidos) estipularia uma quantidade que não afetasse sua posição financeira, uma mensagem oposta é que seria oferecida (Morehouse e Subramanian, 1986: 69-70).

Caso um acidente como o de Bhopal resulte pouco oneroso para uma empresa em razão das indenizações serem de baixo custo (sendo que processos penais que poderiam resultar em sansões não monetárias, como a prisão, não dão resultados), o estímulo para a prevenção de outros acidentes será igualmente baixo. Efeitos diferentes poderiam ser obtidos apoiados em medidas com sentido oposto. Lembre-se que quando foi anunciada a indenização de 1989 as ações da Union Carbide subiram dois dólares no mercado de valores.

Não existe problema mais difícil, adotando-se como parâmetro a forma de pensar das empresas seguradoras, do que atribuir valores monetários sensatos para a vida humana. Na realidade, o problema não é a mensurabilidade, mas sim a comensurabilidade. Quando se diz que a vida é "preciosa" ou que existem valores "intangíveis" configurados numa enorme dor e sofrimento, a ideia não se restringe a conferir que os valores monetários deveriam ser mais altos, mas antes que esses não abarcam outras classes de valor. Por isso mesmo, quando se pretendeu em 1999 apresentar em Nova York uma segunda "ação de classe" contra a Union Carbide Corporation e contra Warren Anderson, a acusação foi que a empresa sustentava uma política consciente de discriminação racial sistemática contra os litigantes judiciais (que representam todas as pessoas que sofreram danos). Outras razões diziam respeito às violações do direito à vida, à saúde e à segurança das pessoas, sem contar as violações dos direitos ambientais internacionais (Declaração de Estocolmo de 1972), e a necessidade de um monitoramento médico contínuo e custoso. Paradoxalmente, apesar de apelar para valores como os inalienáveis direitos humanos, uma demanda civil como essa, se consegue êxito, teria como resultado os chamados "danos compensatórios e punitivos", expressos em dinheiro.

No princípio do ano 2000, Paul Lannoye, membro do Parlamento Europeu que durante muito tempo presidiu o Grupo dos Verdes, juntamente com outra parlamentar, Patrícia McKenna, escreveu à Direção Geral de Concorrência da União Europeia a respeito da proposta de fusão entre a Dow Chemical e a Union Carbide. Ambos, utilizando uma linguagem forte, acusaram a Dow Chemical e a Union Carbide* de terem concedido declarações descaradamente falsas diante das autoridades estadunidenses e

---

* N.T.: A Dow Chemical comprou a Union Carbide em 2001. Entretanto, a empresa recusa-se a aceitar a responsabilidade pela catástrofe de Bhopal, isto é, indenizar as vítimas e limpar o local do desastre, ainda hoje contaminado com produtos químicos.

europeias ao afirmarem que "inexiste qualquer ação, demanda, reclamação, audiência, investigação ou procedimento penal pendente". Tais declarações não correspondiam à realidade. Foram intencionalmente enganosas e constituíam um delito penal sob o código legal dos EUA. É um fato bem conhecido que a Corte Distrital de Bhopal citava repetidamente os funcionários da Union Carbide nos Estados Unidos, os quais foram chamados a comparecer em juízo pela Interpol e processados penalmente na Índia.

> Informação falsa é, pois, razão suficiente segundo a lei estadunidense, para recusar ou suspender a permissão para proceder a uma fusão. E mais, dado que as reivindicações por danos e prejuízos nas acusações pendentes contra a Union Carbide orçam bilhões de dólares, estas declarações falsas têm a ver com circunstâncias que são cruciais para uma valoração precisa dos ativos e com a situação econômica da Union Carbide.[21]

Umas poucas palavras finais sobre o caso da Bhopal. A valoração monetária dos danos causados pelo Union Carbide constituiu um dos principais temas do conflito. Este também foi o centro da questão relacionada com a Exxon, após o acidente com o famoso navio petroleiro *Exxon Valdez* no Alasca, em 1989, mobilizando as grandes organizações ambientalistas dos Estados Unidos. Os prejuízos ocasionados pelo *Exxon Valdez* foram calculados numa ordem 15 vezes maior do que o acordo de Bhopal de 1989. Nenhuma pessoa morreu no Alasca, região em que pereceram muitos animais e se perderam diversos recursos naturais. Contudo, não é somente sobre dinheiro que se tem discutido. Foram utilizados discursos não monetarizados em Bhopal – violação dos direitos humanos, responsabilidade penal, racismo –, com a ausência notável (ao menos no que foi escrito em língua inglesa sobre o acidente) da linguagem do sagrado, certamente não alheio à Índia, mas que esteve excluído desse contexto de contaminação química urbana.

---

[21] Paul Lannouye e Patricia McKenna à Comissão Europeia, Direção Geral de Concorrência, Conselho B S Grupo de Trabalho sobre Fusões, ref. COMP/M, 1671 S Dow Chemical/Union Carbide, 21 de janeiro de 2000. Houve a fusão da Dow Chemical e da Union Carbide.

AS RELAÇÕES ENTRE A ECOLOGIA POLÍTICA E A ECONOMIA ECOLÓGICA

A despeito das esperanças de muitos economistas ambientais e ecólogos industriais, a economia não está se "desmaterializando". Foi esse o ponto de partida deste livro. A economia ecológica sustenta a *teoria* do conflito estrutural entre a economia e o meio ambiente. Na ausência da citada teoria, este livro seria pouco mais do que uma entretida seleção de casos de conflitos ambientais opondo os bons (e boas) contra os maus. O conflito entre a economia e o meio ambiente não só se manifesta nos ataques aos remanescentes da natureza antiga como também na incessante procura por matérias-primas e de áreas para descarte de resíduos nas zonas habitadas pelos seres humanos e no planeta na sua totalidade. O fato de que as matérias-primas e o seu transporte sejam de baixo custo e que os sumidouros de resíduos tenham preço zero não é sinal de abundância. Antes, espelham uma determinada distribuição dos direitos de propriedade, de poder e de renda. A carga ambiental da economia, impulsionada pelo consumo e pelo crescimento demográfico, aumenta constantemente, mesmo quando a economia — mensurada por critérios monetários — esteja baseada no setor de serviços. Certo é que alguns impactos podem diminuir em determinadas escalas geográficas. Todavia, aparecem então outros impactos em outras escalas, gerando outros conflitos sociais. Por exemplo, uma cidade pode reduzir a produção local de eletricidade das centrais termoelétricas ao custo de importar energia nuclear. Outro exemplo seria a redução do dióxido de carbono em nível global ser obtida por intermédio de projetos hidrelétricos ou da energia nuclear que suscitam resistência local ou através da absorção do dióxido de carbono por meio das controvertidas plantações de eucalipto ou de pinheiros. Podem surgir melhorias ambientais em algumas nações devido à transferência da contaminação para outros países. O argumento de que em geral existem soluções pelas quais todos ganham, ou seja, um meio ambiente melhor com o crescimento econômico, está muito longe de ser verídico. Pelo contrário, uma vez que a economia não se "desmaterializa" em termos absolutos, existem na realidade mais conflitos locais e globais relacionados com a partilha geográfica e social da contaminação (incluindo a expansão do efeito estufa) e sobre o acesso aos recursos naturais (incluindo a "biopirataria").

Em 1992, o Instituto Internacional Gallup realizou uma enquete em 24 países, o "Health of the Planet", descobrindo que quase não existiam diferenças entre as percepções e prioridades ambientais encontradas tanto nas nações ricas quanto nas pobres. Essa conclusão foi considerada surpreendente dado que se partia da hipótese de que a consciência dos problemas ambientais e o apoio às políticas ambientais seriam mais fortes nos países ricos. Essa hipótese se enraizava na teoria de Inglehart quanto às mudanças culturais na direção de valores "pós-materialistas" em sociedades ricas. No entanto, as próprias pesquisas de Inglehart ("World Values Survey", de 1991-1992) tampouco apontavam para uma correlação entre o nível de preocupação cidadã pelo meio ambiente e o PIB *per capita*. Por sua vez, Riley Dunlap ofereceu uma outra teoria, a da difusão universal do ambientalismo, que explicaria tais resultados. Entretanto, o necessário mesmo seria dar conta do absurdo da noção de "pós-materialismo" nos países ricos.[1]

Partindo-se da premissa de que o crescimento econômico afeta o meio ambiente, temos visto conflitos ambientais que não são apenas conflitos de interesses, mas também de valores. Em inúmeros contextos, os conflitos decorrentes do acesso aos recursos e serviços ambientais têm adotado discursos não especificamente ecológicos. Nesse particular, há muito para ser feito no campo dos estudos históricos voltados para colocar em evidência o conteúdo ecológico de conflitos sociais que não têm feito uso desse discurso.

Nascem movimentos de resistência popular contra a utilização desproporcional dos recursos e dos serviços ambientais por parte dos ricos e dos poderosos. A preservação e a proteção do meio ambiente tinham sido entendidas como expectativas que poderiam ser satisfeitas unicamente após dar-se conta das necessidades materiais de vida. Mas, tanto o movimento de justiça ambiental

---

[1] Riley E. Dunlap e Richard York, "Citizen Concern for the Environment: a Global Phenomenon", World System History and Global Environment Change, Lund University, 19-22 de setembro de 2003.

dos Estados Unidos quanto o movimento global mais amplo e mais difuso do ecologismo dos pobres colocaram por terra de modo definitivo esse ponto de vista, em vigor até bem pouco tempo atrás. Consideremos, por exemplo, a frase que segue sobre a citada enquete, a Saúde do Planeta (por Riley Dunlap e pelo Instituto Gallup):

> a investigação revela que *inclusive* a população dos países em desenvolvimento, contrariamente às expectativas baseadas em ideias relacionadas com a "hierarquia de necessidades", com muita frequência também dá prioridade à proteção do meio ambiente frente ao crescimento econômico. (Broadbent, 1998: 290, grifo acrescentado)

É evidente que sim! Precisamente, a hierarquia das necessidades entre os pobres (ou empobrecidos) se objetiva de tal modo que esses dão prioridade às fontes de sustento vital ante os bens comercializados. A oikonomia é mais importante do que a crematística. O sustento depende do ar puro, da terra disponível, da água limpa.

Interesses materiais e valores sagrados

Os compromissos morais com a natureza caracterizam a variante do ambientalismo aqui descrita como "culto ao silvestre", enquanto o interesse material pelos recursos e serviços ambientais proporcionados pelo meio natural para a subsistência humana caracteriza o ecologismo dos pobres. O próprio conceito de conflitos ambientais distributivos, um nódulo conceitual central no presente texto, sugere a presença do conflito de interesses. Deveríamos, portanto, contrapor um ecologismo de valores morais a um ecologismo de interesses? Não, ou pelo menos nem sempre. Desse modo, quando os u'was da Colômbia, num famoso enfrentamento iniciado no final da década 1990, se negaram a permitir que a empresa Occidental Petroleum entrasse em seu território ameaçando um suicídio coletivo, essa etnia declarou sagrados não só o solo no tocante à superfície das suas terras, como também o subsolo, que não poderia ser profanado pela exploração do petróleo. Esse é um vocabulário de protesto que tem por pressuposto a negação do entendimento da natureza enquanto capital (M. O'Connor, 1993b), isto é, a impossibilidade de compensar as externalidades apelando para a modalidade monetária.

Os u'was, grupo cuja população chega a cerca de cinco mil pessoas, rechaçaram a exploração petrolífera fazendo com que a Corte Suprema da Colômbia anulasse a concessão outorgada para a Occidental Petroleum com base na falta de consentimento informado prévio, conseguindo expandir seu território comunitário para duzentos mil hectares. No entanto, o ministro do Meio Ambiente da Colômbia, Juan Mayr, um ex-ambientalista, outorgou em 1999 uma permissão para que a Occidental perfurasse seu primeiro poço a apenas quinhentos metros do limite do território expandido dos u'was. Em resposta, os u'was, apoiados por numerosos grupos tanto de dentro quanto de fora da Colômbia, invadiram o local, ali acampando até o final de 1999. Os u'was insistiram nos seus direitos territoriais indígenas (resguardo indígena), tal como são reconhecidos pela constituição colombiana. O conflito continua, primeiro com a intervenção da empresa espanhola Repsol, e em seguida com a empresa petrolífera nacional colombiana.

O povo u'wa é apenas uma entre talvez cem outras populações indígenas atualmente ameaçadas pela indústria do gás e do petróleo nos países do Sul. Certamente, o apelo ao sagrado tem contribuído para a popularidade de que desfruta a luta dessa etnia. Que a terra seja sagrada, é algo que não se pode colocar em dúvida na América nativa. Contudo, que Sira, o criador, também tenha declarado sagrado o subsolo, e que o petróleo seja como o sangue dentro das veias e das artérias da Terra, pode talvez aparentar uma estratégia teológica de cunho mais recente, colocada em ação pelos u'was para deter as empresas de petróleo, catalisada pela pressão exercida pelos setores que formam sua audiência internacional. Na realidade, a existência de hidrocarbonetos no subsolo não é óbvia antes de comprovação obtida mediante exploração sísmica e perfurações. Precisamente, esse é o ponto de conflito. Observamos, pois, que diferentes discursos de resistência, de diferentes épocas, se desdobram ao mesmo tempo. Seriam esses discursos compatíveis entre si? Os u'was não o disseram, mas poderiam ter dito que promoveriam uma "ação de classe" baseada na ATCA contra a Occidental Petroleum nos Estados Unidos, solicitando compensação econômica por danos e prejuízos uma vez iniciada a perfuração. Em 1999, segundo informações da OilWatch, no Equador, um dos poços abertos faz muito tempo pela Texaco, o Dureno 1, foi fechado e reivindicado simbolicamente pelos cofanes, que, para tanto, realizaram nessa ocasião uma cerimônia religiosa. Jamais um poço de petróleo no Mar do Norte foi submetido a tal ritual religioso. As tradições são inventadas, mas não ao acaso.

DiChiro (1998) descreve a sensação de perplexidade dos delegados urbanos da Primeira Cúpula de Justiça Ambiental realizada em Washington D.C. em 1991, quando os presentes escutaram os discursos dos indígenas estadunidenses acerca das "nossas irmãs, as baleias". Efetivamente, o primeiro Princípio de Justiça Ambiental, integrando uma lista de 17 princípios aprovados nessa reunião datada de 1991, afirma "a natureza sagrada da Mãe Terra, a unidade ecológica e a interdependência de todas as espécies e o direito de viver livre da destruição ecológica", e, incongruentemente, a compensação plena (ou seria *equivalente?*) pelos danos ambientais. Zimmermann (1996) explica que a erosão dos solos é discutida pelos camponeses quéchuas a partir de diferentes pontos de vista, sendo um deles o da cólera da Pachamama pela ausência de rituais apropriados em sua honra. Esse procedimento certamente não constitui uma apreciação "pós-materialista" das amenidades naturais. É algo mais antigo, quem sabe, a verdadeira "ecologia profunda". Berkes (1999) escreveu um relato detalhado e brilhante a respeito da articulação do conhecimento ecológico com valores sagrados entre os crees do Canadá e outros grupos de várias partes do mundo, relevantes para a gestão dos recursos naturais. Para concluir, diversos povos da Terra cultivam sentimentos de sacralidade da natureza que de modo algum podem ser conceituados como valores "pós-materialistas" (no sentido que Ronald Ingelhart empresta a essa terminologia), em razão da sua associação com o uso imaterial imediato dos sistemas de apoio à vida proporcionados pela natureza.

Nos debates sobre a preservação da vida silvestre, o velho ponto de vista de que a preservação pressupunha a transferência de populações humanas para fora dos parques naturais foi substituído, ao menos no plano teórico, pela gestão participativa dessas áreas (West e Brechin, 1991). Nesse contexto, despontaríamos com a pergunta: com base em quais valores se dará a participação? Por exemplo, a participação em um novo programa de conservação de tigres ou de elefantes: será implementado compensando a população local pelos danos provocados por esses animais e permitindo-lhes compartilhar dos eventuais benefícios gerados pelo ecoturismo? Nessa linha de argumentação, é do modo que segue que o povo himba, de Purros, situado no deserto da Namíbia, onde leões e elefantes podem ser encontrados, se pronuncia: "É como se estivéssemos caçando animais silvestres. Mas ao invés de conseguir a pele e a carne deles, recebemos dinheiro que os turistas pagam para observá-los" (Jacobson, em Cock e Koch, 1991:221). Recordo minha visita a Tortuguero, na Costa Rica, onde praticamente toda tartaruga que chega para desovar na sua praia nativa defronta-se com os *flashes* da câmara de um turista que pagou para ser guiado a ela pelas crianças locais.

O que irá acontecer com os lugares desprovidos de ecoturismo, como os 99% da Amazônia? O que acontecerá quando os prejuízos econômicos causados pelos animais aos humanos, ou ao gado que pertence aos humanos, forem maiores do que os benefícios do ecoturismo? Seria mais efetivo um gerenciamento baseado na cultura dos ganhos financeiros do que o fortalecimento dos valores locais, os quais, poderíamos lembrar, são favoráveis à preservação dos espaços silvestres? Caberia notar que a teoria da preservação das áreas selvagens, não mediante o apoio da cogestão desses territórios, mas sim através da "totemização" de alguns animais de grande porte, aparece a partir de conceitos antropológicos. Exemplificando, dever-se-ia induzir populações locais a não matar os ursos de óculos andinos oferecendo-lhes uma compensação monetária pelo dano causado às suas colheitas de milho e, além disso, uma participação nas rendas monetárias do ecoturismo ou deveríamos apelar para suas próprias tradições de respeito a este animal? Seria possível conseguir que as populações dos Pirineus catalães aceitem a reintrodução dos ursos (importados da Eslovênia, visto que localmente estão extintos), exclusivamente por intermédio de fortes compensações monetárias devido à perda de ovelhas e ao comprometimento das suas rendas em razão do desenvolvimento de centros turísticos de esqui nas terras reservadas a estes animais? Ou ainda, seria necessário apelar para sua própria apreciação da vida silvestre, ao papel dos ursos nas suas antigas canções e rituais de carnaval, e aos valores recentemente adquiridos pelos seus filhos como estudantes de silvicultura, biologia e ciências ambientais nas terras baixas? Por que a população rural não poderia conviver com valores contraditórios – simultaneamente aberta para ganhar mais dinheiro e incentivar a vida selvagem – do mesmo modo que é feito por muitos membros endinheirados dos corpos diretivos da IUCN e da WWF?[2]

Tanto o ambientalismo da vida silvestre quanto o ambientalismo da sobrevivência e do sustento humano podem fazer uso do discurso do sagrado; ambos podem apelar para valores culturais antigos repudiando a proeminência do valor econômico. Assim sendo, essas duas vertentes do ecologismo podem firmar uma aliança. Um exemplo recente de uma aliança com esse viés pode ser localizado na oposição a projetos hidroelétricos como os de Pooyamkutty, no estado indiano de Kerala, que inundaria os vales dos Ghats ocidentais. Situados a 300 metros acima do nível do mar, esses vales são detentores de uma enorme biodiversidade vegetal, constituindo uma região onde a população pobre coleta junco para abastecer a indústria papeleira.[3]

Dois estilos de ecologia política

A discussão sobre a valoração ambiental une a ecologia política à economia ecológica. Quanto à ecologia política, Brosius reconheceu com acuidade duas formas ou estilos diferentes (Brosius, 1999a: 17), que não são, como poderia ser sugerido, redutíveis à antinomia rural e urbana, local e global, Terceiro e Primeiro Mundo, mas contrastando, de um modo mais preciso, materialismo e construtivismo. O primeiro estilo da ecologia política corresponde a "uma fusão da ecologia humana com a economia política [...] [é o estudo de] uma série de atores, com diferentes

---

[2] Cf. Mari Sol Bejarano, tese de mestrado sobre o Parque Nacional Antisana, FLACSO, Quito, 1999. Vide também sobre a zona de absorção de primeiros impactos do Parque Nacional Aigüestortes e Sant Maurici na Catalunha, Neus Marti et al. "Não às Pistas de Esqui? – O Projeto Diafanis de Avaliação Ambiental", *Ecología Política*, 20, 2000.

[3] *The Hindu*, 6 de agosto de 2001.

níveis de poder e interesses distintos, que se confrontam com as demandas de recursos por parte de outros atores em um contexto ecológico particular". Esse é o estilo de ecologia política endossado por este presente livro, insistindo nos interesses materiais no lugar dos valores sociais, definindo a ecologia política como o estudo dos conflitos ecológicos distributivos em uma economia que seria, em suma, ecologicamente cada vez menos sustentável.

O segundo estilo de ecologia política tem por matriz a "análise do discurso". Essa se refere a questões relacionadas com o significado, ou falta de significado, de expressões como "recursos e serviços ambientais" para as diferentes culturas, com a "construtividade social ou as reinvenções da natureza". Dessa maneira, o movimento Chipko, descrito brevemente no capítulo "Ouro, petróleo, florestas, rios, biopirataria: o ecologismo dos pobres", é desconstruído em alguns "seminários de sofá" dedicados à ecologia-política-e-teoria-cultural em universidades dos Estados Unidos, centrados na análise dos discursos das diferentes autoras e autores que escrevem a respeito dos discursos elaborados pelos presumidos atores do movimento Chipko (que talvez nunca existiram). Certamente uma economia dos esforços voltados para a investigação na comparação com a antiga preocupação pela verificação dos fatos.

Entretanto, seria pertinente estabelecer uma conexão entre ambos os estilos da ecologia política. A conexão seria a que segue: os diferentes atores dos conflitos ecológicos distributivos, com seus diferentes acervos de direitos e dotações de poder, colocam em dúvida e desafiam as reivindicações dos demais instrumentalizando diferentes discursos de valoração no interior do seu amplo repertório cultural. Como está explicitado sucintamente por Susan Stonich:

> Uma ênfase exagerada na análise construtivista dos discursos pode diminuir a preocupação pelos aspectos materiais que inicialmente provocaram a aparição da ecologia política. A partir da perspectiva do ecólogo político, a importância de compreender as formações discursivas se radica precisamente no que isso se mostra revelador do comportamento [e os interesses e valores] dos diversos atores dos conflitos sociais e ambientais. (Stonich, 1999: 24)

Há certo tempo, uma perspectiva idêntica foi postulada por nós numa discussão relacionada com os vocabulários de protesto empregados em Karnataka contra a empresa Birlas, que pretendia plantar eucaliptos em terras comunitárias que abasteciam a população pobre de lenha e de pastos: "na fábrica ou no campo, nos guetos ou nas terras dedicadas à pastagem, as lutas pelos recursos, ainda quando suas origens são materialmente tangíveis, também sempre tem se configurado em enfrentamentos a respeito de significados" (Guha e Martínez Alier, 1997: 13). Desse modo, os dois estilos da ecologia política devem conviver articuladamente.

A economia ortodoxa observa os impactos ambientais como externalidades que haverão de ser internalizadas no sistema de preços. Mas as externalidades podem ser vistas não como falhas do mercado, mas sim como êxitos provisórios no traslado dos custos, que, no entanto, podem abrir espaço para movimentos ecologistas (Leff, 1995; O'Connor, 1988). Portanto, este livro contesta a queixa de Raymond Bryant pela qual "os ecólogos políticos ainda não desenvolveram uma alternativa ao conceito do desenvolvimento sustentável" (Bryant e Bailey, 197:4). A resposta a essa colocação é: "o ecologismo dos pobres e a justiça ambiental (local e global) como principais forças em prol da sustentabilidade". Tais movimentos legitimamente empregaram diversos vocabulários e estratégias de resistência, não podendo ser amordaçados por análises do tipo custo-benefício ou por outras avaliações de impacto ambiental. Exagerando um pouco, a ênfase não deve residir na "resolução dos conflitos ambientais". Antes, residiria mais precisamente (dentro de limites gandhianos) na exacerbação dos conflitos para avançar na direção de uma economia ecológica.

Existe uma dimensão de gênero nos conflitos ecológicos, como o evidencia o óbvio papel das mulheres em muitos movimentos locais em todo o mundo. O papel (socialmente construído) das mulheres de abastecer e cuidar da família insere uma preocupação especial pela escassez e contaminação do ar, do solo, da água e pela falta de lenha. Em muitos momentos as mulheres detêm a parte mais reduzida da propriedade privada, dependendo em maior grau dos recursos de propriedade comum. Por outro lado, em vários contextos, as mulheres contam com um conhecimento tradicional agrícola e medicinal específico, que termina desvalorizado pela intrusão comercial ou pelo controle estatal. Que a contabilidade econômica convencional torna invisível o trabalho doméstico não remunerado é um argumento ecofeminista bem conhecido. Que a liberdade das mulheres está estreitamente vinculada com um menor crescimento populacional e, portanto, com uma menor pressão ambiental, é um velho argumento que hoje em dia é mais relevante do que nunca.

Para concluir, os valores sociais não econômicos e a urgência da sobrevivência humana entram em jogo nos processos de tomada de decisões ambientais, legitimados, como se fizesse falta, pelos fracassos da valoração econômica. Portanto, este livro une a justiça ambiental, o ecologismo popular, o ecologismo dos pobres, os debates sobre a sustentabilidade e as disputas sobre a valoração. Contribui, no referente às discussões teóricas, sobre:

• A sociologia e a história das principais (diferentes, mas entrelaçadas) variedades do ambientalismo;
• As relações entre os conflitos ecológicos distributivos locais e globais e o crescimento das redes ecologistas internacionais;

- O significado e a medida da sustentabilidade, com atenção ao debate sobre a "desmaterialização" da economia;
- A valoração dos recursos e serviços ambientais, dos vínculos entre a valoração e os conflitos distributivos, e a comparabilidade e incomensurabilidade dos valores.

Nomeando os conflitos ecológicos distributivos

A lista que segue de conflitos ecológicos distributivos e movimentos de resistência relacionados com eles constitui a agenda de investigação da ecologia política. Os nomes foram colocados pelos autores que os estudaram ou sugeriram a partir do universo das ONGs. Exemplificando, atentemos para a terminologia "biopirataria". O fato a ela relacionado não é nada novo. Contudo, um nome novo, insultante, reflete agora a injustiça sentida por alguns e negada por outros. Assim, o que segue corresponderia a um elenco de conflitos e movimentos de resistência que sintetizam até o presente momento o campo da ecologia política. Esses, a saber, seriam:

1. O racismo ambiental (Estados Unidos). A carga desproporcional de contaminação em áreas habitadas por afro-americanos, latinos e americanos nativos. O *Movimento pela justiça ambiental* é o que se opõe ao racismo ambiental. *Chantagem ambiental* é a terminologia utilizada para descrever situações nas quais um uso do solo localmente inaceitável é finalmente aceito ante a ameaça de ficar privado de trabalho. Uma fonte bem conhecida a esse respeito é Bullard (1993).

2. As lutas tóxicas. Essa é a denominação dada nos EUA para as lutas contrárias ao perigo representado pelos metais pesados, dioxinas etc. Consultar Gibbs (1981) e Hofrichter (1993).

3. O imperialismo tóxico. O Greenpeace, em 1988, utilizou essa expressão para referir-se ao envio de resíduos tóxicos para os países mais pobres (teoricamente proibido pela Convenção da Basileia de 1989).

4. O intercâmbio ecologicamente desigual. Conceito associado à importação de produtos de países ou de regiões pobres que não leva em consideração o esgotamento dos recursos naturais e as externalidades locais. Estaria em jogo uma *Raubwirtschaft* (Ramoulin, 1984), que significa economia de saque, termo utilizado faz mais de um século pelos geógrafos franceses e alemães.

5. Conflitos judiciais contra empresas transnacionais. Casos judiciais contra companhias transnacionais (Texaco, Dow Chemical etc.), em seu país de origem, solicitando ressarcimento por danos em países pobres, exigindo o pagamento pelos passivos ambientais e sociais.

6. A dívida ecológica. Reivindicação pelos danos provocados pelos países ricos devido às excessivas emissões poluentes (de dióxido de carbono, por exemplo) ou pelo saque dos recursos naturais. Algumas fontes a esse respeito são Robleto e Marcelo (1992), Borrero (1993), Azar e Holmberg (1995) (para o contexto intergeneracional), Parikh (1995).

7. *A biopirataria.* Conceito que reporta à apropriação dos recursos genéticos ("silvestres" ou agrícolas), sem remuneração adequada ou sem reconhecer os camponeses ou indígenas como seus donos, incluindo o caso extremo do Projeto Genoma Humano. Essa noção foi introduzida por Pat Mooney, da RAFI (hoje ETC Group) em 1993.

8. *A degradação dos solos.* Alusão ao processo de erosão dos solos provocada por uma distribuição desigual da terra ou como decorrência da pressão da produção para exportação. Blaikie e Brookfield (1987) introduziram a distinção básica entre pressão da população e pressão da produção sobre a utilização sustentável da terra.

9. *Plantações não são florestas.* Movimentos contra o cultivo de pínus, eucalipto, melina ou acácia para a produção de lascas ou de polpa de papel, na maior parte dos casos exportada (Carrere e Lohman, 1996).

10. *Manguezais* versus *carcinicultura.* Movimento para preservar os mangues garantindo o sustento humano, contra a indústria camaroneira de exportação na Tailândia, Colômbia, Honduras, Equador, Índia, Filipinas, Sri Lanka e outros países.

11. *A defesa dos rios.* Movimento de resistência às grandes represas, como o movimento de defesa do Narmada na Índia, dos atingidos por barragens no Brasil, ou contrários às transposições (Goldsmith e Hildyard, 1984; Mc Cully, 1996). Outros *conflitos relacionados com a água* (defesa dos aquíferos, acesso vital à água).

12. *Os conflitos mineiros.* Protestos relacionados com a localização de minas e fundições devido à contaminação do ar e da água ocasionados por essas instalações, assim como a ocupação das terras provocadas pela mineração a céu aberto, seus detritos e águas residuárias (uma boa fonte é *The Gulliver File*, por R. Moody, 1992). Existe uma nova rede internacional chamada "Minas, Minerais e Pessoas".

13. *A contaminação transfronteiriça.* Aplicada principalmente ao dióxido de enxofre que cruza as fronteiras europeias provocando a chuva ácida.

14. *Os direitos locais e nacionais de pesca.* Tentativas de deter a depredação provocada pelo acesso aberto, resultando na imposição pelo Peru, Equador e Chile desde a década de 1940, de áreas exclusivas de pesca, estipulando duzentas milhas ou mais, como no Canadá, para a pesca migratória. O discurso utilizado nesse quesito é o do direito público internacional. Outro conflito é o da defesa (ou introdução) dos direitos locais da pesca comunitária contra a pesca industrial, como acontece nas costas da Índia ou no rio Amazonas.

15. *Os direitos igualitários aos sumidouros e aos depósitos de carbono.* Proposta para uma utilização *per capita* igualitária dos oceanos, da vegetação nova, dos solos e da atmosfera, como sumidouros ou depósitos temporários de dióxido do carbono (Agarwal e Narain, 1991).

16. *O espaço ambiental.* Referência ao espaço geográfico efetivamente ocupado por uma economia, levando em consideração as importações de recursos naturais e a disposição final das emissões. A *pegada ecológica* é uma noção parecida; a capacidade de carga da qual se apropriam as grandes cidades ou países, mensurada em termos de espaço (Rees e Wackernagel, 1994).

17. *Os invasores ecológicos* versus *as pessoas dos ecossistemas*. Corresponde ao contraste entre a população que vive de seus próprios recursos e aquela que vive dos recursos de outros territórios ou povos. A ideia é proveniente de Dasman e tem sido aplicada internamente na Índia por Gadgil e Guha (1995).
18. *As lutas dos trabalhadores pela saúde e segurança ocupacional*. Ações, no marco da negociação coletiva ou externamente a ela, visando a impedir danos aos trabalhadores das minas, plantações e fábricas (conflitos "vermelhos" por fora, "verdes" por dentro).
19. *As lutas urbanas por ar e água limpos, espaços verdes, direitos dos ciclistas e dos pedestres* (Castells, 1983). Ações, fora do mercado, para melhorar as condições ambientais de vida ou para conseguir acesso aos espaços ambientais recreativos em contextos urbanos.
20. *A segurança dos consumidores e dos cidadãos*. Conflitos relacionados com a definição e a carga de riscos derivados das novas tecnologias (nuclear, transgênicos etc.), tanto em países pobres quanto nos ricos (conflitos da chamada "sociedade de risco", de Ulrich Beck).
21. *Conflitos relacionados com o transporte*. A utilização de materiais e de energia cresce em razão do baixo custo dos transportes. Desses decorrem conflitos como os associados aos derramamentos de petróleo no mar ou na terra, a respeito do traçado dos oleodutos e dos gasodutos, hidrovias (Paraguai-Paraná), contra o tráfego de caminhões (na Áustria e na Suíça), contra a pavimentação do solo e a fragmentação das paisagens por conta das vias expressas e linhas elétricas.
22. *O ecologismo indígena*. O foco desse conflito é o uso dos direitos territoriais e a resistência étnica contra o uso externo dos recursos. (Por exemplo, os crees contra a Hidro Québec, os ogonis e os ijaws contra a Shell). Uma boa fonte sobre este tema é Gedicks (1993, 2001).
23. *O ecofeminismo social, o feminismo ambiental*. Trata-se do ativismo ambiental das mulheres, motivado por sua situação social. O discurso de tais lutas não é necessariamente o do feminismo e/ou ambientalismo (Bina Agarwal, 1992);
24. *O ecologismo dos pobres*. Refere-se a conflitos sociais com conteúdo ecológico, atuais e históricos, dos pobres contra os relativamente ricos, não se restringindo, mas dizendo respeito particularmente aos conflitos rurais (como na história do movimento Chipko de Guha, 1989, ed. rev. 2000, e em Guha e Martínez Alier, 1997).

Conflitos locais e redes globais

Há uma cronologia de tais conflitos. Quando se iniciaram, quando foram identificados, quando desapareceram? Exemplificando, as reivindicações da dívida ecológica baseadas nas emissões de CFC encontrarão um eco cada vez menor, ao mesmo tempo em que as queixas devido ao CO_2 aumentarão. Existe também uma geografia de tais conflitos. Alguns são locais e outros, globais. Alguns conflitos adotam um discurso explicitamente ambiental, enquanto outros usam diferentes discursos. No geral, nota-se que os laços entre os conflitos locais e o ecologismo global se fortalecem cada vez mais. Desse modo, movimentos locais de defesa dos mangues no litoral do Pacífico da América Central e do Sul têm enaltecido a função dos manguezais como uma primeira linha de defesa costeira, de importância crescente ante o recorrente fenômeno do El Niño além do risco inerente a uma elevação do nível dos mares provocada pelo efeito estufa. Esses movimentos locais de resistência reforçam as redes globais e, por sua vez, se enriquecem em vários contextos ao incorporarem a linguagem e a força do ambientalismo global às suas formas locais de resistência. Examinemos, por exemplo, a utilização do discurso da biopirataria nos recentes conflitos com foco nos direitos de propriedade relacionados com a *uña de gato*, ayahuasca, sangue de drago, da árvore *nim*, e também da quínoa, do arroz basmati, *turmeric* e, inclusive, dos genes humanos em vários países da América Latina e na Índia. Nesses casos, o discurso introduzido pelo ecologismo global, a biopirataria, é aplicado localmente.

Está na moda considerar que a resistência dos grupos indígenas contra as indústrias do petróleo, da mineração, ou em oposição às grandes barragens e ao desmatamento, insere-se numa *política de identidade*. Quanto ao movimento pela justiça ambiental dos Estados Unidos, dado que contesta o racismo ambiental, igualmente poderia ser visto do mesmo modo. Todavia, tal interpretação é errônea. As conexões entre as lutas globais e locais são cada vez mais nítidas para os seus próprios atores. Existem redes internacionais que emergem de conflitos locais e os respaldam. Portanto, considerar que os conflitos ecológicos distributivos são manifestações de uma política de identidade não é convincente. O reverso disto é que seria mais próximo da verdade: as identidades coletivas locais constituem um dos discursos nos quais se expressam esses conflitos ecológicos distributivos, que hoje detêm um caráter sistêmico.

Consideremos, por exemplo, o conflito atual sobre a mineração da bauxita no estado indiano de Orissa. Na Índia, tal como na China, frequentemente as empresas indianas estatais ou privadas abusam do meio ambiente. Entretanto, à medida que a economia navega na onda neoliberal, a presença de transnacionais cresce na mesma escala. Por exemplo, a Utkal Alumina International Ltd. (UAIL) é uma *joint venture* promovida pela Alcan do Canadá, pela Hydro da Noruega e pela Indal da Índia. A UAIL planeja construir uma refinaria em Kashipur com a capacidade de um milhão de toneladas de alumínio por ano, principalmente para a exportação, produzido com a bauxita extraída nas colinas de Baphlimali. Existe oposição a esse projeto por parte de grupos tribais apoiados por Achyut Das, da ONG Agragamee.[*] A oposição está fortalecida pelo sucesso que obteve ao deter

---

[*] N.T.: *Agragamee* significa "pioneiro" ou "marchando para frente" no idioma local.

um projeto similar nas colinas de Ghandamardhan no distrito de Bargarh. Essas colinas, juntamente com o templo de Nrusinghnath, são consideradas sagradas. Os territórios tribais da Índia não estão cobertos pela Convenção 169 da Organização Internacional do Trabalho, mas possuem proteção de uma cláusula especial da Constituição. As populações locais, através das suas *gram sabhas* (assembleias gerais), supostamente gozam de um ambíguo poder de veto sobre a extração de recursos naturais. Em 16 de dezembro de 2000, no povoado de Maikanch, a 13 quilômetros de Kashipur, protestos da população local contra os funcionários governamentais que desejavam realizar reuniões locais a favor do projeto da UAIL terminaram em intervenção policial e na morte de três pessoas. O povoado de Maikanch constitui o centro do movimento dos Kondh* contra a mineração da bauxita (Menon, 2001: 143-148). Dessa maneira, observamos como a defesa do meio ambiente reafirma a identidade dos direitos tribais, ao passo que simultaneamente mobiliza as redes internacionais de apoio contrárias às empresas multinacionais de alumínio. A Hydro-Norsk retirou-se da empreitada; e no Canadá existe uma campanha para que a Alcan coloque um ponto final na sua participação no projeto.

Nos Estados Unidos, a justiça ambiental é um movimento a favor das chamadas "minorias", enquanto o ecologismo dos pobres é potencialmente um movimento não de minorias étnicas, mas sim de um segmento majoritário em nível planetário. No ecologismo dos pobres, a relação entre as preocupações locais e as globais afirma-se com base em redes monotemáticas, como a International Rivers Network, OilWatch, World Rainforest Movement, RAFI (ETC Group), Pesticide Action Network etc. Os membros dessas redes superpõem-se parcialmente, através de programas ou de campanhas específicas de organizações confederadas globais como a Amigos da Terra, ou graças ao auxílio de organizações ambientais globais como o Greenpeace.

Analisemos, por exemplo, a atuação da OilWatch, nascida das lutas comunitárias contra a extração de petróleo, que estabelece laços Sul-Sul entre grupos ativistas de países tropicais e que, ao mesmo tempo, tem presença na discussão global sobre as mudanças climáticas. Os grupos que são membros da OilWatch em diversas partes do mundo denunciam os impactos locais. Mas, ao mesmo tempo, assinalam que a extração de mais petróleo repercute na geração de uma quantidade maior ainda de dióxido de carbono. Por isso, em 1997, em Quioto, a OilWatch publicou uma declaração assinada por mais de 200 organizações pertencentes a 52 países, solicitando uma moratória para toda exploração nova das reservas de combustíveis fósseis em áreas antigas ou de fronteira, destacando o fato de que a queima de petróleo, gás e carvão constituem a principal causa

---

* N.T.: Etnia pertencente ao grupo dos *andivasi*, isto é, aos povos tribais da Índia.

das alterações climáticas induzidas pelos humanos, e que, inclusive, a queima de uma fração das reservas conhecidas de combustíveis fósseis economicamente recuperáveis asseguraria o "desastre climático". A avaliação de todos os projetos energéticos deveria incluir a consulta das comunidades afetadas por eles, respeitando seus direitos a recusar projetos (a OilWatch requisita a possibilidade de veto, semelhante ao que está disposto na lei de espécies em perigo de extinção nos EUA). Ao mesmo tempo, a OilWatch solicitou que os preços do gás, petróleo e carvão "refletissem os verdadeiros custos da sua extração e do seu consumo, incorporando uma estimativa mais aprimorada do seu papel no tocante à incitação das mudanças climáticas, com a finalidade de aplicar o princípio do 'poluidor pagador', inserindo assim o custo do carbono no preço".

A Declaração também exigiu o pleno reconhecimento da dívida ecológica nascida dos impactos da extração dos combustíveis fósseis, reclamando a imposição de uma obrigatoriedade legal que vincula a restauração de todas as áreas afetadas pela exploração de gás, petróleo e carvão, por parte das empresas ou entidades públicas responsáveis por elas. Prescreve ainda que os investimentos públicos (incluindo os empréstimos do Banco Mundial), atualmente utilizados para subsidiar a extração e o consumo de combustíveis fósseis, sejam utilizados como "moeda de troca" visando a potencializar a utilização de formas de energia limpas, renováveis e descentralizadas, enfatizando especialmente as necessidades energéticas do grupo formado pelos dois bilhões mais pobres.[4]

Dois anos antes, em 1995, Sunita Narain, do Centre for Science and the Environment de Nova Delhi, coeditora da revista *Down to Earth* e quem propôs, em 1991, com Anil Agarwal, uma plataforma de "direitos igualitários ante os sumidouros e depósitos temporários de carbono" para toda a população mundial, visitou os Estados Unidos para reunir-se com acadêmicos e ativistas do movimento pela justiça ambiental. Tal como foi afirmado por ela mesma, "ao ter trabalhado para com a justiça ambiental em nível nacional, esse grupo foi atraído pelos conceitos colocados por nós no livro, pedindo justiça na gestão ambiental global".[5] Vemos, assim, um exemplo adicional da conexão que articula o que é local ao que consideramos global. Em 9 de outubro de 1997, grupos ecologistas da Venezuela ("OilWatch Orinoco") publicaram uma longa carta aberta dirigida ao presidente Bill Clinton, nas vésperas da sua visita ao país, na qual se queixavam das operações das empresas petrolíferas estadunidenses em áreas habitadas pelos waraos e outros grupos indígenas, assinalando a incongruência entre o alerta expressado

---

[4] A Declaração de Quioto da OilWatch e de outras ONGs de 2 de dezembro de 1997 pode ser encontrada na página da internet www.oilwatch.org.ec e de muitas outras organizações.

[5] *Notebook*, boletim do CSE, Nova Delhi, 5, abril-junho de 1996, p. 9.

por Clinton e All Gore a respeito dos crescentes impactos das mudanças climáticas (explicitada poucos dias antes numa mesa-redonda de imprensa em Washington no dia 6 de outubro de 1997) e os planos venezuelanos (posteriormente descartados) de aumentar, com o apoio dos Estados Unidos, as exportações de petróleo até a cifra de seis milhões de barris por dia.[6] Esses são exemplos da combinação de temas locais e preocupações ambientais globais. Essa não é a política do "não no meu quintal" (NIMBY). Tampouco é a política de identidade.

Justiça ambiental: uma força para a sustentabilidade

Alguns dos conflitos aqui analisados são atuais. Outros são históricos. O componente histórico constitui a chave para a noção de ecologismo dos pobres. Muitos dos conflitos sociais dos dias de hoje, do mesmo modo como ao longo da história, estão conotados por um sentido ecológico, sentido esse afiançado quando os pobres procuram manter sob seu controle os serviços e os recursos ambientais que necessitam para sua subsistência, ante a ameaça de que passem a ser propriedade do Estado ou propriedade privada capitalista. Eventualmente, os atores de tais conflitos são reticentes em se assumir como ambientalistas ou ecologistas, que de resto é terminologia recente na história social. Os grupos sociais envolvidos nesses enfrentamentos são diversificados. O "ecologismo dos pobres" é um conceito que atua como um guarda-chuva, utilizado neste livro para abarcar as preocupações sociais e as formas de ação social nascidas no entendimento de que o meio ambiente é uma fonte do sustento humano. Em 1991, Hugo Blanco, um ex-ativista camponês do Peru e, nesse ínterim, senador, diferenciou claramente essa classe de ecologismo de sua contrapartida nos países do Norte, descrita nesta publicação como "o culto ao silvestre". Escreveu Hugo Blanco:

> À primeira vista, os ecologistas ou conservacionistas são uns tipos um tanto loucos porque lutam para que os ursinhos panda ou as baleias azuis não desapareçam. Por mais simpáticos que sejam percebidos pelo cidadão comum, este considera que existem coisas mais importantes pelas quais se preocupar, tais como lutar pelo pão de cada dia. Alguns não os consideram tão loucos assim, mas antes os veem como ativistas que, por conta de zelar pela sobrevivência de algumas espécies, estruturaram organizações não governamentais para receber vultosas somas em dólares originários do exterior [...]. Tais afirmações podem ser verdadeiras até certo ponto. Entretanto, no Peru existem grandes massas populares que são ecologicamente ativas (isso por princípio, pois se para essas pessoas eu disser que "são ecologistas" poderão me dizer em resposta:

---

[6] Carta publicada em *Ecología Politica*, 14, 1997.

"ecologista é sua m...", ou algo nesse mesmo estilo). Desse modo, vejamos: não seria um caso ecologista muito antigo o povoado de Bambamarca que mais de uma vez lutou contra a contaminação das suas águas provocada por uma mina? Não seriam por acaso ecologistas os vilarejos de Ilo e de outros vales que têm sido afetados pelas atividades da Shouthern? Não é ecologista a vila de Tambo Grande, que na região de Piura se levantou como um só punho fechado e está disposto a morrer para evitar a abertura de uma mina no seu povoado, em seu vale? Desse ponto de vista, também é ecologista a população do Vale de Mantaro, que tem observado a morte das ovelhinhas, das chácaras e do solo, envenenados pelas águas de flotação das minas e pela fumaça da fundição de La Oroya. São inteiramente ecologistas as populações que habitam a selva amazônica e que morrem em sua defesa contra aqueles que a depredam. É ecologista a população pobre de Lima que protesta por estar obrigada a banhar-se em praias poluídas.[7]

Ao terminar este livro, prosseguia o conflito em Bambamarca, na província de Cajamarca, contra a empresa Yanacocha de mineração de ouro, e novamente explodiu um conflito em Tambo Grande, também relacionado à exploração aurífera, dessa vez fazendo uso de uma linguagem explicitamente ambiental. Em 2 de março de 2001, a Confederación Campesina Nacional de Peru emitiu uma declaração assinada por Hugo Blanco, Washington Mendoza e Wilder Sánchez (www.laneta.org), esclarecendo sobre a greve geral de Tambo Grande (Piura), contra a companhia canadense Manhattan Minerals. Cerca de 70 mil pessoas vivem nesse lugar e nos seus arredores. A pretensão era abrir uma mina a céu aberto literalmente debaixo do povoado, expulsando muitos dos seus habitantes. Tambo Grande está localizada a uns 75 quilômetros da capital provincial de Piura e a aproximadamente 120 quilômetros do porto de Paita, no vale irrigado de San Lorenzo, um êxito financeiro pelo Banco Mundial nas décadas de 1950 e 1960. Os principais atores desse conflito são a população rural local, que reclama suprimento de água para produzir limão e manga, e a firma canadense.

Um jovem observador canadense assim escreveu em 2001:

> A Manhattan conta com um Decreto Supremo da antiga administração Fujimori para explorar importantes depósitos de ouro, prata e cobre na sua concessão de Tambo Grande, no Norte do Peru. Para azar da Manhattan, o seu El Dorado está localizado debaixo da localidade de Tambo Grande. Os moradores não querem ser reinstalados para abrir espaço para a mina. Além do mais, são céticos a respeito da compatibilidade de uma mina a céu aberto que utiliza o sistema de lixiviação, com as atividades agrícolas altamente produtivas

[7] Artigo publicado no periódico *La Republica*, Lima, 6 de abril de 1991.

da área. Tambo Grande está localizado em um deserto. Sua agricultura, que apresenta qualidade de exportação, sustenta uma alta porcentagem da população, dependente de um sistema de irrigação desenvolvido nos anos 1950. Para a população local, preocupada com os usos dos escassos recursos hídricos e com o potencial de contaminação da água, muita coisa está em jogo. Não é surpreendente, então, que nos dias 27 e 28 de fevereiro de 2001, entre cinco e seis mil pessoas tenham marchado pelas ruas de Tambo Grande para exigir a saída da Manhattan. Desgraçadamente, um pequeno grupo de manifestantes se tornou violento e queimou um acampamento da Manhattan.

Foi queimado inclusive um dos seis protótipos de moradia para os desalojados, que estavam em exposição. Depois disso, no dia 31 de março de 2001, um agricultor local, Godofredo Garcia Baça, engenheiro graduado na Universidade Agrária de La Molina (Lima), membro do Foro Ecológico, presidente da Associação de Exportadores de Manga e líder da Frente de Defesa contrária à Manhattan Mineral, foi assassinado a bala.[8]

Para além do núcleo de Tambo Grande, existe preocupação quanto às águas residuárias e à contaminação do ar e da água no que se refere à ecologia da região desértica. O recorrente fenômeno do El Niño permite que no deserto haja árvores de algarobas (*prosopis pallida*). O regime hídrico e a produção de biomassa mudam por completo com a chegada das precipitações pluviométricas associadas ao fenômeno do El Niño, que podem alcançar 3.000 mm de chuvas. Quão resistentes são as adaptações ecológicas locais diante da mineração a céu aberto promovidas pela Manhattan ou por outras empresas?[9]

"A vida é um tesouro e vale mais do que ouro." Foi dessa forma que se pronunciaram as comunidades rurais peruanas nas suas manifestações contra a mineração de ouro. O povoado de Tambo Grande está resistindo e, em junho de 2002, um referendo – uma consulta popular local, organizada com o auxílio da Oxfam* – demonstrou que uma ampla maioria da população é contra a mineração. A empresa pretendia que a decisão referente ao impacto ambiental dependesse do trabalho de uma consultoria cuja objetividade era posta em

---

[8] Kathleen Cooper, Canadian Environmental Law Association, www.cela.ca, maio de 2001. Ver também Allan Robinson, "Peruvian mine site a political flashpoint", *Globe and Mail* (Toronto), 20 de março de 2001; "Tambogrande: o ouro em disputa", *La Revista Agraria* (Lima), 25, abril de 2001; *The Economist*, 23 de junho de 2001. Ver igualmente R. Muradian, J. Martínez Alier, H. Correa, International capital vs. local populations: the mining conflict of Tambo Grande, *Society and Natural Resources*, 16, 2003.

[9] E. Torres Guevara. "Desarollo de Piura: Agro o Mineria?", manuscrito, maio de 2001.

* N.T.: Oxfam é a sigla de *Oxford Committee for Famine Relief*, uma organização internacional fundada na Inglaterra em 1942 com foco na luta contra a fome e a promoção do desenvolvimento.

dúvida; outras vozes propuseram uma análise custo-benefício; a Frente de Defesa propôs um referendo, mas questionava também a respeito da escala geográfica da análise: o distrito, o departamento?

    A demanda pelo ouro tem uma alta elasticidade-renda. É um bem de luxo. Mesmo que a mineração do ouro fracasse em Tambo Grande, uma hipótese possível em linhas gerais, as empresas extrairiam o metal em outros lugares. Um patamar maior de renda suscita um consumo maior de ouro. Em princípio, essa proporcionaria também os meios para corrigir alguns impactos ambientais. No entanto, no mundo em geral, o nível de renda através do qual o crescimento econômico gera riqueza suficiente para garantir a remediação ambiental é tão alto que nesse meio tempo muitos prejuízos terminam se acumulando, como se pode conferir pelos inúmeros "povoados fantasmas" criados pela mineração. Em muitos contextos, os danos são irreversíveis. Por exemplo, a biodiversidade pode desaparecer como consequência do crescimento econômico e, depois, sem a recuperação possível das perdas, é "muito tarde para ser verde".

    Mulheres e homens comuns lutam para corrigir os estragos provocados na terra, no ar e na água do seu ambiente. E, até o momento em que não se solucione o problema, por que então baixar a guarda? A publicidade gerada por cada uma dessas lutas através dos seus próprios canais de comunicação, e por intermédio da nova sociedade de redes, inspira outros a somarem esforços para travar uma batalha contra as forças que destroem o meio ambiente nos níveis local e global (Cock e Koch, 1991: 22). O Informe Brundtland foi teimoso na identificação dos danos ambientais provocados pela pobreza. O ponto de vista contrário – conhecido como o "ecologismo dos pobres" – foi proposto pela primeira vez no final da década 1980 para explicar os conflitos nos quais os pobres defendem o meio ambiente, no espaço rural como igualmente nas cidades, opondo-se ao Estado e ao mercado. Exemplos bem conhecidos são os dos ogonis, ijaws e dos grupos do Delta do rio Níger, protestando contra a destruição provocada no meio ambiente pela extração de petróleo sob a responsabilidade da Shell; as queixas, dado que plantações não são florestas, contra a silvicultura do eucalipto na Tailândia e em outros países; os movimentos de populações deslocadas pelas represas; ou ainda movimentos camponeses de tipo novo que irrompem nos anos 1990, tais como a Via Campesina, voltados contra as multinacionais de sementes e a biopirataria. Temos exemplos históricos, como os do Rio Tinto na Andaluzia, nos anos 80 do século XIX contra o dióxido de enxofre, assim como a mobilização sob a liderança de Tanaka Shozo, no início do século passado, contra a contaminação do rio Watarase pela mina de cobre de Ashio. Nesses momentos de luta, as palavras "ecologia" e "meio ambiente" não estiveram inseridas numa contextualização política. Até bem pouco tempo, os atores representativos de tais conflitos raramente se autodefiniriam como ecologistas ou ambientalistas. Sua preocupação era a sobrevivência ou o sustento. O ecologismo dos pobres à vezes se expressa evocando a linguagem dos antigos direitos de propriedade comunitária legalmente estabelecidos. Em outras ocasiões, novos direitos comunitários são exigidos. Assim, os pescadores do médio Amazonas inventaram novos direitos comunitários contra os barcos pesqueiros industriais externos, um conflito similar com os que ocorrem em Kerala e em outros estados da Índia, nos quais os pescadores artesanais reivindicam direitos comunitários, opõem-se à pesca de arrasto e declararam o mar como uma entidade sagrada.

Como analisamos o movimento pela justiça ambiental dos Estados Unidos não se acopla à corrente hegemônica do ambientalismo dos países do Norte, a qual temos nos referido como "culto à vida silvestre". No início da década de 1980, os ativistas dos direitos civis, que ainda têm muito por fazer, explicitamente incorporaram aspectos ambientais na sua pauta de atuação. Os interesses urbanos desses ativistas não os tornavam propriamente interessados pelas áreas selvagens e sua principal reivindicação não é também a ecoeficiência, mas sim a ecojustiça. A justiça ambiental faz parte de um renovado movimento pelos direitos civis nascido diretamente dos protestos locais contra os resíduos tóxicos e os riscos domésticos ou trabalhistas para a saúde. Do mesmo modo, em outras partes do mundo, os líderes sindicais têm se apropriado há muito tempo dos aspectos relacionados com a saúde e a segurança; os governos nacionais têm traduzido os conflitos sobre a pesca em alto mar por meio de um vocabulário de interesses nacionais e pelo direito público internacional; as comunidades locais indígenas, tanto as antigas quanto as que surgiram recentemente num processo de etnogênese, estabelecem direitos territoriais que incluem aqueles sobre os recursos genéticos e minerais, apelando para a Convenção 169 da OIT. Os militantes antiimperialistas buscam assegurar-se da luta contra as empresas multinacionais contaminantes. Todo esse elenco constitui-se de apropriações legítimas. Os conflitos ecológicos distributivos expressam-se por meio de discursos diferentes.

A justiça ambiental é um *slogan* maravilhoso. No contexto estadunidense, pode ser compreendido num sentido limitado, referenciando um aspecto setorial (a contaminação ambiental), afetando populações minoritárias. Porém, seu âmbito é potencialmente muito mais amplo, como demonstra o movimento pela justiça ambiental na África do Sul e também no Brasil. De fato, o movimento pela justiça ambiental tem crescido nos EUA, mas desfruta de uma posição única para superar a brecha intelectual e social entre o ambientalismo do Norte e o do Sul. Para conseguir isso, deve conservar seu impulso inicial contra a utilização *desproporcional* dos recursos e dos serviços ambientais – que favorece alguns em detrimento de outros – expandindo-se para além de suas fronteiras. Nessa sequência, tem também que incluir na sua pauta problemas como os depósitos e os sumidouros de carbono, a biopirataria, o intercâmbio ecologicamente desigual, as externalidades provocadas pelas empresas transnacionais tanto dentro quanto fora dos EUA, assim como outras problemáticas dos países do Sul (identificadas com o meio urbano, a água e a terra), que ocorrem numa escala maior do que no Norte.

Conflitos entre sistemas de valores

Está claro que ainda não chegamos na era "pós-materialista", muito pelo contrário. Sabemos que, impulsionada pelo consumo, a utilização de energia e de materiais pela economia global é mais alta do que nunca. Paradoxalmente, os ganhos auferidos pela ecoeficiência podem reforçar uma ampliação da demanda energética e do consumo de materiais em razão do próprio barateamento dos seus custos (efeito Jevons). Por outro lado, as expectativas de crescimento econômico incitam ao "desconto do futuro" acarretando uma degradação mais acentuada dos recursos naturais, sendo sua consequência direta um menor crescimento no próprio futuro (paradoxo do otimista). As externalidades (isto é, a transferência dos custos) devem ser entendidas como um componente indissociável de uma economia que está necessariamente aberta para a entrada dos recursos e a saída dos resíduos. A apropriação dos recursos e a produção de dejetos suscitam conflitos ecológicos distributivos que às vezes impulsionam os movimentos ambientais. Minha primeira conclusão seria, pois, que a justiça ambiental se converterá numa força capacitada para assegurar a sustentabilidade. Em continuidade, será desenvolvida uma segunda conclusão, voltada para as relações entre os conflitos ecológicos distributivos e a valoração.

Os conflitos pelo acesso aos recursos naturais ou devido às cargas ambientais desiguais podem ser expressos de duas formas. Na primeira delas, podem conquistar explicitação no interior de um só sistema de valoração (usualmente monetário, mas que poderia ser, por exemplo, o energético). Assim sendo, indagamos: como se poderia valorar em termos monetários as externalidades causadas por uma empresa quando é pedida uma compensação através de um caso judicial? Como se pode expor ou replicar um argumento em favor da conservação de um espaço natural em termos do número e do valor biológico das espécies que abriga ou em termos da sua produção primária líquida? Nesses contextos, seria apropriado recorrermos a especialistas específicos, como aos economistas da análise custo-benefício; e, depois, aos biólogos.

A segunda forma de expressão possível de um conflito ambiental é através de uma disputa sobre o próprio sistema de valoração a ser aplicado. Assim acontece quando os seguintes valores são comparados em termos não comensuráveis: a perda da biodiversidade, a perda do patrimônio cultural, os danos à vida e ao sustento humano, as violações dos direitos humanos, os lucros de uma nova represa, de um projeto de mineração ou da extração petrolífera. Existe um choque de sistemas de valoração quando os discursos da justiça ambiental, dos direitos territoriais indígenas ou da segurança ambiental se desdobram em oposição à valoração monetária dos riscos e das cargas ambientais. As avaliações multicriteriais não compensatórias, a avaliação integral e os métodos participativos para a resolução de conflitos são bem mais apropriados para essa segunda situação do que a mera consulta a especialistas de determinadas disciplinas. Efetivamente, esses métodos multivalorativos podem ser entendidos como uma ecologia política aplicada.

Qualquer grupo social pode utilizar, de forma simultânea, diferente valores para respaldar seus interesses. Tal afirmação é particularmente correta para grupos sociais subordinados. Ou seja, a reivindicação dos recursos e serviços ambientais de outros grupos, dispondo de diferentes títulos ou diferentes níveis de poder, pode ser sugerida argumentando-se dentro de um único sistema de valoração ou através de valores plurais. O apelo a diferentes valores é procedente de interesses e percepções culturais distintos. Isso posto, na escala monetária, os pobres são baratos e vendem barato. Aos pobres, portanto, não convém apostar na valoração monetária, pelo menos não como critério único (como, aliás, disse Lawrence Summers em 1992).

Nesse sentido, a relação entre a ecologia política e a valoração econômica acataria a ordem de compreensão que segue: primeiro, o padrão de preços da economia dependerá dos resultados concretos dos conflitos ecológicos distributivos; e, segundo, os conflitos ecológicos distributivos (que em muitos momentos irrompem fora dos limites do mercado) não são disputados somente através de demandas que visam à compensação monetária estabelecida em mercados reais ou fictícios, visto que esses bens podem ser disputados em outras arenas.

E mais, nas situações complexas, marcadas por sinergias e incertezas, os enfoques disciplinares dos especialistas (cada um empossado de seu próprio sistema de valoração) não são os apropriados. A incomensurabilidade também surge da complexidade. Por isso, quando um grupo afirma que a biodiversidade possui um valor intrínseco, não passível de tradução para parâmetros monetários, isso não significa necessariamente que o grupo em questão não compreenda o discurso da compensação financeira. A esse respeito, Funtowicz e Ravetz (1994), teóricos da ciência pós-normal, escreveram:

Em primeiro lugar, o valor monetário será observado como a medida de um só aspecto de valor que reflete um tipo particular de interesse, aquele que encontra expressão principalmente por intermédio do mercado comercial [ou através de mercados fictícios, como na valoração contingente]. Escolher uma definição operacional particular de valor implica tomar uma decisão a respeito do que é real e importante; outras definições refletirão as crenças e interesses de outros atores... Isso implica uma pluralidade de perspectivas e valores.

Os economistas ecológicos O'Connor e Spash (1999: 5) escreveram:

Essa divergência de perspectivas de valoração pode se apresentada por meio de duas concepções diferentes da *internalização*. O diagnóstico em ambas as versões é que os decisores não levaram adequadamente em consideração os impactos da atividade humana no ambiente natural, e o remédio seria passar a levá-lo em conta. As duas formulações são as que seguem:
• A internalização dos danos ambientais num sentido estreito, assumindo como referência a ideia de eficiência de Pareto quanto ao estipêndio dos recursos.
• A internalização num sentido amplo, em referência a processos e instituições políticas, para expressar, resolver ou aceitar [ou ainda exacerbar] os conflitos ambientais.

Valores a partir da base

A economia clássica e a neoclássica diferiam a respeito das teorias de valor. Os economistas clássicos observavam o valor como uma substância encarnada nos bens, tal como na teoria do valor econômico baseado no trabalho, de Ricardo ou de Marx (existiu um pálido eco dessa dita teoria nas que foram elaboradas, com base na energia, durante a década de 1970). Além disso, a teoria clássica vinculou a teoria do valor com as relações sociais de distribuição do poder e da propriedade. Os economistas neoclássicos foram, de 1870 até os dias de hoje, socialmente neutros. Explicaram que o valor é igual ao preço. A economia era entendida como um sistema isolado no qual os preços eram explicados pela oferta e pela demanda. Por sua vez, ao explicar a oferta, os neoclássicos recorriam à teoria da produção, isto é, as empresas produzem as quantidades que maximizam os lucros, equilibrando os ganhos marginais com um custo marginal. Quanto à procura, recorreram para a teoria do consumo, ou seja, os consumidores maximizam a utilidade, em uma só dimensão, seguindo uma regra análoga. Os economistas ambientais e dos recursos naturais inspirados na tradição neoclássica também aspiram encerrar o debate sobre o valor, brandindo que há que se entender a economia como um sistema fechado (Pearce e Turner, 1990). Não apenas pretendem incluir as externalidades negativas e os serviços ambientais positivos na mensuração monetária – utilizando a "vara de medir dinheiro", como dizia Pigou –, mas também se veem obrigados a utilizar taxas de desconto arbitrárias para poder comparar em uma só dimensão os custos e utilidades atuais e futuros.

A economia ecológica tem aberto novamente o debate sobre o valor, indo bem além da dimensão econômica. Os economistas ecológicos estão dispostos a aceitar a existência de muitos valores. Portanto, utilizam métodos de tomada de decisão e de avaliação macroeconômica integral habilitada a comparar (fracamente) situações alternativas levando em consideração que existem valores plurais, dentre esses os econômicos, os sociais, os físicos ou ecológicos e os culturais. No princípio, existiam algumas dúvidas entre os atuais economistas ecológicos quanto à pertinência de procurar por uma nova teoria do valor – possivelmente a energia incorporada (cf. Costanza, 1990) – ou se, em vez disso, deveríamos procurar pelo verdadeiro valor econômico dos serviços ambientais (Costanza et al., 1998). Nos últimos anos, temos acordado que a economia ecológica tem alicerces no pluralismo de valores. Seu fundamento é a comparabilidade fraca de valores, tal como foi definido por O'Neill (1993) e discutido por Otto Neurath nos anos 20 do século passado. Na avaliação de projetos, isso não pode ser implementado com o concurso da ACB, que é reducionista, mas sim pelos métodos de avaliação multicriterial, a EMC, e, como tal, isentos de compensações e de *trade-offs*. Quando as pessoas de cor eram obrigadas a viajar sentando-se na última fileira de bancos dos veículos nos Estados Unidos, isso não podia ser compensado, na escala da dignidade humana, com uma passagem mais barata.

Nesse livro, o pluralismo de valores foi colocado num primeiro plano, não tanto em razão das discussões teóricas sobre a incomensurabilidade e comparabilidade dos valores (capítulo "Índices de (in)sustentabilidade e neomalthusianismo"), mas por ter adotado uma estratégia de investigação diferente, a saber, voltada para a análise de conflitos ecológicos específicos a partir da base, trazendo à luz os diversos discursos de valoração empregados por diferentes atores sociais ao expor seus argumentos em lutas caracterizadas como o "ecologismo dos pobres". As semelhanças estruturais de tais conflitos ao redor do mundo devem colocar em evidência que este livro, mesmo que muito atento aos diferentes vocabulários sociais e expressões relacionadas com a valoração, não é um livro de "análise dos discursos" ao sabor da teoria cultural. É mais precisamente um livro que enfoca as relações entre a economia ecológica e a ecologia política.

Concluindo, o ecologismo dos pobres, o ecologismo popular, a ecologia da sobrevivência e do sustento, a ecologia da libertação e o movimento pela justiça ambiental (local e global), que são diferentes nomes para um mesmo fenômeno, surgem dos protestos contra a apropriação estatal ou privada dos recursos ambientais comunitários e contra o fardo desproporcional de contaminação. Esse movimento pode contribuir em muito para conduzir a sociedade rumo à sustentabilidade ecológica. Essa é uma conexão entre a ecologia política, definida como o estudo dos conflitos ecológicos, e a economia ecológica, definida como o estudo da insustentabilidade ecológica da economia. Os conflitos ecológicos distributivos fortes podem promover a sustentabilidade.

Às vezes, os conflitos ecológicos distributivos se explicitam como discrepância de valoração no interior de um só sistema de valor. É o que ocorre, por exemplo, quando existe uma disputa a respeito da compensação monetária exata decorrente de um passivo ambiental. Todavia, é comum que essas se desdobrem em disputas (ou debates) multicriteriais que repousam sobre distintos padrões de valoração. Qual é o "custo da vida"?, interrogava Arundhati Roy no Vale do Narmada. Em qual moeda devemos pagar? Qual é o preço do petróleo?, indagava Human Rights Watch no seu relatório de 1999 sobre o Delta do rio Níger. *Todo imbecil confunde valor e preço*, escreveu um poeta andaluz que morreu em 1939 no norte da Catalunha. Quando o estudo de um conflito ecológico distributivo revela um choque de valores incomensuráveis, então podemos dizer que a ecologia política está contribuindo para o desenvolvimento de uma economia ecológica ultrapasse a obsessão de "levar a natureza de consideração" em termos monetários, e que, portanto, abarque e opere com o pluralismo de valores.

O poder de impor o procedimento de decisão

O campo emergente da ecologia política analisa as relações entre as desigualdades de poder e a degradação do meio ambiente. Não apenas se os danos provocados atingem as espécies não humanas e as futuras gerações de seres humanos, mas também busca identificar se alguns setores da humanidade ressentem-se de um fardo desproporcional promovido pela degradação ambiental da atualidade. Os movimentos sociais nascidos de semelhantes conflitos ecológicos procuram equilibrar uma balança de poder, hoje em dia tão inclinada em favor das empresas multinacionais. A partir do ponto de vista da ecologia política, o enfrentamento entre o crescimento econômico, a iniquidade e a degradação ambiental deve ser analisado nos marcos das relações de poder.

O poder, nesse livro, aparece de duas formas distintas. A primeira é a capacidade de impor uma decisão sobre os outros, por exemplo, para roubar recursos, instalar uma fábrica que contamina o meio ambiente, destruir uma floresta ou ocupar espaços ambientais para despejar resíduos. As externalidades são entendidas como a transferência social dos custos. A segunda é o poder de procedimento que, triunfando em aparência sobre a complexidade, se torna capaz de impor a todas as partes implicadas uma determinada linguagem de valoração como critério básico para julgar um conflito ecológico distributivo.[10] A governabilidade exige integrar na esfera política (seja ela a política do efeito estufa, a política agrícola europeia ou as políticas urbanas locais) opiniões científicas e leigas, eventualmente contraditórias entre si, relevantes para diferentes escalas e distintos níveis de realidade. Então, quem tem o poder de decidir como será feita essa avaliação integral? Quem tem o poder de simplificar a complexidade, descartando alguns discursos de valoração e enaltecendo outros? Essa é a questão fundamental para a economia ecológica e para a ecologia política.

---

[10] A expressão "poder de procedimento" tem sido utilizada com esse significado por Serafin Corral Quintana, presente em sua tese de doutorado, orientada por Giuseppe Munda, com foco na contaminação atmosférica provocada pelas centrais térmicas de Tenerife.

BIBLIOGRAFIA

ACEVEDO, A. L., *Investigación a la Forestal,* Buenos Aires, Centro Editor de América Latina, 1983.
ADEOLA, F. O., «Cross-National Environmental Injustice and Human Rights», *American Behavioral Scientist,* 43 (4), pp. 686-706, 2000.
AGARWAL, A. and NARAIN, S., *Global warming: a case of environmental colonialism,* Delhi, Centre for Science and Environment, 1991.
AGARWAL, B., «Environmental Management, Equity and Ecofeminism: Debating India's Experience», *Journal of Peasant Studies,* 25(4), pp. 55-95, julio 1998.
— «The Gender and Environment Debate: lessons from India», *Feminist Studies,* 18(1), 1992.
AHMED, F., *In Defence of Land and Livelihood. Coastal Communities and the Shrimp Industry in Asia,* Ottawa y Penang, Consumers' Association of Penang, CUSO, InterPares, Sierra Club of Canada, 1997.
ALTIERI, M. A. and HECHT, S. (eds.), *Agroecology and Small Farm Development,* Boca Raton, CRC Press, 1990.
ALTIERI, M. A. and MERRICK, L. C., «In Situ Conservation of Crop Genetic Resources through Maintenance of Traditional farming Systems», *Economic Botany,* 41(1), pp. 86-96, 1987.
ALTVATER, E., «Ecological and economic modalities of space and time», en O'Connor, M. (ed.), *Is Capitalism Sustainable? Political Economy and the Politics of Ecology,* Nueva York, Guildford, pp. 76-90, 1994.
— *The Future of the Market,* Londres, Verso, 1993.
ALTVATER, E.; SACHZWANG, W., *Verschuldungskrise, blockierte Industrialisierung, oekologische Gefaehrdung,* Hamburg, VSA, 1987.
ÁLVAREZ, L., «Senate and Clinton still stalled on Nuclear Waste Disposal», *New York Times,* 11 febrero 2000.
AMERY, D., *Not on Queen Victoria's Birthday. The Story of the Rio Tinto Mines,* Londres, Collins, 1974.

AMORÍN, C., *Las semillas de la muerte. Basura tóxica y subdesarrollo: el caso Delta & Pine,* Madrid, Libros de la Catarata, 2000.

ANDERSON, M. R., «The Conquest of Smoke: Legislation and Pollution in Colonial Calcutta», en Arnold, D. and Guha, R. (eds.), *Nature, Culture and Imperialism: Essays on the Environmental History of South Asia,* Delhi, Oxford University Press, pp. 293-335, 1996.

APPFEL-MARGLIN, F. and PRATEC, *The Spirit of Regeneration. Andean Culture confronting Western Notions of Development,* Londres, Zed, 1998.

ARNOLD, D. and GUHA, R. (eds.), *Nature, Culture and Imperialism: Essays on the Environmental History of South Asia,* Delhi, Oxford University Press, 1996.

ARROW, K. *et al.*, «Economic growth, carrying capacity and the environment», *Ecological Economics,* 15(2), pp. 91-96, 1995.

AYRES, R. U., «Industrial Metabolism», en Ausubel, J., *Technology and Environment,* Washington DC, National Academy Press, pp. 23-49, 1989.

AYRES, R. U. and AYRES, L., *Industrial Ecology: towards closing the materials cycle,* Cheltenham, Edward Elgar, 1996.

AZAR, C. and STERNER, T., «Discounting and distributional considerations in the context of Global Warming», *Ecological Economics,* 19, pp. 169-184, 1996.

BALVIN, D. and TEJADA, J., *Huaman and Humberto Lozada Coastro, Agua, minería y contaminación. El caso Southern Peru,* Ilo, Labor, 1995.

BARHAM, B., BUNKER, S. G. and O'HEARN, D., *States, Firms and Raw Materials. The World Economy and Ecology of Aluminum,* Madison, University of Wisconsin Press, 1994.

BARNETT, H. J. and MORSE, C., *Scarcity and growth: the economics of natural resource availability,* Baltimore, Johns Hopkins Press, 1963.

BAVISKAR, A., *In the Belly of the River: Tribal Conflict over Development in the Narmada Valley,* Delhi, Oxford University Press, 1995.

BECK, U., *Risk Society: Towards a New Modernity,* Londres, Sage, 1992.

BECKENBACH, F., «Ecological and Economic Distribution as Elements of the Evolution of Modern Societies», *Journal of Income Distribution,* 6(2), pp. 163-191, 1996.

BECKER, E. and JAHN, T. (eds.), *Sustainability and the social sciences,* Londres, Zed, 1999.

BEINART, W. and COATES, P., *Environment and History. The Taming of Nature in the USA and South Africa,* Londres y Nueva York, Routledge, 1995.

BERKES, F., *Sacred Ecology. Traditional Ecological Knowledge and Resource Management*, Philadelphia, Taylor and Francis, 1999.

BERKES, F. (ed.), *Common Property Resources: Ecology and Community based Sustainable Development*, Londres, Belhaven, Londres, 1989.

BERKES, F. and FOLKE, C. (eds.), *Linking Social and Ecological Systems: Management Practices and Social Mechanisms for Building Resilience*, Cambridge, Cambridge University Press, 1998.

BERTELL, R. and TOGNONI, G., «International Medical Commission, Bhopal: A Model for the Future», *The National Medical Journal of India*, 9(2), pp. 86-91, 1996.

BLAIKIE, P. and BROOKFIELD, H. (eds.), *Land Degradation and Society*, Londres, Methuen, 1987.

BOFF, L., *Ecología: grito de la tierra, grito de los pobres*, Madrid, Trotta, 1998.

BOND, P., «Economic Growth, Ecological Modernization or Environmental justice? Conflicting Discourses in Post-Apartheid South Africa», *Capitalism, Nature, Socialism*, 11(1), pp. 33-61, 2000.

BOND, P., *Unsustainable South Africa*, Londres, Merlin Press, 2002.

BONILLA, H., *Guano y burguesia en el Peru, 1974*, 3rd. ed., Quito, Flacso, 1994.

BORRERO, J. M., *La deuda Ecológica*, Cali, FIPMA.

BOSERUP, E., *The Conditions of Agricultural Growth: the Economics of Agrarian Change under Population Pressure*, Chicago, Aldine, 1965.

BOYCE, J. K., «Jute, Polypropylene, and the Environment: a Study in International Trade and Market Failure», Bangladesh *Development Studies*, 13, pp. 49-66, 1995.

— «Ecological Distribution, Agricultural Trade Liberalization, and In Situ Genetic Diversity», *Journal of Income Distribution*, 6(2), pp. 263-284, 1996.

— *The Political Economy of the Environment*, Cheltenham, E. Elgar, 2001.

BOYDEN, S., *Biohistory. The Interplay between Human Society and the Biosphere*, París, UNESCO and Parthenon Publ. Group.

BRIMBLECOMBE, P. and PFISTER, C., *The Silent Countdown. Essays in European Environmental History*, Berlín, primavera, 1990.

BROAD, R. and CAVANAGH, J., *Plundering Paradise. The Struggle for the Environment in the Philippines*, Berkeley, University of California Press, 1993.

BROADBENT, J., *Environmental Politics in Japan: Networks of Power and Protest*, New York, Cambridge University Press, 1998.

BROSIUS, J. P., Comentario A. ESCOBAR, «After Nature: Steps to an Anti-essentialist Political Ecology», *Current Anthropology*, 40(1), 1999a.

BROSIUS, J. P., «Green Dots, Pink Hearts: Displacing Politics from the Malaysian Rain Forest», *American Anthropologist*, 101(1), pp. 36-57, 1999b.

BRUGGEMEIER, F. J. and ROMMELSPACHER, T., *Blauer Himmel ueber der Ruhr. Geschichte der Umwelt im Ruhrgebiet 1840-1990*, Essen, Klartext, 1992.

BRUGGEMEIER, F. J. and ROMMELSPACHER, T., (eds.), *Besiegte natur, Geshichte der Umwelt im 19 und 20 Jahrhundert*, C.H. Munich, Beck, 1987.

BRUNHS, B. I. and KAPPEL, K. (eds.), «Oekologische Zerstoerungen in Afrika und alternative Strategien», *Bremer Afrika Studien*, 1, Munster, Lit Verlag, 1992.

BRUYN, S. M. de and OPSCHOOR, J. B., «Developments in the throughput-income relationship: theoretical and empirical observations», *Ecological Economics*, 20, pp. 255-268, 1997.

BRYANT, B. (ed.), *Environmental Justice. Issues, Policies and Solutions*, Washington DC, Island Press, 1995.

BRYANT, B. and MOHAI, P. (eds.), *Race and the Incidence of Environmental Hazards*, Bloulder, Westview, 1992.

BRYANT, R. and BAILEY, S. (eds.), *Third World Political Ecology*, Londres, Routledge, 1997.

BULLARD, R., *Confronting Environmental Racism. Voices from the Grassroots*, Boston, South End Press, 1993.

— *Dumping in Dixie: Race, Class and Environmental Quality*, Boulder, Westview, 1990.

BUNKER, S., «Raw Materials and the Global Economy: Oversights and Distortions in Industrial Ecology», *Society and Natural Resources*, 9, pp. 419-429, 1996.

CABEZA GUTÉS, M. and J. MARTÍNEZ ALIER, «L'échange écologiquement inégal», en Michel Damian and Jean Christophe Graz (eds), *Commerce international et développement soutenable*, París, Económica, 2001.

CALLICOTT, J. B. and NELSON, M. P. (eds.), *The Great Wilderness Debate*, Athens, University of Georgia Press, 1998.

CAMACHO, D. E., (ed.), *Environmental Injustices, Political Struggles. Race, Class and the Environment*, Durham y Londres, Duke University Press, 1998.

CARPINTERO, O., «La economía española: el "dragón europeo", en Flujos de energía. Materiales y huella ecológica, 1955-1995», *Ecología Política*, 23, pp. 85-125, 2003.

CARRERE, R. and LOHMAN, L., *Pulping the South. Industrial Tree Plantations and the World Paper Economy,* Londres, Zed, 1996.

CHACÓN, R. E., «El caso Yanacacha: Crónica de la lucha frente a la contaminación minera inevitable», *Ecología Política,* 26, pp. 51-61, 2003.

CLEVELAND, C. and RUTH, R., «Indicators of Dematerialization and the Materials Intensity of Use», *Journal of Industrial Ecology,* 2, pp. 15-50, 1998.

COCK, J. and KOCH, E. (eds.), *Going Green: People, Politics and the Environment in South Africa,* Cape Town, Oxford University Press, 1991.

COHEN, J., *How many people can the earth support?,* Londres y Nueva York, Norton, 1995.

COMMON, M., *Sustainability and policy: limits to economics,* Nueva York, Cambridge University Press, 1995.

COSTANZA, R. (ed), *Ecological economics: the science and management of sustainability,* Nueva York, Columbia University Press, 1991.

COSTANZA, R., CLEVELAND, C. and PERRINGS, C. (eds.), *The development of ecological economics,* Cheltenham, Edward Elgar, 1997.

COSTANZA, R., CUMBERLAND, J., DALY, H., GOODLAND, R. and NORGAARD, R., *An introduction to ecological economics,* Boca Raton, St. Lucie Press, 1997.

COSTANZA, R., «Embodied energy and economic valuation», *Science,* 210: 1.219-1.224, 1980.

COSTANZA, R. et al., «The value of the world's ecosystem services and natural capital», *Nature,* 987: 253-260, 1997.

CRONON, W. (ed.), *Uncommon Ground. Rethinking the Human Place in Nature,* Nueva York, Norton, 1996.

DAILY, G. (ed.), *Nature's Services: Societal Dependence on Natural Ecosystems,* Washington DC, Island Press, 1997.

DALY, H., «The Lurking Inconsistency», *Conservation Biology,* 13(4), editorial: pp. 693-694, 1999.

DALY, H. and COBB, J., *For the Common Good: Redirecting the Economy Toward Community, the Environment and a Sustainable Future.* Boston, Beacon Press, 1989 (2nd ed 1994).

DEAN, W., *With Booadax and Firebrand. The Destruction of the Brazilian Atlantic Forest,* Berkeley, California University Press, 1995.

DEMBO, D., MOREHOUSE, W. and WYKLE, L., *Abuse of Power. Social Performance of Multinational Corporations: the Case of Union Carbide,* Nueva York, New Horizons Press, 1990.

DESAI, S., «Engendering Population Policy», en M. Krishnaraj *et al.,* 1998.

DEVALL, B. and SESSIONS, G., *Deep ecology*, Salt Lake City, G. M. Smith, 1985.
DÍAZ-PALACIOS, J., *Perú y su medio ambiente. Southern Peru Copper Corporation: una compleja agresion ambiental en el sur del país*, Lima, IDMA, 1988.
DICHIRO, G., «Nature as Community. The Convergence of Environmental and Social Justice», en Michael Goldman, ed., 1998.
DIESENDORF, M. and C. HAMILTON, *Human Ecology, Human Economy*, Allen & Unwin, 1997.
DOBSON, A., *Justice and the Environment. Conceptions of Environmental Sustainability and Dimensions of Social Justice*, Oxford, Oxford University Press, 1998.
DOO KINGUE, M., «Prospects for Africa's Economic Recovery and Development», en Yansane, A. Y. (ed.), *Prospects for Recovery and Sustainable Development in Africa*, Westport CT y Londres, Greenwood Press, 1996.
DORE, E., «Una interpretación socio-ecológica de la historia minera latinoamericana», *Ecologia Politica*, 7, pp. 49-68, 1994.
DORSEY, M., «El movimiento por la Justicia Ambiental en EE UU. Una breve historia», *Ecología Política*, 14, pp. 23-32, 1997.
DOWNS, A., «Up and Down with Ecology: the Issue-Attention Cycle», *Public Interest*, 28, verano 1972.
DRAISMA, T., *Mining and Ecological Degradation in Zambia: Who Bears the Brunt When Privatization Clashes with Rio 1992?*, Melbourne, Environmental Justice and Global Ethics Conference, octubre 1997, versión revisada, agosto 1998.
DRYZECK, J. S., «Ecology and Discursive Democracy: beyond Liberal Capitalism and the Administrative State», en O'Connor, M. (ed.), *Is capitalism sustainable?*, Nueva York, Guildford, 1994.
DUCHIN, F., *Structural Economics: Measuring Change in Technology, Lifestyles, and the Environment*, Washington DC, Island Press, 1998.
EHRLICH, P. R., *The population bomb*, Nueva York, Ballantine, 1968.
EKINS, P. and MAX-NEEF, M. (eds.), *Real-life Economics. Understanding Wealth Creation*, Londres, Routledge, 1992.
EMMANUEL, A., «Unequal Exchange: a Study of the Imperialism of Free Trade», Nueva York, *Monthly Review*, 1972.
EPSTEIN, B., «Grassroots Environmentalism and Strategies for Social Change, New Social Movements Network, 28 febrero 2000, en www.interwebtech.com/nsmnet/docs/epstein.htm.

ERICKSON, J. D., CHAPMAN, D. and JOHNY, R. E., «Monitored Retrievable Storage of Spent Nuclear Fuel in Indian Country: Liability, Sovereignty, and Socio-economics», *American Indian Law Review*, University of Oklahoma College of Law, pp. 73-103, 1994.

ERICKSON, J. D. and CHAPMAN, D., «Sovereignty for Sale. Nuclear Waste in Indian Country», *Fall, Akwekon Journal*, pp. 3-10, 1993.

ESCOBAR, A., *Encountering Development. The Making and Unmaking of the Third World*, Princeton NJ, Princeton University Press, 1995.

— *Constructing Nature*. «Elements for a Post-Structural Political Ecology», en R. Peet and M. Watts, eds., 1996.

FABER, D (ed.), *The Struggle for Ecological Democracy. The Environmental Justice Movement in the United States*, Nueva York, Guildford, 1998.

FABER, M., Manstetten R and Proops, J L R, *Ecological Economics: Concepts and Methods*, Edward Elgar, Cheltenham, UK and Brookfield, EEUU, 1996.

FAUCHEUX, S. and O'CONNOR, M. (eds.), Valuation for Sustainable Development. Methods and Policy Indicators, Cheltenham, Edward Elgar, 1998.

FERRERO BLANCO, M. D., *Capitalismo minero y resistencia rural en el suroeste andaluz. Río Tinto 1873-1900*, Huelva, Diputacion Provincial, 1994.

FINN, J. L., *Tracing the Veins. Of Copper, Culture and Community from Butte to Chuquicamata*, Berkeley, University of California Press, 1998.

FISCHER-KOWALSKI, M., «Society's metabolism: the intellectual history of materials flow analysis», *Journal of Industrial Ecology*, Part I, 1860-1970, vol. 2 (1), Part II: 1970-1998 (con Walter Huettler), vol. 2(4), 1998.

FISCHER-KOWALSKI, M. and HABERL, H., «Tons, joules and money: Modes of production and their sustainability problems», *Society and Natural Resources*, 10(1), pp. 61-68, 1997.

FRENCH, H., *Vanishing Borders. Protecting the Planet in the Age of Globalization*, Nueva York, Norton, 2000.

FRIEDMAN, J. and RANGAN, H. (eds.), *In Defense of Livelihood. Comparative Studies in Environmental Action*, Hartford CY, UNRISD, Kumarian Press, 1993.

FUNTOWICZ, S. and RAVETZ, J., «A new scientific methodology for global environmental issues», en R. Costanza, ed. 1991.

— «The worth of a songbird: ecological economics as a post-normal science», *Ecological Economics*, 10(3), pp. 189-196, 1994.

GADE, D. W., *Nature and Culture in the Andes*, Madison, Wisconsin, University of Wisconsin Press, 1999.

GADGIL, M. and GUHA, R., *Ecology and Equity. The Use and Abuse of Nature in Contemporary India,* Londres, Routledge, 1995.

GALLOPIN, G. (ed), *El futuro ecológico de un continente. Una visión prospectiva de la América latina,* México, vols. 1 y 2, Fondo de Cultura Económica, 1995.

GÁMEZ, R., *De biodiversidad, gentes y utopias. Reflexiones en los 10 años del INBio,* San José, Instituto Nacional de Biodiversidad, 1999.

GARCÍA, X., La *Catalunya nuclear (la Ribera d'Ebre: centre d'una àmplia perifèria espoliada),* Barcelona, Columna, 1990.

GARCÍA PULIDO, J., *La explotacion del quebracho e historia de una empresa,* Resistencia, Librería y Papelería Casa García, 1975.

GARCÍA REY, J., «Nerva: No al vertedero. Historia de un pueblo en lucha», *Ecología Política,* 13, 1996.

GAVALDÁ, M., *La recolonización,* Barcelona, Icaria, 2002.

GEDICKS, A., *The New Resource Wars. Native and Environmental Struggles against Multinational Corporations,* Boston, South End Press, 1993.

GEDICKS, A., *Resource Rebels: Native Challenges to Mining and Oil Corporations,* Boston, South End Press, 2001.

GEORGESCU-ROEGEN, N., *The Entropy Law and the Economic Process,* Cambridge, Harvard University Press, 1971.

GHAI, D. and VIVIAN, J. M. (eds.), *Grassroots Environmental Action. People's Participation in Sustainable Development,* Londres, Routledge, 1992.

GIBBON, P., «Prawns and Piranhas: the Political Economy of a Tanzanian Private Sector Marketing Chain», *Journal of Peasant Studies,* 24(4), pp. 1-86, 1997.

GIBBS, L. M., *Love Canal: My Story,* Albany, State University of New York Press, 1981.

— *Dying from Dioxin: a Citizen's Guide to Reclaiming our Health and Rebuilding Democracy,* Boston, South End Press, 1995.

GILBERT, A. J. and JANSSEN, R., «Use of Environmental Functions to Communicate the Values of a Mangrove Ecosystem under Different Management Regimes», *Ecological Economics,* 25, pp. 323-346, 1998.

GOLDMAN, M. (ed.), *Privatizing Nature: Political Struggles for the Global Commons,* Londres, Pluto, 1998.

GOLDSMITH, E. and HILDYARD, N., *The social and environmental effects of large dams,* San Francisco, Sierra Club Bks., 1984.

GOLDSTEIN, K., «The Green Movement in Brazil», en Finger, M. (ed.), *Research in Social Movements, Conflicts and Change,* Greenwich CT, Suppl. 2, The Green Movement Worldwide, JAI Press, 1992.

GOOTENBERG, P., *Imagining Development. Economic Ideas in Peru's «Fictitious Prosperity» of Guano, 1840-1880,* Berkeley, University of California Press, 1993.
GOPINATH, N. and GABRIEL, P., «Management of Living Resources in the Matang Reserve, Perak, Malaysia», en Freese, C. H., *Harvesting Wild Species. Implications for Biodiversity Conservation,* Baltimore, Johns Hopkins UP, pp. 167-216, 1997.
GORDON, L, *Woman's Body, Woman's Right: a Social History of Birth Control in America,* Nueva York, Grossman, 1976.
GORI, G., *La Forestal. La tragedia del quebracho colorado,* preface by Osvaldo Bayer, Rosario-Buenos Aires, Ameghin, 2ª ed., 1999.
GOTTLIEB, R., *Forcing the Spring: the Transformation of the American Environmental Movement,* Washington DC, Island Press, 1993.
GOULD, K. A., «Schnaiberg, A and Weinberg», *A, Local Environmental Struggles. Citizen Activism in the Treadmill of Production,* Nueva York, Cambridge University Press, 1996.
GOWDY, J., «Georgescu-Roegen's Utility Theory applied to Environmental Economics», en Dragan, J. C., Demetrescu, M. and Seifert, E. (eds.), *Entropy and Bioeconomics,* Milán, Nagard Publishers, 1992.
GREENPEACE, International Trade in Toxic Waste, Bruselas, 1988.
— *The Database of Known Hazardous Waste Exports from OECD to non-OECD Countries, 1989-1994,* Washington DC, 1994.
GRUESO, L., ROSERO, C. and ESCOBAR, A., «El proceso organizativo de comunidades negras en Colombia», *Ecología Política,* 14, 1997.
GUHA, R., *The Unquiet Woods: Ecological Change and Peasant Resistance in the Himalaya,* Berkeley, University of California Press, 1989, edición revisada, 1999.
GUHA, R. and MARTÍNEZ ALIER, J., *Varieties of Environmentalism. Essays North and South,* Delhi, Earthscan, London and Oxford University Press, 1997.
— «Political Ecology, the Environmentalism of the Poor, and the Global Movement for Environmental Justice», *Kurswechsel* (Viena), Heft 3, pp. 27-40, 1999.
— «The Environmentalism and the Poor and the Global Movement for Environmental Justice», en Werner G. Raza, *Recht auf Umwelt oder Umwelt ohne Recht?,* Frankfurt, Brandes und Apsen, Viena, Südwind, pp. 105-136, 2000.
GUIMARAES, R., *The Ecopolitics of Development in the Third World: Politics and the Environment in Brazil,* Lynne Rienner, Boulder, 1991.

HABERL, H., «Human Appropriation of Net Primary Production as an Environmental Indicator: Implications for Sustainable Development», *Ambio* 26(3), pp. 143-146, 1997.
— «The energetic metabolism of societies», Parts I and II, *Journal of Industrial Ecology*, 2001.
HABERL, H., ERB, K. H., KRAUSMANN, F., «How to caculate and interpret ecological footprints for long periods of time: the case of Austria 1926-1995», *Ecological Economics*, 38: 25-45, 2001.
HALL, C., CLEVELAND, C. and KAUFMAN, R., *Energy and resources quality: the ecology of the economic process*, Nueva York, Wiley, 1986.
HAMILTON, L. S. and SNEKADER, S. C. (eds.), Handbook for Mangrove Area Management, Environment and Policy Institute, East-West Center (Hawai), IUCN, UNESCO, 1984.
HANDBERG, H., *A study of people»s conception of the social consequences of the shrimp farming industry in two local communities in coastal Ecuador*, Department of Anthropology, University of Oslo, noviembre 1998.
HARDIMAN, D., *The Politics of Water. Well Irrigation in Western India (paper for a seminar on Environment and Development*, Yale University, 14 febrero 2000).
HAYS, S., *Conservation and the Gospel of Efficiency. The Progressive Conservation Movement 1898-1929*, Cambridge, Harvard University Press, 1959.
HAYS, S., *Explorations in Environmental History*, Pittsburgh, University of Pittsburgh Press, 1998.
HECHT, S. and COCKBURN, A., *The Fate of the Forest: Developers, Destroyers and Defenders of the Amazon*, Londres, Penguin, 1990.
HICKS, A. H., *The Story of the Forestal*, published by The Forestal Land, Timber and Railway Company, Ltd., London, Shell-Mex House, Strand, producido por Newman Neame, Londres, 1956.
HILLE, J., «The Concept of Environmental Space. Implications for Policies, Environmental Reporting and Assessments», Copenhague, European Environment Agency, Experts» Corner, n. 1997/2, 1998.
HIRSCH, F., *Social Limits to Growth*, Cambridge, Harvard University Press, 1976.
HOBSBAWM, E., *Age of Extremes: the Short Twentieth Century 1914-1991*, Londres, Michael Joseph, 1994.
HOFRICHTER, R. (ed.), *Toxic Struggles. The Theory and Practice of Environmental Justice*, foreword by Lois Gibbs, Philadelphia, New Society Publishers, 1993.
HOMBERGH, H. VAN DEN, *Guerreros del Golfo Dulce. Industria forestal y conflicto en la Península de Osa*, San José, Costa Rica, DEI, 1999.

HORNBORG, A., «Toward an Ecological Theory of Unequal Exchange: Articulating World System Theory and Ecological Economics», *Ecological Economics,* 25(1), pp. 127-136, 1998.

HOWARD, A., *An Agricultural Testament,* Oxford, U P, 1940, última edición 1999.

HOWARD, L., *Sir Albert Howard in India,* Londres, Faber & Faber, 1953.

HUETING, R., *New scarcity and economic growth: more welfare through less production?,* Ámsterdam, North Holland, 1980.

HUMAN RIGHTS WATCH, *The Price of Oil: Corporate Responsibility and Human Rights Violations in Nigeria's Oil Producing Communities,* 1999.

— *Toxic Justice: Human Rights, Justice and Toxic Waste in Cambodia,* 1999.

INGLEHART, R., *Culture Shift in Advanced Industrial Societies,* Princeton, Princeton University Press, 1990.

— «Public Support for Environmental Protection: Objective Problems and Subjective Values in 43 societies», *PS-Political Science and Politics,* 28(1), 1995.

JACKSON, T. and MARKS, N., «Consumption, Sustainable Welfare, and Human Needs, with Reference to UK Expenditure Patterns between 1954 and 1994», *Ecological Economics,* 28, pp. 421-441, 1999.

JANSSON, A. M. (ed.), *Integration of Economy and Ecology: an Outlook for the Eighties,* Wallenberg Symposium, Department of Systems Ecology, University of Stockholm, 1984.

JODHA, N. S., «Common Property Resources and the Rural Poor», *Economic and Political Weekly,* 21 (27), pp. 1.169-1.181, 1986.

JONGH, P. E. de and CAPTAIN, S., *Our Common Journey. A Pioneering Approach to Cooperative Environmental Management,* Londres y Nueva York, Zed, 1999.

KEIL, R. *et al.* (eds.), *Political ecology. Global and local,* Londres, Routledge, 1998.

KELLERT, S. R., *Kinship to Mastery: Biophilia in Human Evolution and Development,* Washington DC, Island Press, 1997.

KELLERT, S. R. and WILSON, E. O. (eds.), *The Biophilia Hypothesis,* Washington DC, Island Press, 1993.

KING, S. R. and CARLSON, T. J., «Biocultural Diversity, Biomedicine and Ethnobotany: the Experience of Shaman Pharmaceuticals», *Interciencia,* 20(3), pp. 134-139, 1995.

KING, S. R. and CARLSON, T. J., and MORAN, K., «Biological Diversity, Indigenous Knowledge, Drug Discovery and Intellectual Property Rights», en Brush, S. and Stabinsky, D., *Valuing Local Knowledge: Indigenous People and Intellectual Property Rights*, Washington DC, Island Press, pp. 167-185, 1996.

KLOPPENBURG, J., *First the Seed. The political economy of plant biotechnology*, Nueva York, Cambridge U P, 1988.

KLOPPENBURG, J. (ed.), *Seeds and Sovereignty. The Use and Control of Plant Genetic Resources*, Durham y Londres, Duke University Press, 1988.

KOTHARI, A., *Understanding Biodiversity, Life, Sustainability and Equity*, Hyderabad, Orient Longman, 1997.

KOX, H. L. M., «Integration of Environmental Externalities in International Commodity Agreements», *World Development*, 19(8), pp. 933-943, 1991.

— «Developing Countries' Primary Exports and the Internalization of Environmental Externalities», en J. van den Bergh and J. van der Straaten (eds.) *Economy and Ecosystems in Change*, Cheltenham, Edward Elgar, 1997.

KRISHNARAJ, M. *et al.*, *Gender, Population and Development*, Delhi, Oxford University Press, 1998.

KRUTILLA, J., «Conservation Reconsidered», *American Economic Review*, LVII (4), 1967.

KULETZ, V., *The Tainted Desert. Environmental and Social Ruin in the American West*, Nueva York, Routledge, 1998.

KURIEN, J., «Ruining the Commons and Responses of the Commoners: Coastal Overfishing and Fishworkers' Actions in Kerala State», *India*, en Ghai and Vivian eds., pp. 221-258, 1992.

LARSSON, J., FOLKE, C. and KAUSTKY, N., «Ecological Limitations and Appropriation of Ecosystem Support by Shrimp Farming in Colombia», *Environmental Management*, 18(5), pp. 663-676, 1994.

LATOUCHE, S., *Le planète des naufrages*, París, La Decouverte, 1991.

LEACH, M. and MEARNS, R. (ed.), *The Lie of the Land. Challenging Received Wisdom on the African Environment*, Portsmouth NH, The International African Institute in association with James Currey, Oxford and Heinemann, 1996.

LEFF, E., *Green Production. Toward an Environmental Rationality*, Nueva York, Guilford, 1995.

LEFF, E. and CARABIAS, J. (eds.), *Cultura y manejo sustentable de los recursos naturales*, México DF, CIIH-UNAM, 1992.

LEIPERT, C., *Die heimlichen Kosten des Fortschritts*, Frankfurt, Fischer, 1989.

LEOPOLD, A., *A Sand County Almanac with Essays on Conservation from Round River*, Nueva York, Ballantine Books, 1970.

LEVIN, J. V., *The export economies*, Cambridge Massachusets, Harvard UP, 1960.

LIPMAN, Z., *Trade in Hazardous Waste: Environmental Justice versus Economic Growth*, Conference on Environmental Justice, Melbourne, 1998 (http://spartan.unimelb.edu.au/envjust/papers).

LOHMAN, L., «Peasants, Plantations and Pulp: the Politics of Eucalyptus in Thailand», *Bulletin of Concerned Asian Scholars*, 23(4), 1991.

— «Freedom to Plant. Indonesia and Thailand in a Globalizing Pulp and Paper Industry», en Parnwell, M. J. G. and Bryant, R. L. (eds.), *Environmental Change in South-East Asia. People, Politics and Sustainable Development*, Londres y Nueva York, Routledge, 1996.

LOVINS, A. and WEIZSAECKER, E. U. VON, *Factor Four: Doubling Wealth, Halving Resource Use (the New Report to the Club of Rome)*, Londres, Earthscan, 1997.

LOW, N. and GLEESON, B., *Justice, Society and Nature. An Exploration of Political Ecology*, Londres y Nueva, Routledge, 1998.

MADSEN, S. T. (ed.), *State, Society and the Environment in South Asia, Nordic Institute of Asian Studies*, Surrey, Curzon, Richmond, 1999.

MAIGUASHCA, J., *A Reinterpretation of the Guano Age 1840-1880*, Oxford, D.Phil. Tesis, 1967.

MALLARACH, J. M., «Parques nacionales versus reservas indigenas en los Estados Unidos de America: un modelo en cuestion», *Ecología Política*, 10, 1995.

MALLON, F., *The Defense of Community in Peru's Central Highlands*, Princeton, Princeton University Press, 1983.

MARTINE, G., M. DASGUPTA y L. C. CHEN, *Reproductive Change in India and Brazil*, Delhi, Oxford University Press.

MARTÍNEZ ALIER, J., «Ecology and the Poor: a Neglected Issue in Latin American History», *Journal of Latin American Studies*, 23(3), pp. 621-640, 1991.

— «Distributional obstacles to international environmental policy. The failures at Rio and prospects after Rio», *Environmental Values*, 2, pp. 97-124, 1993.

— «Political Ecology, Distributional Conflicts, and Economic Incommensurability», *New Left Review*, 211, pp. 70-88, 1995.

— «In Praise of Smallholders. A Review Essay», *Journal of Peasant Studies*, 23(1) 1996.

— «The Merchandising of Biodiversity», México, *Etnoecológica*, 3, 1994, reprinted in Guha, R. and Martínez Alier, J., 1997.

MARTÍNEZ ALIER, J. and HERSHBERG, E., «Environmentalism and the poor, Items», *Social Sciences Research Council*, Nueva York 46(1), marzo 1992.

MARTÍNEZ ALIER, J. and O'CONNOR, M., «Ecological and economic distribution conflicts», en Costanza, R., Segura, O. and Martínez Alier, J. (eds.), *Getting Down to Earth: Practical Applications of Ecological Economics*, Washington DC, ISEE, Island Press, 1996.
— «Distributional issues: an overview», en van den Bergh, J. (ed.) *Handbook of Environmental and Resource Economics*, capítulo 25, Cheltenham, Edward Elgar, 1999.
MARTÍNEZ ALIER, J. with SCHLUPMANN, K., *Ecological economics: energy, environment and society*, Oxford, Blackwell, 1987, paperback edition with new introduction, 1991.
MARTÍNEZ ALIER, J., MUNDA, G. and O'NEILL, J., «Weak Comparability of Values as a Foundation for Ecological Economics», *Ecological Economics*, 26, pp. 277-286, 1998.
— «Commensurability and Compensability in Ecological Economics», en O'Connor, M. and Clive Spash, *Valuation and Environment*, Cheltenham, E. Elgar, pp. 37-57, 1999.
MASJUAN, E., *La ecología humana y el anarquismo ibérico. El urbanismo «orgánico» o ecológico, el neomalthusianismo y el naturismo social*, Barcelona, Icaria, 2000.
MATTHEW, R. A., «Introduction: Mapping Contested Grounds», en Deudney, D. H. and Matthew, R. A. (eds.), *Contested Grounds. Security and Conflict in the New Environmental Politics*, Albany, SUNY Press, 1999.
MATTHEW, W. M., *The House of Gibbs and the Peruvian Guano Monopoly*, Londres, Royal Historical Society, 1981.
MATTHEWS, E. et al., *The Weight of Nations. Material Outflows from Industrial Economies*, Washington DC, World Resources Institute, 2000.
MCCAY, B. J. and ACHESON, J. M. (eds.), *The Question of the Commons: the Culture and Ecology of Communal Resources*, Tucson, University of Arizona Press, 1987.
MCCULLY, P., *Silenced Rivers. The Ecology and Politics of Large Dams*, Londres, Zed, 1996.
MCDONALD, D. (ed.), *Environmental Justice in South Africa*, Cape Town, Oxford UP (en prensa).
MCGRATH, D. et al., «Fisheries and the Evolution of Resource Management in the Lower Amazon Floodplain», *Human Ecology*, 21(2), 1993.
MCNEILL, J. R., *Something new under the sun. An environmental history of the twentieth-century world*, Nueva York, Norton, 2000.
MELONE, M. A., *The Struggle of the Seringueiros. Environmental Action in the Amazon*, en Friedmann and Rangan, 1993.

MEZGER, D., *Copper in the World Economy*, London, Heineman, 1980.
MIKESELL, R. F., *The Global Copper Industry*, London, Croom Helm, 1988.
MISES, L. VON, *Socialism. An Economic and Sociological Analysis*, Londres, Jonathan Cape, 1951.
MOGUEL, P. y TOLEDO, V., «Café, luchas indígenas y sostenibilidad. El caso de México», *Ecología Política*, 18, 1999.
MOL, A., *The Refinement of Production: Ecological Modernization Theory and the Chemical Industry*, Utrecht, Van Arkel, 1995.
— «Ecological Modernization: Industrial Transformation and Environmental Reform», en Redclift, M. and Woodgate, G. (eds.), *The International Handbook of Environmental Sociology*, Cheltenham, Edward Elgar, 1997.
MOODY, R., *The Gulliver File. Mines, people, and land: a global battleground*, Londres, Minewatch-WISE-Pluto Press, 1992.
MOREHOUSE, W. and ARUN SUBRAMANIAN, M., *The Bhopal Tragedy. What Really Happened and What It Means for American Workers and Communities at Risk, A preliminary report for the Citizens Commission on Bhopal*, Nueva York, Council on International and Public Affairs, 1986.
MORTON, M. J., *Emma Goldman and the American Left*, Nueva York, Twayne, 1992.
MOSSE, D., «The Symbolic Making of a Common Property Resource: History, Ecology and Locality in a Tank-irrigated Landscape in South India», *Development and Change*, 28(3), 1997.
MUKTA, P. and HARDIMAN, D., «The Political Ecology of Nostalgia», *Capitalism, Nature, Socialism*, 11(1), pp. 113-133, 2000.
MUMFORD, L., «The Natural History of Urbanization», en William L. Thomas *et al.* eds., pp. 382-398, 1956.
MUMFORD, L. and GEDDES, P., *The Correspondence*, edición y prólogo de Frank G. Novack Jr., Londres y Nueva York, , Routledge, 1995.
MUNDA, G., *Multicriteria evaluation in a fuzzy environment. Theory and applications in ecological economics*. Heidelberg, Physika Verlag, 1995.
MURADIAN, R. and MARTÍNEZ ALIER, J., «Trade and the Environment: from a «Southern» Perspective», *Ecological Economics*, 36, pp. 281-297, 2001.
— «South-North Materials Flow: History and Environmental Repercusions», *Innovation*, 14(2), 2001.
MYDANS, S., «Thai Shrimp Farmers facing Ecologists' Fury», informe en *New York Times*, 28 abril 1996.
NAREDO, J. M. and VALERO, A., *Desarrollo económico y deterioro ecológico*, Madrid, Argentaria-Visor, 1999.

NETTING, R. MCC., *Smallholders, Householders: Farm Families and the Ecology of Intensive, Sustainable Agriculture*, Stanford, Stanford University Press, 1993.

NIJAR, G., *Singh, TRIPS and Biodiversity, the Threat and Responses: a Third World View*, Penang, Third World Network, 1996.

NIMURA, K., *The Ashio Riot of 1907. A Social History of Mining in Japan*, Durham y Londres, Duke University Press, 1997.

NORGAARD, R. B., «The Case for Methodological Pluralism», *Ecological Economics*, 1, pp. 37-57, 1989.

— «Economic Indicators of Resource Scarcity. A Critical Essay», *Journal of Environmental Economics and Management*, 19, pp. 19-25, 1990.

— *Development Betrayed. The End of Progress and a Coevolutionary Revisioning of the Future*, Londres, Routledge, 1994.

NOVOTNY, P., «Popular Epidemiology and the Struggle for Community Health in the Environmental Justice Movement», en D. Faber ed., 1998, cap. 5.

O'CONNOR, J., «Introduction», *Capitalism, Nature, Socialism*, 1, 1988.

O'CONNOR, M. «Value system contests and the appropriation of ecological capital», *The Manchester School*, LXI (4), pp. 398-424, 1993.

— «On the Misadventures of Capitalist Nature», *Capitalism, Nature, Socialism*, 4(3), pp. 7-40, 1993.

O'CONNOR, M. (ed), «Ecological Distribution», *the Journal of Income Distribution* 6(2) 1996.

O'CONNOR, M. and SPASH, C. (eds), *Valuation and the environment. Theory, methods and practice*. Cheltenham, Edward Elgar, 1999.

O'NEILL, J., *Ecology, policy and politics*, Londres, Routledge, 1993.

ODUM, H. T. and ARDING, J. E., *Emergy Analysis of Shrimp Mariculture in Ecuador*, Working Paper, Coastal Resources Center, University of Rhode Island, 1991.

OPSCHOOR, J. B., «Ecospace and the Fall and Rise of Throughput Intensity», *Ecological Economics* 15(2), pp. 137-140, 1995.

OSTROM, E., *Governing the Commons: the Evolution of Institutions for Collective Action*, Cambridge, Cambridge University Press, 1990.

PAARLBERG, R., «Genetically Modified Crops in Developing Countries: Promise or Peril?», *Environment* 42(1), enero-febreo 2000.

PAINTER, M. and DURHAM, W. (eds.), *The Social Causes of Environmental Destruction in Latin America*, Ann Arbor, University of Michigan Press, 1995.

PARIKH, J. K., «Joint Implementation and the North and South Cooperation for Climate Change», *International Environmental Affairs. A Journal for Research and Policy,* 7(1), pp. 22-41, 1995.

PASSET, R., *L'economique et le vivant,* París, Económica, 1979, 2ª edición 1996.

PEARCE, F., *Green Warriors: the People and the Politics behind the Environmental Revolution,* Londres, The Bodley Head, 1991.

PEET, J., *Energy and the ecological economics of sustainability,* Washington DC, Island Press, 1992.

PEET, R. and WATTS, M. (eds.), *Liberation Ecologies,* Londres, Routledge, 1996.

PEÑA, D. (ed), *Chicano culture, ecology, politics. Subversive kin,* University of Arizona Press, 1998.

PERRINGS, C., *Economy and environment: a theoretical essay on the interdependence of economic and environmental systems,* Cambridge, Cambridge University Press, 1987.

PFAUNDLER, L., «Die Weltwirtschaft im Lichte der Physik», *Deutsche Revue,* 22, 1902.

PIETILA, H., «The Triangle of the Human Economy: Household-Cultivation-Industrial Production. An Attempt at Making Visible the Human Economy in Toto», *Ecological Economics,* 20, pp. 113-127, 1997.

POFFENBERG, M., «The Resurgence of Community Forest Management in the Jungle Mahals of West Bengal», en Arnold, D. and Guha, R., pp. 336-369, 1996.

POLLACK, A., «Biological Products Raise Genetic Ownership Issues», reportaje en *New York Times,* 26 noviembre 1999.

POPPER-LYNKEUS, J., *Die allgemeine Naehrpflicht als Loesung der sozialen Frage. Eingehend bearbeitet und statistisch durchgerechnet. Mit einem Nachweis der theoretischen und praktischen Wertlosigkeit der Wirtschaftslehre.* Dresden, Carl Reissner, 1912 (813 pp.).

PRIMAVERA, J. H., «Intensive Prawn Farming in the Philippines: Ecological, Social and Economic Implications», *Ambio,* 20(1), pp. 28-33, 1991.

PRINCEN, T., «Consumption and Environment: Some Conceptual Issues», *Ecological Economics,* 31, pp. 347-363, 1999.

PULIDO, L., «Latino Environmental Struggles in the Southwest», Ph.D. thesis, Los Ángeles, University of California, 1991.

— *Environmentalism and Economic Justice: Two Chicano Struggles in the Southwest,* Tucson, University of Arizona Press, 1996.

PURDY, J., «Shades of Green», *The American Prospect,* 3 enero 2000.

RAUMOLIN, J., «L'homme et la destruction des ressources naturelles: la Raubwirtschaft au tournant du siecle», *Annales*, 39(4), 1984.

REES, W. and WACKERNAGEL, M., «Ecological Footprints and Appropriated Carrying Capacity», en Jansson, A. M. *et al.* (eds.), *Investing in Natural Capital: the Ecological Economics Approach to Sustainability*, Washington DC, ISEE, Island Press, 1994.

RENS, I., «Bertrand de Jouvenel (1903-1987), pionnier meconnu de l'Ecologie Politique», en Rens, I. (ed.), *Le Droit International face a l'Ethique et a la Politique de l'Environnnement*, Ginebra, SEBES, Georg, 1996.

REYES, V., «Sangre de drago. La comercialización de una obra maestra de la naturaleza», *Ecología Política*, 11, pp. 79-88, 1996.

REYES, V., «The Value of sangre de Drago», *Seedling* (GRAIN), 13(1), 1996.

ROBLETO, M. L. and MARCELO, W., *Deuda ecológica*, Santiago de Chile, Instituto de Ecología Política, 1992.

ROCHELEAU, D. *et al.* (eds.), *Feminist Political Ecology*, Londres, Routledge, 1995.

RONSIN, F., *La grève des ventres. Propagande neo-malthusienne et baisse de la natalité en France 19-20 siecles*, París, Aubier-Montaigne, 1980.

SACHS, A., *Eco-Justice: Linking Human Rights and the Environment*, Washington DC, Worldwatch Institute, 1995.

SANGVAI, Sanjay, *The River and Life. People's struggle in the Narmada Valley*, Mumbai y Calcuta, Eartyhcare Books, 2002.

SARO-WIWA, K., *A Month and a Day: a Detention Diary*, Londres, Penguin, 1995.

SAUVY, A., *General Theory of Population*, Nueva York, Basic Books, 1960.

SCHMINK, M. and WOOD, C., «The Political Ecology of Amazonía», pp. 38-57 en Little, P. D. and Horowitz, M. (eds.), *Lands at Risk in the Third World*, Boulder, Westview Press, 1987.

SCHNAIBERG, A. *et al.*, *Distributional Conflicts in Environmental Resource Policy*, Aldershot, Edward Elgar, 1986.

SCHWAB, J., *Deeper Shades of Green: the Rise of Blue-Collar and Minority of Environmentalism in America*, San Francisco, Sierra Club Books, 1994.

SCURRAH, M. J., «Forest Conservation and Human Rights in Peru: the Conflict over the Chaupe Forest», *Journal of Iberian and Latin American Studies*, 4(1), 1998.

SELDEN, T. and SONG, D., «Environmental Quality and Development: Is There a Kuznetz Curve for Air Pollution Emissions», *Journal of Environmental Economics and Management*, 27, pp. 147-162, 1994.

SHABECOFF, P., *Earth Rising. American Environmentalism in the 21st century*, Washington DC, Island Press, 2000.
SILLIMAN, J. and KING, Y. (eds.), «Dangerous Intersections: Feminist Perspectives on Population», *Environment and Development*, Cambridge, South End Press, 1999.
SKAGGS, J. K., *The Great Guano Rush. Entrepreneurs and American Overseas Expansion*, Nueva York, St. Martin's Press, 1994.
STONICH, S., «The Promotion of Non-Traditional Exports in Honduras: Issues of Equity, Environment, and Natural Resource Management», *Development and Change*, 22, pp. 725-755, 1991.
STONICH, S., *I am Destroying the Land! The Political Ecology of Poverty and Environment Destruction in Honduras*, Boulder, Westview Press, 1993.
STRONG, K., *Ox against the Storm. A Biography of Tanaka Shozo: Japan's Conservationist Pioneer*, Paul Norbury, Kent, Tenterden, 1977.
STROUP, R. L., «Superfund: the Shortcut that Failed», en Anderson, T. L. (ed.), *Breaking the Environmental Policy Gridlock*, Stanford, Hoover Institution Press, 1997.
SUNDAR, N., «Asian Women: Empowered or Merely Enlisted?», en Kalland, A. and Persoon, G. (eds.), *Environmental Movements in Asia*, Londres, Curzon Press, 1998.
SWYNGEDOUW, E., «Power, Nature and the City: the Conquest of Water and the Political Ecology of Urbanization in Guayaquil, Ecuador», *Environment and Planning A*, 29, pp. 311-332, 1997.
SZASZ, A., *Ecopopulism: Toxic Waste and the Movement for Environmental Justice*, Minneapolis, University of Minnesota Press, 1994.
TAMANOI, Y., TSUCHIDA, A. and MUROTA, T., «Towards an Entropic Theory of Economy and Ecology - Beyond the Mechanistic Equilibrium Approach», *Economie Apliquée*, 37, pp. 279-294, 1984.
TAYLOR, B. R. (ed.), *Ecological Resistance Movements. The Global Emergence of Radical and Popular Environmentalism*, Albany, SUNY Press, 1995.
TAYLOR, D., «The Rise of the Environmental Justice Paradigm», *American Behavioral Scientist*, 43(4), enero 2000.
THOMAS, W. L., SAUER, C. O., BATES, M. and MUMFORD, L. (eds.), *Man's Role in Changing the Face of the Earth*, University of Chicago Press, 1956.
THOMAS-SLAYER, B., ROCHELEAU, D. et al., *Gender, Environment and Development: a Grassroots Perspective*, Boulder and Londres, Lynne Rienner, 1995.

TOLEDO, V. M., «The Ecological-Economic Rationality of Peasant Production», en Altieri, M. A. and Hecht, S. (eds.), 1990.
TOLEDO, V., «Rodolfo Montiel y el ecologismo de los pobres», *Ecología Política*, 20, pp. 13-14, 2000.
TORRES GALARZA, R., *Entre lo propio y lo ajeno: derechos de los pueblos indigenas y propiedad intelectual*, Quito, COICA, 1997.
UI, J. (ed.), *Industrial pollution in Japan*, United Nations, University Press, Tokyo, 1992.
VAREA, A. et al., *Ecologismo ecuatorial*, 3 vols, Quito, Abya-Yala, 1998.
VIOLA, E. J., «The Ecologist Movement in Brazil (1974-1986): from Environmentalism to Ecopolitics», *International Journal of Urban and Regional Research*, 12(2), 1988.
VISVANATHAN, S., *A Carnival for Science. Essays on Science, Technology and Development*, Delhi, Oxford University Press, 1997.
VITOUSEK, P., EHRLICH, P., EHRLICH, A. and MATSON, P., «Human Appropriation of the Products of Photosynthesis», *Bioscience*, 34, pp. 368-373, 1986.
WACKERNAGEL, M. and REES, W., *Our Ecological Footprint*, Gabriola Island and Philadelphia, New Society Publ., 1995.
WAPNER, P., *Environmental Activism and World Civic Politics*, Albany, State University of New York Press, 1996.
WARGO, J., *Our Children's Toxic Legacy. How Science and Law Fail to Protect Us from Pesticides*, New Haven y Londres, Yale University Press, 1996.
WARING, M., *If Women Counted: a New Feminist Economics*, San Francisco, Harper & Row, 1988.
WEINER, D., *Models of Nature: Ecology, Conservation and Cultural Revolution in Soviet Russia*, Bloomington, Indiana University Press, 1988.
— *A Little Corner of Freedom: Russian Nature Protection from Stalin to Gorbachev*, Berkeley, University of California Press, 1999.
WEISZ, H. et al., *Economy-wide Material Flow Accounts and Indicators of Resource Use for the EU 1970-2001*, Viena, IFF-Social Ecology, 2003.
WENZ, P., *Environmental Justice*, Albany, State University of New York Press, 1988.
WEST, P. and BRECHIN, S., *Resident Peoples and National Parks: Social Dilemmas and Strategies in International Conservation*, Tucson, University of Arizona Press, 1991.
WESTRA, L. and WENZ, P., *Faces of Environmental Racism: Confronting Issues of Global Justice*, Lanham MD, Rowman and Littlefield, 1995.

WOLF, E., «Ownership and Political Ecology», *Anthropological Quarterly*, 45, pp. 201-205, 1972.

WORLD RESOURCES INSTITUTE, WUPPERTAL INSTITUT *et al.*, *Resources Flow: the Material Basis of Industrial Economies*, Washington DC, WRI, 1997.

WRIGHT, D. H., «Human Impacts on the Energy Flow through Natural Ecosystems, and Implications for Species Endangerment», *Ambio*, 19(4), pp. 189-194, 1990.

ZIMMERER, K. S., «Discourses on Soil Erosion in Bolivia. Sustainability and the Search for a Socio-Environmental "Middle Ground"», en R. Peet and M. Watts eds. 1996.

O AUTOR

Joan Martínez Alier, um dos mais destacados economistas ecológicos do mundo, é professor do Departamento de Economia da Universidade Autônoma de Barcelona. Membro do Comitê Científico da Agência Europeia de Meio ambiente e presidente da Sociedade Internacional de Economia Ecológica, é diretor da revista *Ecología Política*. Autor dos livros *La economía y la ecologia* (1991), *Economía ecológica y política ambiental* e *De la economía al ecologismo popular* (2004).

O TRADUTOR

Maurício Waldman é militante ecologista veterano. Foi colaborador de Chico Mendes, secretário do Meio Ambiente em São Bernardo do Campo (SP), chefe da reciclagem na capital paulista, diretor da Escola do SOS Criança e da Escola Imigrantes da Febem. É mestre em Antropologia e doutor em Geografia (USP). Autor de muitos livros e artigos, atua como consultor e capacitador em recursos hídricos, matriz energética, resíduos sólidos e educação ambiental. Pela Contexto, publicou *Guia ecológico doméstico*.

GRÁFICA PAYM
Tel. [11] 4392-3344
paym@graficapaym.com.br